教育部国家级一流本科课程建设成果教材

"十二五"普通高等教育本科国家级规划教材

教育部普通高等教育精品教材

PRINCIPLE AND TECHNIQUE OF FOOD PRESERVATION

食品保藏原理与技术

第三版

曾名湧　刘尊英　主编

U0230830

化学工业出版社
·北京·

内容简介

本教材为普通高等教育国家级精品教材、"十二五"普通高等教育本科国家级规划教材,是国家精品课程、国家一流本科课程配套教材。本教材在编写及修订过程中强调了食品变质腐败的原因,突出了食品变质腐败的内在因果关系,其中第一章、第二章介绍了引起食品变质腐败的主要因素、食品变质腐败的抑制及其原理,第三章至第十一章介绍了食品保藏技术,既包含食品低温、罐藏、干制、辐照、化学、腌制、烟熏、涂膜及生物保藏技术等,也包含一些新技术在食品保藏中的应用,如超高压、脉冲电场、脉冲磁场、高密度二氧化碳、细菌群体感应抑制等。同时,本教材增补了食品低温流通技术、食品低温流通中的质量与安全控制相关内容,使本教材涵盖的食品保藏过程更加完整与全面。

本教材既可作为高等院校食品科学与工程、食品质量与安全、食品营养与健康专业学生的教材,也可作为从事果蔬、畜产、水产、粮油、食品物流等生产、管理和科研人员的参考书籍。

图书在版编目(CIP)数据

食品保藏原理与技术/曾名湧,刘尊英主编. —3版. —北京:化学工业出版社,2022.11(2024.8重印)

教育部国家级一流本科课程建设成果教材 "十二五"普通高等教育本科国家级规划教材 教育部普通高等教育精品教材

ISBN 978-7-122-42000-8

Ⅰ.①食… Ⅱ.①曾… ②刘… Ⅲ.①食品保鲜-高等学校-教材②食品贮藏-高等学校-教材 Ⅳ.①TS205

中国版本图书馆CIP数据核字(2022)第147065号

责任编辑:赵玉清
文字编辑:周 侗
责任校对:赵懿桐
装帧设计:李子姮

出版发行:化学工业出版社
　　　　　(北京市东城区青年湖南街13号 邮政编码100011)
印　　刷:三河市航远印刷有限公司
装　　订:三河市宇新装订厂
880mm×1230mm 1/16 印张23 字数640千字
2024年8月北京第3版第3次印刷

购书咨询:010-64518888
售后服务:010-64518899
网　　址:http://www.cip.com.cn
凡购买本书,如有缺损质量问题,本社销售中心负责调换。

定　价:69.00元　　　　　版权所有 违者必究

《食品保藏原理与技术》

编写人员

主　编：曾名湧　刘尊英
副主编：王维民　陈海华　董士远

参编人员及单位：

编写章节	章节名称	工作单位	参编人员	
绪　论		中国海洋大学	曾名湧	刘尊英
第一章	引起食品变质腐败的主要因素	中国海洋大学	曾名湧	刘尊英
第二章	食品变质腐败的抑制及其原理	中国农业大学	毛学英	
		中国海洋大学	曾名湧	刘尊英
第三章	食品低温保藏技术	山东农业大学	王兆升	彭　勇
		中国海洋大学	曾名湧	刘尊英
第四章	食品罐藏技术	西南大学	曾凡坤	
第五章	食品干制保藏技术	上海海洋大学	金银哲	
第六章	食品辐照保藏技术	合肥工业大学	林　琳	
第七章	食品化学保藏技术	浙江工商大学	王向阳	
第八章	食品腌制与烟熏保藏技术	广东海洋大学	王维民	林海生
第九章	食品涂膜保藏技术	沈阳农业大学	李　斌	
第十章	食品生物保藏技术	天津大学	寇晓虹	
第十一章	食品保藏新技术	中国海洋大学	董士远	
		青岛科技大学	解万翠	
		河北科技大学	康明丽	
		青岛大学	朱素芹	
		鲁东大学	张彩丽	
第十二章	食品低温流通与安全控制技术	青岛农业大学	陈海华	
		齐鲁工业大学	李渐鹏	

前言

为深入贯彻习近平总书记关于高等教育的系列重要论述精神，应对新经济挑战与服务国家战略，党和国家提出了以立德树人为根本任务，以应对变化、塑造未来为建设理念，培养未来多元化、创新型卓越工程人才的新工科建设要求。在这种背景下，传统以知识为载体的教材在培养学生自主性、个性化学习及工程思维、工程能力方面显示出较大的局限性，与现代工程教育以学生为中心、产出导向的核心理念还有明显差距。基于此，为进一步提升学生对学习内容的理解力和解决复杂工程问题的能力，对传统教材进行升级改造，修订和编制符合新工科人才培养要求的新型教材势在必行。

食品保藏原理与技术是食品科学与工程专业的主干课程之一，是培养学生相关毕业要求能力的核心课程之一，食品保藏原理与技术教材对于学生全面、系统、准确掌握食品保藏基本理论和实践技能至关重要。经过数十年坚持不懈地探索与实践，中国海洋大学"食品保藏原理与技术"课程建设取得丰硕成果，成为同类课程的品牌示范课程：2006 年入选山东省精品课程建设；2007 年入选国家精品课程建设；2013 年入选国家精品资源共享课建设；2020 年以"食品保藏探秘"课程名称上线国家精品在线开放课程，并于 2021 年获批教育部一流本科课程建设。作为课程改革成果的教材《食品保藏原理与技术》先后获得山东省优秀教材一等奖、教育部普通高等教育"十一五"国家级规划教材、教育部精品教材奖、"十二五"普通高等教育本科国家级规划教材等。主编团队（曾名湧、刘尊英、李八方、董士远、张朝辉、赵雪）"食品保藏原理与技术系列课程" 2008 年入选山东省优秀教学团队，曾名湧教授获评山东省教学名师；"食品保藏原理与技术"课程及教材建设与改革成果作为重要支撑的"具有水产特色的食品科学与工程专业创新人才培养模式的构建与实践"，荣获 2009 年国家级教学成果奖二等奖。

基于十几年来课程改革成果，作者团队结合数十年教学成果积淀，以党的二十大精神为指导，秉承"有趣、有用、有启发、终身受益"的编写思想，着眼知识实际应用，经过系统梳理、归纳、总结，在化学工业出版社和中国海洋大学的鼓励和支持下，修订第三版《食品保藏原理与技术》。

为促进学习过程，引导学生开阔思路、积极思考、主动参与教学与讨论，培养创新型人才，作为上述教学成果教材，本书力争突出以下特色：

- 增加兴趣引导、问题导向和学习目标。以问题为导向，阐述学习本章知识实际意义，将学生的注意力集中在应该学到的知识上。

- 学习过程中，针对性设置概念检查和案例教学及信息化教学内容，帮助检测学生对知识的理解程度，更好地激发学习兴趣。

- 提炼知识点，加强课后练习。章后总结学习要素，梳理知识点、重要名词、概念、公式、工艺流程、技术指导与应用等，力争调动学生思考的同时，进一步提高对概念的理解。

- 设置工程设计问题，锻炼学生解决复杂问题的能力以及探究科学的思维习惯，进一步提高学生对知识的理解和应用。

- 提供能力拓展、习题解答、教学课件、彩图等在线学习资料，以一书一码方式授权使用，学生通过正版验证后即可获得（详见封底文字说明），在方便教学的同时，更有助于学生对课程知识的理解与应用。

本教材是在"十二五"普通高等教育本科国家级规划教材基础上修订而成，编写团队包括中国海洋大学、中国农业大学、天津大学、西南大学、合肥工业大学、上海海洋大学、广东海洋大学、浙江工商大学、沈阳农业大学、河北科技大学、山东农业大学、齐鲁工业大学、青岛大学、青岛农业大学、青岛科技大学、鲁东大学等众多高校，融入一线教师教学科研成果，使得本教材融合性、适用性、前沿性更强，同时也更具挑战性与时代性。

教材由曾名湧和刘尊英统稿，编写分工如下：绪论、第一章由曾名湧和刘尊英编写，第二章由毛学英、曾名湧和刘尊英编写，第三章由王兆升、彭勇、曾名湧和刘尊英编写，第四章由曾凡坤编写，第五章由金银哲编写，第六章由林琳编写，第七章由王向阳编写，第八章由王维民和林海生编写，第九章由李斌编写，第十章由寇晓虹编写，第十一章由董士远、解万翠、康明丽、朱素芹和张彩丽编写，第十二章由陈海华、李渐鹏编写。

由于编者水平有限，书中欠妥之处，恳请读者提出宝贵的批评和建议。

编者
于中国海洋大学

目录

第七章　食品化学保藏技术　195

第八章　食品腌制与烟熏保藏技术　217

绪论

○○ —— ○○ ○ ○○ ——————————

一、食品保藏的目的、内容和任务

食品保藏也叫食品保藏学，是一门研究食品变质腐败原因及其控制方法，解释各种食品腐败变质现象的机理并提出合理的、科学的防止措施，阐明食品保藏的基本原理和基本技术，从而为食品的保藏加工提供理论和技术基础的一门学科。

从狭义上讲，食品保藏是为了防止食品腐败变质而采取的技术手段，因而是与食品加工相对应而存在的。但从广义上讲，保藏与加工是互相包容的。这是因为食品加工的主要目的之一是保藏食品，而为了达到保藏食品的目的，必须采用合理的、科学的加工技术。

食品保藏的主要内容和任务可归纳为以下几个方面。

① 研究食品保藏原理，探索食品生产、贮藏、流通过程中腐败变质的原因和控制方法。

② 研究食品在保藏与流通过程中的物理特性、化学特性及生物学特性的变化规律，以及这些变化对食品营养品质和加工品质的影响。

③ 研究食品在保藏与流通过程中，各营养组分的变化规律及相互作用以及食品与环境因素之间的互作关系与规律。

④ 揭示各种食品变质腐败的机理及控制食品变质腐败应采取的技术措施。

⑤ 通过物理的、化学的、生物的或兼而有之的综合措施来控制食品质量变化，最大限度地保持食品质量，达到保鲜和延缓食品品质下降的目的。

⑥ 研究绿色、环保、低能耗的食品保藏新原理、新技术与相关装备。

总之，食品保藏是以食品工程原理、食品微生物学、食品化学、食品原料学、食品营养与卫生、动植物生理生化、食品法律与法规、信息技术等为基础的一门应用基础学科，涉及的知识面广泛而复杂。食品原料的种类很多，本教材重在阐明食品保藏的基本原理和技术的共性部分，列举主要食品原料在保藏中常见的共性问题。

二、食品保藏的方法

食品保藏的方法很多，依据保藏原理可分为四种类型。

（一）维持食品最低生命活动的保藏法

此法主要用于新鲜水果、蔬菜等生机食品的保藏。通过控制水果、蔬菜保藏环境的温度、相对湿度

及气体组成等，就可以使水果、蔬菜的新陈代谢活动维持在最低水平，从而延长它们的保藏期。这类方法包括冷藏法、气调保藏法、生态冰温保藏法等。

（二）通过抑制变质因素的活动来达到保藏目的的方法

微生物及酶等主要变质因素在某些物理的、化学的因素作用下，将会受到不同程度的抑制作用，从而使食品品质在一段时间内得以保持。但是，解除这些因素的作用后，微生物和酶即会恢复活动，导致食品腐败变质。属于这类保藏方法的有：冷冻保藏、干制保藏、腌制与烟熏保藏、化学品保藏及改性气体包装保藏等。

（三）通过发酵来保藏食品

这是一类通过培养有益微生物或生防菌进行发酵，利用其发酵产物或次级代谢产物——酸、乙醇、抗菌肽等来抑制腐败微生物的生长繁殖，从而保持食品品质的方法，如食品发酵保藏、带有发酵作用的食品腌制保藏等。

（四）利用减菌或无菌原理来保藏食品

即利用高温杀菌，或采用超高压、微波、辐照、脉冲等冷杀菌方法，或添加化学、生物防腐剂，将食品中的腐败微生物数量减少到无害的程度或全部杀灭，并长期维持这种状况，从而长期保藏食品的方法。如罐藏、辐照保藏、保鲜剂保藏等属于此类方法。

三、食品保藏的历史与现状

食品保藏是一种古老的技术。据确切的记载，公元前 3000 年到公元前 1200 年之间，犹太人就采用从死海取来的盐保藏各种食物。中国人和希腊人也在同时代学会了盐腌鱼技术。这些事实可以看成是腌制保藏技术的开端。大约公元前 1000 年时，古罗马人学会了用天然冰雪来保藏龙虾等食物，同时还出现了烟熏保藏肉类的技术。这说明低温保藏和烟熏保藏技术已具雏形。我国古书中常出现"焙"字，表明干制保藏技术已开始进入人们的日常生活。《北山酒经》中记载了瓶装酒加药密封煮沸后保存的方法，也可以看做是罐藏技术的萌芽。

1809 年，法国人 Nicolas Appert 将食品放入玻璃瓶中加木塞密封并杀菌，制造出真正的罐藏食品，成为现代食品保藏技术的开端。从此，各种新型保藏技术不断问世。1883 年前后出现了食品冷冻技术，1908 年出现了化学品保藏技术，1918 年出现了气调冷藏技术，1943 年出现了食品辐照保藏技术等。现代食品保藏技术与古代食品保藏技术的本质区别在于，现代食品保藏技术是在阐明各种保藏技术所依据的基本原理的基础上，采用人工可控制的技术手段来实施的，因而不受时间、气候、地域等因素的限制，可以大规模、高质量、高效率地实施食品保藏。

目前，食品保藏技术的发展是不平衡的，它表现在不同食品保藏技术之间的发展不平衡，以及同种保藏技术中不同技术手段之间的发展不平衡。比如罐藏技术在相当长的一段时间内曾占据着食品保藏技术的主导地位，但是，随着人们生活水平的逐渐提高，食品保鲜保活技术的开发和广泛应用，罐头食品在色、香、味等方面的缺陷以及相对较高的成本，使罐头工业的发展陷入困境。与此相反，食品低温保藏技术由于能较好地保存食品的色、香、味及营养价值，并能提供丰富多彩的冷冻食品，从而逐渐占据食品工业的主导地位，其中，速冻食品特别是速冻米面制品、速冻火锅料制品的发展速度尤其令人瞩目。数据显示，目前中国速冻米面制品占比高达 52.4%，速冻火锅料占比达 33.3%。2021 年中国速冻食品市场规模仍近 2000 亿元，据中商产业研究院预测，2025 年中国速冻食品市场规模将达到 3500 亿元，增长达 75.0%。另外，在同种保藏方法的不同技术手段之间也存在明显的发展不平衡状况，比如罐藏法中金属罐、玻璃罐藏技术发展缓慢，而塑料罐、软罐头及无菌罐装技术等发展势头良好。又如干制保藏技术中普通热风干燥技术的发展处于相对停滞状态，而热泵干燥、喷雾干燥及冻干技术的发展却非常迅速。

总之，只有那些能适应现代化生产和生活需要，能为人类提供高质量食品，并且具有合理生产成本的食品保藏技术才能获得较快发展。

四、食品保藏的发展趋势

食品保藏作为一种有效利用食品资源、减少食品损耗的技术手段，能为现代食品工业提供稳定的、高品质的食品原料。开发更为有效、更为先进的食品保藏技术是从事食品研究与开发的所有人员义不容辞的义务与责任。

目前，食品保藏的发展趋势呈现以下几个特点：①消费者对食品新鲜度的要求越来越高。随着人们对健康需求的高度关注，对食品新鲜度的要求也逐渐提高。尽管我国速冻食品发展迅速，但因其新鲜度瓶颈问题，未来仍无法赶超低温冷藏食品或新鲜食品。目前各类食品"养鲜技术""锁鲜技术"等快速发展，未来一段时间，食品保鲜减损与降本增效关键技术仍是研究开发的重中之重。②发展绿色低碳保藏技术。随着科技的高速发展和人们生活水平的不断提高，发展安全卫生、符合环保要求、品种繁多、质优价廉的新鲜食品是行业发展的大趋势。因此，坚持"优质、高效、生态、安全"的原则，发展绿色低碳保藏技术将日益成为全球人民的共识。③针对不同业态、不同产品形式、不同种类的食品，提供多样化的食品保藏解决方案。针对生鲜电商、B2B、B2C、O2C、C2C、O2O 等多种业态模式和各种方便快捷、简单直接的消费方式，如何掌握用户需求，提供定制的食品保藏解决方案，以解决消费的"最后一公里"与需求的配备是未来保藏技术与行业制胜的关键。④构建食品智慧供应链体系。研究开发绿色生态、节能增效的食品智能化冷链流通技术，建立基于区块链等信息技术的食品质量追溯平台，利用大数据、云计算、物联网等先进技术，研发食品远程智能化监测预警系统等，科学规划，合理布局，构建集绿色种植与绿色养殖、品控物流、智能追溯等于一体的新型食品供应链，促进三产深度融合与食品智慧供应链的跨越发展。⑤以人为本，自主创新。现代食品保藏对从业人员的要求越来越高，因此，建立多层次的食品保藏人才培养体系，构建协同发展、共享共赢的"科技创新共同体"，全面提升从业人员的技术水平与管理水平是突破创新的关键。

食品保藏的发展对于社会进步和人民生活水平提高有着重要作用，发展保藏技术保障食品质量与安全也是维护人类健康、促进社会经济发展的关键因素之一。尽管目前我国食品保藏还存在着诸多的问题，但随着经济的发展、科技的进步、国家政策法规的健全及人们健康意识的提高，新时代的食品保藏与食品工业一定会实现突破性发展，为全人类带来更优质、更健康的生活。

第一章　引起食品变质腐败的主要因素

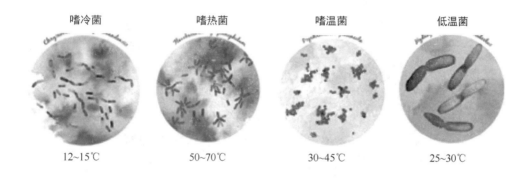

面包上的黑色、绿色斑点，腐烂草莓上的"灰白色毛毛"……

肉、鱼、虾散发令人不愉快的臭味……

绿叶菜发黄，苹果、莲藕、土豆等切口处颜色变褐……

月饼出现"哈喇味"……

这些都是微生物、酶、氧化作用等引起的食品腐败变质现象。食品上长出的黑色、绿色斑点，灰白色毛毛，常常是一些真菌的菌丝体。

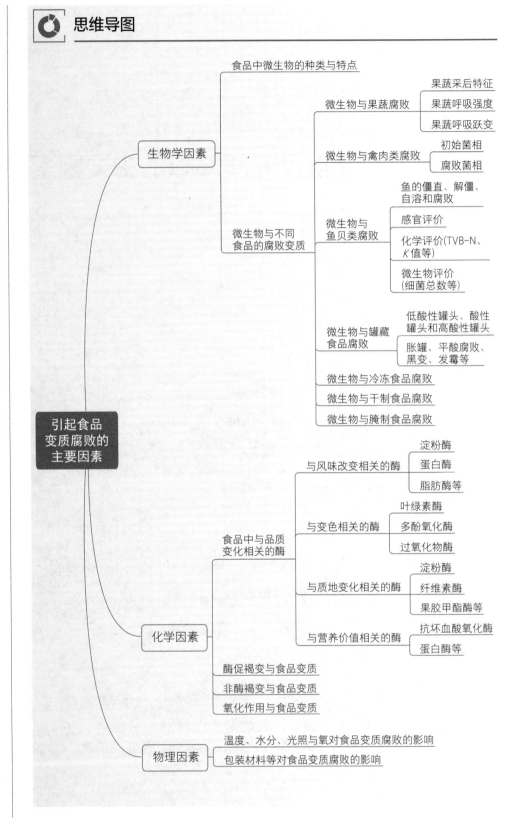

🌸 **为什么要学习"引起食品变质腐败的主要因素"？**

　　食品是人类赖以生存的物质基础，人们每天必须摄入一定数量的食品来维持生命所需要的各种营养和能量。但是，食品易受到外来的和内在的因素影响而发生变质腐败，造成其原有的物理或化学性质发生变化，如粮食霉变、油脂氧化、果蔬褐变和肉类腐败等。那么，食品为什么会腐败变质？为什么不同的食物腐败变质的速度不同？不同的食物为什么要放在不同的温度下保存？打开的食物为什么要尽快食用完？为什么很多食品需要放在阴凉干燥处？深入学习本章内容有助于解答上述问题，有助于探究内在因素与外在因素对食品变质腐败的影响，有助于为解决食品变质腐败问题提供适宜的解决思路和解决方案，从而达到维持食品品质、降低食品损耗和可持续生产的目的。

👁 **学习目标**

○ 阐明食品变质腐败的主要因素及其作用；
○ 分析比较果蔬与肉制品、水产品腐败的差异；
○ 至少举 3 例说明食品中的主要腐败微生物及其作用效果；
○ 评价化学因素和物理因素对食品变质腐败的影响并得出有效结论；
○ 给出 5 种典型食品常见的变质腐败问题及解决方法；
○ 与小组成员一起，采用专业术语交流讨论食品变质腐败的原因并给出自己的观点；针对产业中同类食品的变质腐败问题，运用批判性与创新性思维，提供专业的解决方案；
○ 树立正确的价值观，培养责任意识与安全意识，提升自身职业素养。

　　食品变质腐败既有内在因素，又有外在因素，既有单独作用，也有协同效应。引起食品变质腐败的因素按其属性可划分为生物学因素、化学因素和物理因素，每类因素中又包含诸多不同的引发食品变质腐败的因子，这些因子的单独或协同作用可引起食品变质腐败。了解引起食品变质腐败的主要因素对探究食品腐败机制、降低食品损耗和发展食品保藏技术等具有重要作用。

第一节　生物学因素

　　生物学因素主要是指引起食品变质腐败的各类微生物。自然界中微生物分布极为广泛，几乎无处不在，而且生命力强，生长繁殖速度快。食品中的水分和营养物质是微生物生长繁殖的良好基质，如果保藏不当，易被微生物污染，导致食品变质腐败。引起食品变质腐败的微生物种类很多，主要有细菌、酵母菌和霉菌三大类。一般情况下细菌比酵母菌占优势。通常把引起食品腐败的微生物称做腐败微生物。腐败微生物的种类及其引起的腐败现象，主要取决于食品的种类及加工方法等因素，分述如下。

一、微生物与蔬菜腐败

　　大多数新鲜蔬菜的水分含量在 90% 以上，且 pH 处于 5.0 ～ 7.0 之间，决定了蔬菜中能进行生长繁殖的微生物类群以细菌和霉菌为主。蔬菜中常见的细菌有欧文菌属、假单胞菌属、黄单胞菌属、棒状杆菌

属、芽孢杆菌属、梭状芽孢杆菌属等，以欧文菌属为最重要。

欧文菌属是最常见的蔬菜病原细菌，革兰氏染色阴性，有多根周生鞭毛，无芽孢，病原菌主要寄生在植物根际土壤中，通常借地表流水而传播，可从蔬菜下部叶片、叶柄部位的伤口和害虫食痕侵入。由欧文菌属引起的蔬菜腐败最常见的是十字花科蔬菜软腐病，此种病害又称水烂、烂疙瘩，为白菜和甘蓝包心后期的主要病害之一，它们破坏蔬菜的果胶质，在大白菜叶基部产生水渍状黄褐色腐烂，腐烂后外叶平贴地面，心部或叶球外露，重病株叶柄基部或根茎髓心组织完全腐烂，流出黏稠状物，产生使人不愉快的气味及水浸状外观。除十字花科蔬菜外，马铃薯、番茄、辣椒、莴苣、芹菜、胡萝卜、大葱、洋葱、石刁柏等也易感染欧氏杆菌而发生软腐病。

由霉菌引起的蔬菜腐败现象也普遍存在，主要是由灰绿葡萄孢霉引起的灰霉病、白地霉引起的酸腐病、葡枝根霉引起的根腐病等，见表1-1。

表1-1　蔬菜中常见的霉菌及腐败特征（曾名湧，2014）

腐败菌类型	腐败特征	蔬菜种类
鞭毛菌亚门霜霉属真菌	霜霉病，初期为淡绿色病斑，后逐渐扩大，转为黄褐色，呈多角形或不规则形，病斑上有白色霉层	十字花科蔬菜
半知菌亚门葡萄孢属真菌	灰霉病，病部灰白色，水浸状，软化腐烂，常在病部产生黑色菌核	番茄、茄子、辣椒、白菜、蚕豆、黄瓜、莴苣、胡萝卜等
半知菌亚门链格孢属真菌	早疫病，又称轮纹病，病斑黑褐色，稍凹陷，有同心轮纹	番茄、马铃薯、茄子、辣椒
鞭毛菌亚门疫霉属真菌	疫病，初为暗绿色小斑块，水浸状，后形成黑褐色明显微缩的病斑，病部可见白色稀疏霉层	辣椒、黄瓜、冬瓜、南瓜、丝瓜等
半知菌亚门地霉属真菌	酸腐病，病斑暗淡，油污水浸状，表面变白，组织变软，发出特有的酸臭味	番茄
半知菌亚门刺盘孢属真菌	炭疽病，病斑凹陷，深褐色或黑色，潮湿环境下，病斑上产生粉红色黏状物	瓜类、菜豆、辣椒

灰葡萄孢菌可以导致多种蔬菜产生灰霉病，灰葡萄孢菌子实体从菌丝或者菌核生出，分生孢子梗丛生、灰色，其顶端膨大或是尖削，在其上有小的突起，分生孢子单生于小突起之上，分生孢子亚球形或卵形。灰葡萄孢菌能够在低温条件下（0℃）生长，靠产生大量的灰色分生孢子进行传播，与其他采后病原真菌相比，具有潜伏侵染和低温致病的优势。同时，还具有繁殖快、遗传变异大和适合度高的特点。

二、微生物与水果腐败

水果pH值低于4.5，低于大多细菌生长的pH值范围。因此，由细菌引起的水果腐败现象并不常见。水果腐败主要是由酵母菌和霉菌引起的，特别是霉菌。酵母能使水果中的糖类酵解产生乙醇和CO_2。而霉菌能以水果中的简单化合物作为能源，破坏水果中的结构多糖和果皮等部分，引起食品变质腐败。水果中常见的腐败微生物有酵母属、青霉属、交链孢霉属、根霉属、葡萄孢霉及镰刀霉属等，见表1-2。果蔬受到真菌侵染后，会表现出各种症状，如呈深浅相间的褐色同心轮纹、病斑变黑、果实软烂、果肉褐变腐烂、表观呈现黑色或褐色绒状霉层等。

表1-2 水果中常见的腐败菌及腐败特征（曾名湧，2014）

腐败菌类型	腐败特征	水果种类
半知菌亚门炭疽属真菌	炭疽病，初期病斑为浅褐色圆形小斑点，后逐渐扩大，变黑，凹陷，果软烂，高湿条件下，病斑上产生粉红色黏状物	苹果、梨、柑橘、葡萄、香蕉、芒果、番木瓜、番石榴等
半知菌亚门小穴壳属真菌	轮纹病，初期出现以皮孔为中心的褐色水浸状圆斑，斑点不断扩大，呈深浅相间的褐色同心轮纹，病斑不凹陷，烂果呈酸臭味	苹果、梨等
半知菌亚门青霉属真菌	青霉病/绿霉病，初期果实局部表面出现浅褐色病斑，稍凹陷，病部表面产生霉状块，初为白色，后为青绿色粉状物覆盖其上	苹果、梨、柑橘等
担子菌亚门胶锈菌属	锈病，初期为橙黄色小点，后期病斑变厚，背面呈淡黄色疱状隆起，散出黄褐色粉末（锈孢子），最后病斑变黑、干枯	苹果、梨
半知菌亚门葡萄孢属真菌	灰霉病，病果先出现褐色病斑，迅速扩展使之腐烂，病果上产生灰色霉层	葡萄、草莓等
子囊菌亚门链核盘菌属真菌	褐腐病，果面出现褐色圆斑，果肉变褐、变软，腐烂，病斑表面产生褐色绒状霉层	桃
接合菌亚门根霉属真菌	软腐病，初期出现褐色水浸状病斑，组织软烂，并长出灰色绵霉状物，上长黑色小点	草莓
半知菌亚门地霉属真菌	酸腐病，病部初期出现水浸状小斑点，后扩大，稍凹陷，白色霉层，皱褶状轮纹，发出酸臭味	柑橘、荔枝
半知菌亚门刺盘孢属真菌	霜疫病，初期出现褐色斑点，白色霉层，后全果变褐，腐烂呈肉浆状，有强烈酒味及酸臭味	荔枝

　　为使水果在贮藏过程中免受霉菌的污染，水果应在其合适的成熟季节收获并避免果实损伤。采摘用具必须卫生，霉变的果实应销毁。低温和高 CO_2 在水果贮运过程中有助于防止水果霉变。但对各种水果要区别对待，因为有些水果种类对低温和高 CO_2 较敏感。此外，利用微生物之间的寄生、拮抗作用，可以防治新鲜果品在收获后由霉菌引起的腐烂。研究表明，假丝酵母对多种引起果蔬腐败的霉菌有明显拮抗作用。罐装水果由于受到热处理杀菌，大部分霉菌繁殖体被杀死，但某些霉菌的囊孢子因耐热性强而能存活。引起罐装水果腐败的主要是青霉属。

三、微生物与肉类腐败

　　引起肉类腐败的微生物种类繁多，常见的有腐败微生物和病原微生物。腐败微生物包括细菌、酵母菌和霉菌。细菌主要是需氧的革兰氏阳性菌，如枯草芽孢杆菌和巨大芽孢杆菌等，需氧的革兰氏阴性菌有假单胞菌属、无色杆菌属、黄色杆菌属、产碱杆菌属、埃希氏杆菌属、变形杆菌属等，此外还有腐败梭菌、溶组织梭菌和产气荚膜梭菌等厌氧梭状芽孢杆菌。酵母菌和霉菌主要包括假丝酵母菌属、丝孢酵母属、交链孢霉属、曲霉属、芽枝霉属、毛霉属、根霉属和青霉属。病原微生物主要有沙门氏菌、金黄色葡萄球菌和布氏杆菌等，它们对肉的主要影响并不在于使之变质腐败，而是传播疾病，造成食物中毒。

　　在冷却肉中经常发现的腐败性嗜冷菌有假单胞菌、莫拉氏菌属、乳酸杆菌、黄杆菌、产碱杆菌和肠杆菌科的一些菌属。冷却肉中常发现的致病菌有小肠结肠炎耶尔森氏菌、肉毒梭状芽孢杆菌、产气荚膜梭状芽孢杆菌、沙门氏菌、金黄色葡萄球菌、弯曲杆菌属等。其中假单胞菌属的作用最大，假单胞菌属的荧光假单胞菌、莓实假单胞菌、隆德假单胞菌是最重要的肉类腐败菌种。

　　采用真空包装的肉类中，包装时肉表面污染的细菌大多数为革兰氏阳性嗜温菌，约 1%～10% 的微生物为耐冷性革兰氏阴性菌，主要为假单胞菌、不动杆菌及肠杆菌。引起熟肉变质的微生物主要是真菌，如根霉、青霉及酵母菌等，它们的孢子广泛分布于加工厂的环境中，很容易污染熟肉表面并导致变质。

而腌肉在腌制过程中，来源于畜体皮肤的微球菌通常是优势菌，能在腌制环境中增殖，多数菌株能分解蛋白质和脂肪；弧菌是腌腊肉中重要的变质菌，该菌在胴体肉上很少发现，但在腌腊肉上很易见到。

微生物引起的肉类腐败现象主要有发黏、变色、长霉及产生异味等。

（1）发黏是由微生物在肉表面大量繁殖后形成菌落，并分解肌肉蛋白质所产生的，引发发黏的菌属以假单胞菌、产碱杆菌、微球菌和链球菌为主。发黏的肉块切开时会出现拉丝现象，并有臭味产生。此时含菌数一般为$10^7CFU/cm^2$。

（2）肉类的变色现象有多种，如绿变、红变等，但以绿变为常见。绿变有两种，一种是由 H_2O_2 引起的绿变，另一种是由 H_2S 引起的绿变。前者主要见于牛肉香肠及其他腌制和真空包装的肉类制品中。当它们与空气接触后，即会形成 H_2O_2，并与亚硝基血色素反应产生绿色的氧化卟啉。引起这种绿变的最常见细菌是乳杆菌、明串珠菌及肠球菌属等。后一种绿变见于新鲜肉中，是由 H_2S 与肌红蛋白反应形成硫肌红蛋白所致。引起该类绿变的细菌主要是臭味假单胞菌及腐败希瓦氏菌，而清酒乳芽孢杆菌属中的某些菌种在缺氧及有可利用的糖类的情形下也能产生 H_2S，引起肉类的绿变。此类绿变在 pH 低于 6.0 时将不发生。能使肉类产生变色的微生物还有产生红色的黏质沙雷氏杆菌，产生蓝色的深蓝色假单胞菌及产生白色、粉红色和灰色斑点的酵母等。

（3）长霉也是鲜肉及冷藏肉中常见的变质现象，例如白分枝孢霉和白地霉可产生白色霉斑，腊叶枝霉产生黑色斑点，草酸青霉产生绿色霉斑等。

（4）微生物在引起肉类的变质时，通常都伴随着各种异味的产生，如酸败味，因乳酸菌和酵母的作用而产生的酸味以及因蛋白质分解而产生的恶臭味等。

四、微生物与禽类腐败

禽类皮肤和肌肉含有大量的营养物质，有利于细菌的生长繁殖。新鲜禽类中存在的微生物种类超过 25 种，但占优势的主要是假单胞菌属、肠杆菌属等。在冷藏条件下，大部分微生物特别是致病菌和嗜温菌的生长受到抑制，但并不能完全抑制嗜冷腐败菌的繁殖。假单胞菌属、热杀索丝菌、气单胞菌、乳杆菌属和肠杆菌是冷鲜禽肉中的主要腐败微生物（图 1-1）。一般禽肉很少出现真菌引起的腐败。但是，当禽肉中添加了抗菌剂时，真菌则成为引起禽肉腐败的基本因素。在禽肉中，最重要的真菌是假丝酵母属、红酵母属及圆酵母属等。

在禽肉腐败的早期，细菌生长仅限于禽肉表皮，而皮下肌肉组织基本无菌。随着腐败进行，细菌逐渐深入到肌肉组织内部，引起蛋白质分解，使禽肉变味和发黏。一般当细菌总数达到 $10^{7.2}\sim10^8CFU/cm^2$ 时，即会产生异味；而当细菌总数超过 $10^8CFU/cm^2$ 时，即会出现发黏现象。

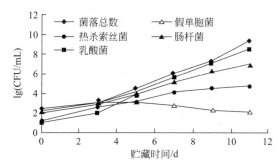

图1-1 鸡胸肉在贮藏过程中菌相变化曲线（孙彦雨等，2011）

五、微生物与禽蛋腐败

引起禽蛋腐败变质的微生物主要是细菌和霉菌，并且多为好氧菌，部分为厌氧菌，酵母菌较少见。常见的细菌有假单胞菌属、变形杆菌属、产碱杆菌属、埃希氏杆菌属、不动杆菌属、无色杆菌属、肠杆菌属、沙雷氏菌属、芽孢杆菌属以及微球菌属等，其中前四属是最为常见的腐败菌。常见的霉菌有芽枝霉属、侧孢霉属、青霉属、曲霉属、毛霉属、交链孢霉属、枝霉属等，其中前三属最为常见。而圆酵母属则是禽蛋中发现的唯一酵母菌。

污染禽蛋的微生物从蛋壳上的小孔进入蛋内后，首先使蛋白质分解，系带断裂，蛋黄因失去固定作用而移动。随后蛋黄膜被分解，蛋黄与蛋白混合成为散黄蛋，发生早期变质现象。散黄蛋被腐败微生物进一步分解，产生 H_2S、吲哚等腐败分解产物，形成灰绿色的稀薄液并伴有恶臭，称为泻黄蛋，此时蛋已完全腐败。有时腐败的蛋类并不产生 H_2S 而产生酸臭，蛋液不呈绿色或黑色而呈红色，且呈浆状或形成凝块，这是由于微生物分解糖而产生的酸败现象，称为酸败蛋。当霉菌进入蛋内并在壳内壁和蛋白膜上生长繁殖时，会形成大小不同的霉斑，其上有蛋液黏着，称为黏壳蛋或霉蛋。

六、微生物与鱼贝类腐败

健康新鲜的鱼贝类肌肉及血液等是无菌的，但鱼皮、黏液、鳃部及消化器官等是带菌的。鱼的皮肤含细菌 $10^2 \sim 10^7 CFU/cm^2$，鱼鳃含细菌 $10^3 \sim 10^6 CFU/cm^2$，肠液内含细菌 $10^3 \sim 10^8 CFU/mL$。鱼贝类体表所附细菌数因季节、渔场、鱼种类的不同而有所差异。在北方适宜温度的水中，鱼所带微生物以嗜冷菌和耐冷菌占优势，而热带鱼很少携带嗜冷菌，故热带鱼在冰中的保存时间要长一些。海水鱼中常见的腐败微生物有假单胞菌、不动杆菌、摩氏杆菌、黄色杆菌、小球菌、棒状杆菌及葡萄球菌等。海水鱼中的腐败微生物种类随着渔获海域、渔期及渔获后的处理方法的不同而不同。比如北海、挪威远海捕获的鱼携带有较多的假单胞菌、摩氏杆菌及黄色杆菌等细菌，而在日本近海捕获的鱼中，假单胞菌、无色杆菌及摩氏杆菌等细菌占有较大比例。淡水鱼中带有的腐败微生物除海水鱼中常见的那些细菌以外，还有产碱杆菌属、产气单胞杆菌属和短杆菌属等细菌。

虾等甲壳类中的腐败微生物主要有假单胞菌、不动细菌、摩氏杆菌、黄色杆菌及小球菌等，不同保鲜剂处理会调控虾的菌相变化从而影响其腐败进程。而牡蛎、蛤、乌贼及扇贝等软体动物中常见的腐败微生物包括假单胞菌、无色杆菌、不动细菌、摩氏杆菌等。

污染鱼贝类的腐败微生物首先在体表及消化道等处生长繁殖，使其体表黏液及眼球变得混浊，失去

光泽，鳃部颜色变灰暗，表皮组织也因细菌的分解而变得疏松，使鱼鳞脱落。同时，消化道组织溃烂，细菌即扩散进入体腔壁并通过毛细血管进入肌肉组织内部，使整个鱼体组织被分解，产生 NH_4、H_2S、吲哚、粪臭素、硫醇等腐败特征产物。一般当细菌总数达到或超过 $10^8CFU/g$，pH 升高至 $7 \sim 8$，挥发性氨基氮的含量达到 300mg/kg，从感官上即可判断鱼体已进入腐败期。同时，也可采用紫外无损检测技术，然后结合感官评价来综合判断鱼贝类的新鲜度（图 1-2）。

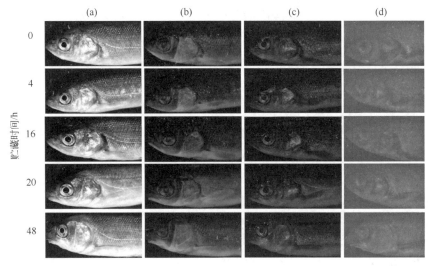

图 1-2　鱼新鲜度紫外无损检测示意图（Omwange et al.，2021）

（a）白光；（b）365nm；（c）395nm；（d）对照

七、微生物与罐藏食品腐败

罐藏食品中存在需氧性芽孢菌已是公认的事实。但是，一般罐藏食品并不会因此而腐败，这是由于罐内缺氧抑制了这些需氧性芽孢菌的生长。尽管如此，当罐藏食品杀菌不充分或密封不良时，也会遭受微生物的污染而造成罐藏食品的腐败。

罐藏食品中常见的腐败现象有胀罐、平酸腐败、黑变、发霉等。引起胀罐的原因有多种，如内容物过多或真空度过低会引起假胀，内容物酸性太高则会引起氢胀罐，但主要原因是腐败微生物的生长繁殖，这类胀罐也称为细菌性胀罐，是最常见的胀罐现象。平酸腐败的罐头外观正常，但内容物酸度增加，pH值可下降到 $0.1 \sim 0.3$，因而需开罐后检查方能确认。引起平酸腐败的微生物也称为平酸菌，大多为兼性厌氧菌。黑变是由于微生物的生长繁殖使含硫蛋白质分解产生唯一的 H_2S 气体，与罐内壁铁质反应生成黑色硫化物，沉积在罐内壁或食品上，使其发黑并呈臭味。发霉是指罐头内容物表面出现霉菌生长的现象。此种变质现象较少出现，但当罐身裂漏或罐内真空度过低时，可在果酱、糖浆水果等低水分、高糖含量的罐藏食品中出现。较常出现的霉菌有青霉、曲霉等。

存在于罐藏食品中的微生物能否引起食品变质，是由多种因素决定的，其中食品的 pH 是一个重要因素。食品 pH 与食品原料的性质及食品的杀菌工艺条件有关，进而与引起食品变质的微生物有关。依据罐藏食品 pH 不同，可将其分成四类：低酸性罐藏食品，即 pH>5.3 者，包括谷类、豆类、肉、禽、乳、鱼、虾等；中酸性罐藏食品，即 pH5.3 ～ 4.5 者，主要是蔬菜、甜菜和瓜类等；酸性罐藏食品，即 pH4.5 ～ 3.7 者，包括番茄、菠菜、梨、柑橘等；高酸性罐藏食品，即 pH<3.7 者，包括酸泡菜、果酱等。对于低酸性罐藏食品，容易发生平酸腐败（通常是由嗜热脂肪芽孢杆菌引起）、硫化物腐败（通常是由致黑梭状芽孢杆菌引起）和腐烂性腐败（通常是由肉毒梭菌引起）3 种。中酸性罐藏食品的腐败情况与低酸性罐藏食品类似，较容易发生平酸腐败。而酸性罐藏食品容易发生平酸腐败（由嗜热脂肪芽孢杆菌引起）、缺氧性发酵腐败（由丁酸梭菌和巴氏梭状芽孢杆菌引起）、酵母菌发酵腐败（由球拟酵母和假丝酵母引起）和发霉（由纯黄丝衣霉菌和雪白丝衣霉菌引起）等。高酸性罐藏食品一般不易遭受微生物的污染，但容易发生氢膨胀，偶尔也会受酵母菌和一些耐热性霉菌的影响。

因食用罐藏食品而发生食物中毒的现象，是由肉毒杆菌、金黄色葡萄球菌等食物中毒菌分泌的外毒素引起的。食物中毒菌除肉毒杆菌外，耐热性均较差。因此，罐藏食品通常是以肉毒杆菌作为杀菌对象，以防止食物中毒。

如果罐藏食品有裂缝，则此类罐藏食品的腐败主要由非芽孢菌所引起，芽孢菌也起一定的作用，而酵母及霉菌的影响甚小。

八、微生物与冷冻食品腐败

微生物是引起冷冻食品腐败的最主要原因。冷冻食品中常见的腐败微生物主要是嗜冷菌及部分嗜温菌，有些情形下还可发现酵母菌和霉菌。在嗜冷菌中，假单胞菌（Ⅰ，Ⅱ，Ⅲ/Ⅳ）、黄色杆菌、无色杆菌、产碱杆菌、摩氏杆菌、小球菌等是普遍存在的腐败菌；而在嗜温菌中，主要是金黄色葡萄球菌、沙门氏菌及芽孢杆菌等。冷冻食品中常见的酵母菌有酵母属、圆酵母属等；常见的霉菌有曲霉属、枝霉属、交链孢霉属、念珠霉属、根霉属、青霉属、镰刀霉属及芽枝霉属等。

冷冻食品中存在的腐败微生物种类与食品种类及所处温度等因素有关。比如冷藏肉类中常见的微生物包括沙门氏菌、无色杆菌、假单胞菌及曲霉、枝霉、交链孢霉等；虽然同是鱼类，冷藏鱼类中常见的微生物主要是假单胞菌、无色杆菌及摩氏杆菌等，微冻鱼类的主要腐败微生物是假单胞菌、摩氏杆菌、弧菌等，而冻结鱼类的主要腐败菌是小球菌、葡萄球菌、黄色杆菌、摩氏杆菌及假单胞菌等，它们之间存在明显差异。冷冻食品中微生物存在的状况还受 O_2、渗透压和 pH 等因素的影响。例如在真空下冷藏的食品，其腐败菌主要为耐低温的兼性厌氧菌，如无色杆菌、产气单胞杆菌、变形杆菌、肠杆菌，以及厌氧菌，如梭状芽孢杆菌等。

九、微生物与干制食品腐败

干制食品由于具有较低的水分活度，使大多数微生物不能生长。但是也有少数微生物可以在干制食品中生长，主要是霉菌及酵母菌，而细菌较为少见。

存在于干制食品中的微生物种类取决于食品种类、水分活度、pH、温度和 O_2 等因素，常见的有曲霉、青霉、毛霉和根霉等霉菌，鲁氏酵母、木兰球拟酵母和接合酵母等酵母菌以及球菌、无孢子杆菌和孢子形成菌等细菌。另外，沙门氏菌、葡萄球菌及埃希氏杆菌也能在干制食品中存在，应该引起重视。

十、微生物与腌制食品腐败

引起盐腌食品腐败的微生物主要有两类，即嗜盐细菌和耐盐细菌。嗜盐细菌是指在 12% ~ 30% 的食盐溶液中才能生长的细菌，而耐盐细菌是指不论食盐浓度大小均能生长的细菌。

在盐腌食品中常见的嗜盐细菌有盐杆菌、红皮盐杆菌、鳕八叠球菌以及海淀八叠球菌等，它们也是导致盐腌食品赤变的主要细菌。在盐腌食品中常见的耐盐细菌有小球菌、黄杆菌、假单胞菌、马铃薯芽孢杆菌和金黄色葡萄球菌等。另外，某些酵母菌如圆酵母以及某些霉菌如青霉等真菌类，也常在盐腌食品中出现。

 概念检查 1.1

○ 对果蔬呼吸强度与呼吸跃变的理解。

第二节　化学因素

食品和食品原料由多种化学物质组成，其中绝大部分为有机物质和水分，另外还含有少量的无机物质。蛋白质、脂肪、糖类、维生素、色素等有机物质的稳定性差，从原料生产到贮藏、运输、加工、销售、消费，每一环节无不涉及一系列的化学变化。有些变化对食品质量产生积极的影响，有些则产生消极的甚至有害的影响，导致食品质量降低。其中对食品质量产生不良影响的化学因素主要有酶的作用、非酶褐变、氧化作用等。

一、酶的作用

酶是生物体的一种特殊蛋白质，能降低反应的活化能，具有高度的催化活性。绝大多数食品来源于生物界，尤其是鲜活和生鲜食品，体内存在着具有催化活性的多种酶类，因此食品在加工和贮藏过程中，由于酶的作用，特别是在氧化酶类、水解酶类的作用下会发生多种多样的酶促反应，造成食品色、香、味和质地的变化。另外，微生物也能够分泌导致食品发酵、酸败和腐败的酶类，与食品本身的酶类一起加速食品变质腐败的发生。

常见的与食品变质有关的酶类主要是脂肪酶、蛋白酶、果胶酶、淀粉酶、过氧化物酶、多酚氧化酶等，见表 1-3。

表1-3 引起食品质量变化的主要酶类及其作用

酶的种类	酶的作用
（1）与风味改变有关的酶	
脂氧合酶	催化脂肪氧化，导致臭味和异味产生
蛋白酶	催化蛋白质水解，导致组织产生肽而呈苦味
抗坏血酸氧化酶	催化抗坏血酸氧化，导致营养物质损失
（2）与变色有关的酶	
多酚氧化酶	催化酚类物质的氧化，褐色聚合物的形成
叶绿素酶	催化叶绿醇环从叶绿素中移去，导致绿色的丢失
（3）与质地变化有关的酶	
果胶酯酶	催化果胶酯的水解，可导致组织软化
多聚半乳糖醛酸酶	催化果胶中多聚半乳糖醛酸残基之间的糖苷键水解，导致组织软化
淀粉酶	催化淀粉水解，导致组织软化、黏稠度降低

1. 脂氧合酶

脂氧合酶在动植物组织中均存在，脂氧合酶在有氧条件下催化多元不饱和脂肪酸生成氢过氧化物，氢过氧化物再经过若干下游酶的协同作用生成具有不同生物学功能的小分子挥发性物质。脂氧合酶破坏必需脂肪酸，或产生不良风味，同时由于氢过氧化物的生成，还会引起其他食品成分的变化。脂氧合酶是一个多基因家族，在不同物种、部位及发育阶段存在不同的表达和调控模式。目前关于脂氧合酶基因家族成员的研究主要涉及大豆、稻米和马铃薯等以及番茄等果蔬类。番茄脂氧合酶存在多种同工酶，且各同工酶间存在相似性及差异性。

另外，脂氧合酶可氧化脂肪酸产生氢过氧化物，氢过氧化物通过均裂或 β- 裂变分解，形成小分子的醇、醛、酮、酯等多种风味物质和热反应风味前体物质，可将其作为天然肉味香精的基料，用于制备各种类型的肉味香精等。

2. 多酚氧化酶

多酚氧化酶是许多酶的总称，通常又称为酪氨酸酶、多酚酶、儿茶酚氧化酶、甲酚酶或儿茶酚酶。这些名称的使用是由测定酶活力时使用的底物以及酶在生物体中的最高浓度决定的。多酚氧化酶存在于植物、动物和一些微生物中，它是引起果蔬酶促褐变的主要酶类。多酚氧化酶催化果蔬原料中的内源性多酚物质氧化生成不稳定的邻苯醌类化合物，再通过非酶催化的氧化反应聚合成为黑色素，导致香蕉、苹果、桃、马铃薯、蘑菇、虾等食品褐变。

在植物组织中，多酚氧化酶是与内囊体膜结合在一起的，天然状态下无活性，但将组织匀浆或损伤后多酚氧化酶被活化，从而表现出活性。在果蔬细胞组织中，多酚氧化酶存在的位置因原料种类、品种及成熟度的不同而不同，绿叶中多酚氧化酶活性大部分存在于叶绿体内，马铃薯块茎中几乎所有的亚细胞部分都含有多酚氧化酶。外源添加抗氧化剂或抗褐变物质可抑制多酚氧化酶活性，如添加山竹矢车菊素 -3-*O*- 槐糖苷可改变多酚氧化酶活性中心，从而抑制其引起的苹果褐变（图1-3）。

目前，随着分子生物学的发展，像西红柿、苹果等果蔬的多酚氧化酶的基因已被克隆，这些基因的表达具有时空差异和组织特异性，为多酚氧化酶的抑制提供了更加精准的控制位点。同时由于分子对接模拟技术的发展与应用（图1-4），也为多酚氧化酶抑制剂的筛选和酶促褐变机理研究提供了更加便捷的途径。

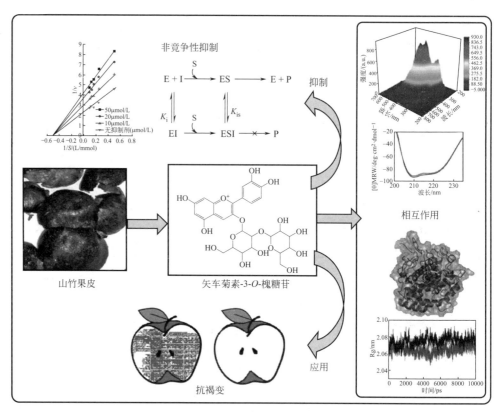

图1-3 山竹矢车菊素 -3-*O*- 槐糖苷对苹果多酚氧化酶及褐变的影响
（Hemachandran et al.，2017）

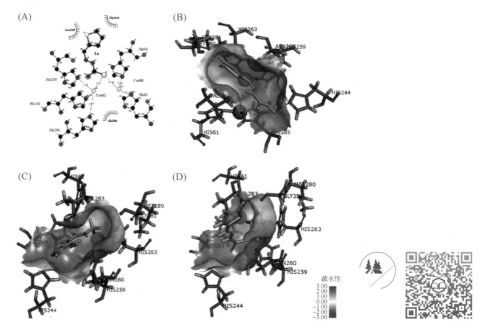

图1-4 抗褐变剂对蘑菇酪胺酸酶抑制作用的分子模拟对接图（Xie et al.，2016）

（A）抗褐变化合物 1a 与酪氨酸酶相互作用的 2D 结构图。绿色虚线表示配体和铜、铁之间的金属相互作用
酪氨酸酶的催化中心。（B）、（C）和（D）分别代表抗褐变化合物 1a、2a 和 3a 与酪氨酸酶残基相互作用
的三级结构图。化合物被粘在中间，呈绿色

3. 果胶酶

果胶酶有 3 种类型：果胶甲酯酶、多聚半乳糖醛酸酶、果胶裂解酶。前两者存在于高等植物和微生物中，后者仅在微生物中发现。果胶甲酯酶水解果胶物质产生果胶酸，当有 2 价金属离子如 Ca^{2+} 存在时，Ca^{2+} 与果胶酸的羧基发生交联，从而提高食品的质地强度。果胶裂解酶是内切聚半乳糖醛酸裂解酶、外切聚半乳糖醛酸裂解酶和内切聚甲基半乳糖醛酸裂解酶的总称。果胶裂解酶催化果胶或果胶酸的半乳糖醛酸残基的 C4 ～ C5 位上的氢进行反式消去作用，使 C4 位置上糖苷键断裂，生成含不饱和键的半乳糖醛酸。

多聚半乳糖醛酸酶是一种能催化果胶水解和分解的重要植物细胞壁降解酶，含有多个基因家族成员，具有多样化的蛋白质结构和生物学功能，尤其在果实发育成熟和软化过程中具有重要作用。多聚半乳糖醛酸酶以多聚半乳糖醛酸为底物，作用于 α-1，4-D- 半乳糖苷键，将多聚半乳糖醛酸主链上的果胶酸水解成半乳糖醛酸，导致果胶降解和细胞壁解体。

总之，酶的活性受温度、pH、水分活度等因素的影响。如果条件控制得当，那么酶的作用通常不会导致食品腐败。经过加热杀菌的加工食品，酶的活性被钝化，可以不考虑由酶作用引起的变质。但是如条件控制不当，酶促反应过度进行，就会引起食品的变质甚至腐败。比如肉类的成熟作用和果蔬的后熟作用就是如此，当上述作用控制在最佳点时，食品的外观、风味及口感等感官特性都会有明显改善，但超过最佳点后，就极易在微生物参与下发生腐败。

二、非酶褐变

非酶褐变主要有美拉德反应（Maillard reaction）引起的褐变、焦糖化反应引起的褐变以及抗坏血酸氧化引起的褐变等。这些褐变常常由于加热及长期贮藏而发生。

含还原糖或羰基化合物（如由脂类氧化衍生得到的醛、酮）的蛋白质食品，在加工或长期保藏过程中，会发生色泽加深的现象，这种变化就是由美拉德反应导致的。真实食品体系中，美拉德反应的多数底物是还原糖中的葡萄糖、果糖、麦芽糖、乳糖（羰基化合物），以及蛋白质、氨基酸、肽（氨基化合物），所以有时又称其为羰氨反应。美拉德反应所引起的褐变，与氨基化合物和糖的结构有密切关系。胺类比氨基酸褐变速率快；对于不同的氨基酸而言，碱性氨基酸褐变速率快；对于不同的氨基而言，具有 ε-NH$_2$ 的氨基酸反应性远远大于 α-NH$_2$ 的氨基酸；对于 α-NH$_2$ 氨基酸而言，则是碳链长度越短的氨基酸反应性越强。对于不同的还原糖而言，它们的反应活性顺序大致如下：五碳糖 > 六碳糖，醛糖 > 酮糖，单糖 > 二糖；五碳糖中核糖 > 阿拉伯糖 > 木糖，六碳糖中半乳糖 > 甘露糖 > 葡萄糖。

美拉德反应受温度影响很大，温度相差 10℃，褐变速率相差 3 ～ 5 倍。一般在 30℃以上褐变速率较快，而在 20℃以下则进行得较慢。水分含量对褐变反应也有影响，过低或过高水分含量时反应速率较低，在中等水分含量时反应速率最大。美拉德反应在酸性和碱性介质中均能进行，但在碱性介质中更容易发生，一般是随介质的 pH 值升高而反应加快。因此，高酸性介质（pH<5）不利于美拉德反应进行。氧、光线及铁、铜等金属离子都能促进美拉德反应。

防止美拉德反应引起的褐变可以采取如下措施：降低贮藏温度；调节食品水分含量；降低食品 pH 值，使食品变为酸性；用惰性气体置换食品包装材料中的氧气；控制食品中转化糖的含量；添加防褐变剂如亚硫酸盐、半胱氨酸等。

抗坏血酸属于抗氧化剂，对于防止食品褐变具有一定作用。但当抗坏血酸被氧化放出二氧化碳时，

它的一些中间产物又往往会引起食品褐变，这是由于抗坏血酸氧化为脱氢抗坏血酸与氨基酸发生美拉德反应生成红褐色产物，以及抗坏血酸在缺氧的酸性条件下形成糠醛并进一步聚合为褐色物质的结果。在富含抗坏血酸的柑橘汁和蔬菜中有时会发生抗坏血酸氧化引起的褐变现象。抗坏血酸氧化褐变与温度、pH 值有较密切关系，一般随温度升高而加剧。pH 值范围在 2.0 ～ 3.5 之间的果汁，随 pH 值升高氧化褐变速度减慢，反之则褐变加快。防止抗坏血酸氧化褐变，除了降低产品温度以外，还可以用亚硫酸盐溶液处理产品，抑制葡萄糖转变为 5- 羟甲基糠醛，或通过还原基团的络合物抑制抗坏血酸变为糠醛，从而防止褐变。

三、氧化作用

当食品中含有较多的诸如不饱和脂肪酸、维生素等不饱和化合物，而在贮藏、加工及运输等过程中又经常与空气接触时，氧化作用将成为食品变质的重要因素。在因氧化作用引起的食品变质现象中，油脂氧化是特别重要的。食品中的脂肪氧化途径主要有 3 种：自动氧化、光氧化和酶促氧化。油脂的自动氧化包括 3 个阶段，即链引发、链增长和链终止。链引发期，由于外界光照、氧的作用，使得脂肪脱氢产生烷基自由基（R·）；在链增长期，烷基自由基（R·）与空气中的氧聚合形成过氧自由基（ROO·）；链终止阶段，自由基之间互相作用，最终形成过氧化物。脂肪的酶促氧化主要是由脂氧合酶催化的脂质氧化。脂肪氧化产生的过氧化物最终裂解成小分子的醛类、醇类、酮类、酯类和呋喃类等有机化合物，造成食品风味劣变。

脂肪氧化受温度、光线、金属离子、氧气、水分等影响。研究表明，肉制品中的铁离子可加速脂肪氧化进程，因而食品在贮藏过程中应减少与金属离子接触，同时采取低温、避光、隔绝氧气、控制水分或通过添加抗氧化剂等措施，来防止或减轻脂肪氧化酸败对食品产生的不良影响。

除常见的脂肪氧化外，蛋白质、维生素、色素氧化也常常发生，有时，脂肪和蛋白质氧化还会相互促进，加速食品腐败进程。食品氧化变质会导致食品色泽变化、风味变差、营养价值下降及生理活性丧失，甚至会生成有害物质。这些变质现象容易出现在干制食品、盐腌食品及长期冷藏而又包装不良的食品中。

另外，氧气的存在也有利于需氧性细菌、产膜酵母、霉菌及食品害虫等有害生物的生长，同时也能引起罐藏食品中金属容器的氧化腐蚀，从而间接引起食品变质。

第三节　物理因素

食品在贮藏和流通过程中，其质量总体呈下降趋势。质量下降速度和程度除了受食品内在因素的影响外，还与环境中的温度、湿度、空气、光线等物理因素密切相关。

一、温度

温度是影响食品质量变化最重要的环境因素，它对食品质量的影响表现在多个方面。食品中的化学变化、酶促反应、鲜活食品的生理作用、生鲜食品的僵直和软化、微生物的生长繁殖、食品的水分含量及水分活度等无不受温度的制约。温度升高引起食品的腐败变质，主要表现在影响食品的化学变化和酶催化的生物化学反应速率以及微生物的生长发育速度等。

根据范特霍夫（Van't Hoff）规则，温度每升高10℃，化学反应的速率增加2～4倍。这是由于温度升高，反应速率常数k值增大的缘故。在生物科学和食品科学中，范特霍夫规则常用Q_{10}表示，并被称为温度系数，即：

$$Q_{10} = \frac{v_{(t+10)}}{v_t} \tag{1-1}$$

式中　$v_{(t+10)}$和v_t——分别表示在（t+10）℃和t℃时的反应速率。

由于温度对反应物的浓度和反应级数影响不大，主要影响反应速率常数k，故Q_{10}又可表示为：

$$Q_{10} = \frac{k_{(t+10)}}{k_t} \tag{1-2}$$

式中　$k_{(t+10)}$和k_t——分别表示在（t+10）℃和t℃时的反应速率常数。

当然，温度对化学反应速率的影响是复杂的，反应速率常数k不是温度的单一函数。阿仑尼乌斯（Arrhenius）用活化能的概念解释温度升高化学反应速率加快的原因：

$$k = A e^{\frac{E}{RT}} \tag{1-3}$$

式中　k——反应速率常数；

　　　E——反应的活化能；

　　　R——气体常数；

　　　T——热力学温度；

　　　A——频率因子。

由于在一般的温度范围内，对于某一化学反应，A和E不随温度的变化而改变，而反应速率常数k与热力学温度T成指数关系，可见T的微小变化都会导致k值的较大改变。故降低食品的环境温度，就能显著降低食品中的化学反应速率，延缓食品质量变化，延长贮藏寿命。

温度对食品酶促反应的影响比对非酶反应更为复杂，这是因为一方面温度升高，酶促反应速率加快；另一方面当温度升高到使酶的活性被钝化时，酶促反应就会受到抑制或停止。在一定的温度范围内，温度对酶促反应的影响也常用温度系数Q_{10}来表示。如新鲜果蔬的呼吸作用是由一系列酶催化的，温度升高10℃，呼吸强度增加到原来的2～4倍。在一定范围内，温度与微生物生长速率的关系也可用温度系数Q_{10}表示。多数微生物Q_{10}在1.5～2.5之间。此外，由高温加速反应的情形很多，如加热杀菌引起的罐藏果蔬质地软化，失去爽脆口感等。

淀粉含量多的食品，要通过加热使淀粉α化后才能食用，若放置冷却后，α化淀粉会变老化，产生回生现象。淀粉老化在水分含量30%～60%时最容易发生，而含水量小于10%或在大量水中时基本上不发生。温度在60℃以上或低于-20℃不会发生淀粉老化，60℃以下慢慢开始老化，2～5℃之间老化速度最快。粳米比糯米容易老化，加入蔗糖或饴糖可以抑制老化。α化淀粉在80℃以上迅速脱水至10%以下可防止老化，挤压食品就是利用此原理加工而成。

二、水分

水分不仅影响食品营养成分、风味物质和外观形态的变化，而且影响微生物生长发育和各种化学反应，因此，食品的水分含量特别是水分活度，与食品质量的关系十分密切。

食品所含水分分为结合水和游离（自由）水，但只有游离水才能被微生物、酶和化学反应所利用，此即为有效水分，可用水分活度来估量。微生物活动与水分活度密切相关，低于某一水分活度，微生物便不能生长繁殖。大多数化学反应必须在水中才能进行，离子反应也需要自由水进行离子化或水化作用，很多化学反应和生物化学反应必须有水分子参与。许多由酶催化的反应，水除了起着一种反应物的作用外，还通过水化作用促使酶和底物活化。因此，降低水分活度，可以抑制微生物的生长繁殖，减少酶促反应、非酶反应、氧化反应等引起的劣变，稳定食品质量。

由于水分蒸发，会导致一些新鲜果蔬等食品外观萎缩，鲜度和嫩度下降；一些组织疏松的食品，会产生干缩僵硬或重量损耗。

水分含量和水分活度符合贮藏要求的食品在贮藏过程中，如果发生水分转移，有的水分含量下降，有的水分含量上升，水分活度也会发生变化，不仅使食品的口感、滋味、香气、色泽和形态结构发生变化，而且对于超过安全水分含量的食品，还会导致微生物大量繁殖和其他方面的质量劣变，在生产中应引起注意。

三、光

光线照射也会促进化学反应，如脂肪氧化、色素褪色、蛋白质凝固等均会因光线照射而加速反应，如清酒放置在光照场所，会从淡黄色变成褐色。紫外线能杀灭微生物，但也会使食品中一些光敏性成分如维生素 D 等发生变化。所以，食品一般要求避光贮藏，或用不透光材料包装。

四、氧

占空气组分 79% 的氮气对食品不产生影响，而只占 20% 左右的氧气因性质非常活泼，能引起食品中多种变质反应和腐败。首先，氧气通过参与氧化反应对食品的营养物质（尤其是维生素 A 和维生素 C）、色素、风味物质和其他组分产生破坏作用。其次，氧气还是需氧微生物生长的必需条件，在有氧条件下，由微生物繁殖而引起的变质速度加快，食品贮藏期缩短。

五、其他因素

除上述因素外，还有许多因素能导致食品变质，包括机械损伤、环境污染、农药残留、滥用添加剂和包装材料等。这些因素引起的食品变质现象不但普遍存在，而且十分重要，必须引起高度重视。

　　综上所述，引起食品腐败变质的原因多种多样，而且常常是多种因素共同作用的结果。因此，必须清楚了解各种因素及其作用特点，找出相应的防止措施，应用于不同的食品原料及其加工制品。

 概念检查 1.2

○ 引起食品变质腐败的主要因素有哪些？

参考文献

[1]　Norman N P, Joseph H H. 食品科学[M]. 王璋, 钟芳, 徐良增. 等 译. 北京: 中国轻工业出版社, 2001.

[2]　迟玉杰. 食品化学[M]. 北京: 化学工业出版社, 2012.

[3]　江汉湖, 董明盛. 食品微生物学[M]. 北京: 中国农业出版社, 2010.

[4]　李平兰. 食品微生物学教程[M]. 北京: 中国林业出版社, 2011.

[5]　刘爱芳. 金枪鱼低温保鲜技术与微生物演替变化规律的研究[D]. 上海: 上海海洋大学, 2017.

[6]　孙彦雨, 周光宏, 徐幸莲. 冰鲜鸡肉贮藏过程中微生物菌相变化分析[J]. 食品科学, 2011, 32: 146-151.

[7]　天津轻工业学院, 无锡轻工业学院合编. 食品工艺学[M]. 北京: 中国轻工业出版社, 1984.

[8]　天津轻工业学院, 无锡轻工业学院合编.食品微生物学[M]. 北京: 中国轻工业出版社, 1983.

[9]　袁惠琦.脂氧合酶在鲜食糯玉米风味形成中的作用及其在采后贮藏中的应用[D]. 镇江市: 江苏大学, 2020.

[10]　赵冰, 张顺亮, 李素, 等.脂肪氧化对肌原纤维蛋白氧化及其结构和功能性质的影响[J].食品科学, 2018, 5: 40-46.

[11]　赵晋府. 食品技术原理[M]. 北京: 中国轻工业出版社, 2002.

[12]　郑秋萍, 林育钊, 李美玲, 等.果实采后软化的影响因素及抑制技术研究进展[J].亚热带农业研究, 2019, 4: 262-270.

[13]　曾名湧. 食品保藏原理与技术[M]. 第2版. 北京: 化学工业出版社, 2014.

[14]　曾庆孝, 芮汉明, 李汴生. 食品加工与保藏原理[M]. 北京: 化学工业出版社, 2002.

[15]　Bekhit A El-Din A, Holman B W B, Giteru S G, et al. Total volatile basic nitrogen (TVB-N) and its role in meat spoilage: A review[J]. Trends in Food Science & Technology, 2021, 109: 280-302.

[16]　Cen S, Fang Q, Tong L, et al. Effects of chitosan-sodium alginate-nisin preservatives on the quality and spoilage microbiota of *Penaeus vannamei* shrimp during cold storage[J]. International Journal of Food Microbiology, 2021. https: //doi.org/10.1016/j.ijfoodmicro.2021.109227.

[17]　Hemachandran H, Anantharaman A, Mohan S, et al. Unraveling the inhibition mechanism of cyanidin-3-sophoroside on polyphenol oxidase and its effect on enzymatic browning of apples[J]. Food Chemistry, 2017, 227: 102-110.

[18]　Hussain M A, Sumon T A, Mazumder S K, et al. Essential oils and chitosan as alternatives to chemical preservatives for fish and fisheries products: A review[J]. Food Control, 2021. https: //doi.org/10.1016/j.foodcont.2021.108244.

[19]　Jiang H, Zhang W, Xu Y, et al. Applications of plant-derived food by-products to maintain quality of postharvest fruits and vegetables[J]. Trends in Food Science & Technology. https: //doi.org/10.1016/j.tifs.2021.09.010.

[20]　Liu W, Zhang J, Guo A, et al. The specific biological characteristics of spoilage microorganisms in eggs[J]. LWT-Food Science and Technology, 2021. https: //doi.org/10.1016/j.lwt.2020.110069.

[21]　Omwange K A, Saito Y, Zichen H, et al. Evaluating Japanese dace (*Tribolodon hakonensis*) fish freshness during storage using multispectral images from visible and UV excited fluorescence[J]. LWT-Food Science and Technology, 2021. https: //doi.org/10.1016/j.lwt.2021.112207.

[22]　Qian Y F, Cheng Y, Ye J X, et al.Targeting shrimp spoiler *Shewanella putrefaciens*: Application of ε-polylysine and oregano essential oil in Pacific white shrimp preservation[J]. Food Contro, 2020. https: //doi.org/10.1016/j.foodcont.2020.107702.

[23]　Sun X, Baldwin E, Bai J. Applications of gaseous chlorine dioxide on postharvest handling and storage of fruits and vegetables-A review[J]. Food Control, 2019, 95: 18-26.

[24]　Wu L, Pu H, Sun D W. Novel techniques for evaluating freshness quality attributes of fish: A review of recent developments[J].

Trends in Food Science & Technology, 2019, 83: 259-273.

[25] Xie J, Dong H, Yu Y, et al. Inhibitory effect of synthetic aromatic heterocycle thiosemicarbazone derivatives on mushroom tyrosinase: Insights from fluorescence, ^{1}H-NMR titration and molecular docking studies[J]. Food Chemistry, 2016, 190: 709-716.

[26] Zhang Y, Tian X, Jiao Y, et al. Free iron rather than heme iron mainly induces oxidation of lipids and pro‐teins in meat cooking[J]. Food Chemistry, 2022. https: //doi.org/10.1016/j.foodchem.2022.132345.

[27] Zhu Y, Liu P, Xue T, et al. Facile and rapid one-step mass production of flexible 3D porous graphene nanozyme electrode via direct laser-writing for intelligent evaluation of fish freshness[J]. Microchemical Journal, 2021. https: //doi.org/10.1016/j.microc.2020.105855.

[28] Zotta T, Parente E, Ianniello R G, et al. Dynamics of bacterial communities and interaction networks in thawed fish fillets during chilled storage in air[J]. International Journal of Food Microbiology, 2019, 293: 102-113.

 ## 总结

○ 食品中腐败微生物与病原微生物
- 腐败微生物：能引起食品发生化学或物理性质变化，降低食品营养价值，破坏食品组织，使食品失去原有色、香、味的微生物。通常细菌、霉菌、酵母都能引起食品变质腐败。常见的腐败细菌有假单胞菌属、希瓦氏菌属、不动杆菌属、肠杆菌属等。常见的真菌有链格孢属、青霉属、霜疫霉属、根霉属、炭疽菌属、葡萄孢属等。
- 病原微生物：能直接或间接污染食品及水源，人经口感染可导致肠道传染病的发生及食物中毒的微生物。常见病原微生物有大肠杆菌、沙门氏菌、志贺氏菌、耶尔森氏菌、霍乱弧菌、副溶血弧菌、单增李斯特氏菌、肉毒梭状芽孢杆菌、金黄色葡萄球菌等。食源性病原微生物是导致食品安全问题的重要来源。

○ 细菌菌相与优势腐败菌
- 细菌菌相：指存在于食品中的细菌种类及其相对数量的构成，一般关注食品的初始菌相与腐败菌相。通过分析食品菌相的动态演变过程及变化规律，有助于解析食品变质腐败的原因与机理。
- 优势腐败菌：在食品腐败菌相中相对数量较大、对食品腐败变质起主要作用的一种或几种细菌称为优势腐败菌。

○ 食品中与变质腐败相关的酶
- 脂肪酶、蛋白酶：可促进脂肪和蛋白质氧化，形成小分子的醇、醛、酮等小分子化合物而改变食品风味。
- 叶绿素酶：可降解叶绿素促使绿叶蔬菜黄化。
- 多酚氧化酶、过氧化物酶：可促进果蔬褐变，从而改变食品色泽。
- 淀粉酶、果胶酯酶、多聚半乳糖醛酸酶：可促进淀粉与果胶降解，促进食品组织软化，影响食品质地。

○ 氧化作用与食品变质腐败
- 食品的氧化作用无时无处不在，脂肪、蛋白质、色素、维生素及各种活性物质的氧化导致食品色泽变化、风味变差、食品营养价值降低与变质腐败过程加剧。
- ○ 物理因素与食品变质腐败
  - ● 光照、温度、湿度、气体成分等环境因子通过影响微生物的生长繁殖、酶活性、鲜活食品原料的生理作用、食品后熟进程、食品的水分含量及水分活度、各种氧化反应、酶促反应等，间接调控食品变质腐败过程。

✎ 课后练习

一、判断正误题

1. 新鲜鱼的挥发性盐基氮（TVB-N）一般小于30mg/100g。（　　　）
2. 食品中的致病菌与腐败菌都与食品保藏密切相关。（　　　）
3. 果蔬的腐败变质主要是细菌引起的。（　　　）
4. K值越大，表明鱼的新鲜度越高。（　　　）
5. 引起干制品腐败的微生物主要是细菌和酵母菌。（　　　）

二、选择题

1. 下列哪些因素不参与酶促褐变？（　　　）
  A. 温度　　　　　　B. 氧气　　　　　　C. 氧化底物　　　　　　D. 酶
2. 一筐鱼放置一段时间变质了，原因可能是（　　　）。
  A. 细菌性腐败　　　　　　B. 酶的因素　　　　　　C. 氧化作用

三、问答题

1. 引起食品变质腐败的因素主要有哪些？它们是如何引起食品腐败变质的？
2. 什么是菌相？如何测定和评价？它在肉制品和水产品腐败过程中的作用如何？
3. 果蔬中的哪些关键酶类与其质地变化有关？举例说明。
4. 酶促褐变和非酶褐变是如何影响食品变质的？

↘ 能力拓展

- ○ 进行研究性学习，培养分析和研究问题的能力
  - ● 通过文献资料的研究性学习，能从腐败过程、腐败菌种类、腐败结果、评价指标等方面分析归纳果蔬腐败与肉制品、水产品腐败的差异。
  - ● 围绕生鲜水产品变质速度快、保质期短的问题，进行调查研究与文献资料查阅，从生鲜水产品变质腐败的原因、存在的主要问题及有效的解决措施等方面，分析归纳内在因素与外在因素对水产品变质腐败的影响并获得有效结论。
- ○ 进行小组协作学习，培养团队协作能力
  - ● 组织实施小组讨论，能围绕引起食品变质腐败的生物学因素、化学因素和物理因素等进行小组协作学习，归纳分析食品变质腐败的主要原因。
  - ● 能在小组讨论中发挥组织、协调和指挥作用，能运用批判性思维，在小组讨论中采用专业术语评价同伴观点、给出自己的观点，培养与多学科团队成员间有效沟通、合作共事的能力。

第二章　食品变质腐败的抑制及其原理

提高食品渗透压时，微生物细胞内的水分就会渗透到细胞外，引起微生物细胞发生质壁分离，导致微生物生长活动停止，甚至死亡，从而使食品得以长期保藏

　　新鲜食物容易变质腐烂，而晒干之后就可以长时间保存。这是什么道理呢？

　　这是因为晒干之后的食物含水量较低，对引起食物变质腐败的因素起到了抑制作用。食品保藏是一种古老的技术，我们的祖先在很久以前就掌握了一些防止食品变质腐败的方法。据确切的记载，公元前 3000 年到前 1200 年之间，中国人就学会了盐腌鱼技术。这些都是人类最早进行的食物保藏活动。我国古书中常出现"焙"字，这表明干制保藏已开始进入人们的日常生活。《齐民要术》中的"密泥瓮头肉"和《北山酒经》中记载的瓶装酒加药密封煮沸后保存，似乎可看成是罐藏技术的萌芽。

 思维导图

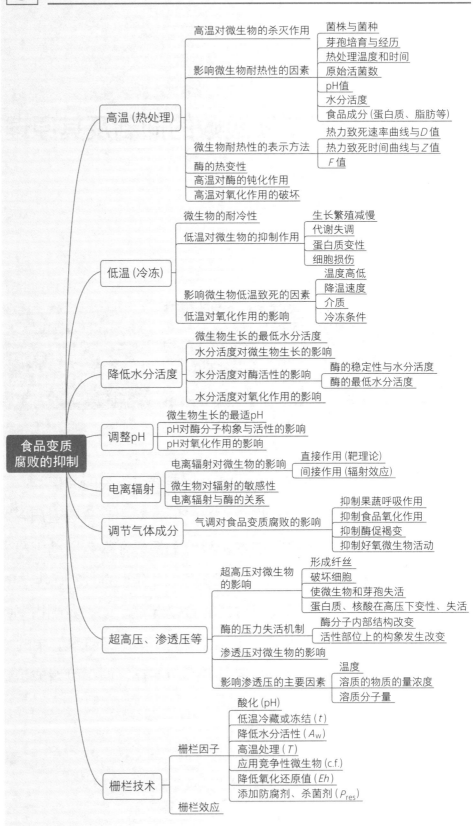

> ❋ **为什么要学习"食品变质腐败的抑制及其原理"？**
>
> 　　食品变质腐败问题与我们的生活息息相关，无论是动物源、植物源或微生物源食品，放置一段时间后就会变质，有的发霉结块，有的氧化变色，有的腐败发臭等。食品从采摘、捕捞或生产结束的那一刻起，就开始进入从量变到质变的变质腐败过程。怎样贮存食品可以延缓其变质腐败？采用哪些措施可以保持食品的色、香、味和营养价值？为什么有些食品需要真空包装？为什么有些食品需要杀菌和干制处理？学习食品变质腐败的抑制及其原理，正确认识食品变质腐败的危害与控制措施，不仅是有效控制食品变质腐败和发展食品保藏新技术的基础和前提，而且对维持食品良好品质、提升人们的饮食健康也非常必要。

> 👁 **学习目标**
>
> ○ 掌握微生物耐热性的表示方法，归纳总结影响微生物耐热性的主要因素；
> ○ 归纳总结水分活度对食品变质腐败的影响，并了解细菌、酵母和霉菌等最适生长的水分活度范围；
> ○ 描述 pH 过低或过高对食品中微生物和酶造成的主要影响；
> ○ 理解并准确清晰表达食品低温保藏、罐藏、干制保藏、辐照保藏、腌制与烟熏、化学保藏、生物保藏的基本原理；
> ○ 针对生鲜水产品的变质腐败问题，设计合理的栅栏因子和栅栏技术保藏方案，设计中体现绿色设计理念，并考虑社会、健康、安全、法律、文化以及环境等多种因素的影响；
> ○ 自觉传播健康饮食文化，培养责任感、荣誉感、使命感和规则意识，全方位提升自身职业素养。

　　如前所述，食品变质腐败可能是多种因素共同作用的结果。但是，无论是微生物、酶、氧化作用或其他变质因子，其作用均受到环境条件诸如温度、水分、pH、氧化/还原电势、O_2 等因素的影响。通过改变上述因素作用的条件，如采用降低温度、调控酸碱度、热处理、辐照、腌制、烟熏、涂膜、超高压、脉冲、高密度二氧化碳处理等技术手段，就可抑制微生物及酶等变质因子的作用，从而阻止食品变质腐败，这就是食品变质腐败抑制和食品保藏的基本原理。

第一节　温度对食品变质腐败的抑制作用

　　在实际食品加工过程中，对于化学性变质腐败，一般只能在加工过程中将其限制到最低程度，但不容易根除；对于物理性损伤，只要加工过程中操作规范、贮存环境适宜，一般对食品保藏威胁不大。对食品品质影响最严重的因素，就是微生物的活动。因此，食品加工以破坏微生物的活动为主，同时兼顾抑制酶活性、氧化作用和延缓各种营养成分及活性成分的降解。

一、温度与微生物的关系

（一）高温对微生物的杀灭作用

1.微生物的耐热性

不同微生物具有不同生长温度范围。超过其生长温度范围的高温，将对微生物产生抑制或杀灭作用。根据细菌耐热性不同，可将其分为四类：嗜热菌、嗜温菌、低温菌和嗜冷菌。不同种类细菌的最低、最适和最高生长温度范围见表 2-1。

表 2-1　细菌的耐热性（曾孝庆等，2002）

微生物	最低生长温度 /℃	最适生长温度 /℃	最高生长温度 /℃
嗜热菌	30 ~ 45	50 ~ 70	70 ~ 90
嗜温菌	5 ~ 15	30 ~ 45	45 ~ 55
低温菌	−5 ~ 5	25 ~ 30	30 ~ 55
嗜冷菌	−10 ~ 5	12 ~ 15	15 ~ 25

一般嗜冷微生物对热最敏感，其次是低、中温微生物，而嗜热微生物的耐热性最强。然而，同属嗜热微生物，其耐热性因种类不同而有明显差异。通常，产芽孢细菌比非芽孢细菌更为耐热。而芽孢也比其营养细胞更耐热。比如，细菌营养细胞大多在 70℃下加热 30min 死亡，而其芽孢在 100℃下加热数分钟甚至更长时间也不死亡。

芽孢的耐热机理至今尚无公认的定论，比较有说服力的是渗透调节皮层膨胀学说。该学说认为，芽孢外层包括一层肽聚糖壁，一层或数层成分为蛋白质的芽孢衣，对阳离子和水通透性较差，而离子强度较强的皮层可掠夺核心区水分，使芽孢核心部分失水而皮层吸水膨胀，使得芽孢抗热性增加。也有人认为由于孢子的耐热性与原生质的含水量（确切地说是游离水含量）有很大关系，而上述带凝胶状物质的皮膜在营养细胞形成芽孢之际产生收缩，使原生质脱水，从而增强了芽孢的耐热性。另外，芽孢菌生长时所处温度越高，所产孢子也更耐热。原生质中矿物质含量变化也会影响孢子的耐热性，但它们之间的关系尚无结论。

2.影响微生物耐热性的因素

无论是在微生物的营养细胞之间，还是在营养细胞和芽孢之间，其耐热性都有显著差异。就是在耐热性很强的细菌芽孢之间，其耐热性的变化幅度也相当大。微生物耐热性是复杂的化学性、物理性以及形态方面的性质综合作用的结果。因此，微生物耐热性首先受到其遗传特性的影响；其次，与它所处的环境条件是分不开的。一般认为以下因素对微生物耐热性影响较大。

（1）菌株和菌种　微生物种类不同，其耐热性程度也不同，而且即使是同一菌种，其耐热性也因菌株而异。正处于生长繁殖期的营养体的耐热性比它的芽孢弱。不同菌种芽孢的耐热性也不同，嗜热菌芽孢的耐热性最强，厌氧菌芽孢次之，需氧菌芽孢的耐热性最弱。同一菌种芽孢的耐热性也会因热处理前菌龄、培养条件和贮存环境的不同而异。

（2）微生物的生理状态　微生物营养细胞的耐热性随其生理状态的变化而变化。一般处于稳定生长期的微生物营养细胞比处于对数期者耐热性更强，刚进入缓慢生长期的细胞也具有较高耐热性，而进入对数期后，其耐热性将逐渐下降至最小。另外，细菌芽孢耐热性与其成熟度有关，成熟后的芽孢比未成熟的芽孢更为耐热。

（3）培养温度　不管是细菌的芽孢还是营养细胞，一般情况下，培养温度越高，所培养的细胞及芽孢耐热性就越强。枯草芽孢杆菌的耐热性随培养温度升高，其加热死亡时间延长，见表2-2。

表2-2　培养温度对枯草芽孢杆菌芽孢耐热性的影响（唐浩国等，2019）

培养温度 /℃	100℃加热死亡时间 /min	培养温度 /℃	100℃加热死亡时间 /min
21～23	11	41	18
37	16		

（4）热处理温度和时间　热处理温度越高则杀菌效果越好。杀菌温度和时间对细菌残存数量的影响见图2-1。温度越高，细菌残存数量越少。在90℃时加热5min时的死亡率较70℃或80℃加热5min高，但是，继续延长加热时间，杀菌效果并未提高。因此，在杀菌时，保证足够高的杀菌温度比延长杀菌时间更为重要。

（5）初始活菌数　微生物耐热性与初始活菌数之间有很大关系。食品中初始菌数越多（尤其是细菌的芽孢），杀菌时间就越长，或所需温度越高。例如，将一种从污染罐头中分离到的嗜热菌芽孢，放在pH6.0的玉米糊中，处理温度为120℃，其初始细菌芽孢数与加热时间的关系见表2-3。

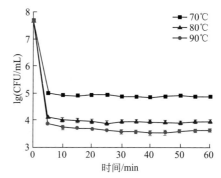

图2-1　不同热处理温度下嗜热脂肪芽孢杆菌残存数曲线（韩孔艳等，2015）

表2-3　细菌芽孢数量与加热时间的关系（岳青等，2007）

孢子浓度 /（个 /mL）	杀死芽孢需要时间 /min	孢子浓度 /（个 /mL）	杀死芽孢需要时间 /min
50000	14	500	9
5000	10	50	8

初始活菌数多能增强细菌耐热性，其原因可能是细菌细胞分泌出较多类似蛋白质的保护物质，以及细菌存在耐热性差异等。

（6）水分活度　水分活度或加热环境的相对湿度对微生物耐热性有显著影响。一般水分活度越低，微生物细胞的耐热性越强。其原因可能是由于蛋白质在潮湿状态下加热比在干燥状态下加热变性速度更快，从而使微生物更易于死亡。因此，在相同温度下湿热杀菌的效果要好于干热杀菌。

另外，水分活度对于细菌营养细胞及其芽孢以及不同细菌和芽孢的影响明显不同，如图2-2所示。随着水分活度增大，肉毒梭菌（E型）的芽孢迅速死亡，而嗜热脂肪芽孢杆菌芽孢的死亡速率所受影响小得多。

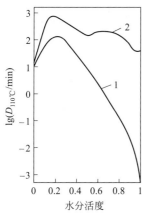

图2-2　细菌芽孢在110℃加热时死亡时间（D 值）和水分活度的关系（曾名湧，2014）

1—肉毒梭菌（E型）；2—嗜热脂肪芽孢杆菌

（7）pH值 微生物受热时环境pH值是影响其耐热性的重要因素。微生物耐热性在中性或接近中性的环境中最强，而偏酸性或偏碱性的条件都会降低微生物耐热性。其中尤以酸性条件的影响更为显著。一般细菌芽孢在pH6～7时耐热性最强，但在pH<5时，细菌芽孢的耐热性就较弱。某些酵母在pH4～5时耐热性最强。粪便肠球菌在某个近中性的pH值下具有最强的耐热性，而偏离此值的pH均会降低其耐热性，尤以酸性pH的影响更为显著。肉毒杆菌的芽孢在中性磷酸盐缓冲液中的耐热性是在牛乳和蔬菜汁中的2～4倍。pH值对肠球菌和芽孢耐热性的影响见图2-3和图2-4。因此，在加工蔬菜及汤类食品时，常添加柠檬酸、醋酸及乳酸等酸类物质，提高食品酸度，以降低杀菌温度和减少杀菌时间，从而保持食品原有品质和风味。

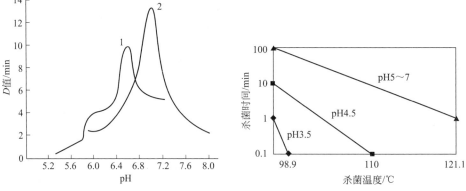

图2-3 pH值对肠球菌耐热性的影响（60℃） **图2-4** pH对芽孢耐热性的影响
（Jay et al., 1992）   （夏文水，2007）

1—柠檬酸盐－磷酸盐缓冲液；2—磷酸盐缓冲液

（8）蛋白质 在加热时，食品介质中如有蛋白质（包括明胶、血清等在内）存在，将对微生物起保护作用。实验表明，蛋白胨、肉膏对产气荚膜梭菌的芽孢有保护作用，酵母膏对大肠埃希氏菌有保护作用，氨基酸、蛋白胨和大部分蛋白质等对沙门氏菌有保护作用。将细菌芽孢放入pH6.9的0.067mol/L磷酸和1%～2%明胶的混合液中，其耐热性比没有明胶时高2倍。虽然蛋白质对微生物具有保护作用，但此保护作用的机制尚不清楚。认为可能是蛋白质分子之间互相结合交联成网络或蛋白质与氨基酸之间相互结合，影响了细胞的周围微环境，从而实现了对微生物细胞耐热性保护作用。这种保护现象虽然是在细胞表面产生的，但也不能忽视在细胞内部也存在着蛋白质对细胞的保护作用。

（9）脂肪 食品中的脂肪可在微生物表面形成脂肪膜，将微生物与水分隔开，降低了水分活度，从而提高微生物的耐热性。比如在油、石蜡及甘油等介质中存在的细菌及芽孢，需在140～200℃温度下进行5～45min的加热方可杀灭。因此，对脂肪含量高的食品，杀菌温度要高些，时间要长些。以埃希氏杆菌为例，它在不同含脂食物中的耐热性不同，见表2-4。

表 2-4　埃希氏杆菌在不同介质中的热致死温度（加热时间为 10min）（Jay et al，1992）

食品介质	热致死温度 /℃	食品介质	热致死温度 /℃
奶油	73	乳清	63
全脂乳	69	肉汤	61
脱脂乳	65		

脂肪使细菌耐热性增强是通过减少细胞含水量来达到的。因此，增加食品介质含水量，即可部分或基本消除脂肪的热保护作用。另外，对肉毒梭状杆菌的实验表明，长链脂肪酸比短链脂肪酸更能增强细菌的耐热性。

（10）盐类　盐类可以调节细胞内外渗透压，从而有效减少一些主要成分在加热过程中向细胞外的渗出，对细胞耐热性有很好的保护作用。盐类对细菌耐热性的影响是可变的，主要取决于盐的种类、浓度等因素。一般来讲无机盐中的二价阳离子（如 Ca^{2+}、Zn^{2+}、Mg^{2+}）等能够与蛋白质结合形成复合体，通过提高蛋白质的热稳定性增强芽孢的耐热性；而 NaCl、KCl 类型的盐类具有较强的蛋白质水合效应，可提高蛋白质或者酶的稳定性，从而改变芽孢的耐热能力。当食盐浓度低于 3%～4% 时，能增强细菌耐热性。食盐浓度超过 4% 时，随浓度增加，细菌耐热性明显下降；如果浓度高达 20%～25% 时，细菌将无法生长。

（11）糖类　糖的存在对微生物耐热性有一定影响，这种影响与糖的种类及浓度有关。以蔗糖为例，当其浓度较低时，对微生物耐热性的影响很小；但浓度较高时，则会增强微生物的耐热性。其原因主要是高浓度糖类能降低食品水分活度，导致细菌细胞原生质脱水，影响了蛋白质凝固速度，从而增加其耐热性。不同糖类即使在相同浓度下对微生物耐热性的影响也是不同的，这是因为它们所造成的水分活度不同。不同糖类对受热细菌的保护作用，由强到弱的顺序如下：蔗糖＞葡萄糖＞山梨糖醇＞果糖＞甘油。

（12）其他因素　当微生物生存环境中含有防腐剂、杀菌剂时，微生物耐热性将会降低。另外，对牛奶培养基中的大肠埃希氏菌、鼠伤寒沙门氏菌分别进行常压加热和减压加热处理，无论哪一种菌，不管培养基的组成成分如何，采用多高的温度，真空下的 D 值都比常压下的小。

3. 微生物耐热性的表示方法

（1）加热时间与细菌芽孢致死率的关系——D 值及 TRT 值　研究人员对在一定条件、一定加热温度下细菌芽孢的死亡率与加热时间的关系进行了深入研究，发现了指数递减或按对数循环下降的规律。以嗜热脂肪芽孢杆菌的芽孢在 121 ℃下加热时，加热时间与对应的残存活菌数之关系为例，如图 2-5 所示。此关系在半对数坐标图中为一条直线，称为热力致死速率曲线或残存活菌数曲线。由此曲线可计算出满足某种特定杀菌要求所需加热时间。假如某食品初始活菌数的对数为 lg$a$，杀菌过程结束时残存活菌数的对数为 lg$b$，则加热时间 τ 可用下式计算：

$$\tau = \frac{1}{m}(\lg a - \lg b) \qquad (2\text{-}1)$$

式中　m——热力致死速率曲线的斜率。

上式即为一定致死温度下的热力致死速率方程。

如果假定 lg$a$=lg10^3，而 lg$b$=lg10^2，则式（2-1）就变成：

$$\tau = \frac{1}{m} \qquad (2\text{-}2)$$

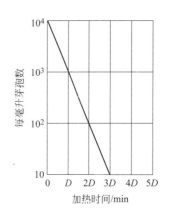

图 2-5　热力致死速率曲线
（曾名湧，2014）

式（2-2）实际上是指热力致死速率曲线横过一个对数循环所需要的时间，称之为 D 值，也即指数递降时间（decimal reduction time），它在数值上等于直线斜率的倒数。D 值的定义是在一定环境和热力致死温度下，杀死某细菌群原有残存活菌数的 90% 时所需加热时间。比如，在 110℃下处理某细菌，每杀死其原有残存活菌数的 90% 所需时间为 5min，则 $D_{110℃}$ =5min。

D 值是细菌死亡率（直线斜率）的倒数，因此，它表示细菌耐热性的强弱。D 值越大，则细菌死亡速率越慢，细菌耐热性就愈强；反之就愈弱。D 值与细菌耐热性之间存在正比关系。

D 值与初始活菌数无关，但因热处理温度、菌种、细菌所处环境等因素而异。因此，D 值只有在上述因素不变时才是常数。

D 值可从热力致死速率曲线图中直接求得，也可根据式（2-1）计算如下：

$$D = \frac{\tau}{\lg a - \lg b} \tag{2-3}$$

例： 某细菌的初始活菌数为 1×10^4，在 110℃下热处理 3min 后残存活菌数为 1×10^2，求其 D 值。

解： 由式（2-3）得

$$D_{110℃} = \frac{3}{\lg 10^4 - \lg 10^2} = 1.5（min）$$

即该细菌的 $D_{110℃}$ 为 1.5min。

热力指数递减时间（thermal reduction time，TRT）实际上是 D 值概念的外延。它是指在一定条件下，任何特定热力致死温度下将细菌或芽孢数减少到原有残存活菌数的 $1/10^n$ 时所需加热时间（min）。指数 n 称为递减指数（reduction exponent），并表示在 TRT 的右下角。

根据式（2-1），TRT_n 可用下式计算：

$$TRT_n = t = D(\lg 10^n - \lg 10^0) = nD (min) \tag{2-4}$$

如果 n=1，也即热力致死速率曲线横过一个对数循环所需加热时间，则 $TRT_1 = D$。

TRT 就是该曲线横过 n 个对数循环所需加热时间，即 $TRT_n = nD$。因此，TRT 值本质上与 D 值相同，也表示了细菌耐热性的强弱。

（2）加热温度和细菌芽孢致死率的关系　以加热温度为横坐标，以其所对应的杀死某一菌种的全部细菌或芽孢所需最短加热时间为纵坐标，在半对数坐标图中可作出如图 2-6 所示的曲线，称做热力致死时间曲线（thermal death time curve）。

该曲线为一直线，说明两者之间的关系同样遵循指数递减规律，按 Arrhenius 法则表示如下：

$$\lg \frac{\tau}{\tau'} = \frac{t_0 - t}{Z} \tag{2-5}$$

式中　t_0 和 t——分别为标准杀菌温度和实际杀菌温度；

τ' 和 τ——分别为在 t_0 和 t 温度下的致死时间；

Z——$\lg \dfrac{\tau}{\tau'}=1$ 时的 t_0-t 值，也即热力致死时间曲线横过一个对数循环所对应的温度差。

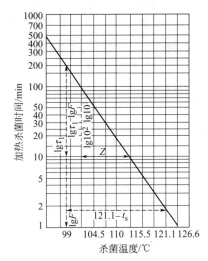

图 2-6 热力致死时间曲线（曾名湧，2014）

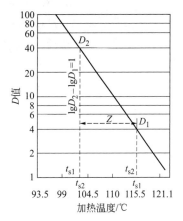

图 2-7 仿热力致死时间曲线（曾名湧，2014）

通常采用 121℃（国外为 250 ℉）为标准杀菌温度，与此对应的热力致死时间 τ' 称为 F 值，也叫杀菌致死值。故式（2-5）就变成下式：

$$\lg \frac{\tau}{F} = \frac{121-t}{Z} \tag{2-6}$$

或

$$\frac{1}{Z} = \frac{\lg\tau - \lg F}{121-t} \tag{2-7}$$

（3）D 值、F 值和 Z 值三者之间的关系　如果以 D 值的常用对数值为纵坐标，以加热温度为横坐标，在半对数坐标图中可以作出如图 2-7 的曲线，称为仿热力致死时间曲线。

从图 2-7 中可以得到以下关系式：

$$\lg D_2 - \lg D_1 = \frac{t_1 - t_2}{Z} \tag{2-8}$$

假如 $\lg D_2 - \lg D_1 = 1$，则该直线斜率为 Z 值的倒数，即：

$$\tan\alpha = \frac{\tan D_2 - \tan D_1}{Z} = \frac{1}{Z} \tag{2-9}$$

又根据前述 TRT 概念可知，如果 $\tau = \tau_n = nD$，则式（2-6）变成下式：

$$\lg \frac{nD}{F} = \frac{121-t}{Z} \tag{2-10}$$

或

$$Z = \frac{121-t}{\lg \dfrac{nD}{F}} \tag{2-11}$$

或

$$D = \frac{F}{n} \times 10^{\frac{121-\tau}{Z}} \tag{2-12}$$

因此，在 121 ℃时求得的 D 值乘以 n 就可得到 F 值。n 的大小并非固定不变，应根据工厂卫生状况、食品污染的细菌种类和数量等因素来确定。比如在美国，一般要求肉毒杆菌的每毫升芽孢数应从 10^{12} 降到 10^0，即 $n=12$；对 P.A.3679（生芽孢梭状芽孢杆菌 3679），要求从每毫升 10^5 减少到每毫升 10^0，即 $n=5$；而对嗜热芽孢杆菌，则要求从每毫升 10^6 降到 10^0，即 $n=6$。

F 值的定义就是在一定加热致死温度（一般为 121.1℃）下，杀死一定浓度微生物所需加热时间（min）。F 值可用来比较 Z 值相同的细菌耐热性，F 值越大则表明细菌耐热性越强。非标准温度下的 F 值须在其右下角标明温度，如 $F_{105}=4.5$min，表示在加热温度为 105 ℃下的 F 值为 4.5min。标准温度下则可直接用 F 表示。F 的倒数也叫致死率。

另外，因为 Z 值就是热力致死时间曲线和仿热力致死时间曲线横过一个对数循环时所需改变的温度，所以对 Z 值较大的细菌及其芽孢，如采用与 Z 值较小的细菌及其芽孢相同的温度杀菌时，则效果就会变差。

F 值与 Z 值之间的关系可由式（2-1）与式（2-6）得到：

$$F=\tau \times 10^{\frac{t-121}{Z}} \tag{2-13}$$

（二）低温对微生物的抑制作用

1. 微生物的耐冷性

微生物耐冷性因种类而异，一般球菌类比 G 杆菌更耐冷，而酵母菌和霉菌比细菌更耐冷。比如，观察在 –20℃左右冻结贮藏的鱼贝类中的大肠菌群和肠球菌的生长发育状况，可以发现，大肠菌群在冻藏中逐渐死亡，而肠球菌冻藏 370d 后几乎没有死亡。

对于同种类的微生物，它们的耐冷性则随培养基组成、培养时间、冷却速度、冷却终温及初始菌数等因素而变化。一般培养时间短的细菌，耐冷性较差；冷却速度快，则细菌在冷却初期死亡率大；冷冻开始时温度愈低则细菌死亡率愈高；在相同温度下冻结后，于不同温度下冻藏时，冻藏温度愈低，则细菌死亡愈少。

如果食品 pH 较低或水分较多，则细菌耐冷性较差；如果食品中存在糖、盐、蛋白质、胶状物及脂肪等物质时，则可增强微生物耐冷性。由于大多数嗜冷性微生物为需氧微生物，因此，在缺氧环境下，微生物耐冷性很差。

2. 低温对微生物的抑制作用

如果将温度降低到最适生长温度以下，则微生物生长繁殖速度就会下降，它们之间的关系可用温度系数 Q_{10} 来表示。Q_{10} 随微生物种类而异，大多数嗜温性微生物的 Q_{10} 在 $5 \sim 6$ 之间，而大多数嗜冷性微生物的 Q_{10} 为 $1.5 \sim 4.4$。因此，在降温幅度相同时，嗜温性微生物的生长繁殖速度下降得比嗜冷性微生物更大，也可说是受到的抑制作用更强。当微生物生长繁殖速度下降到零时的温度称做生物学零度（biological zero），通常为 0℃。但嗜冷性微生物的生物学零度远低于 0℃，可达 –12℃甚至更低。

虽然处于生物学零度下的微生物不能生长繁殖，但也不会死亡。De-Jong 曾指出，产气乳杆菌即使在 –190℃的液化空气和 –253℃的液氧中，仍不会死亡。因此，低温只是抑制微生物的生长繁殖，是抗菌作用而非杀菌作用。尽管如此，当微生物所处环境温度突然急速降低时，部分微生物将会死亡，此现象称做冷冲击或低温休克（cold shock）。

但是，不同微生物对低温休克的敏感性不一样，G⁻ 细菌比 G⁺ 细菌强，嗜温性菌比嗜冷性菌强。对于同一菌株，则降温幅度越大，降温速度越快，低温休克效果越强烈。低温休克的机理尚未完全明了，可能与细胞膜、DNA 的损伤有关。

另外，冻结和解冻也会引起微生物细胞损伤及细菌总数减少。受到损伤的微生物是否死亡，与是否存在肽、氨基酸、葡萄糖、柠檬酸、苹果酸等成分以及温度、pH 值、渗透压、紫外线等外部条件的改变有关。受损伤的细菌摄取上述成分后即可复原，如缺少上述成分，则会死亡。受损伤的细菌对上述外部条件的改变非常敏感，极易因此而死亡。冻结和解冻引起的微生物损伤及细菌总数减少还与冻结和解冻速度有较大关系。一般缓慢冻结或解冻所引起的微生物细胞损伤更严重，细菌总数减少得更多，而快速冻结或解冻则相反。需要特别提醒的是，解冻后残存的微生物会迅速活动而造成食品腐烂变质。

虽然不少微生物能在低温下生长繁殖，但是它们分解食品引起腐败的能力已非常微弱，甚至已完全丧失。比如荧光假单胞菌、黄色杆菌及无色杆菌等，虽然在 0℃以下仍可继续生长繁殖，但对糖类的发酵作用，在 –3℃时需 120d 才可测出，而在 –6.5℃下则完全停止。对蛋白质的分解作用，在 –3℃时需 46d 才能测出，而在 –6.5℃下则已停止。这也正是低温可以长期保持食品品质的原因或者说低温保藏的基础。

二、温度与酶的关系

（一）高温对酶活性的钝化作用及酶的热变性

酶活性和稳定性与温度之间存在密切关系。在较低温度范围内，随着温度升高，酶活性也增加。通常，大多数酶在 30 ~ 40℃的范围内显示最大活性，而高于此范围的温度将使酶失活。酶活性（酶催化反应速率）和酶失活速率与温度之间的关系均可用温度系数 Q_{10} 表示，即每升高 10℃，其反应速率与原反应速率之比。前者的 Q_{10} 一般为 2 ~ 3，而后者的 Q_{10} 在临界温度范围内可达 100。因此，随着温度提高，酶催化反应速率和失活速率同时增大，但是由于它们在临界温度范围内的 Q_{10} 不同，后者较大，因此，在某个关键性温度下，失活速率将超过催化速率，此时的温度即酶活性的最适温度。不过要指出的是，任何酶的最适温度都不是固定的，而是受到酶的纯度、底物、激活剂、抑制剂、酶促反应时间、pH、共存盐类等因素的影响。

与细菌热力致死时间曲线相似，也可以作出酶的热失活时间曲线。因此，同样可以用 D 值、F 值及 Z 值来表示酶的耐热性。其中 D 值表示在某个恒定温度下使酶失去其原有活性的 90% 时所需要的时间。Z 值是使热失活时间曲线横过一个对数循环所需改变的温度。F 值是指在某个特定温度和不变环境条件下使某种酶活性完全丧失所需时间。

另外，对于温度与酶催化反应速率之间的关系，还可用 Arrhenius 方程来定量地描述：

$$k = A \, \mathrm{e}^{\frac{E_a}{RT}} \tag{2-14}$$

式中　k——反应速率常数；

E_a——活化能；

A——频率因子或 Arrhenius 因子。

式（2-14）两边取对数即得：

$$\lg k=\lg A-\frac{E_a}{2.3RT} \tag{2-15}$$

尽管 E_a 与温度有关，但是在一个温度变化较小的范围内考察温度对催化反应速率的影响时，$\lg k$ 与 $1/T$ 之间呈直线关系。

酶耐热性因种类不同而有较大差异。比如，牛肝过氧化氢酶在 35℃时即不稳定，而核糖核酸酶在 100℃下，其活力仍可保持几分钟。虽然大多数与食品加工有关的酶在 45℃以上时即逐渐失活，但乳碱性磷酸酶和植物过氧化物酶在 pH 中性条件下相当耐热，在加热处理时，其他酶和微生物大都在这两种酶失活前就已被破坏，因此，在乳品工业和果蔬加工时常根据这两种酶是否失活来判断巴氏杀菌和热烫是否充分。酶对热的敏感性与酶分子的大小和结构复杂性有关。一般而言，酶分子越大和结构越复杂，它对高温就越敏感。

某些酶类如过氧化酶、催化酶、碱性磷酸酶和脂酶等，在热钝化后的一段时间内，其活性可部分地再生。这种酶活性再生是由于酶的活性部分从变性蛋白质中分离出来。为了防止酶活性再生，可以采用更高加热温度或延长热处理时间。

（二）低温对酶活性的抑制作用

低温处理虽然会使酶的活性下降，但不会完全丧失。一般来说，温度降低到 -18℃才能较有效地抑制酶的活性，食品中酶活性的温度系数 Q_{10} 大约为 2 ~ 3，也就是说温度每降低 10℃，酶的活性会降低至原来的 1/3 ~ 1/2。

如图 2-8 所示，低温特别是冻结将对酶的活性产生较强的抑制作用。降低贮藏温度，三种酶的变化趋势虽有不同，但整体趋势是 18 ℃处理组样品的酶活性均呈上升趋势，在 0℃、4℃及 -18℃贮藏的样品酶活性均显著低于 18℃处理组的样品，且 -18℃贮藏的样品酶活性最低。表明降低温度可抑制酶的活性，贮藏温度越低，酶活性越低，酶对食品品质的降解作用就越弱。

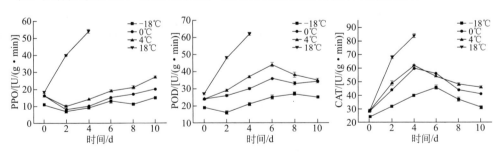

图 2-8　不同贮藏温度对竹笋酶活性的影响（李宣林等，2021）

PPO—多酚氧化酶；POD—过氧化物酶；CAT—过氧化氢酶

酶活性在低温下也可能会增强。例如在快速冻结的马铃薯和缓慢冻结的豌豆中的过氧化氢酶活性在 -5 ~ 0.8℃范围内会提高。冻结究竟是使酶活性降低还是提高，与最初介质组成、冻结速度和程度、冻结浓缩效应、环境黏度以及反应体系的复杂程度等因素有关。

　　低温对酶活性的抑制作用因酶的种类而有明显差异。比如脱氢酶活性会受到冻结的强烈抑制，而转化酶、脂酶、脂氧化酶、过氧化酶、组织蛋白酶及果胶水解酶等许多酶类，即使在冻结条件下也能继续活动。其中，脂酶和脂氧化酶的耐冷性尤其强大，它们甚至在 −29℃的温度下仍可催化磷脂产生游离脂肪酸。这说明有些酶的耐冷性强于细菌，因此，由酶造成的食品变质，可在产酶微生物不能活动的更低温度下发生。有些速冻制品为了将冷冻、冷藏和解冻过程中因酶作用导致的食品品质不良变化降低到最低限度，采用先热处理的方法破坏酶活性，然后再冻结。

　　不同来源的酶的温度特性有一定的差异，来自动物（尤其是温血动物）性食品中的酶，酶活性的最适温度较高，温度降低对酶的活性影响较大；而来自植物性食品（特别是在低温环境下生长的植物）的酶，酶活性的最适温度较低，低温对酶的影响较小。

　　此外，在某些情况下，温度回升后酶的活性会重新恢复，甚至较降温处理前的活性还高。Nord 认为，当生物胶体颗粒浓度低于 1% 时胶体颗粒会破裂，酶活性即上升。而当生物胶体颗粒浓度超过 1.5% 时，会积聚成大颗粒，酶活性即降低。在某些解冻后的组织内，当酶从细胞体析出而与相邻基质做反常接触时，酶活性比在新鲜产品内还要大。

三、温度与其他变质因素的关系

　　引起食品变质的原因除微生物及酶促反应外，还有其他一些因素，如氧化作用、生理作用、蒸发作用、机械损害、低温冷害等，其中较典型的例子是油脂酸败。油脂与空气直接接触，发生氧化反应，生成醛、酮、酸、内酯、醚等物质，且油脂本身黏度增加，密度增加，出现令人不愉快的"哈喇"味，称为油脂酸败。维生素 C 被氧化成脱氢维生素，继续分解，生成二酮古洛糖酸，失去维生素 C 的生理作用。番茄色素是由八个异戊二烯结合而成，由于其中含有较多共轭双键，故易氧化。胡萝卜色素类也有类似反应。

　　无论是细菌、霉菌、酵母菌等微生物引起的食品变质，还是由酶和其他因素引起的变质，在低温环境下，都可以延缓或减弱，但低温并不能完全抑制它们的作用，即使在低于冻结点的低温下进行长期贮藏的食品，其质量仍然会有不同程度下降。

　　此外，在冻结贮藏过程中食品内冰晶生成、长大也会对食品产生一定损害，使食品品质下降。

 概念检查 2.1

　　○ 如何评价细菌的耐热性？D 值、Z 值和 F 值有什么区别和联系？

第二节　水分活度对食品变质腐败的抑制作用

一、水分活度的基本概念

　　人们早已认识到食品含水量与其变质腐败之间有一定关系。比如新鲜鱼要比鱼干更容易变质腐败。但是，人们也发现许多具有相近水分含量的不同食品之间的变质腐败情况存在明显差异。其原因在于水

与食品非水成分之间结合强度不同，参与强烈结合的水或者说结合水是不能为微生物生长和生化反应所利用的水，因此，水分含量作为衡量变质腐败的指标是不可靠的。有鉴于此，提出了水分活度这一概念。

水分活度是指某种食品体系中，水蒸气分压与相同温度下纯水的蒸气压之比，以 A_w 表示，即：

$$A_w = \frac{p}{p_0} \tag{2-16}$$

式中　p——食品的水蒸气分压，Pa；

　　　p_0——相同温度下纯水的蒸气压，Pa。

显然，从理论上说，A_w 值在 0～1 之间。大多数新鲜食品的 A_w 在 0.95～1.00 之间。另外，水分活度还有一个重要特性，即它在数值上与食品所处环境的平衡相对湿度相等。比如，某种食品与相对湿度为 85% 的湿空气之间处于平衡状态时，则该食品的 A_w 为 0.85。

食品的水分活度受到许多因素的影响，主要有食品组成、温度、添加剂等。如果食品的水溶液中含有两种或两种以上的溶质，且它们之间存在盐溶作用时，则会使 A_w 增大；而它们之间存在盐析作用时，则会使 A_w 减小。添加糖类、盐类及甘油等物质，将使食品的 A_w 减小。温度与 A_w 之间的关系可用 Clausius-Clapeyron 方程来表示：

$$\frac{d\ln A_w}{d(1/T)} = \frac{-\Delta H}{R} \tag{2-17}$$

式中　T——热力学温度；

　　　R——气体常数；

　　　ΔH——在食品含水量下的等量吸附热。

如以 $1/T$ 为横轴、以 $\ln A_w$ 为纵轴，可得到直线关系。不同水分含量时天然马铃薯淀粉的 $\ln A_w$-$1/T$ 的关系如图 2-9 所示，从图中可以看出，在各种水分含量和在 2～40℃ 范围内，水分活度与温度之间均存在良好线性关系，A_w 随着温度的升高而升高。另外还可看出，含水量越低时，温度对水分活度的影响越大。一般来说，温度每变化 10℃，A_w 变化 0.03～0.2。由于温度改变会引起食品 A_w 变化，因此，温度改变将影响密封袋内或罐内食品的稳定性。

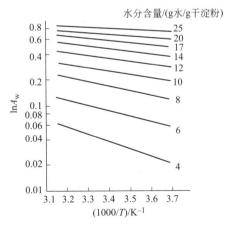

图 2-9　天然马铃薯淀粉的 A_w 与温度的关系（汪东风等，2019）

二、水分活度与微生物的关系

1. 水分活度与微生物生长的关系

实验表明，微生物生长需要一定的水分活度，过高或过低的 A_w 不利于它们生长。微生物生长所需 A_w 因种类而异。多数霉菌在 A_w 为 0.90 时可以生长，而大多数细菌在 A_w 为 0.87 时即不能生长。同是霉菌，它们的耐干燥能力也因菌种而异。比如根霉、毛霉等在 A_w 低于 0.9 时完全不能生长发芽，而耐干霉菌即便在 A_w 降低到 0.80 以下也可生长。通常，大多数霉菌的最低生长 A_w 为 0.75 左右。酵母耐干燥能力介于细菌和霉菌之间。大多数酵母最低生长 A_w 在 0.82 ～ 0.98 之间。

另外，环境条件影响微生物生长所需的水分活度。一般而言，环境条件（如营养物质、pH、O_2、压力及温度等）越差，微生物能够生长的水分活度下限越高。各种因素处于最适条件时，则微生物生长的 A_w 范围将变宽。

水分活度能改变微生物对热、光线和化学物质的敏感性。一般在高水分活度时微生物最敏感，在中等水分活度时最不敏感。水分活度与微生物物理灭菌的关系如图2-10。

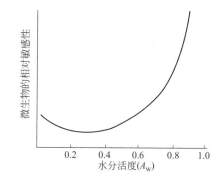

图 2-10 微生物对物理灭菌的敏感性与水分活度的关系（卞科，1997）

2. 水分活度与微生物耐热性的关系

微生物耐热性因环境水分活度不同而不同。比如，将嗜热脂肪芽孢梭菌的冻结干燥芽孢置于不同相对湿度的空气中加热，以观察其耐热性，结果以 A_w 为 0.2 ～ 0.4 之间为最高。而且很有意思的是 A_w 在 1.0 ～ 0.80 之间时，随 A_w 的下降微生物耐热性也降低，其原因尚未明确。

霉菌孢子耐热性则随 A_w 的降低而呈增大的倾向。

3. 水分活度与细菌芽孢形成及毒素产生的关系

微生物在不同的生长阶段，所需的 A_w 阈值也不一样，细菌芽孢形成一般需要比营养细胞发育所需的 A_w 更高些。比如，用蔗糖和食盐来调节培养基，可发现突破芽孢梭菌发芽发育的最低 A_w 为 0.96，而要形成完全的芽孢，则在相同培养基中，A_w 必须高于 0.98。

毒素产生量也与水分活度有关。当水分活度低于某个值时，毒素产生量会急剧降低甚至不产生毒素。以金黄色葡萄球菌 C-243 株产生肠毒素 B 与培养基 A_w 之关系为例，当水分活度低于 0.96 时，金黄色葡萄球菌几乎不产生肠毒素 B。

三、水分活度与酶的关系

水分活度对酶促反应有重要影响，一方面影响酶促反应底物的可移动性，另一方面影响酶的构象。图2-11为加工储存过程中白鱼中脂肪酶和脂肪氧化酶的活性变化，可以看出，水分活度的降低对脂肪酶活性影响显著，脂肪酶的活性在加工初期呈快速下降趋势，2d 后就趋于平缓；而水分活度降低对脂肪氧化酶活性没有显著影响，在 8d 内，脂肪氧化酶活性呈缓慢上升趋势。表明，不同酶对水分活度的需求不同，酶表现出活性的最低水分活度也不同。酶的最低 A_w 与酶种类、食品种类、温度及 pH 等因素有关。

另外，局部效应在酶活性与A_w关系中也起一定作用。局部效应是指食品某个局部的水分子存在状态将影响酶活性。比如，在面团糊与淀粉酶的混合体系中，虽然在A_w小于0.70时，淀粉不分解，但是，当把富含毛细管的物质加入该混合体系时，只要A_w达到0.46，面团就会发生酶解反应。

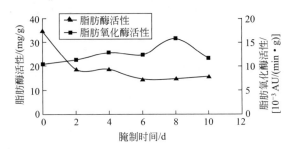

图2-11　水分活度降低后白鱼中脂肪酶和脂肪氧化酶活性变化（刘小莉等，2016）

酶稳定性也与A_w存在较密切的关系。一般在低A_w时，酶稳定性较高。酶的起始失活温度随水分活度升高而降低，因此为了控制干制品中酶的活动，应在干制前对食品进行湿热处理，达到使酶失活的目的。

四、水分活度与其他变质因素的关系

1. 水分活度与氧化作用的关系

国内外大量研究表明，贮藏温度、光照、氧气及水分活度是影响食品氧化的主要因素，其中高水分活度可以加快自由基的生成速率，并有可能改变氧化物质的粒子结构，增大氧化物质与氧气和催化剂的接触面积，因此，水分活度对食品氧化的意义重大。

降低水分活度，可降低食品中的氧含量，因此可以降低食品中的氧化作用。降低水分活度，可以降低物质的流动性，降低物质与氧气和催化剂的接触，从而降低食品中的氧化作用。研究表明，脂肪在氧化分解过程中可产生酸性物质，导致脂肪酸值上升，降低水分活度，可抑制脂肪酸值上升。

由图2-12可知，不同水分活度的全脂羊奶粉贮藏期间酸值均升高，表明全脂羊奶粉在贮藏期间脂肪发生一定程度的氧化水解。原因可能是奶粉中残留有部分耐热性酯酶，这些酯酶在贮藏过程中活性较稳定，可水解脂肪生成游离脂肪酸，引起酸值上升。但水分活度为0.32的全脂羊奶粉贮藏期间酸值增长较快，明显高于水分活度为0.11和0.23的全脂羊奶粉。表明降低水分活度可降低脂肪的氧化作用。

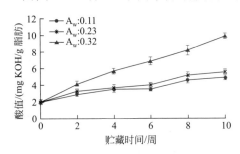

图2-12　水分活度对全脂羊奶粉贮藏期间脂肪酸度变化的影响（张怡等，2013）

2.水分活度与非酶褐变的关系

非酶褐变的最大速度出现在水分活度为 0.6 ～ 0.9 之间；在水分活度小于 0.6 或大于 0.9 时，非酶褐变速度将减小；当水分活度为 0 或 1 时，非酶褐变即停止。一般果蔬制品发生非酶褐变的水分活度范围是 0.65 ～ 0.75，肉制品非酶褐变的水分活度一般为 0.30 ～ 0.60，干乳制品主要是非脂干燥乳非酶褐变的水分活度大约在 0.70。由于食品成分的差异，即使同一种食品，加工工艺不同，引起非酶褐变的最适水分活度也有差异。

水分活度与非酶褐变的关系，一般认为是水分活度的增大会提高参与非酶褐变反应的有关成分在水溶液中的浓度，改善反应底物在食品内部的流动性，使它们相互之间的反应概率增大，因此非酶褐变速度逐渐加快。当水分活度超过 0.9 后，与非酶褐变有关的物质被稀释，且水分为非酶褐变产物之一，水分增加将使非酶褐变反应受到抑制。

综上所述，水分活度是影响食品贮藏稳定性的重要因素。降低水分活度能够抑制微生物的生长发育、酶促反应、氧化作用及非酶褐变等变质现象，使食品的贮藏稳定性增加。

概念检查 2.2

○ 水分活度与微生物生长的关系如何？

第三节　pH 对食品变质腐败的抑制作用

一、pH 与微生物的关系

每一种微生物的生长繁殖都需要适宜的 pH 值。一般绝大多数微生物在 pH 6.6 ～ 7.5 的环境中生长繁殖速度最快，而在 pH 低于 4.0 时，则难以生长繁殖，甚至会死亡。不同种类微生物生长所需的 pH 值范围有很大差异，如表 2-5 所示。霉菌能适应的 pH 范围最大，细菌能适应的 pH 范围最小，而酵母菌介于两者之间。

表 2-5　微生物生长的最低、最高及最适 pH 值（桑亚新等，2017）

微生物	最低 pH	最适 pH	最高 pH
嗜酸乳杆菌	4.0 ～ 6.0	5.8 ～ 6.6	6.8
金黄色葡萄球菌	4.2	7.0 ～ 7.5	9.3
大肠杆菌	4.3	6.0 ～ 8.0	9.5
枯草杆菌	4.5	6.0 ～ 7.5	8.5
肉毒杆菌	4.8	6.5	8.2
志贺氏菌	4.5	7.0	9.6
产气荚膜芽孢梭菌	5.4	7.0	8.7
伤寒沙门氏菌	4.0	6.8 ～ 7.2	9.6
一般酵母菌	3.0	5.0 ～ 6.0	8.0
黑曲霉	1.5	5.0 ～ 6.0	9.0
乳酸菌	3.2	6.5 ～ 7.0	10.4

　　微生物生长的 pH 值范围不是一成不变的，它还受其他因素的影响。比如乳酸菌生长的最低 pH 值取决于所用酸的种类，在柠檬酸、盐酸、磷酸、酒石酸等酸中生长的最低 pH 值比在乙酸或乳酸中低。在 0.2mol/L NaCl 的环境中，粪产碱杆菌生长的 pH 范围比没有 NaCl 或在 0.2mol/L 柠檬酸钠时更宽。

　　在超过其生长的 pH 值范围的环境中，微生物生长繁殖受到抑制，甚至会死亡，其原因包括两个方面。①影响细胞质膜对离子和养分的吸收：正常微生物细胞质膜上带有一定电荷，它有助于某些营养物质吸收。当细胞质膜上的电荷性质因受环境 H+ 浓度改变的影响而改变后，微生物吸收营养物质的机能也发生改变，从而影响了细胞正常物质代谢的进行。②影响酶的活性：微生物酶系统的功能只有在一定 pH 值范围内才能充分发挥，如果 pH 偏离了此范围，则酶催化能力就会减弱甚至消失，这就必然影响微生物的正常代谢活动。

　　另外，强酸或强碱均可引起微生物的蛋白质和核酸水解，从而破坏微生物的酶系统和细胞结构，引起微生物死亡。改变食品介质的 pH 值从而抑制或杀死微生物，是用某些酸、碱化合物作为防腐剂来保藏食品的化学保藏法的基础。

二、pH 与酶的关系

　　pH 影响酶促反应速率的原因有以下几个方面。

1. 影响酶分子的构象

　　强酸强碱可以使酶的空间结构破坏，引起酶构象改变，尤其是酶活性中心构象的改变，使酶活性丧失。

2. 影响酶和底物的解离

　　在最适 pH 条件下，能使酶分子和底物分子处于最适合电离状态，有利于二者结合和催化反应的进行。pH 的改变影响了酶蛋白中活性部位的解离状态。催化基团的解离状态受到影响，将使得底物不能被酶催化成产物；结合基团的解离状态受到影响，底物不能与酶蛋白结合，从而改变了酶促反应速率。

　　酶活性受其所处环境 pH 值的影响，只有在某个狭窄范围内时，酶才表现出最大活性，该 pH 值即是酶的最适 pH。在低于或高于此最适 pH 的环境中，酶活性将降低甚至会丧失。但是，酶最适 pH 并非酶的属性，它不仅与酶种类有关，而且还随温度、反应时间、底物性质及浓度、缓冲液性质及浓度、介质的离子强度和酶制剂纯度等因素的变化而改变。比如胃蛋白酶在 30℃时最适 pH 为 2.5，而在 0℃时最适 pH 为 0～10。又如多黏芽孢杆菌中性蛋白酶的最适 pH 在 20℃时为 7.2 左右，在 45℃时则为 6 左右。

pH 变化与酶活性之间的关系如图 2-13 所示，从图中看到，酶不仅存在最适 pH，还存在一个可逆失活的 pH 范围。这在通过改变介质 pH 以达到保藏目的的食品保藏中是必须注意的问题。

另外，pH 还会显著地影响酶的热稳定性。一般酶在等电点附近的 pH 条件下热稳定性最高，而高于或低于此值的 pH 都将使酶的热稳定性降低。比如豌豆脂氧化酶在 65℃下加热时，如果 pH 为 6（等电点附近），则其 D 值为 400min；如果 pH 为 4 或 8 时，则其 D 值下降到 3.1min。

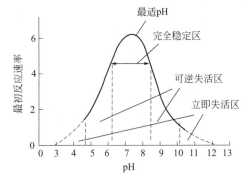

图 2-13　酶活性与 pH 的关系（冯凤琴，2020）

三、pH 与其他变质因素的关系

蛋白质类食品加热之后易产生 NH_3 及 H_2S 等化合物。这些化合物的产生量一般在中性到碱性 pH 范围内比较多，而在 pH 4.5 以下，实际上不产生 H_2S 等化合物。

在软体动物和甲壳类罐头、油浸金枪鱼等罐头类食品中，常会出现透明的坚硬结晶——磷酸镁铵结晶。这种结晶在 pH6.0 以下的酸性环境中可完全溶解，pH6.3 以上则逐渐变成不溶化，在碱性条件下则完全不溶。

在腌制火腿、咸肉时常用亚硝酸盐作为发色剂。但亚硝酸盐易与亚胺发生化学反应生成致癌物质亚硝胺。而亚硝胺生成与 pH 有很大关系，在 pH 中性附近时，不会生成亚硝胺；但在强酸性条件下容易生成亚硝胺。

第四节　电离辐射对食品变质腐败的抑制作用

一、有关辐射的基本概念

1. 辐射线种类及其特性

在电磁波谱中存在不同波长的射线，如 X 射线、α 射线、β 射线及 γ 射线等，这些电离辐射射线产生的辐射能量照射食品或食品原料，可以抑制食品发芽、推迟成熟、杀虫灭菌和防霉等，因而可用于食品保藏。

X 射线是指波长在 100 ~ 150nm 之间的电磁波，是通过用高速电子在真空管内轰击重金属靶标而产生的。X 射线的穿透能力比紫外线强，但效率较低。因此，X 射线在食品上的应用主要是试验性的。

α 射线、β 射线及 γ 射线是放射性同位素放出的射线。α 射线是高速运动的氦核，具有很强的电离作用，但穿透能力极弱，在到达被照射物体之前，即可能被空气分子吸收，因此不能用于食品杀菌。β 射线是高速运动的电子束，电离作用比 α 射线弱，但穿透力比 α 射线强。γ 射线是波长非常短的电磁波束，是从 ^{60}Co 和 ^{137}Cs 等元素被激发的核中发射出来的，具有较高能量，穿透物体的能力相当强，但电离能力比 α 射线、β 射线弱。由于 α 射线、β 射线及 γ 射线辐射物体后能使之产生电离作用，因而又称为电离辐射。利用放射性同位素（^{60}Co 和 ^{137}Cs）产生的 γ 射线进行电离辐照是目前应用较广泛的一种辐照形式。

2. 辐射计量单位

有多种单位曾经或正在用来定量地表示辐射强度和辐射剂量大小。

① 伦琴（Röntgen）：在标准状况（0℃，1.0133×10^5Pa）下，使每 1cm³ 干空气产生 2.08×10^9 个离子对或形成一个正电或负电的静电单位所需辐射量。

② 电子伏特（eV）：即 1 个电子在真空中通过电压 1V 的电场被加速时所获得的能量。在空气中产生 1 个离子对约需 32.5eV。1eV 相当于 1.6×10^{-19}J 的能量。

③ 物理伦琴当量或伦普（rep）：用于表示被辐射物体吸收的辐射能。每 1cm³ 食品或软组织吸收 9.3×10^{-6}J 的辐射能即为 1 伦普。

④ 拉德（rad）：1g 任何物体吸收 1×10^{-5}J 的辐射能即为 1rad。此外还有千拉德及兆拉德等单位。1krad=1 000rad，1Mrad=10^6rad。

⑤ 戈瑞（Gray）：目前，戈瑞（Gy）已逐渐取代拉德成为照射剂量的单位。1Gy=100 rad=1J/kg，1 kGy=10^5 rad。

二、电离辐射与微生物的关系

1. 电离辐射的杀菌作用

离子辐射一方面直接破坏微生物遗传因子（DNA 和 RNA）的代谢，导致微生物死亡；另一方面间接作用使小分子物质和水发生分解，通过离子化作用产生自由基，影响微生物细胞的结构，从而抑制微生物生长繁殖。离子辐射杀菌与加热杀菌不同，前者在杀菌处理时，食品温度并不升高，因此，也称为冷杀菌。

离子辐射杀菌用于食品时有不同的目的。有时是为了长期保藏食品，有时是为了消毒，有时是为了减少细菌污染程度等。不同目的所需照射剂量也不同，见表 2-6。

表 2-6　离子辐射用于不同目的时所需照射剂量（唐浩国等，2019）

食品	主要目的	达到目的的方法	照射剂量 /kGy
肉、鸡肉、鱼肉等	不需低温的长期保藏	杀灭腐败菌、病原菌	4.0 ～ 6.0
肉、鸡肉、鱼肉等	3℃ 以下延长贮藏期	耐冷细菌的减少	0.5 ～ 1.0
冻肉、鸡肉及蛋类	防止中毒	杀灭沙门氏菌	3 ～ 10
生鲜及干燥水果等	防止虫害及贮藏损失	杀虫或使其丧失繁殖力	0.1 ～ 0.5
水果、蔬菜	改善保藏性	减少霉菌、酵母，延长成熟	1 ～ 5
干果果脯类	灭虫	杀虫或使其丧失繁殖力	0.4 ～ 1.0
根茎类植物	延长贮藏期	防止发芽	0.05 ～ 0.15
香辛料及其他辅料	减少细菌污染	减少菌数	10 ～ 30
豆类、谷类及其制品	防止虫害及贮藏损失	杀虫或使其丧失繁殖力	0.2（豆类）、0.4 ～ 0.6（谷类）
薯干酒	改善品质	酒的熟化	4.0

2.影响辐射杀菌效果的因素

辐射杀菌效果除了与辐射线种类、辐射剂量有关外，还要受到微生物种类、微生物数量、介质组成、氧存在与否、微生物生理阶段等因素的影响。

（1）微生物的种类　不同微生物对辐射的抵抗力有很大差别。一般革兰氏阳性菌比革兰氏阴性菌抗辐射能力更强。除少数例外，产孢子菌比非产孢子菌的抗辐射能力更强。在产孢子菌中，larvae 芽孢杆菌比其他绝大多数需氧芽孢菌更抗辐射。肉毒芽孢梭菌 A 型的孢子在所有芽孢梭菌的孢子中抗辐射能力最强。在非产孢子菌中，粪便肠球菌 R53、小球菌、金黄色葡萄球菌及单一发酵的乳酸杆菌是抗辐射能力最强的细菌。在革兰氏阴性细菌中，假单胞菌是对辐射最敏感的细菌。酵母菌和霉菌的抗辐射能力一般都比革兰氏阳性菌强，而酵母比霉菌更耐辐射。某些假丝酵母菌株的抗辐射能力甚至与某些细菌的芽孢不相上下。污染鱼贝类的假单胞菌（一种低温菌）对辐射抵抗力较弱，低剂量辐照即可保持产品新鲜度。

一般细菌抗辐射能力与其耐热性是平行的。但也有例外，比如嗜热脂肪芽孢杆菌，它的耐热性极强，但对辐射却极为敏感；而对热相当敏感的小球菌，却具有很强的抗辐射能力。

微生物抗辐射能力可用 D_m 值来衡量。D_m 即使活菌数减少 90%（或减少一个对数循环）所需辐射剂量。不同微生物的 D_m 值见表 2-7，可见沙门氏菌是非芽孢菌种最耐辐照的致病微生物之一。

表 2-7　一些重要食品致病菌的 D_m 值（唐浩国等，2019）

致病菌	D_m	悬浮介质	辐照温度 /℃
嗜水气单胞菌（A.hydrophila）	0.14 ~ 0.19	牛肉	2
大肠杆菌 O157：H7（E.coil O157：H7）	0.24	牛肉	2 ~ 4
单核细胞杆菌（L.monocytogenes）	0.45	鸡肉	2 ~ 4
沙门氏菌（Salmonelia spp.）	0.38 ~ 0.77	鸡肉	2
金色链球菌（S.aureus）	0.36	鸡肉	0
小肠结肠炎菌（Y.enterocolitica）	0.11	牛肉	25
肉毒梭状芽孢杆菌孢子（C.botulinum）	3.56	鸡肉	−30
空肠弯曲菌（C.jejuni）	0.18	牛肉	2 ~ 4

（2）最初污染菌数　与加热杀菌效果相似，最初污染菌数越多，则辐射杀菌效果越差。

（3）介质组成　一般微生物在缓冲液中比在含蛋白质的介质中对辐射更敏感。产气荚膜杆菌在磷酸盐缓冲液中的 D_m 值为 2.3kGy，而在煮肉汁中的 D_m 值为 3kGy。因此，蛋白质能增强细菌的抗辐射能力。另外，实验表明，亚硝酸盐能使细菌内生孢子对辐射更敏感。此外，有一些物质可以降低放射线的杀菌效果，这类物质称为防御物质或保护物质，主要有醇类、甘油类、硫化氢类、亚硫酸氢类等，它们可以消耗氧气，使得活性强的自由基被捕捉。

（4）氧气　微生物在缺氧条件下比在有氧条件下抗辐射能力更强。如果完全除去埃希氏杆菌细胞悬浮液中的氧，那么其抗辐射能力可增大 3 倍。另外，添加还原剂如—SH 基化合物与缺氧条件一样能增强微生物的抗辐射能力。因此氧气的存在可增加微生物对辐照的敏感性，包装容器中有氧气会提高辐照杀菌效果。然而氧电离形成的臭氧等物质会加速蛋白质和脂肪的氧化作用，而且有氧条件会促进需氧菌的繁殖，因此还需要控氧。

（5）食品的物理状态　微生物在潮湿食品中比在脱水食品中对辐射更敏感，这显然是由于离子射线对水辐射电离作用的结果。微生物在冻结状态下比非冻结状态下更耐辐射。在 −196℃下 γ 射线照射碎牛肉时，对微生物的致死效力比在 0℃时下降 47%。这是由于冻结对水分子的固定作用所致。

（6）菌龄　不同生长阶段的细菌具有不同的抗辐射能力。在缓慢生长期的细菌具有最强的抗辐射能

力。进入对数期后，细菌抗辐射能力逐渐下降，并在对数期末降到最低。

（7）温度　在接近常温条件下，温度变化对辐射杀菌效果没有太大影响，但当辐射温度高于室温时，D_m 值就会出现降低的倾向；在 0℃ 以下，微生物对辐射的抗性有增强的倾向。例如，金黄色葡萄球菌在 −78℃ 下进行辐射杀菌，其 D_m 值是常温时的 5 倍，这是因为低温或冻结状态阻止了自由基的扩散和反应能力。所以，低温下辐射可以阻止或减缓辐射的解离作用，有效防止因辐射食品而产生的异味及口味变化，减少营养成分损失，提高辐射食品质量。

（8）食品种类及水分活度　食品种类及水分活度不同杀灭其中的腐败菌和致病菌所需的最小辐照剂量也不同。平均剂量为 2.5kGy 的辐照可灭活水分活度 0.87 ～ 0.90 的即食食品中的所有腐败菌，杀灭水分活度为 0.85 ～ 0.89 的即食鱼中所有腐败菌所需的最小剂量为 2.5kGy，而杀灭水分活度为 0.93 ～ 0.94 的即食猪肉中所有腐败菌所需的最小剂量为 10kGy。

（9）化学物质　微生物对放射线的抵抗性也受环境存在的化学物质的影响。使放射线的杀菌效果降低的化学物质称为防御物质，主要有醇类（一价、二价醇）、甘油类、硫化氢类、2，3- 二巯基乙酸、谷胱甘肽以及其他培养基成分和食品成分。增强放射线杀菌作用的物质称为增感物质，具有增感效果的化学物质包括毒性强的物质、水、缓冲液等，食盐、有机酸盐、盐渍剂等均有增感效果。以上各种物质虽然对放射线的杀菌作用均有影响，但也因微生物种类及菌株的不同而有差异。

三、电离辐射与酶的关系

辐射可以破坏蛋白质构象，因而能使酶失活。但是，使酶完全失活所需照射剂量比杀死微生物所需剂量要大得多。酶抗辐射能力可用 D_E 值表示。绝大多数食品酶类的抗辐射能力 D_E 值一般在 5kGy 左右，一般 $4D_E$ 值的照射剂量可使酶几乎完全破坏。已发现多数食品酶对辐射的抵抗力甚至大于肉毒芽孢杆菌孢子，这给食品辐照灭酶保藏带来一定的限制，近 20kGy 的照射剂量将严重破坏食品成分并可能产生不安全因素。因此，在以破坏酶活性为主的食品保藏中，单独使用辐射是不合适的。此时可采用加热与辐射、辐射与冻结等相结合的处理方法。

实际上，照射前后的加热处理对放射线杀菌也非常重要。放射线杀菌后的食品在存储过程中，由于残存的酶会降低食品品质，所以在照射前后有必要进行加热灭酶处理。与照射前加热相比，照射后加热对杀菌效果更为有利。

酶对辐射的抵抗力受酶种类、水分活度、温度、pH 值、酶浓度及纯度和 O_2 存在与否等因素的影响。

在缺氧及干燥状态下，酶的抗辐射能力大致相同。但是，当酶处于稀溶液中照射时，其失活情况变化较大。例如，胰蛋白酶在干燥状态下抗辐射能力最强，因为此时起作用的仅仅是辐射的直接效应。在有水存在时，酶失活程度较高，因为此时起作用的不仅有辐射的直接效应，更重要的是水辐解和生成的自由基引起的间接效应。在潮湿环境中，不同酶在抗辐射能力方面存在很大差别。过氧化氢酶抗辐射能力是羧肽酶的 60 倍左右。在活性部位含有特异的、敏感的官能团的酶如含有半胱氨酸巯基的木瓜蛋白酶，对于水辐解产生的自由基的失活作用特别敏感。

　　一般在一定限度内，酶浓度越低，破坏相同百分数的最初酶活力所需照射剂量就越小，此现象被称为稀释效应。纯酶的稀溶液对辐照很敏感，若增加其浓度，也必须增加辐照剂量才能够产生钝化作用。氧存在会增大酶对辐射的敏感性，这可能是由于形成了不稳定中间物——蛋白质过氧化物的结果。pH 对酶的抗辐射能力有一定影响，但这种影响很难准确预测。

　　一般酶抗辐射能力随温度升高而降低。对于冷冻体系，辐射对酶的损害很小，这是由于在此体系中自由基是固定化的。在食品体系中，上述许多因素是相互影响的，因而辐射对处于食品体系中酶的作用与对纯酶的作用往往是不同的。在组织中，酶区域化、水分活度、其他细胞组分（特别是作为自由基的清除剂）的保护作用等，都会在相当程度上影响辐射对酶的作用。总之，酶所处环境条件越复杂，酶辐照敏感性越低。存在于含有大量蛋白质或胶体的食品复杂体系中的酶，通常需大剂量辐照才能将其钝化。

四、电离辐射与其他变质因素的关系

　　电离辐射除对微生物和酶产生辐射效应外，还可对其他变质因素产生影响，最常见的就是电离辐射可引发间接作用，使食品发生化学变化。一般认为由电离辐照使食品成分发生变化的基本过程有初级辐照和次级辐照。初级辐照是指辐照使物质形成了离子、激发态分子或分子碎片，也称为直接效应。例如食品色泽变化或组织变化可能是由于 γ 射线或高能 β 粒子与特殊的色素或蛋白质分子发生直接效应引起的。次级辐照是指由初级辐照产物相互作用，形成与原物质成分不同的化合物。故将这种次级辐照引起的化学效果称为间接效应。初级辐照一般无特殊条件，而次级辐照与温度、水分和含氧等条件有关。氧气经辐照能产生臭氧。氮气和氧气混合后经辐照能形成氮的氧化物，溶于水可生成硝酸等化合物。可见，在空气和氧气中辐照食品时臭氧和氮的氧化物的影响也足以使食品发生化学变化。

　　除以上作用外，辐射还可抑制果蔬发芽、调节果蔬呼吸和后熟作用、抑制乙烯的生物合成、延缓果蔬衰老等。

第五节　其他因素对食品变质腐败的抑制作用

一、超高压

　　超高压保藏就是将食品物料以某种方式包装后，置于超高压（100 ～ 1000MPa）下加压处理，使食品中微生物和酶活性丧失，从而延长食品保藏期。

　　超高压不仅可降低微生物生长和繁殖速率，还可引起微生物死亡。大多数微生物能够在 20 ～ 30MPa 下生长，但超过 60MPa 时大多数微生物的生长繁殖受到抑制。在压力作用下，细胞膜的双分子层结构被破坏，通透性增加，细胞功能遭到破坏，细胞壁也会因发生机械断裂而松弛，细胞受到破坏，从而抑制或阻止微生物的生长活动，达到保持食品品质的目的。

　　超高压处理还可抑制酶的活性。100 ～ 300MPa 的压力引起的蛋白质变性是可逆的，超过 300MPa 则是不可逆的。超高压条件下，酶内部分子结构发生变化，同时活性部位的构象发生变化，从而导致酶失

活。超高压效应除与压力有关外，还受 pH、底物浓度、酶亚单元结构以及温度的影响。

超高压可以抑制发酵反应，高压发酵产物与常压发酵有较大差异。牛奶在 70MPa 下放置 12d 不会变酸。酸乳在 10℃、200 ～ 300MPa 下处理 10min，可以使乳酸菌保持在发酵终止时的菌数，避免贮藏中继续发酵而引起酸度上升。食品在进行超高压杀菌时所处温度、食品种类、溶液浓度和 pH 值等都对杀菌效果有影响。在超高压处理糖液杀菌时，当糖液浓度为 30% 时，用 500MPa 高压处理时可杀死糖液中的杂菌；糖液浓度为 40% 时杀菌效果减弱；糖液浓度达到 50% 时则完全没有杀菌效果。糖种类对高压杀菌效果的影响也不相同，一般蔗糖＞果糖＞葡萄糖。盐类对加压杀菌有显著保护作用，能降低杀菌效果。在加压杀菌时除注意以上因素外，还应注意蛋白质浓度、表面活性物质等因素，以免影响杀菌效果。

二、渗透压

渗透压是引起溶液发生渗透的压强，在数值上等于原溶液液面上施加恰好能阻止溶剂进入溶液的机械压强，也就是等于渗透作用停止时半渗透膜两边溶液的压力差。溶液愈浓，溶液的渗透压强愈大。

提高食品渗透压时，微生物细胞内的水分就会渗透到细胞外，引起微生物细胞发生质壁分离，导致微生物生长活动停止，甚至死亡，从而使食品得以长期保藏。

应用高渗原理保藏的食品主要有腌制品和糖制品。一般来说，盐浓度在 0.9% 以下左右时，微生物生长活动不会受到影响。当盐浓度为 1% ～ 3% 时，大多数微生物就会受到暂时性抑制。多数杆菌在超过 10% 的盐浓度时即不能生长，抑制球菌生长的盐浓度在 15%，抑制霉菌生长的盐浓度则需要 20% ～ 25%。

由于糖的分子量比食盐的分子量大，所以要达到相同渗透压，糖制时需要的溶液浓度就要比盐制时高得多。一般 1% ～ 10% 的糖溶液会促进某些微生物的生长，50% 的糖溶液会阻止大多数酵母的生长，65% 的糖溶液可抑制细菌，而 80% 的糖溶液才可抑制霉菌。

三、烟熏

利用熏烟控制食品变质腐败有着悠久历史，可以追溯到公元前。食品烟熏是在腌制基础上利用木材不完全燃烧时产生的烟气熏制食品的方法。它可赋予食品特殊风味并延长其保藏期。食品烟熏主要用于动物性食品的制作，如肉制品、禽制品和鱼类制品；某些植物性食品也可采用烟熏，如豆制品（熏干）和干果（乌枣）。

烟熏之所以能防止食品腐败变质，与熏烟的化学成分有密切关系。熏烟成分比较复杂，但主要包括酚、醛、有机酸、醇、羰基化合物、烃等。烟熏中酚类、醛类和有机酸类物质杀菌作用较强。由于熏烟渗入制品深度有限，因而只对产品外表面有抑菌作用。经熏制后表面微生物可显著减少（表2-8）。有机酸与肉中的氨、胺等碱性物质中和，由于其本身的酸性而使肉酸性增强，从而抑制腐败菌生长繁殖。醛类一般具有防腐性，特别是甲醛，不仅具有防腐性，而且还与蛋白质或氨基酸的游离氨基结合，使碱性减弱，酸性增强，进而增加防腐作用。

表 2-8　液体烟熏剂对冷却肉细菌总数及大肠菌群的影响（Xin et al., 2021）

贮藏天数 /d	对照	液体烟熏剂处理		
		5%	10%	15%
		细菌总数，lg（CFU/g）		
0	3.65 aA	3.03 bA	2.63 dA	2.78 cA
14	4.25 aB	0.00 bB	0.00 bB	0.00 bB
30	4.40 aB	4.23 aC	3.41 bC	2.91 cA
		大肠菌群，lg（CFU/g）		
0	3.31 aA	2.32 bA	1.76 bA	1.54 cA
14	4.21 aB	0.00 bB	0.00 bB	0.00 bB
30	4.33 aB	0.00 bB	0.00 bB	0.00 bB

注：小写字母表示行之间的差异显著性，大写字母表示列之间的差异显著性（$P < 0.05$）。

此外，熏烟中许多成分还具有抗氧化作用。熏烟中抗氧化作用最强的是酚类及其衍生物，其中以邻苯二酚和邻苯三酚及其衍生物作用尤为显著。熏烟的抗氧化作用可以较好地保护脂质及脂溶性维生素不被破坏。

四、气体成分

空气正常组成是 N_2 78%、O_2 21%、CO_2 0.03%、其他气体约 1%。在各种气体成分中，O_2 对食品质量变化的影响最大，如果蔬呼吸作用、维生素氧化、脂肪酸败等都与 O_2 有关。在低氧条件下，上述氧化反应的速率变慢，有利于食品保藏。气体成分对食品保藏影响的研究和实践主要集中在果蔬气调贮藏上，即在适宜冷藏条件下，根据果蔬自身特性，降低 O_2 和增加 CO_2 浓度，降低果蔬呼吸速率和乙烯释放量，延缓果蔬成熟和衰老进程，保持食品品质，增强果蔬抗病性，延长贮藏期和货架期。

采用改变气体条件的方法，一方面可以限制需氧微生物生长，另一方面可以减少营养成分氧化损失。近年来，改变气体组成除了主要应用于果蔬贮藏保鲜外，在食品生产中如密封、脱气（罐头、饮料）、脱氧包装、充氮包装、真空包装中也广泛应用。

五、发酵

在人类生存环境中总是有各种各样的微生物存在，它们与人类生活、生产有着密切关系。它们既有不利的一面，当条件适宜时，可引起食品腐败变质，引起动植物和人类的病害等；又有有利的一面，例如生产发酵食品以及用于食品保藏。食品发酵作用主要表现在乳酸发酵、乙醇发酵和醋酸发酵等。利用此方法保藏食品，其代谢物的积累需达到一定程度方可，如乳酸需 0.7% 以上，醋酸 1% ～ 2%，酒精10% 以上。

发酵在延长保藏期、抑制食品腐败变质的同时，还为人类提供了花色品种繁多的食品，如酿酒、制

酱、腌酸菜、面包发酵、干酪、豆腐乳、酱油、食醋、味精等。微生物通过发酵作用可分泌降解人体所不能消化吸收物质的酶，合成一些营养物质（如维生素、短肽、有机酸等），并改善食品质构，也可用于制造新型发酵食品。另外，在制药行业中，微生物发酵还可以用来生产抗生素等。

六、包装

食品在生产、贮藏、流通和消费过程中，导致食品发生不良变化的作用有微生物作用、生理生化作用、化学作用和物理作用等。影响这些作用的因素有水分、温度、湿度、氧气和光线等。而对食品采取包装措施，不但可以有效地控制这些不利因素对食品质量的损害，而且还可给食品生产者、经营者及消费者带来很大便利和利益。

1. 食品包装与材料

食品包装是指用合适的包装材料、容器、工艺、装潢、结构设计等手段将食品包裹和装饰，以便在食品加工、运输、贮藏和销售过程中保持食品品质和增加其商品价值。包装是食品产后增值和保藏的重要手段，也是食品流通不可缺少的环节。

食品包装材料是指用于包装食品的一切材料，包括纸、塑料、金属、玻璃、陶瓷、木材及各种合适的材料以及由它们所制成的各种包装容器等。一般食品包装材料应具有以下性质：① 对包装食品的保护性。食品包装材料应有合适的阻隔性如防水性、遮光性、隔热性等以及稳定性如耐水性、耐油性、耐腐蚀性、耐光性、耐热性、耐寒性等。② 足够的机械强度。应具有一定的拉伸强度、撕裂强度、破裂强度、抗冲击强度和延伸率等。③ 合适的加工特性。便于机械化、自动化操作，便于加工成所需形状，便于印刷和密封。④ 卫生和安全性。材料本身无毒，与食品成分不发生反应，不因老化而产生毒性，不含有毒添加物。⑤ 方便性。⑥ 经济性。

通常所说的食品包装是指以销售为目的，与食品一起到达消费者手中的销售包装，也包括食品标签。食品标签是指预包装食品容器上的文字、图形、符号以及一切说明物（见 GB 7718—2011）。标签必须标注的基本内容为：食品名称，配料表，净含量，制造者、经销者的名称和地址，日期标志和贮藏指南，质量等级，产品标准号及特殊标注内容。推荐标注的内容有：产品批号，食用方法，热量和营养素等。另外，食品标签要符合销售国（地区）的标签法规。

2. 食品包装对食品保藏的影响

采用合适包装能防止或减轻食品在贮运、销售过程中发生的质量下降。

（1）防止微生物及其引起的食品变质　利用包装可将食品与环境隔离，防止外界微生物侵入食品。采用隔绝性能好的密封包装，配合其他杀菌保藏方法，如控制包装内不同气体组成与浓度，降低氧浓度，提高二氧化碳浓度或以惰性气体代替空气成分，可抑制包装内残存微生物的生长繁殖，延长食品保藏期。

（2）防止化学因素引起的食品变质　在直射光、有氧环境下，食品中的脂肪、色素等物质将会发生各种化学反应，引起食品变质。选用隔氧性能高、遮挡光线和紫外线的包装材料进行包装，可减轻或防止这种变化。

（3）防止物理因素引起的食品变质　干燥或焙烤食品容易吸收环境中的水分而变质；新鲜水果或蔬菜中的水分易蒸发而变质。为了防止这种变化，需选用隔气性好的防湿包装材料或其他防湿包装。

（4）防止机械损坏　采用合适包装材料及包装设计，可以避免或减轻食品在贮运、销售过程中发生摩擦、振动、冲击等机械力造成的食品质量下降。

（5）防盗与防伪　采用防盗、防伪包装及标识，并在包装结构设计及包装工艺上进行改进，如采用防盗盖、防盗封条、防伪全息摄影标签、收缩包装、集装运输等，均有利于防盗防伪。

3.活性包装与智能包装

活性包装和智能包装是两类新型包装形式。根据 Actipak 的定义，活性包装是通过改变包装食品环境条件来延长其货架期或者改善其安全性和感官特性，同时保持食品品质不变；智能包装是通过监测包装食品环境条件，提供在运输和贮藏期间包装食品品质的信息，保证食品保藏中的安全性。这两类包装的特点如表 2-9 所示。

表 2-9　活性包装与智能包装的特点（赵艳云等，2013）

项目	活性包装	智能包装
方法	添加活性剂（如气体吸收剂、释放剂、抗菌剂、抗氧化剂等）	利用包装材料本身特有的结构或物质特性对环境及食品新鲜程度进行监控
目的	保证和提高食品质量，延长货架期	监控食品是否新鲜或包装条件是否符合贮藏条件
类型	氧吸附型、二氧化碳吸附/释放型、乙烯吸附/释放型、抗菌型、湿度调节型和温度调节型	时间-温度指示型、氧气指示型、密封-泄漏指示型、新鲜/成熟指示型
优点	可延长货架期，维持或提高食品品质	指示食品货架期内是否新鲜
缺点	活性物质向食品中迁移，产生安全问题	不能保证和维持食品品质

近年来，欧美等发达国家正在大力研究和开发抗菌型包装材料和系统，表 2-10 列出了包装材料中常用的抗菌剂，它们可直接添加到高分子聚合物中使用，其中生物酶常被固定在聚合物表面或以固定化酶的形式在包装材料中使用。研究表明，百里香酚在支链淀粉膜中可明显抑制金黄色葡萄球菌的生长，将该涂膜用于水果保鲜，在 4℃条件下橘子和苹果分别保藏 7d 和 14d 后，表面没有可见的微生物生长。

表 2-10　抗菌型包装中常用的抗菌剂及应用

抗菌剂	包装材料	目标微生物	应用范围
有机酸（山梨酸钾、醋酸、乳酸、丙酸、苹果酸等）	可食性膜、低密度聚乙烯	霉菌	奶酪、饮料
金属及其氧化物（银离子、二氧化硅、二氧化钛等）	聚烯烃类包装材料	细菌	各类食品
生物酶（溶菌酶、葡萄糖氧化酶）	醋酸纤维素类包装材料	革兰氏阳性菌	肉类、乳制品、果蔬
植物精油（葡萄籽提取物、大蒜油等）	醋酸纤维素类包装材料、低密度聚乙烯	霉菌、酵母、细菌	鲜切果蔬
细菌素（乳酸链球菌素、那他霉素）	可食性膜、低密度聚乙烯、醋酸纤维素类包装材料	革兰氏阳性菌、细菌、真菌	奶酪、肉制品、果蔬

纳米保鲜材料、纳米抗菌材料、纳米阻隔材料等新型材料在食品包装中得到了发展和应用。其中纳米 TiO_2 是有机材料改性中应用最为活跃的无机纳米材料之一，它除具有纳米材料的小尺寸效应、量子效应、表面效应、界面效应这四大效应外，还具有无毒、抗菌、防紫外线、超亲水等特性。

七、栅栏技术

1.栅栏技术的概念

栅栏技术应用于食品保藏是德国肉类研究中心（1976）提出的，他们把食品防腐方法或原理归结为高温处理（F）、低温冷藏（t）、降低水分活度（A_w）、酸化（pH）、降低氧化还原电势（Eh）、添加防腐剂（P_{res}）、竞争性菌群及辐照等因子的作用，将这些因子称为栅栏因子（hurdle factor）。国内也将栅栏技术和栅栏因子分别译为障碍技术和障碍因子。栅栏保藏技术就是将上述栅栏因子两个或两个以上组合在一起用于保藏食品的技术。

2.栅栏效应

在保藏食品的数个栅栏因子中，它们单独或相互作用，形成特有的防止食品腐败变质的"栅栏"（hurdle），使存在于食品中的微生物不能逾越这些"栅栏"，这种食品从微生物学角度考虑是稳定和安全的，这就是所谓的栅栏效应（hurdle effect）。

通过图 2-14 中的几个模式图，可以比较形象、全面地认识和理解栅栏效应。

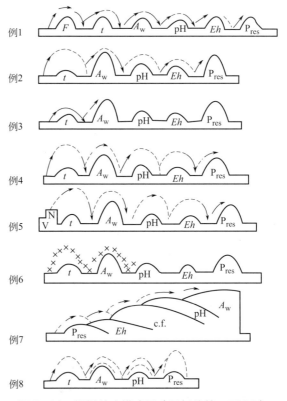

图 2-14　栅栏效应模式图（马长伟等，2002）

F—高温处理；pH—酸化；A_w—降低水分活度；t—低温冷藏；P_{res}—防腐剂；Eh—降低氧化还原电势；c.f.—竞争性菌群；N—营养物；V—维生素

例 1： 理论化栅栏效应模式。某一食品内含同等强度的 6 个栅栏因子，即图 2-14 中所示的抛物线几乎为同样高度，残存微生物最终未能逾越这些栅栏。因此，该食品是可贮藏的，并且是卫生安全的。

例 2： 较为实际型栅栏效应模式。这种食品防腐是基于几个强度不同的栅栏因子，其中起主要作用的栅栏因子是 A_w 和 P_{res}，即干燥脱水和添加防腐剂，低温贮藏、酸化和氧化还原电势为较次要的附加栅栏因子。

例 3： 初始菌数低的食品栅栏效应模式。例如无菌包装的鲜肉，只需少数栅栏因子即可有效地抑菌防腐。

例 4 和例 5： 初始菌数多或营养丰富的食品栅栏效应模式。微生物具有较强生长势能，各栅栏因子未能控制住微生物活动而使食品腐败变质；必须增强现有栅栏因子或增加新的栅栏因子，才能达到有效防腐。

例 6： 经过热处理而又杀菌不完全的食品栅栏效应模式。细菌芽孢尚未受到致死性损伤，但生存力已经减弱，因而只需较少而且作用强度较低的栅栏因子，就能有效地抑制其生长。

例 7： 栅栏顺序作用模式。在不同食品中，微生物稳定性是通过加工及贮藏过程中各栅栏因子之间以不同顺序作用来达到。本例为发酵香肠栅栏效应顺序，P_{res} 栅栏随时间推移作用减弱，A_w 栅栏成为保证产品保藏性的决定性因子。

例 8： 栅栏协同作用模式。食品栅栏因子之间具有协同作用，即两个或两个以上因子的协同作用强于多个因子单独作用的累加，关键是协同因子选配是否得当。

栅栏效应是食品能够保藏的基础，对一种可贮藏且卫生安全的食品，任何单一因子都可能不足以抑制微生物的危害，而 A_w、pH、t、P_{res} 等栅栏因子的复杂交互作用控制着微生物的腐败、产毒或有益发酵，这些因子对食品起着联合防腐保质作用。

食品防腐可利用的栅栏因子很多，但就每一类食品而言，起重要作用的因子可能只有几个，应通过科学分析和经验积累，准确地选择其中的关键因子，以构成有效的栅栏技术。

栅栏技术最初应用于食品加工和保藏，主要局限于控制引起食品腐败变质的微生物，后来逐渐将栅栏因子的作用扩大到抑制酶活性、改善食品的质量以及延长货架期等方面。现在栅栏技术已在果蔬加工和食品包装中广泛应用，而且在调理食品中也具有很大的应用前景。

 概念检查 2.3

○ 食品保藏的基本原则是什么？

参考文献

[1] 卞科. 水分活度与食品储藏稳定的关系 [J]. 郑州粮食学院学报, 1997, 18(4)：41-48.

[2] 冯凤琴. 食品化学 [M]. 北京：化学工业出版社, 2020.

[3] 关博洋, 殷菲胧, 刘云芬, 等. 贮藏温度对采后龙眼果实糖代谢及其相关酶活性的影响 [J]. 食品工业科技, 2021. https://kns.cnki.net/kcms/detail/11.1759.ts.20210929.1558.022.html.

[4] 韩孔艳, 赵改名, 高晓平, 等. 嗜热脂肪芽孢杆菌热失活模型的初步建立 [J]. 河南农业大学学报, 2015, 5: 696-700.

[5] 何强, 吕远平. 食品保藏技术原理 [M]. 北京: 中国轻工业出版社, 2020.

[6] 李斌, 于国萍. 食品酶学与酶工程 [M]. 北京: 中国农业大学出版社, 2017.

[7] 李春梅, 何慧. 食品化学 [M]. 北京: 化学工业出版社, 2021.

[8] 李婷婷, 励建荣, 赵崴. 壳聚糖涂膜对冷藏美国红鱼品质的影响 [J]. 食品科学, 2013, 34(10): 299-303.

[9] 李宣林, 邢亚阁, 税玉儒, 等. 贮藏温度对筇竹笋采后品质的影响 [J]. 西华大学学报: 自然科学版, 2021, 6: 89-96.

[10] 刘绍军, 岳晓禹. 食品微生物学 [M]. 北京: 中国农业大学出版社, 2020.

[11] 刘小莉, 贾洋洋, 胡彦新, 等. 中间水分活度处理对风干太湖白鱼脂肪变化的影响 [J]. 食品科技, 2016, 2: 163-167.

[12] 马相杰, 宋莲军, 黄现青, 等. 肉制品主要组分对嗜热脂肪芽孢杆菌耐热性影响研究进展 [J]. 食品安全质量检测学报, 2020, 11(24): 6.

[13] 马长伟, 曾名湧. 食品工艺学导论 [M]. 北京: 中国农业大学出版社, 2002.

[14] 桑亚新, 李秀婷. 食品微生物学 [M]. 北京: 中国轻工业出版社, 2017.

[15] 石璞洁, 李琳, 刘猛, 等. 牛乳中荧光假单胞菌耐热性脂肪酶的活性影响因素 [J]. 乳业科学与技术, 2015, 1: 9-12.

[16] 孙灵霞, 李茜, 李苗云, 等. 贮藏温度对速冻食品菌落总数的影响 [J]. 肉类工业, 2019, (05): 55-57.

[17] 唐浩国, 曾凡坤, 郑志. 食品保藏学 [M]. 郑州: 郑州大学出版社, 2019.

[18] 汪东风, 徐莹. 食品化学 [M]. 北京: 化学工业出版社, 2019.

[19] 王璋. 食品酶学 [M]. 北京: 轻工业出版社, 1990.

[20] 夏文水. 食品工艺学 [M]. 北京: 中国轻工业出版社, 2007.

[21] 岳青, 李昌文. 罐头食品杀菌时影响微生物耐热性的因素 [J]. 食品研究与开发, 2007, 10: 173-175.

[22] 曾名湧. 食品保藏原理与技术 [M]. 北京: 化学工业出版社, 2014.

[23] 曾庆孝, 芮汉明, 李汴生. 食品加工与保藏原理 [M]. 北京: 化学工业出版社, 2002.

[24] 张亚兰, 吕思琪, 张诗淇, 等. 等温水分活度及其对低水分食品中微生物抗热性的影响研究进展 [J]. 食品工业科技, 2021, 43: 1-9.

[25] 张怡, 张富新, 贾润芳, 等. 水分活度对全脂羊奶粉贮藏期间脂肪稳定性的影响 [J]. 食品工业科技, 2013, 1: 327-333.

[26] 赵艳云, 连紫璇, 岳进. 食品包装的最新研究进展 [J]. 中国食品学报, 2013, 13(4): 1-10.

[27] Besten H, Wells-Bennik M, Zwietering M H. Natural diversity in heat resistance of bacteria and bacterial spores: Impact on food safety and quality [J]. Review of Food Science & Technology, 2018, 1: 383-410.

[28] Caplice E, Fitzgerald G F. Food fermentations: role of microorganisms in food production and preservation[J]. International Journal of Food Microbiology, 1999, 50: 131-149.

[29] Chuang S, Sheen S. High pressure processing of raw meat with essential oils-microbial survival, meat quality, and models: A review[J]. Food Control, 2022. https://doi.org/10.1016/j.foodcont.2021.108529.

[30] Fidalgo L G, Saraiva J A, Aubourg S P, et al. Effect of high-pressure pre-treatments on enzymatic activities of Atlantic mackerel (*Scomber scombrus*) during frozen storage[J]. Innovative Food Science and Emerging Technologies, 2014, 23: 18-24.

[31] Fouzia S, Hussain P R, Abeeda M, et al.Potential of low dose irradiation to maintain storage quality and ensure safety of garlic sprouts[J]. Radiation Physics and Chemistry, 2021. https://doi.org/10.1016/j.radphyschem.2021.109725.

[32] Hao R, Roy K, Pan J, et al. Critical review on the use of essential oils against spoilage in chilled stored fish: A quantitative meta-analyses[J]. Trends in Food Science & Technology, 2021, 111: 175-190.

[33] Jay J M. Modern Food Microbiology [M]. Fourth ed. New York: Van Nostrand Reinhold, 1992.

[34] Khaneghah A M, Moosavi M H, Oliveira C, et al. Electron beam irradiation to reduce the mycotoxin and microbial contaminations of cereal-based products: an overview[J]. Food and Chemical Toxicology, 2020, 143: 111557.

[35] Liu C, Gu Z, Lin X, et al. Effects of high hydrostatic pressure (HHP) and storage temperature on bacterial counts, color change, fatty acids and non-volatile taste active compounds of oysters (*Crassostrea ariakensis*) [J]. Food Chemistry, 2022. https://doi.org/10.1016/j.foodchem.2021.131247.

[36] Munir M T, Federighi M. Control of foodborne biological hazards by ionizing radiations[J]. Foods, 2020, 9(7): 878.

[37] Odeyemi O A, Alegbeleye O O, Strateva M, et al. Understanding spoilage microbial community and spoilage mechanisms in foods of animal origin[J]. Comprehensive Reviews in Food Science and Food Safety, 2020, 4: 311-331.

[38] Varlet V, Prost C, Serot T. Volatile aldehydes in smoked fish: Analysis methods, occurence and mechanisms of formation[J]. Food Chemistry, 2007, 105(4): 153-155.

[39] Wendt L M, Ludwig V, Rossato F P, et al. Combined effects of storage temperature variation and dynamic controlled atmosphere after long-term storage of 'Maxi Gala' apples[J]. Food Packaging and Shelf Life, 2022. https://doi.org/10.1016/j.fpsl.2021.100770.

[40] Xin X, Bissett A, Wang J, et al. Production of liquid smoke using fluidised-bed fast pyrolysis and its application to green lipped mussel meat[J]. Food Control, 2021. https://doi.org/10.1016/j.foodcont.2021.107874.

 ## 总结

○ 微生物的耐热性
- 微生物的耐热性受多种因素影响，如菌种与菌株、芽孢培育经历、热处理温度和时间、初始活菌数、pH 值、水分活度以及食品体系中蛋白质、脂肪、糖和盐的浓度等均可影响微生物的耐热性。
- 微生物耐热性的强弱可用 D 值、Z 值和 F 值来表示。D 值是在一定环境和热力致死温度下，杀死某细菌群原有残存活菌数的 90% 时所需加热时间。F 值是在一定加热致死温度（一般为 121.1℃）下，杀死一定浓度微生物所需加热时间。Z 值：热力致死时间曲线和仿热力致死时间曲线横过一个对数循环时所需改变的温度值。
○ 食品酸化处理的作用
- 主要体现在 pH 降低对微生物、酶与化学反应的抑制上。一般微生物在 pH6.6 ～ 7.5 的环境中繁殖最快；在 pH 低于 4.0 时，难以生长繁殖甚至会死亡；在低于最适 pH 时，酶活性将降低甚至丧失，同时 pH 降低影响酶的热稳定性和化学反应的速率。
○ 水分活度与微生物的关系
- 微生物生长需要一定的水分活度，过高或过低的 A_w 不利于它们生长。微生物生长所需 A_w 因种类而异。

- 水分活度能改变微生物对热、光线和化学性质的敏感性。一般在高水分活度时微生物最敏感，在中等水分活度时最不敏感，如霉菌孢子耐热性随 A_w 的降低而呈增大的倾向。
- 水分活度与细菌芽孢形成及毒素产生有关，细菌芽孢形成一般需要比营养细胞发育所需的 A_w 更高些。此外，当水分活度低于某个值时，毒素产生量会急剧降低甚至不产生毒素。

○ 栅栏因子与栅栏技术
- 把对于食品变质腐败起控制作用的因子称栅栏因子，如酸化、高温处理、降低温度、降低水分活度、应用竞争性微生物、降低氧化还原值、添加防腐剂和杀菌剂等，这些因子单独或相互作用，形成特有的防止食品腐败变质的"栅栏"。
- 栅栏技术是运用不同的栅栏因子，科学合理地组合起来，发挥其协同作用，从而抑制微生物的腐败，改善食品品质。栅栏效应不是单独栅栏因子效应的简单累加，而是具有 1+1>2 的增效作用。

○ 食品保藏的基本原理
- 引起食品变质腐败的主要因子有微生物、酶和氧化反应等，在食品生产与贮藏过程中，可以采用各种技术措施，如高温处理、降低温度、酸化处理、降低水分活度、腌制、烟熏、涂膜、辐照处理、超高压处理、脉冲处理、高密度二氧化碳处理、添加防腐剂、使用生防菌和群体感应抑制剂等来抑制微生物的生长繁殖，钝化或抑制酶的活性，延缓或破坏氧化反应，抑制各类变质因子对食品的致腐作用，从而达到保持食品品质和延长保质期的目的，这就是食品保藏的基本原理。

课后练习

一、判断正误题

1. 微生物的培育经历不同，耐热性也不同。（　　）
2. 微生物的热处理死亡数是按对数循环下降的。（　　）
3. 低温不能破坏酶的活性，升温后酶将重新活跃使食品变质。（　　）
4. 处于对数生长期的微生物耐压能力强。（　　）
5. 处于生长繁殖期的细菌的耐热性比它的芽孢强。（　　）
6. 食品的成分如脂肪、蛋白质等可增强微生物的耐热性。（　　）
7. Z 值越大，细菌的耐热性就越强。（　　）
8. 温度越低对微生物的伤害越大。（　　）
9. 对数生长期的微生物生长旺盛，抗压能力强。（　　）

二、选择题

1. 一定温度下杀死 90% 微生物所需要的时间可用（　　）表示。

　　A. D 值　　　　　B. Z 值　　　　　C. F 值　　　　　D. Q 值

2. 下列哪个水分活度下细菌较易生长？（　　）

　A.0.6　　　　　　　　B.0.7　　　　　　　　C.0.8　　　　　　　　D.0.9

三、问答题

1. 微生物滋生是引起食品腐败变质的主要因素，采用哪些措施可以控制？

2. 影响微生物耐热性的主要因素有哪些？

3. 食品低温保藏的基本原理是什么？

4. 什么是栅栏效应？在水产品保鲜上如何应用栅栏技术？

↘ 能力拓展

○ **进行研究性学习，培养设计开发 / 解决方案能力**

　● 通过水产品保鲜文献资料的深入探究学习，应用所学的数学、自然科学和工程科学的基本原理与专业知识分析描述水产品变质腐败的全过程，针对水产品的变质腐败问题，确定合理的栅栏因子，设计维持水产品良好品质的栅栏技术保藏方案。

　● 设计方案中体现绿色设计理念，并考虑社会、健康、安全、法律、文化以及环境等多种因素的影响，能分析评价设计方案的优势与局限性并获得有效结论。

○ **进行小组协作学习，培养团队合作意识和终身学习能力**

　● 某些微生物在发酵过程中产生的抗菌肽、有机酸、酚类等物质可以抑制细菌的生长繁殖，以"可以利用微生物本身来抑制腐败微生物生长吗？"为主题开展小组协作学习与讨论，提升信息搜集、信息应用技能，养成自主学习、终身学习的意识和适应能力。

第三章 食品低温保藏技术

冰鲜海鱼

食品解冻新技术

　　超市里冷藏冷冻食品如低温牛奶、酸奶、冷冻肉制品、冷冻鱼丸、冷冻鳕鱼块、速冻包子、速冻烧麦、速冻水饺、速冻汤圆、速冻春卷、速冻油条、速冻披萨、速冻炒饭以及各种速冻预制菜等冷藏冷冻食品琳琅满目，冷冻食品是怎么来的？它们又是如何制作并保存的？

思维导图

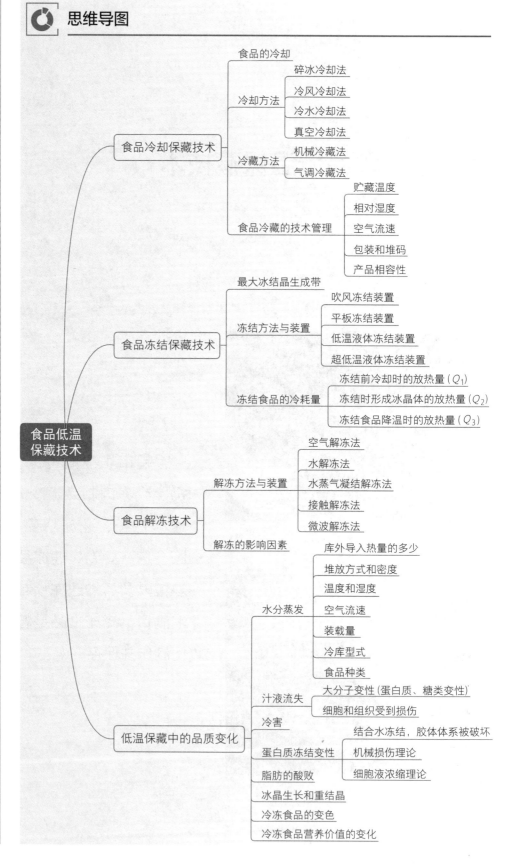

❋ 为什么要学习"食品低温保藏技术"？

温度是影响食品变质腐败的最主要因素之一。常温条件下，许多食品如肉类、水产品、水果和蔬菜等都易出现腐烂、氧化、褐变等变质问题，为了防止食品品质下降和延长保质期，低温保藏是最有效的手段之一。近年来，随着科技进步和人民生活水平提高，低温保藏新技术更是不断涌现。那么，食品冷却和冻结的方法有哪些？如何计算冷耗量？缓慢冻结有什么危害？快速冻结有什么优点？果蔬贮藏在不恰当的低温下会出现什么不良后果？食品中的蛋白质为什么会发生冻结变性？哪些措施可减轻食品低温保藏中的质量损失？学习本章内容不仅有助于深入理解食品低温保藏机理，而且有助于发展绿色、高效的食品低温保藏新技术，从而为人们提供优质、新鲜的健康食品。

👁 学习目标

- 正确区分食品冷却、冻结、冷藏与冻藏的概念；
- 分析归纳食品冷却与冻结的主要方法及其特点；
- 掌握食品冷却、冻结的基本过程，能分析归纳影响冷却与冻结食品品质的主要因素，掌握食品冷却与冻结冷耗量的计算方法；
- 分析比较不同解冻方法的优缺点；
- 归纳分析食品干耗、冷害、汁液流失、重结晶及蛋白质冻结变性的原因及控制措施；
- 结合所学知识，分析鲜活水产品从捕捞到运输、冻结、冻藏、销售、消费全过程中可能出现的品质劣变问题，运用批判性与创新性思维，设计1套保持水产品良好品质的冻藏技术方案；
- 了解食品低温保藏领域的技术标准体系、知识产权、产业政策、法律法规等，提升职业能力与职业素养。

　　食品低温保藏是利用低温技术将食品温度降低并维持在低温状态以阻止食品腐败变质的技术。在低温条件下，食品中的水分结晶成冰，微生物活力丧失，酶活性受到抑制，从而达到延长食品货架期的目的。低温保藏不仅可以用于新鲜食品原料的贮藏，也可以用于食品加工品、半成品的贮藏。

　　食品低温保藏是一种古老的保藏方法。《诗经·豳风·七月》中有"二之日凿冰冲冲，三之日纳于凌阴"的关于采集和贮藏天然冰的记载。春秋战国时，《周礼》中有用鉴盛冰，贮藏膳羞和酒浆的记载，表明中国古代很早已使用冷藏技术。宋代开始利用天然冰来保藏黄花鱼，当时称之为"冰鲜"。冷藏水果出现于明代，《群芳谱》称当时用冰窖贮藏的苹果，"至夏月味尤美"。与冷藏性质相近的冻藏方法出现于宋代，主要用于保藏梨、柑橘之类的水果。据《文昌杂录》记载，采用此法时水果要"取冷水浸良久，冰皆外结"以后食用，而"味却如故"。

　　公元1550年以前，已发现在天然冰中添加化学药品能降低冰点。1863年，美国应用这一原理，以冰和食盐为冷冻介质，首先工业化生产冻鱼。1864年氨压缩机获得法国专利，为冻藏食品创造了条件。1880年，澳大利亚首先应用氨压缩机制冷生产冻肉，销往英国。1889年美国制成冰蛋。1891年新西兰大量出口冻羊肉。美国分别在1905年和1929年大规模生产冻水果和冻蔬菜，1945～1950年大规模生产多种速冻方便食品。20世纪60年代初，流化床速冻机和单体速冻食品出现。1962年，液氮冻结技术开始应用于工业生产。20世纪60年代，发达国家逐步建立起完整的冷藏链，冷冻食品进入超市，从此冷冻食

品的品种和数量迅猛增加。

　　我国在 20 世纪 70 年代，因外贸需要冷冻蔬菜，冷冻食品开始起步。20 世纪 80 年代，家用冰箱和微波炉开始普及，销售用冰柜和冷藏柜的广泛使用，推动了冷冻冷藏食品的发展。20 世纪 90 年代，冷链初步形成，品种和产量大幅度增加，如肉制品、乳制品、调理食品、中式包子、饺子、春卷、馅饼及各种菜肴等发展较快。2020 年，我国仅速冻食品市场规模已达 2000 亿元，据中商产业研究院预测，2025 年中国速冻食品市场规模将达到 3500 亿元，由此可见，冷冻食品发展势头仍然迅猛。

　　冷冻食品营养、方便、卫生、经济，能较好地保存食品本身的色香味、营养素和组织状态，市场需求量大。冷冻食品在发达国家占有重要的地位，在发展中国家发展迅速，平均每年以 10% 左右的速度增长，是发展最快的工业食品之一。

第一节　食品冷却保藏技术

　　食品冷却保藏是将食品贮存在高于冰点的某个低温环境中，使其品质能在合理时间内得以保持的一种低温保藏技术。冷却保藏适合于所有食品保藏，尤其适合水果、蔬菜保藏。它包括原料处理、冷却及冷藏等环节。

一、原料及其处理

1. 植物性原料及其处理

　　用于冷藏的植物性原料主要是水果、蔬菜，应是外观良好、成熟度一致、无损伤、无微生物污染、对病虫害的抵抗力强、收获量大且价格经济的品种。

　　植物性原料在冷却前的处理主要有：剔除有机械损伤、虫伤、霜冻及腐烂、发黄等质量问题的原料；然后将挑出的优质原料按大小分级、整理并进行适当的包装。包装材料和容器在使用前应用硫黄熏蒸、喷洒波尔多液或福尔马林液进行消毒。整个预处理过程均应在清洁、低温条件下快速地进行。

2. 动物性原料及其处理

　　动物性原料主要包括畜肉类、水产类、禽蛋类等。不同的动物性原料，具有不同化学成分、饲养方法、生活习性及屠宰方法，这些都会影响到产品贮藏性能和最终产品品质。比如牛羊肉易发生寒冷收缩，使肌肉嫩度下降；多脂水产品易发生酸败，使其品质严重劣变等。

　　动物性食品在冷却前的处理因种类而异。畜肉类及禽类主要是静养、空腹及屠宰等处理；水产类包括清洗、分级、去鳞、剖腹去内脏、放血等步骤；蛋类则主要是进行外观检查以剔除各种变质蛋、分级和装箱等过程。

动物性原料的处理必须在卫生、低温下进行，以免污染微生物，导致制品在冷藏过程中变质腐败。为此，原料处理车间及其环境、操作人员等应定期消毒，操作人员还应定期做健康检查并按规定佩戴卫生保障物品。

二、食品冷却

1. 冷却目的

冷却的主要目的是降低食品温度以抑制微生物和酶的作用，降低各类反应或作用的速率，延长食品保质期。对于植物性食品来说，有利于排除呼吸热和田间热，使呼吸作用受到抑制，将其新陈代谢活动维持在较低水平上进行，从而延缓植物性食品衰老过程。

冷却的其他目的还有使肉在低温下成熟，提高商品价值；为某些特定反应如啤酒和其他酒类发酵、乳制品加工等提供合适的温度条件及为冻结做准备等。

2. 冷却速度和时间

（1）冷却速度　冷却就是食品不断放出热量而降低温度的过程。冷却速度就是用来表示该放热过程快慢的物理量。它受食品与冷却介质之间的温差、食品大小及形状、冷却介质种类等因素的影响，可用 $\overline{v}$ 表示。假设食品刚开始冷却时的温度为 $\overline{t_0}$，经过时间 τ 后食品的平均温度为 $\overline{t}$，则可得到下式：

$$\overline{v} = \frac{\overline{t_0} - \overline{t}}{\tau} \tag{3-1}$$

式中　$\overline{v}$——食品的冷却速度，℃/h；

$\overline{t_0}$——冷却前食品平均温度，℃；

$\overline{t}$——冷却后食品平均温度，℃；

τ——冷却时间，h。

如何计算食品的冷却速度呢？以一种特殊形状的食品——平板状食品为例来说明此问题。如图 3-1 所示是一块厚度为 δ 的平板状食品及其在冷却过程的换热状况。假设该食品的换热面积为 F，热导率为 λ，放在温度为 t_r 的冷却介质中冷却。热量在食品内部的传递方向是由 $AA' \rightarrow BB'$，食品内部的温度分布如图 3-1（a）中曲线所示。

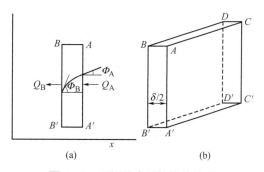

图 3-1　平板状食品的换热情况

如以 Q_A 表示进入 AA' 面的热量，以 Q_B 表示传出 BB' 面的热量，则可得到下式：

$$Q_A = \lambda F \tan\Phi_A \qquad\qquad (3\text{-}2)$$

$$Q_B = \lambda F \tan\Phi_B \qquad\qquad (3\text{-}3)$$

整个食品净除去的热量为 Q，显然下式成立：

$$Q = Q_B - Q_A = \lambda F(\tan\Phi_B - \tan\Phi_A) \qquad\qquad (3\text{-}4)$$

式中　λ——热导率，W/(m·K)；

　　　F——食品表面积，m²。

食品净除去的热量是通过对流换热方式传给冷却介质。假设对流换热系数为 α，则可得到下列关系式：

$$Q = \alpha F(\overline{t} - \overline{t_r}) \qquad\qquad (3\text{-}5)$$

式中　$\overline{t}$——某一时刻冷却食品的平均温度，℃；

　　　F——食品表面积，m²；

　　　α——对流换热系数，W/(m²·K)；

　　　$\overline{t_r}$——冷却介质平均温度，℃。

假定食品的体积为 V，比热容为 C[kJ/(kg·℃)]，密度为 γ(kg/m³)，则从食品内能变化的角度，可得到下式：

$$\Delta u = -\gamma CV \frac{\mathrm{d}\overline{t}}{\mathrm{d}\tau} \qquad\qquad (3\text{-}6)$$

式中　Δu——冷却前后食品内能的变化；

　　　γ——食品的密度，kg/m³；

　　　V——食品的体积，m³；

　　　C——食品的比热容，kJ/(kg·℃)。

由于 $\dfrac{\mathrm{d}\overline{t}}{\mathrm{d}\tau}$ 就是冷却速度 $\overline{v}$，因此：

$$\overline{v} = -\frac{\alpha F}{\gamma CV}(\overline{t} - \overline{t_r}) \qquad\qquad (3\text{-}7)$$

式中　F——食品表面积，m²；

　　　α——对流换热系数，W/(m²·K)；

　　　$\overline{t}$——某一时刻冷却食品的平均温度，℃；

　　　$\overline{t_r}$——冷却介质平均温度，℃；

　　　γ——食品的密度，kg/m³；

　　　V——食品的体积，m³；

　　　C——食品的比热容，kJ/(kg·℃)。

式（3-7）即食品冷却速度的计算公式。

然而，由于 $\overline{t}$ 是随着时间的变化而变化的，因此，必须已知食品内部的温度分布曲线方程后，式（3-7）方能应用于实际计算。而不同的食品在不同的冷却条件下冷却时，其内部温度的分布是极为复杂的。因此，这里只给出规则形状食品的计算公式：

$$\overline{v} = (t_0 - t_r)\alpha \frac{\mu^2}{\delta^2} e^{-\alpha \frac{\mu^2}{\delta^2}\tau} \tag{3-8}$$

式中　α——对流换热系数，kJ/(m^2·℃·h)；

　　　μ——常数，取决于食品的形状及特性等；

　　　t_0——冷却前食品温度，℃；

　　　t_r——冷却介质温度，℃；

　　　δ——食品厚度，m；

　　　τ——冷却时间，h。

对于平板状食品，$\mu^2 = \dfrac{10.7\dfrac{\alpha}{\lambda}\delta}{\dfrac{\alpha}{\lambda}\delta + 5.3}$

对于圆柱状食品，$\mu^2 = \dfrac{6.3\dfrac{\alpha}{\lambda}\delta}{\dfrac{\alpha}{\lambda}\delta + 3.0}$

对于球状食品，$\mu^2 = \dfrac{11.3\dfrac{\alpha}{\lambda}\delta}{\dfrac{\alpha}{\lambda}\delta + 3.7}$

（2）冷却时间　冷却时间是指将食品从初温 t_0 冷却到预定的终温 t 时所需时间，以 τ 表示。假如将 α 看成常数，则从式（3-8）中可推导出冷却时间 τ 为：

$$\tau = \frac{2.3\lg\dfrac{t_0 - t_r}{\bar{t} - t_r}}{\alpha\dfrac{\mu^2}{\delta^2}} \tag{3-9}$$

如将上述规则形状食品的 μ^2 与 $\dfrac{\alpha}{\lambda}\delta$ 之关系代入，即可分别得到平板状、圆柱状及球状食品的冷却时间计算公式。

冷却时间的计算还可按 Backstrom 所推导的公式进行：

$$\tau = \frac{1}{\sigma}\ln\frac{\bar{t_0} - \bar{t_r}}{\bar{t} - t_r} \tag{3-10}$$

式中　$\bar{t_0}$、$\bar{t}$——分别为食品冷却前后的平均温度。

一般 $\bar{t_0}$ 是已知的，$\bar{t}$ 可按下式计算：

$$\bar{t} = t_r + \frac{t_0 - t_r}{1 + \dfrac{K\delta}{16\lambda}} \tag{3-11}$$

式中　t_0——冷却前食品温度，℃；

　　　t_r——冷却介质温度，℃；

　　　δ——食品厚度，m；

　　　λ——热导率，W/（m·K）；

　　　K——传热系数，W/（m^2·K）。

σ 用下式计算：

$$\sigma = \frac{KF}{mC_p}\tag{3-12}$$

式中 K——传热系数，W/（m²·K）；

F——食品表面积，m²；

m——食品质量，kg；

C_p——食品的质量热容，kJ/（kg·K）。

另外，食品冷却后的表面温度可用下式计算：

$$t_s = t + \frac{t_0 - t_r}{1 + \frac{\alpha\delta}{4\lambda}}\tag{3-13}$$

3. 冷却方法

目前食品冷却的常用方法有空气冷却法、水冷却法、冰冷却法及真空冷却法等四种。根据食品种类和冷却要求的不同，可选择相应冷却方法。

（1）空气冷却法   它是将食品放在冷却空气中，通过冷却空气的不断循环带走食品热量，从而使食品获得冷却。冷却空气温度的选择取决于食品种类，一般对于动物性食品为 0℃ 左右，对植物性食品则在 0 ～ 15℃ 之间。冷却空气通常由冷风机提供。

这种方法的冷却效果主要取决于空气温度、循环速度及相对湿度等因素。一般空气温度越低，循环速度越快时（冷风流速一般为 0.5 ～ 3m/s），冷却速度也越快。一般食品冷却时所采用的冷风温度不应低于食品冻结点，以免食品发生冻结。对某些易受冷害的食品宜采用较高的冷却温度。相对湿度高些，食品的水分蒸发就少些。但冷却室内的相对湿度对不同种类和包装食品的影响是不同的。当食品用不透蒸汽材料包装时，冷却室内的相对湿度对它没有影响。此外冷却效果还受到堆垛、气流布置等操作因素的影响。

空气冷却法是一种简便易行、适用范围广的冷却方法。它的缺点是冷却速度慢；当冷却室内空气相对湿度低的时候，被冷却食品干耗较大。所以，为了降低干耗，冷却装置的蒸发器和室内空气的温差应尽可能小些，一般以 5 ～ 9℃ 为宜，这样一来蒸发器就必须有足够大的冷却面积，以防因冷风分配不均匀而导致冷却速度不一致等。

（2）水冷却法   即将食品直接与低温的水接触而获得冷却的方法。水冷却法通常有两种方式：浸渍式和喷淋式。前者是将被冷却食品直接浸入冷水中，使之冷却的方法；而后者是用喷嘴把冷水喷到被冷却食品上使之冷却的方法。

水冷却法中的水可以是淡水或海水，但必须是清洁、无污染的水。在冷却过程中，水会逐渐被污染，因此需经常更换冷却水和消毒。冷却用水可用冰或制冷装置冷却到适宜的温度。

水冷却法的优点是冷却速度快、避免了干耗、占用空间少等，但存在损害食品外观、易发生污染及水溶性营养素流失等缺陷。

水冷却法适用于水产、水果、蔬菜等食品的冷却。

（3）冰冷却法   冰无害、价廉、便于携带，当冰融化时，1kg 冰会吸收

334.72kJ 的热量。冰冷却法即冰直接与食品接触，吸收融解热后变成水，同时使食品冷却的方法。该法可用于水产品、水果及蔬菜等的冷却，尤其适用于水产品冷却，应用十分广泛。其特点是冷却速度快，产品表面湿润、光泽，且无干耗。

冰冷却法的效果主要取决于冰与食品的接触面积、用冰量、食品种类和大小、冷却前食品初始温度。冰粒越小，则冰与食品的接触面越大，冷却速度越快。因此，用于冷却的冰事先需粉碎。用冰量须充足，否则不可能达到冷却效果。在用冰冷却时，还应注意及时补充冰和排除融冰水，以免发生脱冰和相互污染，导致食品变质。食品种类和大小不同，冷却效果也有很大差异，如多脂鱼类和大型鱼类的冷却速度比低脂鱼类和小型鱼类的慢。

用于冷却的冰可以是海水冰，也可以是淡水冰，但都必须是清洁、无污染的。

（4）真空冷却法　它是利用水在真空条件下沸点降低的原理来冷却食品的。将待冷却的食品放入密闭容器中，然后降低容器中的压力，食品中的水分就在真空状态下迅速汽化，吸收汽化潜热，从而使食品的温度迅速降低。真空冷却法主要用于蔬菜的快速冷却，特别适合于蔬菜、蘑菇等表面积大的食品冷却。其缺点是食品干耗大、能耗大。

真空冷却的装置如图 3-2 所示。它是由真空冷却槽、压缩机及真空泵等设备组成的。

真空冷却法的优点是冷却速度很快，一般 20～30min 即可将蔬菜从 20℃左右冷却到 1℃左右，水分蒸发量只有 2%～4%，不会影响蔬菜新鲜饱满的外观。但真空冷却法成本较高，少量冷却时不经济。适合在离冷库较远的蔬菜产地，在大量收获后的运输途中使用。

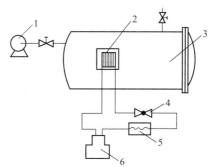

图 3-2　真空冷却装置示意图
1—真空泵；2—蒸发器；3—真空冷却槽；
4—节流阀；5—冷凝器；6—压缩机

三、食品冷藏

食品的冷藏有两种普遍使用的方法，即空气冷藏法和气调冷藏法。前者适用于所有食品的冷藏方法，后者则适用于水果、蔬菜等鲜活食品的冷藏。

1. 空气冷藏法

空气冷藏法是将冷却（也有不经冷却）后的食品放在冷藏库内保藏的方法。其效果主要取决于下列因素：

（1）冷藏温度　大多数食品的冷藏温度在 –1.5～10℃之间，在保证食品不发生冻结的前提下，冷藏温度越接近食品冻结点则冷藏期越长。但对于某些有生命的食品，如水果、蔬菜等，对冷藏温度特别敏感，在冻结点以上的不适低温下会发生冷害，主要发生在原产于热带、亚热带的蔬菜和水果，如香蕉、柑橘等。另外，某些温带水果如苹果的某些品种，当在 0～4℃下长期贮藏时也会产生冷害症状。通常动物性食品的冷藏温度低些，而水果、蔬菜的冷藏温度则因种类而有较大的差异。比如葡萄的冷藏温度是 –1～0℃，而香蕉的冷藏温度却是 12～13℃。

合适的冷藏温度是保证冷藏食品质量的关键，但在贮藏期内保持冷藏温度的稳定也同样重要。有些产品贮藏温度波动 ±1℃就可能对其贮藏期产生严重的影响。比如苹果、桃和杏子在 0.5℃下的贮藏期要比 1.5℃下延长约 25%。因此，对于长期冷藏的食品，温度波动应控制在 ±1℃以内，而对于蛋、鱼、某些果蔬等，温度波动应在 ±0.5℃以下，否则，就会引起这些食品的霉变或冷害，严重损害冷藏食品的质量，显著缩短它们的贮藏期。

（2）相对湿度　食品在冷藏时，除了少数密封包装，大多是放在敞开式包装中。这样冷却食品中的水分就会自由蒸发，引起减重、皱缩或萎蔫等现象。如果提高冷藏间内空气的相对湿度，就可抑制水分的蒸发，在一定程度上防止上述现象的发生。但是，相对湿度太高，可能会有益于微生物的生长繁殖。一般大多数水果冷藏时的适宜相对湿度为85%～90%，而绿叶蔬菜、根类蔬菜以及脆质蔬菜适宜相对湿度为90%～95%，坚果类冷藏时适宜的相对湿度为70%。水分含量较低的食品则应在尽可能低的相对湿度下冷藏。食品冷藏的适宜相对湿度见表3-1。

表 3-1　食品的冷藏条件

品种	温度/℃	相对湿度/%	贮藏期	品种	温度/℃	相对湿度/%	贮藏期
苹果	0～4	90	2～6m	鸡蛋	−1～0	90	6～7m
杏子	0	90	2～4m	鱼	0	85～95	6～7m
樱桃	0	90～95	1～2w	油脂	−1～0	85～95	4～8m
鲜枣	0	80～90	1～2w	羊肉	−1.5～0	85～95	3～4w
葡萄	0	90～95	1～4w	消毒牛奶	4～6	85～95	7d
猕猴桃	−0.5	90～95	8～14m	肉馅	4	85～95	1d
柠檬	0～4或5	85～90	2～6m	猪肉	−1.5～0	85～95	3～4w
橘子	0～4	85～90	3～4m	去内脏禽类	−1～0	85～95	1～2w
桃	0	90	2～4w	贝类	0	85～95	4～6d
梨	0	90～95	2～5m	小牛肉	−1.5～0	85～95	3w
李子	0	90～95	2～4m	咸肉	4	85～95	3～5w
草莓	0	90～95	1～5d	酸奶	2～5	85～95	2～3w
芦笋	0～2	0～95	2～3w	西瓜	5～10	85～90	2～3w
花菜	0	90～95	3～5w	菜豆	7～8	92～95	1～2w
卷心菜	0	95	1～3m	土豆	4～6	90～95	4～8m
胡萝卜	0	95	5～6m	香蕉（青）	12～13	85～90	10～20d
菜花	0	95	2～3w	香蕉（熟）	13～16	85～90	5～10d
芹菜	0	95	4～12w	石榴	8～10	90	2～3w
甜玉米	0	95	1w	柚子	10	85～90	1～4m
大蒜	0	65～70	6～7m	柠檬（未熟）	10～14	85～90	1～4m
韭菜	0	95	1～3m	芒果	7～12	90	3～7w
莴苣	0	95	1～2w	甜瓜	7～10	85～90	1～12w
蘑菇	0	90～95	5～7d	菠萝（未熟）	10～13	85～90	2～4w
干洋葱	0	65～70	6～8m	菠萝（熟）	7～8	90	2～4w
带皮豌豆	0	95	1～3w	黄瓜	9～12	95	1～2w
小红萝卜	0	90～95	1～2w	茄子	7～10	90～95	10d
菠菜	0	95	1～2w	生姜	13	65	6m
大头菜	0	95	1～2w	南瓜	10～13	50～75	2～5m
牛肉	−1.5～0	85～95	3～5w	甜椒	7～10	90～95	1～3w
黄油	0～4	85～95	2～4w	西红柿（青）	12～13	85～90	1～2w
干酪	0～5	80～85	3～6m	西红柿（红熟）	8～10	85～90	1w
奶油	−2～0	80～85	15d	芋头	16	85～90	3～5m
食用内脏	−1.5～0	85～95	7d	奶粉	10～12	65	5m

注：m表示"个月"；w表示"周"；d表示"天"。

实际上，高相对湿度并不一定就会引起微生物的生长繁殖，这要取决于冷藏温度的变化。温度的波动很容易导致高相对湿度的空气在食品表面凝结水珠，从而引起微生物的生长。因此，如果能维持低而稳定的温度，那么高相对湿度是有利的。尤其是对于抱子甘蓝、芹菜、菠菜等特别易萎蔫的蔬菜，相对湿度应高于90%，否则就应采取防护性包装或其他措施以防止水分的大量蒸发。

（3）空气循环　空气循环的作用一方面是带走热量，这些热量可能是外界传入的，也可能是由于蔬菜、水果的呼吸而产生的；另一方面是使冷藏室内的空气温度均匀。

空气循环可以通过自由对流或强制对流的方法产生，目前在大多数情形下采用强制对流的方法。

空气循环的速度取决于产品的性质、包装等因素。循环速度太小，可能达不到带走热量、平衡温度的目的；循环速度太快，会使水分蒸发太多而严重减重，并且会消耗过多的能源。一般最大的循环速度不超过 $0.3 \sim 0.7m/s$。食品采用不透蒸汽包装材料包装时，则冷藏室内的空气循环速度可适当大些。

（4）通风换气　在贮存某些可能产生气味的冷却食品如各种蔬菜、水果、干酪等时，必须通风换气。但大多数情形下，由于通风换气可通过渗透、气压变化、开门等途径自发地进行，因此，有时不必专门进行通风换气。

通风换气的方法有自由通风换气和机械通风换气两种。前者即将冷库门打开后，自然地进行通风换气，后者则是借助于换气设备进行通风换气。不论采用何种换气方法，都必须考虑引入的新鲜空气的温度和卫生状况。只有与库温相近的、清洁的、无污染的空气才允许引入库内。何时通风及通风换气的时间没有统一规定，依产品的种类、贮藏方法及条件等因素而定。

（5）包装及堆码　包装对于食品冷藏是有利的，这是因为包装能方便食品的堆垛，减少水分蒸发并能提供保护作用。常用的包装有塑料袋、木板箱、硬纸板箱及纤维箱等。包装方法可采用普通包装法，也可用真空包装及充气包装法。

不论采用何种包装，产品在堆码时必须做到：①稳固；②能使气流流过每一个包装；③方便货物的进出。因此，在堆码时，产品一般不直接堆在地上，也不能与墙壁、天棚等相接触，包装之间要有适当的间隙，垛与垛之间要留下适当大小的通道。

（6）产品的相容性　食品在冷藏时，必须考虑其相容性，即存放在同一冷藏室中的食品，相互之间不允许产生不利的影响。比如某些能释放出强烈而难以消除的气味的食品如柠檬、洋葱、鱼等，与某些容易吸收气味的食品如蛋、肉类及黄油等存放在一起时，就会发生气味交换，影响冷藏食品的质量。因此，上述食品如无特殊的防护措施，不可一起贮存。要避免上述情况，就要求在管理上做到专库专用，或在一种产品出库后严格消毒和除味。

2.气调冷藏法

气调冷藏法也叫 CA（controlled atmosphere）冷藏法，是指在冷藏的基础上，利用改变环境气体组成来延长食品货架期的方法。气调冷藏技术早期主要在果蔬保鲜方面的应用比较成功，但这项技术如今已经发展到肉、禽、鱼、焙烤产品及其他方便食品的保鲜，而且正在推向更广的领域。

（1）气调冷藏法的原理　气调技术的基本原理是：在一定的封闭体系内，通过各种调节方式降低贮藏环境中的氧气浓度、适当提高二氧化碳浓度，以此来抑制引起食品品质劣变的生理生化过程或抑制食品中微生物活动，从而延长食品保质期。气调贮藏具有保鲜效果好、贮藏损失少、保鲜期长、对食品无任何污染等优点。

通过对食品贮藏规律的研究发现，引起食品品质下降的食品自身生理生化过程和微生物作用过程，多数与 O_2 和 CO_2 有关。新鲜果蔬的呼吸作用、脂肪氧化、酶促褐变、需氧微生物生长活动都依赖于 O_2

的存在。另一方面，许多食品的变质过程要释放 CO_2，CO_2 对许多引起食品变质的微生物有直接抑制作用。因此，各种气调手段多以这两种气体作为调节对象。所以气调冷藏技术的核心是改变食品环境中的气体组成，使其组分中的 CO_2 浓度比空气中的 CO_2 浓度高，而 O_2 的浓度则低于空气中 O_2 的浓度，配合适当的低温条件，来延长食品的寿命。

应指出的是，有些水果、蔬菜对 CO_2 浓度和 O_2 浓度两者中的某一种的变化更为敏感。一般两者同时变化往往能产生更大的抑制作用。在实际的 CA 冷藏时，都是既降低环境中 O_2 的浓度，同时又提高 CO_2 的浓度。但适宜的 O_2 浓度和 CO_2 浓度因果蔬种类不同而异，不同品种果蔬 CA 贮藏时，对气体成分的要求有所不同，特别要注意各种果蔬的"临界需氧量"，保证 CA 贮藏室内的 O_2 浓度不低于临界需氧量，同时，也要注意防止 CO_2 浓度过高而引起果蔬伤害。表 3-2 是一些果蔬的适宜 CA 贮藏条件。

表 3-2　一些果蔬的 CA 贮藏条件

果蔬品种	贮藏温度 /℃	气调条件		对低 O_2 和高 CO_2 的耐受度	
		O_2/%	CO_2/%	低 O_2/%	高 CO_2/%
苹果：红玉	0	3	3 ~ 5	2	2
元帅	-1.1 ~ 0	2 ~ 3	1 ~ 2	—	—
洋梨：巴梨	0 ~ 1	2 ~ 3	0 ~ 1	—	—
凤梨	10 ~ 15	5	10	3	7
甜樱桃	0 ~ 5	3 ~ 10	10 ~ 12	—	20
无花果	0 ~ 5	5	15	—	8
猕猴桃	0 ~ 5	2	5	2	—
桃	0 ~ 5	1 ~ 2	5	2	20
李	0 ~ 5	1 ~ 2	0 ~ 5	2	20
草莓	0 ~ 5	5 ~ 10	10	—	—
梅子	0	2 ~ 3	3 ~ 5	—	—
栗子	0	3	6	—	—
香蕉	12 ~ 14	5 ~ 10	5 ~ 10	—	—
蜜橘	3	10	0 ~ 2	—	5
柿子	0 ~ 5	3 ~ 5	5 ~ 8	3	5
豌豆荚	0	10	3	4	—
菠菜	0	10	10	1	—
马铃薯	3	3 ~ 5	2 ~ 5	—	—
胡萝卜	0	2 ~ 4	5 ~ 8	4	5

（2）气调冷藏的特点　与一般空气冷藏条件相比，气调冷藏优点多、效果好、能更好地延长商品的贮藏寿命。CA 贮藏能抑制果蔬的呼吸作用，阻滞乙烯生成，推迟果蔬后熟，延缓其衰老过程，从而显著地延长果蔬的保鲜期；能减少果蔬的冷害，从而减少损耗，在相同的贮藏条件下，气调贮藏的损失不足 4%，而一般空气冷藏的为 15% ~ 20%；能抑制果蔬色素的分解，保持其原有色泽；能阻止果蔬的软化，保持其原有形态；能抑制果蔬有机酸减少，保持其原有风味；能阻止昆虫、鼠类等有害生物的生存，使果蔬免遭损害。另外，气调贮藏由于长期受低 O_2 和高 CO_2 的影响，解除气调后，仍有一段时间的滞后

效应。在保持相同品质的前提下，气调贮藏的货架期是空气冷藏的 2～3 倍。气调贮藏使用的措施都是物理的，不会造成任何形式的污染，完全符合绿色食品标准，有利于推行食品绿色保藏。

CA 贮藏法的主要缺点是一次投资较大，成本较高及应用范围不够广泛，目前主要在苹果、梨、猕猴桃等水果和蒜薹、芸豆等蔬菜中有较大规模的应用。

（3）CA 贮藏的方法　CA 贮藏有很多方法，根据达到 CA 气体组成的方式不同，分成以下四类。

① 自然降氧法。又称自然呼吸降氧法、普通气调冷藏法，是指利用果蔬在贮藏过程中自身的呼吸作用使气调库内空气中 O_2 浓度逐渐降低，CO_2 浓度逐渐升高，并根据库内 O_2、CO_2 浓度的变化，及时除去多余的 CO_2 和引入新鲜空气，补充 O_2，从而维持所需的 O_2/CO_2 的比例。除去多余的 CO_2 的方法有消石灰洗涤法、活性炭吸附法、氢氧化钠溶液洗涤法及膜交换法等。

自然降氧法操作简单、成本低、容易推广。特别适用于库房气密性好，贮藏的果蔬为一次整进整出的情况。但是其获得适当的 O_2/CO_2 比例的时间过长，且难以控制 O_2/CO_2 比例，中途不宜频繁打开库门进库出库，否则保藏效果不佳。

② 机械降氧法。机械降氧法就是利用人工调节的方式，在短时间内将环境中的 O_2 和 CO_2 调节到适宜浓度，并根据气体组成的变化情况经常调整使其保持不变，误差控制在 1% 以内。快速降氧的方式通常有两种，一种是利用催化燃烧装置降低贮藏环境中空气含氧量，用二氧化碳脱除装置，降低燃烧后空气中二氧化碳含量。另一种是利用制氮机（或氮气源）直接对贮藏室充入氮气，把含氧高的空气排除，以造成低氧环境。这种方法能迅速达到 CA 气体组成，且易精确控制 CA 气体组成，因此保藏效果极佳。缺点是所需设备较多，成本较高。目前，已有成套的专用气调设备，可以按照要求事先将适宜比例的人工气体制备好，再引入气调库。

③ 气体半透膜法。即利用硅胶或高压聚乙烯膜作为气体交换扩散膜，使贮藏室内的 CO_2 与室外的 O_2 交换来达到 CA 贮藏的方法。通过选择不同厚度的半透膜，即可控制气体交换速率，维持一定的 O_2/CO_2 比例。该法简便易行，但效果较差。

④ 减压降氧法。又称为低压气调冷藏法、真空冷藏法，是气调冷藏的进一步发展。减压降氧法是利用真空泵，对贮藏室进行抽气，形成部分真空，室内空气各组分的分压都相应下降。例如当气压降低至正常的 1/10，空气中的氧、二氧化碳、乙烯等的分压也都降至原来的 1/10，氧的含量将下降到 2.1%，从而有效抑制果蔬的成熟衰老过程，延长贮藏期，达到保鲜的目的。一个减压系统的组成主要包括减压、增湿、通风、低温。这里除低温外，其余都是普通气调贮藏所不具备的。减压贮藏具有特殊的贮藏条件，须在精确严密的控制之下。总压力一般可控制在 266.4Pa 的水平，从而使氧含量的水平可以调节至 ±0.05% 的精度，因而，可以获得最佳贮藏所需要的低氧水平，为贮藏易腐产品提供最好环境，取得良好的保藏效果。

概念检查 3.1

○ 食品中常用的冷却方法有哪些？

第二节　食品冻结保藏技术

食品的冻结保藏，简称冻藏，是将食品贮存在低于冻结点以下某个合适的温度（目前常用 –18℃）的

食品保藏方法。食品冻藏能有效地抑制微生物生长，降低酶及 O_2 等不利因素的作用，较好地保持食品质量。食品在冻藏之前，通常要进行原料预处理、冻结等加工。原料预处理包括挑选、分级、检验、分割、烫漂、调味、烹调、成型等，因原料种类、特性及制品的要求等而异。冻结是将食品温度由初温降至其中心温度低于冻结点下的某个温度的物理过程，是最关键的因素。食品在冻结之后，还要进行包装、贮藏、运输等操作。合理冻藏的食品在大小、形状、质地、色泽和风味方面一般不会发生明显变化，可以长期保藏。

一、食品的冻结

1. 食品的冻结过程

（1）食品的冰点　食品中通常含有大量水分，随着食品温度降低，在某个温度下食品中的水分开始结冰，此温度即食品的冰点。食品中由于含有溶质，冰点一般低于 0℃，通常溶液浓度每增加 1mol/L，则冰点下降 1.86℃。因此食品的冰点通常在 –2 ～ –1℃之间，取决于食品种类、鲜度及预处理等因素。不同生鲜食品的冰点见表 3-3。

表 3-3 食品的冰点

品　名	冰点 /℃	品　名	冰点 /℃	品　名	冰点 /℃
牛肉	–1.7 ～ –0.6	马铃薯	–1.7	甘蔗	–9
羊肉	–1.7	柠檬	–2.2	香蕉	–3.4
猪肉	–1.7	花椰菜	–1.1	蜜柑	–2.2
蛋黄	–0.65	樱桃	–2.4 ～ –1.4	草莓	–1.2
蛋白	–0.45	番茄	–0.9	鳕鱼	–1.0
梨	–2.0	豌豆	–1.1	鲕白	–2.0
鱼肉	–2.0 ～ –0.6	菠菜	–0.9	鲂	–1.2
葡萄	–2.2	洋葱	–1.1	鲔	–1.3
牛乳	–0.5	柿	–2.1	比目鱼	–1.3
人造奶油	–2.2	苹果	–2.0	蚝	–2.0
乳酪	–8.3	粟	–4.5		

（2）冻结过程与冻结曲线　当食品温度降至其冰点以下时，如不考虑过冷，则食品中开始出现冰晶。由于冰晶析出使食品剩余水溶液的冰点下降，因此，必须继续降温，冰晶才会不断析出。食品中的水分完全冻结成冰晶时的温度称为共晶点。

实际上，只要食品中的绝大多数水分已结冰，冻结过程就可结束。为了判断冻结程度，Heiss 提出冻结率概念，即在某个温度下，食品中已冻结的水分占总水分的比例，以 R_f 表示。如以 t_f 为冰点，t 为食品温度，则冻结率可用下式计算：

$$R_f = 1 - \frac{t_f}{t} \tag{3-14}$$

将冻结过程中食品中心温度随时间的变化关系表示出来，就得到冻结曲线，如图 3-3 所示。冻结曲线可分成 *AB*、*BC* 及 *CD* 三段。其中 *AB* 段是冷却过程，而 BC 和 CD 两段为冻结过程。但 BC 与 CD 两段又有显著区别，BC 段相当于 $t_f \sim -5℃$ 的温度变化，假如食品的冰点为 $-1℃$，则 BC 段表示 80% 的水分已冻结，变成冰晶。因此，虽然 BC 阶段的温度变化不大，但所费时间却比较长，所对应的温度区间 $-1 \sim -5℃$ 称为最大冰晶生成带。通过最大冰晶生成带后，食品在感官上即呈冻结状态，但并不意味着冻结过程结束。为了贮藏的安全性，国际制冷学会建议冻结终了时食品中心温度应在 $-18℃$。

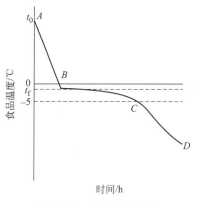

图 3-3　食品冻结曲线

（3）冻结对食品品质和组织结构的影响　冻结可以保持食品的品质和内在营养，但同时冻结会对食品的组织结构产生显著影响，如冻结时造成食品的体积膨胀，严重影响食品品质，解冻时由于食品的内部结构被冰晶破坏，造成汁液流失严重。此外，冻结过程不仅是个传热过程，亦是个传质过程，会有一些水分从食品表面蒸发出来，引起食品的干耗。

如图 3-4 所示，冻结对植物和动物组织的微观结构有显著影响，冻结造成了草莓细胞膜的破坏，削弱了细胞内在的黏附力，导致膨压损失和组织软化。冰晶形成也造成三文鱼肌肉纤维和纤维周围结缔组织的断裂，使之更容易被酶降解，且冻结造成的细胞损伤使得酶和底物更容易接触，从而加快氧化反应的速度。

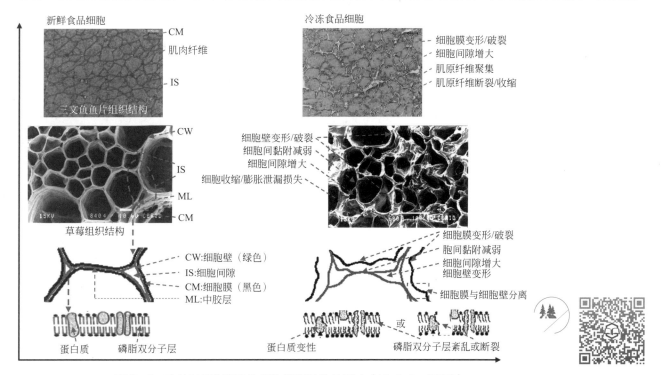

图 3-4　冻结对植物和动物细胞微观结构的影响（Li et al., 2018）

 概念检查 3.2

○　食品的冷却与食品的冻结有什么区别？

2. 冻结速度及其与冰晶状态和分布的关系

（1）冻结速度　所谓冻结速度，是指食品内热中心温度下降的速度或食品内冰锋向内扩展的速度，一般可用下式表示：

$$v = \frac{\mathrm{d}\delta}{\mathrm{d}\tau} \tag{3-15}$$

式中　v——冻结速度，cm/h；

　　　$\mathrm{d}\delta$——冻结层的厚度，cm；

　　　$\mathrm{d}\tau$——冻结时间，h。

对于冻结食品（尤其是体积较大的）而言，不同部位的冻结速度存在较大差异，总是表层快而越往内层越慢。因此，为实用起见，可以采用平均冻结速度的概念，即：

$$\bar{v} = \frac{\delta}{\tau_0} \tag{3-16}$$

式中　$\bar{v}$——平均冻结速度，cm/h；

　　　δ——食品热中心与其表面之间的最短距离，cm；

　　　τ_0——食品温度由0℃降到比冰点低10℃时所需时间，h。

目前，冻结速度有如下三种常用的表示方法。

① 以通过最大冰晶生成带的时间来表示　在30min以内通过 −1 ～ −5℃的温度带，谓之快速冻结，而超过30min时则谓之缓慢冻结。

 概念检查 3.3

○　什么是最大冰结晶生成带？

---

② Plank 表示法　即单位时间内 −5℃之冰锋向内部推进的距离。当冻结速度在 5 ～ 20cm/h，称为快速冻结；当冻结速度在 1 ～ 5cm/h 时，为中速冻结；当冻结速度在 0.1 ～ 1cm/h 时，为缓慢冻结。

③ 国际制冷学会表示法　1972 年，国际制冷学会 C2 委员会提出，冻结速度是食品表面达到0℃后，食品中心温度点与其表面间的最短距离与食品中心温度降到比食品冰点低10℃时所需时间之比，并将冻结速度分成以下几种情形：当冻结速度小于 0.5cm/h 时为缓慢冻结；当冻结速度为 0.5 ～ 5cm/h 时为快速冻结；当冻结速度为 5 ～ 10cm/h 时为急速冻结；当冻结速度为 10 ～ 100cm/h 时为超速冻结。

（2）冻结速度与冰晶状态的关系　所谓冰晶状态是指在冻结过程中所形成冰晶的大小、数量及形状等。为了考察冰晶状态，影像和光谱技术是常用的技术手段，如扫描电子显微镜、透射电子显微镜、共聚焦激光扫描显微镜、近红外光谱、拉曼光谱等，这些技术可以在纳米尺度或无损状态下考察冰晶的状态和形成过程。此外，差示扫描量热仪可以精准测定食品在冻结过程中的热量变化、相变温度及结晶情况。大量实验表明，冰晶状态与冻结速度之间有密切关系。

一般冻结速度越快，则形成的冰晶数量越多，体积越细小，形状越趋向棒状和块状。它们之间的关系见表3-4。

表 3-4　冻结速度与冰晶状态之关系

通过最大冰晶生成带的时间	冰晶的状态			冰锋前进速度 $v_冰$ 和水分移动速度 $v_水$ 之关系
	形状	数量	大小（直径×长宽）	
数秒	针状	无数	$1 \sim 5\mu m \times 5 \sim 10\mu m$	$v_冰 \gg v_水$
1.5min	杆状	很多	$0 \sim 20\mu m \times 20 \sim 50\mu m$	$v_冰 > v_水$
40min	柱状	少数	$50 \sim 100\mu m \times 100\mu m$	$v_冰 < v_水$
90min	块粒状	少数	$50 \sim 200\mu m \times 200\mu m$ 以上	$v_冰 \ll v_水$

（3）冻结速度与冰晶分布之关系　在食品冻结时，冰晶通常首先在细胞间隙形成。之后，细胞内的水分通过细胞壁或膜迁移到细胞外，并在细胞外变成冰晶，结果使细胞严重脱水造成质壁分离。缓慢冻结时就易出现此种情况。而快速冻结时，冰晶趋向于在细胞内外同时形成。此时由于食品中成分迁移较少，细胞所受损害较轻。

此外，冰晶状态不仅受冻结速度的影响，还与食品原料特性有很大关系。在相同冻结速度下，鱼、肉、果、蔬等食品因成分和特性差异，其冰晶状态存在一定差异。甚至同一种食品因新鲜度及生理特性等不同而有差异。比如，随着狭鳕鱼肉从死后僵硬向解僵的推移，发生在细胞外的冻结将会增加。

（4）冻结速度对食品质量的影响　长期以来，人们一直认为冻结速度越快，则冻结食品质量越好。其理由一是冻结速度越快，食品受酶和微生物的作用越小；二是冻结速度越快，则形成的冰晶越细小，分布也越均匀，因而食品受到的损伤就越小。

然而，冻结速度过快，也会对食品质量产生不良影响。如果冻结速度过快，会在食品结构内部形成大的温度梯度，从而产生张力，导致细胞结构破裂。许多研究表明，冻结速度只是影响冻结食品质量的一个因素，其他如原料特性、辅助处理、冻藏条件等都会对冻结食品质量产生较大影响。

此外，冰晶状态是不稳定的，在冻藏过程中经常发生冰晶生长和重结晶现象。冻藏时间越长，冻藏温度波动越频繁，波动幅度越大，则上述现象越严重。冰晶生长和重结晶将破坏快速冻结时所形成的良好冰晶状态，导致冻结食品品质和质构发生变化，使快速冻结的优越性完全丧失。

3. 食品的冷冻时间

食品的冷冻时间就是指完成一个预定的冷冻过程所需要的时间，也称有效冷冻时间。它包括两部分，即冷却时间和冻结时间。

（1）冷却时间　在食品的冷冻过程中，曾经提出过冷却时间的计算方法。但是，由于在冻结过程中考察的是中心温度变化而非平均温度变化，因此，式（3-10）不能用来计算冷冻时间中的冷却时间。不过，在式（3-10）中引入修正系数以后，就可用于此情形中的冷却时间计算。该公式如下：

$$\tau_c = \frac{2.3\lg \dfrac{m(t_0 - t_r)}{t - t_r}}{a\dfrac{\mu^2}{\delta^2}} \tag{3-17}$$

式中，修正系数 m 为 $1.03 \sim 1.06$。

（2）冻结时间　普朗克（Plank）方程，是国际制冷学会推荐的冻结时间计算公式。

通常，食品冻结的冷耗量就是冻结过程中食品所放出的热量，包括冻结前冷却时的放热量（Q_1）、冻结时形成冰晶体的放热量（Q_2）和冻结食品降温时的放热量（Q_3）。

食品冻结冷耗量（Q）计算：$Q=Q_1+Q_2+Q_3$，其中 $Q_1=mC_0(T_初-T_冰)$，$Q_2=mw\omega\gamma_冰$，$Q_3=mC_i(T_冰-T_终)$。m 为食品的质量（kg）；C_0 为温度高于冰点时的质量热容 [kJ/(kg·K)]；C_i 为温度低于冰点时的质量热容 [kJ/(kg·K)]；$T_初$ 为食品的初温（K）；$T_冰$ 为食品的冰点温度（K）；$T_终$ 为食品的冻结终温（K）；w 为食品中的水分含量（%）；ω 为食品达到最终温度时水分的冻结率（%）；$\gamma_冰$ 为水分形成冰晶体时放出的潜热（334.72kJ/kg）。

Plank 在推导冻结时间的计算公式时，作了一些假设以简化推导过程，即：①冻结是在冰点之下进行的恒温冻结，单位冻结热量等于形成冰晶时所放出的热量；②冻结食品的热导率在冻结过程中是不变的，且无蓄热现象；③冷却介质温度及冻结表面的放热系数不变。

以平板状食品为例，冻结时间计算公式的推导过程如下：

如图 3-5 所示，厚度为 δ 的平板状食品，放在温度为 t_r 的冻结介质中冻结，经过一段时间后，冻结层厚度为 x，又经过 $d\tau$ 时间后，冻结层向内推进了 dx，在该过程中所放出的热量为：

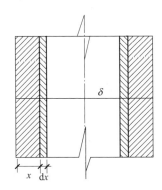

图 3-5　平板状食品的冻结过程

$$dQ=Fdx\gamma q_i \tag{3-18}$$

式中　F——平板状食品的表面积，m²；
　　　γ——食品的密度，kg/m³；
　　　q_i——结冰潜热，kJ/kg。

在温差 t_f-t_r 的作用下，在 $d\tau$ 时间内从食品内部传出的热量为：

$$dQ'=KF(t_f-t_r)d\tau=KF\Delta td\tau \tag{3-19}$$

式中　K——传热系数。

K 可用下式来计算：

$$K=\cfrac{1}{\cfrac{x}{\lambda}+\cfrac{1}{\alpha}} \tag{3-20}$$

式中　α——对流换热系数，W/（m²·K）；
　　　x——冻结层厚度，m；
　　　λ——热导率，W/（m·K）。

将式（3-20）代入式（3-19）中，且由于 $dQ=dQ'$，即可得到：

$$d\tau=\frac{q_i\gamma x}{\Delta t\lambda}dx+\frac{q_i\gamma}{\Delta t\alpha}dx \tag{3-21}$$

将式（3-21）积分，即可得到：

$$\tau=\frac{q_i\gamma}{2(t_f-t_r)}\left(\frac{\delta}{\alpha}+\frac{\delta^2}{4\lambda}\right) \tag{3-22}$$

式（3-22）即为平板状食品的冻结时间计算公式。

与此类似，还可分别推导出圆柱状食品和球状食品冻结时间的计算公式。

圆柱状食品：

$$\tau = \frac{q_i\gamma}{4(t_f-t_r)}\left(\frac{d}{\alpha}+\frac{d^2}{4\lambda}\right) \tag{3-23}$$

球状食品：

$$\tau = \frac{q_i\gamma}{6(t_f-t_r)}\left(\frac{d}{\alpha}+\frac{d^2}{4\lambda}\right) \tag{3-24}$$

上述三个公式基本相似，引入适当的系数之后，即可得到下式：

$$\tau = \frac{q_i\gamma}{t_f-t_r}\left(\frac{Px}{\alpha}+\frac{Rx^2}{\lambda}\right) \tag{3-25}$$

式（3-25）即称为 Plank 公式。式中 P、R 为形状系数。

平板状食品：$P=\dfrac{1}{2}$，$R=\dfrac{1}{8}$

圆柱状食品：$P=\dfrac{1}{4}$，$R=\dfrac{1}{16}$

球状食品：$P=\dfrac{1}{6}$，$R=\dfrac{1}{24}$

x 为特性尺寸，对平板状食品为厚度 δ，对圆柱状和球状食品则为直径 d。

由于存在前提假设，上述公式具有较大的误差和局限性。为了改善 Plank 公式的精确度，Lorentzen 建议以焓差 Δi 代替式（3-25）中的 q_i，则得到：

$$\tau = \frac{\Delta i\gamma}{\Delta t}\left(\frac{Px}{\alpha}+\frac{Rx^2}{\lambda}\right) \tag{3-26}$$

式中　Δi——食品冻结前后的焓差，kJ/kg；

　　　Δt——食品冰点与冻结介质的温差，K 或℃；

　　　α——对流换热系数，W/（m² · K）；

　　　x——冻结层厚度，m；

　　　γ——食品的密度，kg/m³；

　　　λ——热导率，W/（m · K）；

　　　P，R——形状系数。

此即 Lorentzen 公式，也是目前常用来计算冻结时间的公式。

（3）缩短冻结时间的有效方法　由式（3-26）可知，冻结时间与冻结食品的厚度成正比，与食品的表面传热温差、对流热换系数成反比。因此，可以通过减小冻结食品厚度、增大表面传热温差（或降低冻结介质温度）、增大表面对流换热系数来缩短冻结时间。一般液体换热介质比气体换热介质具有更大的对流换热系数，介质流速大时比流速小时的换热系数更大。在实际冻结加工中，应根据具体情况选择合适方法以加快冻结过程。

4. 常用的食品冻结技术及设备

常用的食品冻结技术有三大类，即空气冻结、金属表面接触冻结、与冷剂直接接触冻结（或浸渍冻结）。

（1）空气冻结技术及设备　空气冻结是用低温空气作为介质以带走食品的热量，从而使食品获得冻

结的技术。根据空气是否流动，分为静止空气冻结和吹风冻结。目前主要使用吹风冻结设备。

吹风冻结按食品在冻结过程中是否移动分为固定位置式和流化床式两种型式。固定位置式冻结设备有冻结间、隧道式冻结器、螺旋带式冻结器等，是使用最广泛的冻结设备。流化床式冻结设备有两种，即带式和盘式流化床冻结器，适合于冻结个体小、大小均匀，且形状规则的食品如豆类、扇贝柱等。

① 隧道式冻结器。隧道式冻结器是较早应用的吹风冻结系统。"隧道"这个名称现在已被用来泛指吹风冻结器，而不管它是否具有隧道的形状。隧道式冻结器如图 3-6 所示。它主要由绝热外壳、风机、蒸发器、吊挂装置或小货车或传送带等部分组成。

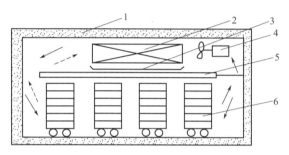

图 3-6　隧道式冻结器

1—绝热外壳；2—蒸发器；3—承水盘；4—可逆转的风机；5—挡风隔板；6—小货车

在冻结时，肉胴吊挂在吊钩上，鱼等食品装在托盘中并放在货车上，散装的个体小的食品如蛤、贝柱及虾仁等放在传送带上进入冻结室内。风机强制冷空气流过食品，吸收食品的热量使食品获得冻结，而吸热后的冷风再由风机吸入流过蒸发器重新被冷却。如此反复循环直至食品全部冻结。空气温度一般为 –35 ～ –30℃，冻结时间随食品种类、厚度不同而异，一般为 8 ～ 40min。

这种冻结设备具有劳动强度小、易实现机械化与自动化、冻结量较大、成本较低等优点。其缺点是冻结时间较长、干耗较多、风量分布不均匀。

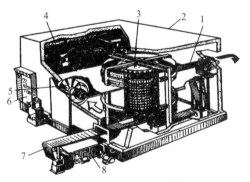

图 3-7　螺旋带式冻结器

1—出料传送带；2—绝热箱体；3—转筒；4—蒸发器；5—风机；6—控制箱；7—进料口；8—传送带清洗器

② 螺旋带式冻结器。螺旋带式冻结器如图 3-7 所示。该装置由转筒、蒸发器、风机、传送带及一些附属设备等组成，其核心部分是依靠液压传动的转筒。其上以螺旋形式缠绕着网状传送带。冷风在风机的驱动下与放置在传送带上的食品做逆向运动和热交换，使食品获得冻结。传送带的层距、速度等均可根据具体情况来调节。

这种设备的优点是冻结速度快、冻结量大、占地面积小；干耗小于隧道式冻结；自动化程度高；

适应范围广，各种有包装或无包装食品均可使用。其缺点是在小批量、间歇式生产时，耗电量大，成本较高。

③ 流化床冻结器。流化床式冻结是将待冻食品放在开孔率较小的网带或多孔板槽上，高速冷空气流自下而上流过网带或槽板，将待冻食品吹起呈悬浮状态，使固态待冻食品具有类似于流体的某些表观特性，然后进行冻结。

流化床式冻结的主要优点：换热效果好，冻结速度快，冻品脱水损失少，冻品质量高，可实现单体快速冻结，冻品相互不黏结，可进行连续化冻结生产。这种冻结技术的关键在于实现流态化。流态化原理如图 3-8 所示。

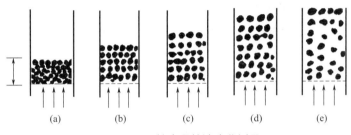

图 3-8　颗粒食品的流态化过程

当冷空气以较低的流速自下而上地穿过食品层时，食品颗粒处于静止状态，称为固定床 [图 3-8（a）]。随着气流速度增加，食品层两侧的气流压力降也将增加，食品层开始松动 [图 3-8（b）]。当压力降达到一定数值时，食品颗粒不再保持静止状态，部分颗粒向上悬浮，造成食品床膨胀，空隙率增大，开始进入预流化态 [图 3-8（c）]。这种状态是介于固定床与流化床之间的过渡状态，称为临界流化状态。临界风速和临界压力降是形成流化床的必要条件。正常流态化所需风速与食品颗粒的质量和大小有关，随颗粒质量和颗粒直径的增大而增大，但与固定床厚度无关。

当风速进一步提高时，食品层的均匀和平稳态受到破坏，流化床中形成沟道，一部分冷空气沿沟道流动，使床层的压力降恢复到流态化开始时的水平 [图 3-8（d）]，并在食品层中产生气泡和激烈的流化作用 [图 3-8（e）]。由于食品颗粒与冷空气的强烈相互作用，食品颗粒呈无规则的上、下相对运动，因此，食品层内的传质与传热十分迅速，实现了食品单体快速冻结。

流化床冻结器有两种型式，即盘式和带式，分别如图 3-9 和图 3-10 所示。

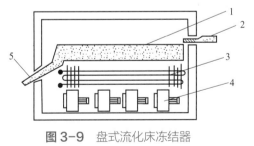

图 3-9　盘式流化床冻结器

1—料盘；2—进口；3—蒸发器；4—风机；5—出口

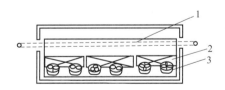

图 3-10　单层带式流化床冻结器

1—传送带；2—蒸发器；3—风机

盘式流化床冻结器冻结产品时，产品在一块稍倾向于出口的穿孔板上移动的同时被冻结。为了防止不易流化的食品结块，采用机械的或磁性的装置进行震动或搅拌。

带式流化床冻结器冻结产品时，产品是放在一条金属网制成的传送带上。传送带可做成单层（如图3-10所示），也可做成多层。传送带以一定速度由入口处向出口处移动，食品在此过程中被冻结。

与盘式流化床冻结器相比，带式流化床冻结器的适用范围更宽，它可在半流态化、流态化甚至在固

定床条件下冻结食品，它对产品的损伤也较小些。但是带式流化床冻结器的冻结时间较长，冻结量较少，占地面积较大。比如以豌豆为例，带式每平方米有效面积的冻结量为 200～250kg，而盘式可达 700～750kg。

流化床冻结器需定时冲霜。冲霜方法有空气喷射法和乙二醇喷淋法等。前者是用喷嘴将干燥的冷空气喷射到霜层上，利用空气射流的冲刷作用和霜的升华作用来除霜。后者是用喷嘴将乙二醇溶液喷洒到霜层，使之融化而除去。冲霜后的乙二醇溶液应加以回收。

（2）金属表面接触冻结技术和设备　金属表面接触冻结技术是通过将食品与冷的金属表面接触来完成食品冻结。与吹风冻结相比，此种冻结技术具有两个明显的特点：①热交换效率更高，冻结时间更短；②不需要风机，可显著节约能量。其主要缺陷是不适合冻结形状不规则及大块的食品。

属于这类冻结方式的设备有钢带式冻结器、平板冻结器及筒式冻结器等。其中以平板冻结器使用最广泛。

① 钢带式冻结器。该冻结器如图 3-11 所示。在冻结时，食品被放在钢质传送带上。传送带下方设有低温液体喷头，向传送带背侧喷洒低温液体使钢带冷却，并进而冷却和冻结与之接触的食品。喷洒的低温液体主要有氯化钙、丙二醇溶液等，温度通常为 −40～−35℃。为了加强传热，在钢带上方还设有空气冷却器，用冷风补充冷量。因为产品只有一边接触钢带表面，对于较薄的食品，冻结速度快，冻结 20～25mm 厚的食品约需 30min，而 15mm 厚的只需 12min。

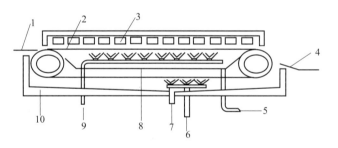

图 3-11　钢带式冻结器

1—进料口；2—钢带；3—风机；4—出料口；5—盐水出口；6—洗涤水入口；
7—洗涤水出口；8—盐水收集器；9—盐水入口；10—围护结构

钢带式冻结器适于冻结鱼片调理食品及某些糖果类食品等。该冻结器的优点是可以连续运行，易清洗和保持卫生，能在几种不同温度区域操作，减小干耗等。缺点是占地面积大。

② 平板冻结器。在平板冻结器中，核心部分是可移动的平板。平板内部有曲折的通路，循环着液体制冷剂或载冷剂。目前以铝合金制作的平板较多。相邻的两块平板之间构成一个空间，称为"冻结站"。食品就放在冻结站里，并用液压装置使平板与食品紧密接触。由于食品和平板之间接触紧密，且金属平板具有良好的导热性能，故其传热系数较高。当接触压力为 7～30kPa 时，传热系数可达 93～120W/(m²·℃)。平板两端分别用耐压柔性胶管与制冷系

统相连。

根据平板布置方式不同，平板冻结器有三种型式：卧式、立式和旋转式。它们的主要区别是卧式平板按水平方式布置，立式平板按竖直方式布置，而旋转式平板则布置在间歇转动的圆筒上。

卧式平板冻结器如图 3-12 所示，平板放在一个隔热层很厚的箱体内，箱体一侧或相对两侧有门。一般有 7～15 块平板，板间距可在 25～75mm 之间调节。适用于冻结矩形和形状、大小规则的包装产品。主要用于冻结分割肉、鱼片、虾和其他小包装食品。这种冻结器的优点主要是冻结时间短，占地面积少，能耗及干耗少，产品质量好。缺点主要是不易实现机械化、自动化操作，工人劳动强度大。

立式平板冻结器与卧式的主要差别在于可以用机械方法直接进料，实现机械化操作，节省劳力，不用贮存和处理货盘，大大节省了占用空间。立式平板冻结器最适用于散装冻结无包装的块状产品，如整鱼、剔骨肉和内脏，也适用于带包装产品。缺点是不如卧式的灵活，且产品易变形。

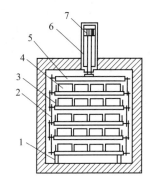

图 3-12 卧式平板冻结器

1—支架；2—链环螺栓；3—垫块；4—食品；
5—平板；6—液压缸；7—液压杆件

此外，必须指出，平板冻结器的冻结效率与下列因素密切相关：a. 待冻食品的导热性；b. 产品的形状；c. 包装情况及包装材料的导热性；d. 平板表面状况，如是否有冰霜或其他杂物；e. 平板与食品接触的紧密程度。如果平板表面结了一层冰，则冻结时间就会延长 36%～60%。如果平板与食品之间留有 1mm 的空隙，则冻结速度将下降 40%。

③ 筒式冻结器。筒式冻结器是一种新型接触式冻结装置，也是一种连续式冻结装置。其主体为一个回转筒，由不锈钢制成，外壁即为冷表面，内壁之间的空间供制冷剂直接蒸发或载冷剂流过换热，制冷剂或载冷剂由空心轴一端输入筒内，从另一端排出。被冻物料成散开状由入口被送到回转筒的表面，由于转筒表面温度很低，物料立即黏在上面，进料传送带再给冻品稍施压力，使它与回转筒表面接触得更好。转筒回转一周，完成物料冻结过程。冻结食品转到刮刀处被刮下，再由传送带输送到包装生产线。转筒转速根据冻结食品所需时间调节，每转约几分钟。

筒式冻结器的特点是：占地面积小，结构紧凑；冻结速度快，干耗小；连续冻结生产率高。适合冻结鱼片、块肉、菜泥及流态食品。

（3）与冷剂直接接触冻结技术及设备　与冷剂直接接触冻结是将包装的或未包装的食品与液体制冷剂或载冷剂接触换热，从而获得冻结的技术。此种冻结方式的冻结速度极快。常用的制冷剂有液氮、液体二氧化碳及液态氟利昂等，常用的载冷剂有氯化钠、氯化钙及丙二醇的水溶液等。由于制冷剂氟利昂会破坏大气层中的臭氧层，造成紫外线不被吸收而直接照射地面，对人体产生伤害而被禁用。出于环保的考虑，一些新型氟利昂替代物，如含氢氟烃（HFC）正在被开发和应用。

① 与载冷剂接触冻结。载冷剂经制冷系统降温后与食品接触，使食品降温冻结。这种装置有浸渍式、喷淋式或二者结合式等几种类型。其中浸渍式冻结器如图 3-13 所示。

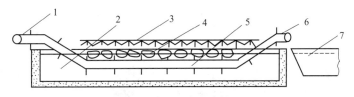

图 3-13 浸渍式冻结器

1—进口；2—盐水池；3—喷嘴；4—食品；5—传送带；6—出口；7—水池

将食品包装在不渗透的包装内，放入盐水池中。为了防止冻结不均匀和外观不一致，产品必须完全浸入冻结介质中。盐水池中的冻结介质以 0.1m/s 的速度循环。与载冷剂接触冻结常用的是盐水浸渍冻结，主要用于鱼类冻结，如氯化钠浓度为 23% 时，冻结温度在 -21℃，通常按溶液凝固温度比制冷机的蒸发温度低 5℃ 左右来选定盐水浓度。其特点是冷盐水既起冻结作用，又起输送鱼的作用，省去了机械送鱼装置，冻结速度快，干耗小。缺点是装置的制造材料要求比较特殊，载冷剂接触部分应使用防腐蚀材料。

近年来，一些新型技术如超声、高压、磁场等辅助冷冻技术也在快速发展。如超声辅助冷冻技术可将超声波作用于食品浸渍式冷冻过程中，从而提高传热、传质效率。超声辅助浸渍式冷冻技术可以利用超声产生的空化和机械效应，加快晶核形成，促进冰晶生长，提高冻结速度，减少冷冻时间。研究发现，一定功率下的超声辅助浸渍式冷冻可以有效地保持猪肉中较小的冰晶尺寸且分布均匀，改进猪肉品质，效果好于单一浸渍式冷冻。然而，对于不同的食品，超声频率和强度、成核机理还有待于进一步研究。

② 液体蒸发接触冻结。液氮、液体二氧化碳等无害液体制冷剂与食品直接接触，吸收热量而汽化，使食品获得冻结。这类冻结设备目前使用较多的是液氮冻结器。尽管上述几种制冷剂的性质差异明显，但它们的冻结装置基本相同，不同之处在于液体二氧化碳一般设有回收系统。液氮冻结器如图 3-14 所示。

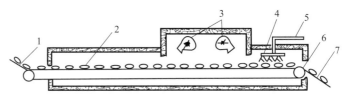

图 3-14　液氮冻结器

1—进口；2—食品；3—风机；4—喷嘴；5—N$_2$ 供液管；6—传送带；7—出口

直接接触冻结同一般冻结装置相比，冻结温度更低，所以常为低温冻结装置或深冷冻结装置，其优越性主要表现在冻结速度极快，一般为吹风冻结的数倍；干耗极少，产品质量好。缺点是成本较高，可能产生污染（如氯化钙等），损害产品质量等。

（4）其他冻结方法　除了上述常用冻结技术外，目前还有一些冻结技术正在获得应用，包括冰壳冻结法、均温冻结法、CAS 冻结技术、高压冻结技术等。

冰壳冻结法（capsule packed freezing），也称 CPF 法，包括冰壳成形、缓慢冷却、快速冷却及冷却保冷 4 个连续过程。冰壳成形是指向冷库内喷射液体制冷剂，将其温度降到 -45℃，使食品表面迅速形成数毫米冰壳的过程。当库温降到 -45℃ 时停止喷射，改用制冷机冻结（冻结温度 -35 ～ -25℃），使食品中心温度达到 0℃ 后，再次喷射液体制冷剂数分钟，使食品迅速通过最大冰晶生成带，称为快速冷却。此后再次改用制冷机冻结至食品中心温度达

到 –15℃以下，此为冷却保冷过程。CPF 法的特点是食品冻结时，形成的被膜可以抑制食品膨胀变形，防止食品龟裂，不会形成较大冰晶，一般冰晶的大小不会超过 10μm 的范围。产品可自然解冻后食用，产品组织口感好，无老化现象。

均温冻结法（homonizing process freezing），也叫 HPF 法，先将食品浸渍在 –40℃以下的液体制冷剂中，使食品中心温度骤降至冰点附近；再用 –15℃左右的液体制冷剂浸渍或喷淋食品使其各部分温度均衡；然后用 –40℃以下的液体制冷剂将食品冻结到终温。均温处理使食品冻结过程中产生的食品内部膨胀压扩散消失，可防止大型食品龟裂、隆起，该法尤其适合于冻结大型食品，如鱼、火腿等。

活细胞（cell alive system，CAS）冻结技术是一种新的冻结技术，是在动磁场与静磁场组合的状态下从壁面释放出微小能量，使食品中的水分子呈细小且均一化的状态，然后将食品从过冷却状态立即降温到 –23℃以下而被冻结，由于快速冻结过程很大程度上抑制了细胞组织的冻结膨胀，因此，解冻后仍能恢复到食品冻结前的性状，其外观、香味、口感和水分含量都得到很好保持，从而生产出品质较高的冷冻食品。

高压冻结技术（high pressure freezing technology）是利用外界压力的变化对食品中水的存在形式进行控制的冷冻技术。应用该技术时，先将食品在较高压力下冷却至一定温度，随后在短时间内将所施加的压力迅速解除。由于食品各部位获得了相同的过冷度，使得水分子来不及聚集，仅产生粒度细小的冰晶并均匀分布，这样就减少了由于冰晶体积过大而对食品组织造成损伤，维持了较高的食品质量。此外，高压也导致食品中的微生物发生形态和生理变化，影响微生物的活力，进一步延长了保藏期。

二、食品的冻结保藏

1. 冻结食品的包装

冻结食品在冻藏前，绝大多数情况下需要包装。冻结食品的包装不仅可以保护冻结食品的质量，防止其变质，还可以使冷冻食品的生产更加合理化，提高生产效率。另外，科学合理的包装还可以提高冻结食品的商品价值，有力地促进冻结食品的销售。

（1）冻结食品包装的一般要求　①能阻止有毒物质进到食品中去，包装材料本身无毒性；②不与食品发生化学作用，包装材料在 –40℃低温和在高温处理时不发生化学及物理变化；③能抵抗感染和气味，这对于那些易被感染和吸收气味的产品如脂肪、巧克力或香料等尤为重要；④防止微生物及灰尘污染；⑤不透或基本不透过水蒸气、氧气或其他挥发物；⑥能在自动包装系统中使用；⑦包装大小适当，以便在商业冷柜中陈列出售；⑧包装材料应具有良好的导热性能，如果是冻结之后再包装，此点不作要求；⑨能耐水、弱酸和油；⑩必要时应不透光，特别是紫外线，对微波有很好的穿透力，易打开并能重新包装等，这点对于方便顾客、减少包装材料的浪费和环境污染很重要。

（2）包装材料　能够用于冻结食品的包装材料主要有薄膜类、纸以及纸板类及上述材料的复合材料等。常用的薄膜有聚乙烯、聚丙烯、聚酯、聚苯乙烯、聚氯乙烯、尼龙及铝箔等。聚乙烯热封性能良好，价格便宜，但对高温和水蒸气的阻抗能力差。聚丙烯与聚乙烯的性能相似，但对水蒸气的阻抗能力较好，在低温下易变脆。聚酯耐高温并能抗油脂及水蒸气，用于烘烤板盘的内衬。聚苯乙烯是较好的用于冻结食品的硬塑料，虽然价格较贵，但很稳定，机械强度高。聚氯乙烯价格比聚苯乙烯便宜，但抗冲击能力较差，安全性差，一般不直接接触食品。聚酰胺即尼龙，具有很好的强度和模压特性，价格昂贵，适用

于复合蒸煮袋包装。冻结食品中所用纸类一般有三种：纸、纸板及纤维板。纸一般用作冻结食品包装的面层，提供光滑表面，进行高质量的印刷；纸板用作可折叠的硬质箱子；纤维板用于生产外包装箱等。复合薄膜是由两种或两种以上的薄膜，或由玻璃纸与薄膜，或由铝箔与塑料薄膜等通过挤压而成的。这种复合材料可克服单一薄膜的缺陷，保留其优越性，在冻结食品工业中使用越来越多。常用的复合薄膜材料是聚酯 / 聚乙烯、聚乙烯 / 玻璃纸、高密度聚乙烯 / 聚酯、聚乙烯 / 铝箔、聚乙烯 / 尼龙 / 聚酯等。

近年来，一些涉及冷冻食品的标准和法规相继出台，规定了用于冷冻食品及包装材料的相关技术标准，如 GB/T 24616—2019《冷藏、冷冻食品物流包装、标志、运输和储存》于 2020 年 3 月 1 日正式实施，修改了冷冻食品物流包装材料、包装尺寸的规定及运输和装卸的具体要求，更好地完善了冷藏、冷冻食品的物流作业和管理规范。

2. 冻结食品的贮藏

商业上冻结食品通常是贮藏在低温库或冻藏室中。在冻藏过程中，如果控制不当会造成冰结晶生长、干耗和冻结烧而影响冻结食品的品质。冻结食品的贮藏质量主要受冻藏温度、相对湿度及空气循环等因素的影响。

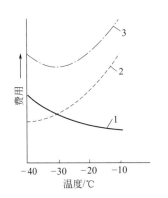

图 3-15 温度与贮藏费用及贮存质量之关系

1—运行费用；2—质量损失；3—总费用

（1）冻藏温度　温度越低、越稳定，食品品质保持越好，贮藏期也越长。但是，随着冻藏温度降低，运转费用将增加，如图 3-15 所示。因此，应综合各种因素的影响来决定合适的冻藏温度。国际制冷学会推荐 −18℃ 为冻结食品的实用贮藏温度。

但是，从冻结食品发展趋势来分析，以 −30℃ 为贮藏温度较为适宜。这种温度下贮存的冻结食品，其干耗可以比在 −18℃ 下贮藏时减少一半以上；可以几种不同产品混合存放于大房间内，而不发生气味交换；产品质量稳定性极好。

（2）相对湿度　冻结食品在贮藏时，可以采用相对湿度接近饱和的空气，以减少干耗和其他质量损失。

（3）空气循环　空气循环的主要目的是带走从外界透入的热量和维持均匀的温度。由于冻结食品的贮藏时间相对较长，因此，空气循环的速度不能太快，以减少食品的干耗。通常可以采用包装或包冰衣等措施来减轻空气循环的影响。空气循环可以通过在冻藏室内安装风机或利用开门、渗透和扩散等方法来达到。

冻结食品通常放置在低温库中贮藏，低温库是一种贮藏温度通常在 −18℃

以下的冷库。根据建筑形式的不同，低温库通常分为土建库和装配库，装配库主要由预制的夹芯隔热板拼装而成，具有质量轻、弹性好、抗压、保温、防潮等优良性能，逐渐成为低温库的主要建造形式。在低温库的建造过程中，要充分考虑制冷机的效率、库体的容积、隔热防潮材料的选择以及食品的放热等因素，可参考冷库设计手册或标准，以使其设计符合要求。

3. 冻结食品的 TTT 概念

当把某种冻结食品放在冻藏条件下冻藏时，需要知道该冻结食品能贮藏多长时间。这也就是说，必须了解冻结食品在冻藏过程中的质量变化情况。冻结食品在冻藏之前所具有的质量，称为初期质量；而到达消费者手中的冻结食品所具有的质量，则称为最终质量。显然，初期质量与原料状况（produce）、包括冻结在内的加工方法（processing）及包装（package）等因素有关。上述三种因素也称做 PPP 因素。也就是说 PPP 因素决定了冻结食品的初期质量。那么冻结食品的最终质量由哪些因素决定呢？

根据 Arsdel 等的研究结果，发现冻结食品的最终质量即产品品质的容许限度（tolerance）是由它所经历的流通环节的温度（temperature）和时间（time）决定的。贮藏温度越低，则冻结食品的品质稳定性越好，也就是说冻结食品的贮藏时间越长。贮藏时间与允许的温度之间存在一种相互依赖的关系，把它称做 TTT 关系。大多数食品的 TTT 关系是近似线性的，只是斜率不同，如图 3-16 所示几种食品的 TTT 曲线。该曲线的斜率即为 Q_{10}，表示某种食品品质变化受冻藏温度变化的影响的大小。Q_{10} 除了与食品种类有关外，还与冻藏温度有关，在 $-25 \sim -15℃$ 之间的 Q_{10} 为 $2 \sim 5$。

TTT 关系还包括了一条极为重要的算术累积规律，即由时间 - 温度因素引起的冻结食品的质量损失，不管是否连续发生，都将是不可逆的和逐渐积累的（表 3-5）。

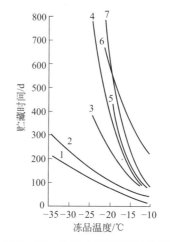

图 3-16　几种食品的 TTT 曲线

1—多脂鱼；2—少脂鱼；3—火鸡；4—食用鸡（无包装）；
5—脂肪多的牛肉；6—菠菜；7—脂肪少的牛肉

表 3-5　冻结食品在流通过程中的温度 / 时间变化及质量损失

流通环节	保持温度 /℃	实际贮藏时间 /d	最大允许贮藏时间 /d	每日质量损失 /%	每个环节质量损失 /%
生产冷库	−25	310	520	$1.92×10^{-3}$	0.60
冷藏运输	−15	5	220	$4.54×10^{-3}$	0.02
分配冷库	−18	60	310	$3.22×10^{-3}$	0.19
运输	−12	1	110	$9.09×10^{-3}$	0.01
零售	−12	10	110	$9.09×10^{-3}$	0.10
总损失			0.92		

第三节　食品解冻技术

一、有关解冻的基本概念

1. 解冻

冻结食品或作为食品工业的原料，或用于家庭、饭店及集体食堂的消费，在使用前一般需要解冻。解冻就是升高冻结食品的温度，使其冰晶融化成水，回复到冻前状态的加工过程。

就热交换的情况而言，解冻与冻结相反，可以说是冻结的逆过程。在多数情形下，解冻可自发进行，而冻结则需人工手段。因此，长期以来冻结受到高度重视，而解冻一直被忽视。近年来，许多研究表明，解冻技术的优劣将对产品质量产生较大影响，因而关于解冻技术的研究与开发逐渐引起人们的重视。

2. 解冻曲线

将某个冻结食品放在温度高于其自身温度的解冻介质中，解冻过程即开始。如果将整个解冻过程中冻结食品的温度随时间变化的关系在坐标图中描绘出来，即得到所谓的解冻曲线，如图 3-17 所示。

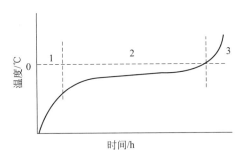

图 3-17　典型的解冻曲线

1—加热升温阶段；2—解冻；3—补充加热

从图 3-17 中可以清楚地看出，解冻曲线可以分成三个部分，这相当于解冻过程的三个阶段。①冻品被加热到解冻曲线的平稳阶段。在此阶段中，冻品中冰点较低的冰晶逐渐融化成水，冻品温度由初温升高到 $-5℃$ 左右。②冻品温度由 $-5℃$ 左右升高到 t_f。在此阶段中，大部分的冰晶将融化成水，使冻品获得解冻，因此，也被称为有效解冻温度带。③产品继续加热，使其温度升高到冰点以上某一点。

二、解冻方法

1. 解冻方法的分类

目前应用的解冻方法种类很多，可以将它们按不同的标准进行分类。

① 按加热介质的种类分类，可将解冻方法分成空气解冻法、水解冻法、电解冻法及组合解冻法等四大类。

② 按热量传递的方式分类，可将解冻方法分成表面加热解冻法和内部加热解冻法两种。

2.空气解冻法

空气解冻法是利用空气作为传热介质，将热量传递给待解冻食品，从而使之解冻。空气解冻是目前应用最广泛的解冻方法，其解冻速度取决于空气流速、空气温度和食品与空气之间的温差等多种因素。它有三种具体形式，即静止式、流动式和加压式空气解冻。这三种解冻方法的区别在于静止式的空气不流动；流动式的空气以 2 ～ 3m/s 的速度流动；加压式的空气受到 2 ～ 3kgf/cm²❶ 的压力，并以 1 ～ 2m/s 的速度流动。上述三种解冻方式中，空气的温度可根据具体情况加以改变，但一般不允许超过 20℃。图3-18 是隧道式空气解冻装置的示意图。

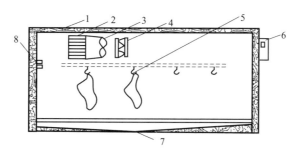

图 3-18　隧道式空气解冻装置

1—隔热围护结构；2—冷却排管；3—风机；4—加热装置；5—吊钩；6—控制箱；7—排水口；8—温度、湿度控制器

有包装解冻时，相对湿度不作特别要求；无包装解冻时，如果是作零售解冻，则相对湿度应高些，以减少水分蒸发，保持食品的外观。此外，空气解冻法在完成解冻后，空气温度必须保持在 4 ～ 5℃，以防止微生物生长。

空气解冻法的特点是简便、成本低，但解冻时间长、汁液流失多。比如重 25kg、厚 15cm 的肉块，在 20℃下解冻需 24h，而在 5℃下则需 50h 才能解冻。为了缩短解冻时间，同时又不引起产品质量的过大变化，可采用两段式解冻。即先将冻品送到温度在 16 ～ 20℃之间、相对湿度接近 100% 的房间，在风速 2 ～ 3m/s 的条件下解冻；当冻品平均温度达到 0℃左右时，再把空气温度降到 4 ～ 5℃、相对湿度降到 60%，使产品表面冷却干燥，而内部则继续解冻。

3.水解冻法

水解冻法是将冻结食品放在温度不高于 20℃的水或盐水中解冻的方法。盐水一般为食盐水，盐浓度一般为 4% ～ 5%。一般水的流动速度不低于 0.5cm/s，以加快解冻过程。水解冻法有静止式、流动式、加压式、发泡式及减压式等形式。水解冻法的主要优点是解冻速度比空气解冻法快，但适用范围较窄。对于肉类及鱼片等制品，除非采用密封包装，否则不可用水解冻，以免发生污染、浸出过多的汁液、吸入水分、破坏色泽等不利变化。水解冻法比较适合整鱼、虾、贝等产品的解冻。

---

❶ 1kgf/cm² = 98.0665kPa。

4. 真空水蒸气凝结解冻

为了保持水解冻速度快的优点，又避免水解冻的上述缺点，可以采用减压水解冻法。该法也称为真空水蒸气凝结解冻法，是利用真空状态下，压力不同，水的沸点不同，水在真空室中沸腾时形成的水蒸气遇到温度更低的冻结食品时，就在其表面凝结成水珠，蒸汽凝结时所放出的潜热，被冻结食品吸收，使冻品温度升高而解冻。真空蒸汽解冻装置如图 3-19 所示。这种方法对于水果、蔬菜、肉、蛋、鱼及浓缩状食品均可适用。它的优点是：①食品表面不受高温介质影响，而且解冻时间短，比空气解冻法提高效率 2 ～ 3 倍；②由于氧气浓度极低，解冻中减少或避免了食品的氧化变质，解冻后产品品质好；③因湿度很高，食品解冻后汁液流失少。它的缺点是，某些解冻食品外观不佳，且成本高。

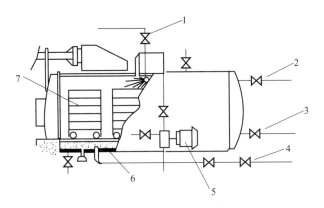

图 3-19　真空蒸汽解冻装置

1—清洗；2—空气；3—水；4—蒸汽；5—真空泵；6—水槽；7—货架

5. 电解冻法

因为在电解冻系统中，动能借助于一个振动电场的作用传递给冻品分子，引起分子之间的无弹性碰撞，动能即转化成热量。热量产生的多少，主要取决于产品的导电特性和均匀程度。电解冻法克服了空气解冻和水解冻时只能由解冻介质传递到冻品表面，再由表面传递到内部的问题。

（1）电阻解冻　又叫低频解冻，即将 50Hz 的低频电流加到冻品上使之解冻的方法。但是，50Hz 电阻加热只局限于平整的冻块中使用，且低温下冻品具有极高的电阻，因此，电阻解冻适用范围有限，而且解冻时间较长。为了克服这个缺点，采用组合解冻法较为有效，即将整块鱼或肉放在水或空气中稍加热，以降低其电阻，然后再用电阻解冻，就可大大地提高解冻速度，比如 4cm 厚的冻品解冻时间可以缩短到 30min。

（2）高压静电解冻　高压（电压 5000 ～ 10000V，功率 30 ～ 40W）强化解冻是一种有开发应用前景的解冻新技术。在高压静电场下，冷冻物料的水分子运动受到控制，冰的成长受到抑制，细小冰晶对细胞组织破坏小。在静电场作用下，外部与冷冻物料的传热得到促进，加速了解冻的进行。水分子活性降低，自由水减少，具有杀菌和除臭的作用。目前日本已用于肉类解冻上。据报道，高压静电解冻在解冻质量和解冻时间上远优于空气解冻和水解冻，解冻后，肉的温度较低（约 –3℃）；在解冻控制上和解冻生产量上又优于微波解冻和真空解冻。

6. 微波解冻法

冻结食品可以看做是电介质，而构成电介质的分子均是两端带有等量的正负电荷的偶极子。这些偶极子通常是呈不定向排列的，当电介质置于电场中后，偶极子的排列方向就会跟随外加电场的方向而改变。由于外加电场是由微波产生的，因而电场方向将发生周期性的改变，从而使偶极子的排列也跟随着做周期性的转动。大量偶极子在周期性的转动中，必然会相互撞击、摩擦，从而产生热量。由于微波的频率极高，因而偶极子之间的撞击、摩擦次数也极多，产生的热量也就相当大。

影响微波解冻的因素主要有微波频率、功率和食品的形状与大小等。显然频率越高，微波产生的热量越多，解冻速度就越快。但是工业上微波只能使用 915MHz 和 2450MHz 两种频率，不可随意改变。且频率越高，微波所能穿透的深度越小。功率越大，产生的热量就越多，对给定的冻品而言，解冻速度就愈快。但是，加热速度也不可太快，以免使食品内部迅速产生大量的蒸汽，无法及时逸出而引起食品胀裂。冻结食品体积（或厚度）太大或太小都会引起温度分布不均匀和局部过热。因此，用微波解冻时，食品呈圆形比呈方形好，而以环形最好。此外，影响微波解冻效果的因素还有含水量、比热容、密度、温度等。微波解冻的最大优点是解冻速度极快，比如 25kg 箱装瘦肉在切开之前从 –18℃升高到 –3℃左右仅需 5min。

7. 喷射声空化场解冻

喷射声空化场是一种通过压电换能器形成传声介质（溶液）喷柱，在喷柱前端界面处聚集了大量的空化核，这种聚集现象可认为是空化核因喷射而集中，具有可"空化集中"的效应。目前，关于利用喷射声空化场解冻冻藏食品的报道较少。但有实验证明，用喷射声空化场对冻结肉解冻比用 19℃空气或 18℃解冻水更快。喷射声空化场解冻时，通过冰晶融化带所用时间短，解冻肉的肉汁损失率较低，色差变化值较低，色泽保持较好。

8. 超声波解冻

超声波解冻是根据食品已冻结区比未冻结区对超声波的吸收要高出几十倍的特性来解冻的。从超声波衰减温度曲线来看，超声波比微波更适用于快速稳定解冻。研究结果表明，超声波解冻后局部最高温度与超声波的加载方向、超声频率和超声强度有关。超声波解冻可以与其他解冻技术组合在一起，为冷冻食品的快速解冻提供新手段。

单独使用某种方法进行解冻时往往存在一定不足，但将上述一些方法进行组合使用，可以取长补短。如在采用加压空气解冻时，在容器内使空气流动，风速在 1 ～ 1.5m/s，就把加压空气解冻和空气解冻组合起来。由于压力和风速改善了表面的传热状态，缩短了冻结时间，解冻速度快，比如对冷冻鱼糜的解冻速度可达温度为 25℃的空气解冻的 5 倍。另外，将微波解冻和空气解冻相结合，可以防止微波解冻时容易出现的局部过热，避免食品温度不均匀。

三、食品在解冻过程中的质量变化

食品在解冻时，由于温度升高和冰晶融化，微生物和酶的活动逐渐加强，加上空气中氧的作用，将

使食品质量发生不同程度的恶化。比如未加糖冻结的水果，解冻之后酸味增加，质地变软，产生大量的汁液流失，且易受微生物的侵袭。不经烫漂的蔬菜，解冻时汁液流失较多，且损失大量的 B 族维生素、维生素 C 和矿物质等营养素。烫漂后冻结的蔬菜解冻后，虽然质地及色泽变化不明显，但很容易受微生物的侵袭而变质。动物性食品解冻后质地及色泽都会变差，汁液流失增加，而且肉类还可能出现解冻僵硬的变质现象。解冻僵硬将导致肌肉嫩度的严重损失和大量的肉汁流失，必须防止此类现象的出现。

食品在解冻时的质量变化程度与原料冻结前的鲜度、冻结温度（速度）及解冻速度等因素有关。冻结温度越低、冻结速度越快，解冻之后肉汁流失越少。解冻速度对解冻质量的影响，一般认为，凡是采用快速冻结且较薄的冻结食品，宜采用快速解冻，而冻结畜肉和体积较大的冻结鱼类则采用低温缓慢解冻为宜。另外，解冻方法对食品解冻后的质量也有一定的影响。采用微波快速解冻比空气慢速解冻汁液流失少。

四、反复解冻、冻结对食品的影响

反复解冻和冻结容易造成食品的重结晶，严重影响食品的品质。研究发现，猪肉经过反复冻结、解冻之后，其解冻损失率和煮制损失率明显增大，肌纤维排列混乱、间隙增大、结构疏松，猪肉组织微观结构破坏严重，降低了猪肉品质，并且，随着冻融次数的增加，猪肉水分、粗脂肪、粗蛋白含量均显著降低，影响猪肉的营养价值。在鱼类上的研究也表明，随着冻融次数的增加，汁液流失增加，鱼肉咀嚼性和弹性显著降低，破坏了肌原纤维蛋白的结构，降低了蛋白质的功能性。因此，在食品冻藏和销售过程中，应防止温度的波动，尽量减少冻融次数，以保证较高的食品品质。

第四节　食品在低温保藏中的品质变化

食品在各种保藏过程中，受微生物、酶、氧气、光线等因素影响，会发生许多不利的物理、化学、生物学及组织学变化，导致其质量下降。食品品质变化不仅因保藏方法而异，而且与食品种类密切相关。

一、水分蒸发

食品在低温保藏（包括冷藏和冻藏）过程中，其水分会不断向环境空气蒸发而逐渐减少，导致重量减轻，这种现象就是水分蒸发，俗称干耗。

1. 干耗机理

干耗是由食品表面与其周围空气之间的水蒸气压差来决定的，压差越大，则单位时间内的干耗也越大。但是，仅有水蒸气压差存在，干耗还不会产生。只有供给足够的热量才能使水蒸发或使冰晶升华。热量来源有库外导入热量、库内照明热、操作人员散发的热量等。其中，库外导入热量是最主要热源，干耗将随库外导入热量增加而成正比地增大。

干耗基本过程如下：当食品吸收了蒸发潜热或升华潜热之后，水分即蒸发或者冰晶即升华形成水蒸气，并且在水蒸气压差作用下向空气转移，吸收了水分的空气由于密度变轻而上升，与蒸发器接触，水蒸气即被凝结成霜。脱湿后空气由于密度变大而下沉，再与食品接触，重复上述过程。如此循环往复，使食品水分不断丧失，重量不断降低。

2. 影响干耗的因素

食品在冷藏中的水分蒸发或冻藏中的冰晶升华都需要吸收一定热量。供给的热量越多，则干耗速度越快。冷库内热量来源主要是库外导入热量，开门、人的呼吸、库内照明及各种电动设备等所产生的热量。其中库外导入热量是主要的，它与干耗增加几乎成正比关系。另外，库内热量增加还会使库内温度升高，提高了库内空气的吸湿能力，从而增加食品干耗。食品在冷藏或冻藏时的货堆形状、堆垛密度会对食品干耗产生较大影响。实践证明，食品干耗主要发生在货堆外围部分，其内部由于相对湿度接近饱和，且几乎不与外界发生对流换热，因而干耗极少。同时，装载量也影响食品干耗。实践证明，当装载程度为 100% 时，牛肉每年干耗为 2%，但是，当装载程度减少为 40% 时，每年干耗将达到 5%。由此可以看出装载量对干耗的严重影响。

冷藏或冻藏条件也是影响食品干耗的重要因素。通常，冷藏或冻藏温度越低，空气相对湿度越高，流速越小，则食品干耗也越小。空气流速增大会促进冷库墙面、冷却设备和食品之间的湿热交换，加快食品水分蒸发，因而使干耗增加。但空气流速对干耗的影响会因食品种类而有所差异。冷库建筑结构的不同对干耗的影响也不同。贮存于单层库中的食品，其干耗比贮存于多层库中的食品更多。而贮存于夹套式冷库中的食品干耗比普通冷库更少。其原因在于不同建筑结构的冷库具有不同隔热性能。

冷却工艺也会对所贮存食品的干耗产生影响。采用二段冷却与一段冷却对冷却肉干耗试验表明，二段冷却肉不仅肉温下降得快，而且干耗较一段冷却也要小得多。丹麦 GRAM 公司研究表明，假如采用适当步骤和操作方法，冷却猪肉的干耗可以降低 1.6% ～ 1.7%。

此外，进入冷库时食品温度、食品与冷却设备之间的温差、食品分割程度、食品形状及特性、食品表面水分蒸发系数等因素都或多或少地影响食品干耗。

3. 干耗对食品品质的影响

干耗不仅会造成食品重量损失，而且还会引起外观的明显变化，如冷藏果蔬萎蔫及变色、冷藏肉类变色等。更为严重的是当冻结食品发生干耗后，由于冰晶升华后在食品中留下大量缝隙，大大增加了食品与空气接触面积，并且随着干耗的进行，空气将逐渐深入到食品内部，引起严重氧化作用，从而导致褐变出现及味道和质地严重劣化。这种现象也被称为冻结烧（freeze burn）。食品出现冻结烧后，即已失去食用价值和商品价值。

4. 减少干耗的方法

良好包装（如气密性包装或真空包装），包冰衣，使冷库温度低且稳定，提高冷库相对湿度及采用保温防潮效果好的冷库等均是有效减少干耗的方法。相对于包冰衣法而言，涂膜保鲜法能更有效地提高食品品质。

二、汁液流失

1. 概念

冻结食品在解冻时，会渐渐流出一些液体来，这就是流失液。流失液是食品解冻时，冰晶融解产生的水分没有完全被组织吸收重新回到冻前状态，其中有一部分水分就从食品内部分离出来，此种现象就称为汁液流失。它是普遍存在于冻结食品中一种重要的品质受损害现象。

流失液有两种类型：一种是自由流失液，即在解冻之后自然流出食品外的液体；另一种是挤压流失液，即在自由流失液流出之后，加上 1～2kgf/cm² 的压力而流出的液体。

流失液的主要成分虽然是水，但是其中还包含可溶性蛋白质、无机盐类、维生素及抽提物成分等。上述成分的流失，既使冻品重量减少，又使冻品风味及营养价值等受到损害。因此，流失液多少是判断冻结食品质量优劣的主要理化指标之一。

2. 汁液流失的原因与影响因素

造成冻结食品汁液流失的原因主要有两个，其一是蛋白质、淀粉等大分子在冻结及冻藏过程中发生变性，使其持水力下降，因而融冰水不能完全被这些大分子吸回，恢复到冻前状态；其二是由于水变成冰晶使食品组织结构受到机械性损伤，在组织结合面上留下许多缝隙，那些未被吸回的水分，连同其他水溶性成分一起，由缝隙流出体外，成为自由流失液。当组织所受损伤极为轻微时，由于毛细作用的影响，流失液被滞留在组织内部，成为挤压流失液。

食品汁液流失受到许多因素的影响，主要有原料种类、冻结前处理、冻结时原料新鲜度、冻结速度、冻藏时间、冻藏期间对温度的管理及解冻方法等。不同种类冻结食品的流失液有明显差异。一般含水量多及组织脆嫩者流失液多。比如冻结蔬菜中，叶菜类流失液比豆类的多；而冻鱼与冻肉相比，前者流失液多。原料鲜度越低则流失液越多。通过对冻结狭鳕鱼的研究发现，狭鳕鱼死后开始冻结的时间越迟，则蛋白质变性越严重，解冻之后汁液流失也越多。冻藏温度越低或冻藏时间越短则汁液流失少（图3-20）。原料冻结前处理对汁液流失也有较大影响。添加甘油、糖类及硅、磷酸盐时流失液将减少；而原料分割得越细小，则流失液越多。

解冻方法的影响较为复杂。同一种解冻方法对汁液流失的影

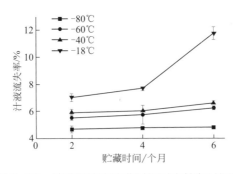

图 3-20 冻藏温度和冻藏时间对南美白对虾汁液流失的影响（屈彤彤等，2020）

响因食品种类而异，比如冻结肉类用低温缓慢解冻比用高温快速解冻时汁液流失少，而冻结蔬菜在热水中快速融化比自然缓慢解冻时汁液流失少，冻结水产品则因种类不同而有较大差异。

3.防止汁液流失的方法

以下方法有利于防止或减少汁液流失：①使用新鲜原料；②快速冻结；③降低冻藏温度并防止其波动；④添加磷酸盐、糖类等抗冻剂等。

三、冷害

冷害是由于水果和蔬菜贮藏在冰点以上不适低温下造成的组织伤害现象。该现象易见于热带水果、蔬菜和观赏园艺作物，例如鳄梨、香蕉、菜豆、柑橘类、黄瓜、茄子、芒果、甜瓜、番木瓜、甜椒、菠萝、西葫芦、番茄等在温度低于12.5℃但高于0℃的温度下会发生生理失调。在低于冷害临界温度时，组织不能进行正常代谢活动，抵抗能力降低，产生多种生理生化失调，最终导致各种各样冷害症状出现，如产品表面出现凹陷、水浸斑、种子或组织褐变、内部组织崩溃、果实着色不均匀或不能正常成熟、产生异味或腐烂等。

我国销售的水果和蔬菜中有1/3是冷敏的，而低温保藏又是保存大部分园艺产品最有效的方法，通过控制低温可以降低许多代谢过程的速度，如呼吸强度、乙烯释放率等，从而控制产品品质下降和腐败。可是冷敏果蔬低温贮藏不当时，不仅冷藏优越性不能充分发挥，产品还会迅速败坏，缩短贮藏寿命。需要注意的是，大部分冷害症状在低温环境或冷库内有时不会立即表现出来，而当产品处在温暖环境时才显现出来。因此，冷害引起的损失往往比人们所预料的更加严重。此外，有些大冷库经常将各种果蔬混装在一起，这使冷敏果蔬更易产生冷害。而冷害导致产品营养物质外渗，加剧了病原微生物的侵染，引起产品腐烂，造成严重经济损失。

1.冷害机理

迄今为止，对冷害机理还难以作出全面准确的解释。目前针对冷害的机理有几种假说，如 CO_2 伤害假说，认为在果蔬冷藏时，因呼吸作用使局部环境的 CO_2 浓度逐渐增大，同时组织中乙醇、醛等挥发性物质也逐渐积累，干扰了果蔬正常代谢活动，导致冷害发生。另一种假说认为冷害是由于转化酶被活化引起的。Mattoo 和 Modi 等人发现在受冷害的组织中，淀粉酶活性降低了75%～88%，而转化酶活性却提高了一倍以上。这正是土豆等含淀粉多的蔬菜中淀粉含量在发生冷害时之所以会发生变化的原因。他们还发现，在受冷害的果蔬组织中，Ca^{2+}、K^+ 及 Na^+ 等的含量较正常果蔬组织高，而 K^+ 及 Ca^{2+} 能激活转化酶，却抑制淀粉酶活性。此外，研究表明，果胶酯酶活性在受冷害组织中会增加，使不溶性果胶成分逐渐分解，导致果实软化，影响果蔬硬度和渗透性。但目前普遍接受的还是 Lyons 提出的生物膜相转移假说。

Lyons 认为，在低温条件下，生物膜的相转移是冷害的首要原因。冷害温度首先影响细胞膜，细胞膜主要由蛋白质和脂肪构成，脂肪在正常状态下呈液态，受冷害后，变成固态，使细胞膜发生相变。这种低温下细胞膜由液相变为液晶相的反应称做冷害的第一反应。膜发生相变以后，随着产品在冷害温度下时间的延长，有一系列变化发生，如脂质凝固、黏度增大、原生质流动减缓或停止。膜的相变引起膜吸附酶活化能增加，加重代谢中的能负荷，造成细胞能量短缺。与此同时，膜透过性增大，导致了溶质渗

漏及离子平衡的破坏，导致代谢失调。总之，膜的相变使正常代谢受阻，刺激乙烯合成并使呼吸强度增加。如果组织短暂受冷后升温，仍可以恢复正常代谢而不造成损伤；如果受冷时间过长，组织崩溃，细胞解体，就会导致冷害症状出现。

冷害的变化机制可用图3-21来表示。

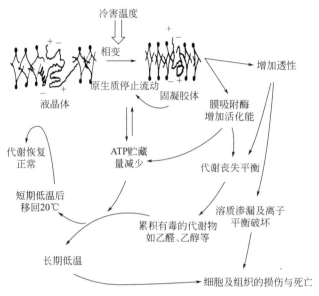

图3-21　冷害变化机制示意图（Lyons，1973）

2. 影响冷害的因素

（1）种类　不同种类水果蔬菜对冷害的敏感性有较大差异。热带、亚热带水果、蔬菜类、地下根茎菜类冷敏性高，一般都比较容易遭受冷害，而叶菜类的冷敏性较低。同一品种冷敏性差异还与栽培地区气候条件有关，温暖地区栽培的产品比冷凉地区栽培的对低温更敏感，夏季生长的比秋季生长的冷敏性更高。

（2）成熟度　不同成熟度果蔬对冷害的敏感性不同，一般提高产品成熟度可以降低其冷敏性。研究表明，将粉红色番茄置于0℃下6d，然后放在22℃中，果实仍然可以正常成熟而无冷害，但是绿熟番茄在0℃贮藏12d则完全不能成熟并丧失风味。

（3）冷藏温度和冷藏时间　每一种果蔬都有其易发生冷害的温度，见表3-6。但是，贮藏在冷害温度下的水果、蔬菜是否会发生冷害，还要取决于在此危险温度下放置的时间。换言之，冷害温度和冷藏时间与果蔬冷害的发生存在内在相关性，且这种相关性随果蔬种类等因素而变化。比如香蕉在10℃下需放置36h受冷害，在7.2℃下需要4h，1.1℃下则只需2h即发生冷害。蔓藤豆类在0℃下放置5～7d会发生冷害，而在3.3℃下则需14～15d才会发生冷害。苹果要发生冷害，则需在冷害温度下放置更长时间。

表 3-6 水果、蔬菜的冷害温度及症状

产品	冷害温度 /℃	症状	产品	冷害温度 /℃	症状
苹果	2.2 ~ 2.3	果心变褐，橡胶病	番木瓜	10	凹斑，催熟不良
芒果	10 ~ 12.3	果皮灰色，烧样色	四季豆	7.2 ~ 10	变软变色
西瓜	4.4	洼斑，风味异常	黄瓜	7.2	变软，水浸状斑点，腐烂
香蕉	11.7	果皮褐变，催熟不良	茄子	7.7	烧斑，腐烂
柠檬	0 ~ 4.5	凹斑，内部变色	甜瓜	2.2 ~ 4.4	变软，表面腐烂
柑橘	2 ~ 7	凹斑，褐变	甜椒	7.2	变软，种子褐变
鳄梨	5 ~ 11	催熟不良，果肉变色	西红柿	12.8	催熟不良，腐烂
菠萝	4.5 ~ 7.2	果芯黑变，催熟不良			

另外，冷害程度并不是随温度降低而增加的。比如某些李、桃和葡萄柚类在 3℃ 或 5℃ 或 7℃ 时最易发生冷害，而在其他温度下不易发生。土豆在 4℃ 时最易发生冷害，而温度高于或低于 4℃ 时，土豆对冷害的敏感性均降低。

3. 冷害的防止方法

各种冷敏果蔬有不同的冷害临界温度，低于临界温度，就会有冷害症状出现。因此，防止冷害的最好方法是掌握果蔬冷害临界温度，不要将果蔬置于临界温度以下的环境中。降低冷害的一种有效方法就是温度调节和温度锻炼，即将果蔬放在略高于冷害临界温度的环境中一段时间，可以增加果蔬抗冷性。另一种方法就是用一次或多次短期升温处理来中断其冷害。研究表明，黄瓜每 3d 从 2.5℃ 间歇升温至 12.5℃ 下放置 18h，可降低冷害症状。尽管间歇升温能够起到减轻冷害的作用，但其作用机制还不清楚。有关研究认为，升温期间可以使组织代谢掉冷害中累积的有害物质或者使组织恢复冷害中被消耗的物质。研究表明，适时间歇升温，阻止了冷藏桃果实中果胶甲酯酶活性的持续增加，维持了果胶类胞壁物质正常代谢功能，果肉未出现糠化现象，贮后果实多汁。另有研究表明，受冷害损伤的植物细胞中的细胞器超微结构在升温时可以恢复。另外，采后冷热处理、气调、涂膜和化学试剂处理等可有效减轻果蔬冷害症状。

四、蛋白质冻结变性

研究表明，含蛋白质的食品如动物肉类、鱼贝类等在冻结贮藏后，其所含蛋白质的 ATPase 活性减小，肌动球蛋白溶解性下降，此即所谓蛋白质冻结变性。

1. 蛋白质冻结变性机理

虽然关于蛋白质冻结变性机理的研究非常多，但有关冻结变性机理仍未完全搞清楚。目前有两种说法：其一，由于冻结使肌肉中水溶液的盐浓度升高，离子强度和 pH 值发生变化，使蛋白质因盐析作用而变性；其二，由于蛋白质中部分结合水被冻结，破坏了其胶体体系，使蛋白质大分子在冰晶挤压作用下

互相靠拢并聚集起来而变性。

蛋白质冻结变性程度常用盐溶性蛋白、巯基、羰基、Ca^{2+}-ATPase酶活性及表面疏水性等来表示。冻藏时蛋白质会降解或变性导致其溶解性发生变化，盐溶性蛋白变化可表征蛋白质的溶解性。巯基是蛋白质中的亲水基团，巯基的变化可表征蛋白质的氧化程度。羰基的形成是蛋白质分子被机体产生的氧自由基修饰的重要产物，羰基含量可判断蛋白质受到的氧化损伤程度，是蛋白质氧化损伤的敏感指标。肌原纤维蛋白是一类蛋白质的总称，其中原肌球蛋白、肌球蛋白、肌动球蛋白等占主要成分，肌肉中存在的肌球蛋白与肌动蛋白在能量的作用下生成肌动球蛋白，而 Ca^{2+}-ATPase酶活性与肌球蛋白的头部区域密切相关，是反映畜禽肉、水产品等在冻藏过程中蛋白质变性程度的重要指标。蛋白质的表面疏水性反映的是蛋白质分子表面的疏水性残基的相对含量，新鲜肉类蛋白质的疏水性基团被包裹于蛋白质分子内部，具有较低的表面疏水性，冻结及冻藏过程中，折叠态的肌原纤维蛋白分子部分开始伸展，原先位于蛋白质多肽链内部的疏水性基团外露，引起表面疏水性上升。

2. 影响蛋白质冻结变性的因素

蛋白质冻结变性受到诸多因素的影响，如冻结及冻藏温度、共存盐类、脂肪氧化及食品种类等。

一般冻藏温度越高，蛋白质越易变性。不同冻结温度对肌原纤维蛋白巯基含量的影响见图3-22。冻藏温度越低，巯基含量越高，肌原纤维蛋白氧化程度越低，因此低温冻结有利于抑制冻结过程中肌原纤维蛋白的氧化变性。

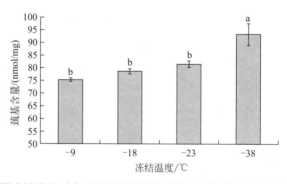

图 3-22　不同冻结温度对牛肉肌原纤维蛋白巯基含量的影响（钱书意等，2018）

不同字母代表差异显著（$P < 0.05$）

冻藏过程中肌原纤维蛋白变性会引起 Ca^{2+}-ATPase活力下降。不同冻结温度下牛肉的肌原纤维蛋白 Ca^{2+}-ATPase活力见图3-23。肌原纤维蛋白的主要成分是肌球蛋白，冻结过程中肌球蛋白头部构象改变及蛋白质聚集现象导致 Ca^{2+}-ATPase活力下降，冻结温度越低，越有利于维持牛肉肌原纤维蛋白 Ca^{2+}-ATPase活力。

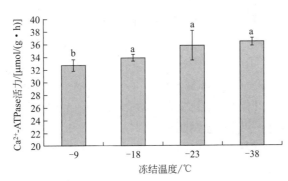

图 3-23 不同冻结温度对牛肉肌原纤维 Ca^{2+}-ATPase 活力的影响（钱书意等，2018）

不同字母代表差异显著（$P < 0.05$）

种类不同，蛋白质冻结变性也存在差异，尤其在 –30℃以上时。研究表明，海水鱼与淡水鱼之间的蛋白质变性存在差异。同是海水鱼，变性速率也不同，变性速率由大到小的顺序是突吻鳕、狭鳕、白鲑、远东拟沙丁鱼、鲐鱼。在淡水鱼中，鲫鱼蛋白质变性较慢，而鳙鱼、鲢鱼蛋白质变性速率较快，罗非鱼蛋白质变性速率介于上述两者之间。实验表明，Ca^{2+}、Mg^{2+} 等盐类可促进蛋白质变性，而磷酸盐、甘油、糖类等可减轻蛋白质变性。比如在冻结鱼糜时，往往用水漂洗鱼肉以洗去 Ca^{2+}、Mg^{2+} 等盐类，再加 0.5% 的磷酸盐及 5% 的葡萄糖，调节 pH 为 6.5～7.2，然后冻结，可使蛋白质冻结变性大为减轻。除上述影响因素外，食品冻结前的新鲜度也是影响蛋白质冻结变性的重要因素。以鱼类为例，将捕获后的鱼立即放入 –30℃冷库中冻藏，然后与捕获后经过 7d 冰藏再在 –30℃下冻藏的鱼相比较，发现前者在冻藏 2 个月后，仅有 20% 的蛋白质变性，而后者在相同冻藏时间内，有 60% 的蛋白质已变性。

3. 防止蛋白质冻结变性的方法

快速冻结、低温贮藏均可有效地防止蛋白质变性。在冻结前添加糖类、磷酸盐类、山梨醇、谷氨酸或天冬氨酸等氨基酸、柠檬酸等有机酸、氧化三甲胺等物质，均可防止或减轻蛋白质的冻结变性。另外，各种糖类防止蛋白质变性的效果除与其浓度有关外，还与糖的 –OH 基数量有关。一般 –OH 基较多的糖类，防止蛋白质变性的效果也较好。

五、脂肪的酸败

酸败就是食品脂肪的氧化过程，是引起食品发黏、风味劣变等变质现象的主要原因。脂肪酸败有两种类型，即水解酸败和氧化酸败。

水解酸败是由于酶类等因素的作用而引起的，它在冷藏和冻藏食品中缓慢地进行，使脂肪逐渐被分解成游离脂肪酸。而游离脂肪酸可作为催化剂，促进脂肪氧化酸败。

氧化酸败通常是指脂肪自动氧化，此外它还包括酶引起的氧化、风味劣变及乳脂和乳制品的氧化等不同形式。自动氧化是常见于各种含脂食品加工与贮藏过程中的变质现象。

1. 自动氧化的机理

自动氧化是按照自由基连锁反应机制进行的，包括引发、连锁反应及终止等阶段。主要反应如下所示：

引发反应：RH $\longrightarrow$ R·+H·

连锁反应：R·+O$_2$ $\longrightarrow$ ROO··，ROO··+RH $\longrightarrow$ ROOH+R·

终止反应：R·+R· $\longrightarrow$ R—R，R·+ROO· $\longrightarrow$ ROOR，ROO·+ROO· $\longrightarrow$ ROOR+O$_2$

在自动氧化的引发阶段，氢离子由于吸收紫外线、离子辐射和可见光的蓝色部分等短波辐射而活化，从与不饱和脂肪酸双键相邻处的不稳定亚甲基中脱离，并形成一个自由基。然后在连锁反应中，自由基吸收氧，并与脂肪酸的碳原子反应，形成氢过氧化物。氢过氧化物极易分解产生自由基 ROO·，该自由基又从不饱和脂肪酸中夺取氢而形成氢过氧化物，使反应连锁进行。随着连锁反应进行，自由基浓度增大，彼此之间形成稳定的羰基化合物，反应也告终止。

2. 影响脂肪自动氧化的因素

脂肪自动氧化受到许多因素的影响，诸如脂肪酸不饱和度，食品与光和空气接触面大小，温度，铜、铁、钴等金属，肌红蛋白及血红蛋白，食盐及水分活度等。通常，脂肪酸不饱和度提高，温度上升，铜、铁、钴等金属离子和食盐及肌肉色素的存在，紫外线照射及食品与空气接触面增加等，都会促进脂肪自动氧化。

3. 低温下的食品酸败

在长期冷冻肉类、禽类，特别是多脂鱼类中常常可以观察到颜色发黄的现象，并有异味产生。这正是上述食品发生了酸败的结果。

低温可以推迟酸败，但是不能防止酸败。这是由于脂酶、脂肪氧化酶等在低温下仍具有一定活性，因此会引起脂肪缓慢水解，产生游离脂肪酸。与水解酸败相比，氧化酸败对冻结食品质量的损害更为严重。发生在冻结食品中的自动氧化，很可能在冻结前的准备阶段就已开始。因此，在冻藏过程中，只要有氧存在，即使没有紫外线的照射，自动氧化也会继续进行，导致食品变质。冻藏温度越高，则氧化酸败速率愈快。当冻藏温度高于 $-15℃$ 时，将难以控制肥猪肉在长期贮藏中的氧化酸败。

4. 脂肪酸败的防止方法

防止脂肪酸败的最有效方法是真空包装或采用充入惰性气体的包装。在采用充入惰性气体包装时，如充入的惰性气体是 N_2，则需置换包装中 95% 以上的空气；如充入 CO_2，则需达到 75% 的置换率。另外，包冰衣、使用叔丁基对苯二酚（TBHQ）及 α- 生育酚等抗氧化剂处理等方法，也能有效地控制脂肪酸败和油烧。

六、冰晶生长和重结晶

在冻藏过程中，未冻结水分及微小冰晶会发生移动而接近大冰晶并与之结合，或者互相聚合而成大冰晶，但这个过程很缓慢，若冻藏库温度波动则会促进这样的移动，尤其细胞间隙中大冰晶成长加快，这就是冰晶生长现象。当冻藏或流通过程中温度发生较大或较频繁波动时，冻结食品就会反复冻融，温度较高时，部分冰点较高的冰晶融化，温度降低时又发生冻结，即所谓重结晶。冰晶生长和重结晶会加剧组织的机械损伤，导致产品汁液流失增加。因此，应采用低温速冻使食品水分来不及转移就在原来位置冻结。保持冻藏库温度稳定、添加抗冻性物质如抗冻蛋白等均可减少冰晶生长和重结晶对食品质量带来的不良影响。

七、冷冻食品的变色

1. 冷冻果蔬的变色

苹果、梨、桃及香蕉等水果在冷冻、冷藏及解冻过程中，其切割面将发生褐变。褐变的原因是果实中的单宁物质受多酚氧化酶作用而生成褐色物质所致。褐变发生必须要有多酚氧化酶、单宁等酚类物质及 O_2 共同存在，缺一不可。O_2 可来自空气，也可来自过氧化物的分解。要防止水果褐变，可通过烫漂、盐水、糖溶液、亚硫酸盐水溶液等处理来破坏酶的活性，或真空包装以隔绝空气。

蔬菜在冷冻、冷藏及解冻过程中的变色主要是由叶绿素、类胡萝卜素等色素变化而引起的，其中尤以绿色蔬菜的黄变更为常见。变色速率与贮藏温度有密切关系，比如菜花的变色在 $-18℃$ 下贮藏时要经过2个月后才可观察到，而在 $-12℃$ 下贮藏时，变色速率将快3.6倍，而在 $-7℃$ 下时则快10.7倍。采用烫漂、真空包装、调节 pH 值及添加护色剂等方法可以防止或减轻蔬菜的变色。

2. 禽类在冻藏中的变色

在冻结家禽中可能出现的变色现象有以下几种：①由于放血不彻底，使表皮变红；②表皮破损后，渗出的淋巴液使禽体表皮呈现褐色斑点；③由于表层形成大冰晶，使入射光线穿透皮肤，从而呈现出暗红色的肌肉色素；④受冻结破坏，骨骼细胞释放出血红蛋白，氧化后变成褐色；⑤由于发生冻结烧而使禽体表面出现灰黄斑点。防止冻禽变色的方法有：快速冻结，采用低且稳定的温度和尽可能高的相对湿度进行冻藏，用不透气材料收缩包装或真空包装等。

3. 肉类的变色

肉类在冻藏过程中，其色泽会发生从紫红色→亮红色→褐色的变化。这是由于肌红蛋白和血红蛋白被氧化，生成了变性肌红蛋白和变性血红蛋白所致。变性肌红蛋白的形成受到以下因素的影响：①胶体作用；②空气中氧气的氧化作用；③溶解在肌肉组织内部的氧由于自身酶的作用或微生物的呼吸而减少，使氧合肌红蛋白还原成不稳定的肌红蛋白，而肌红蛋白很快被空气中的氧所氧化，形成变性肌红蛋白。此外，当肉类受到微生物破坏时，其产物可与肌红蛋白化合，或者使肌红蛋白分解，产生绿色、黄色等颜色。

4. 鱼贝类在冻藏中的变色

由于鱼贝类自身成分方面的特殊性，加上氧化作用、微生物及酶等因素的影响，使得鱼贝类在冻藏

过程中发生诸多的变色现象。

（1）鱼肉褐变。鱼肉在冻藏过程中，也会发生如肉类一样的褐变，其原因也相同。鱼肉褐变程度与变性肌红蛋白生成量有一定关系，当变性肌红蛋白量占总肌红蛋白量的50%以下时，鱼肉之颜色尚不变褐；但当变性肌红蛋白量超过70%时，则表现出明显褐变。防止鱼肉褐变的方法是选择新鲜度高的鱼进行冻结，并贮存在较低温度下。

（2）旗鱼绿变。旗鱼在冻藏中，连接于皮和腹腔的肌肉会出现绿色，有时还伴有恶臭味，这种现象就称为旗鱼绿变。绿变原因是细菌繁殖使鱼肉蛋白质分解产生 H_2S，H_2S 与肌肉中的肌红蛋白和血红蛋白等化合产生绿色硫肌红蛋白和硫血红蛋白所致。除旗鱼外，其他鱼类如蓝枪鱼、白枪鱼、付金枪鱼、青鲨、狭鳞庸鲽、青鲽等也会发生绿变。防止旗鱼绿变的方法是，确保冻结前原料鱼的鲜度，冻结之前去掉内脏；捕获之后立即放血，快速冻结及低温冻藏。

（3）冷冻贝类红变。有些双壳贝类如牡蛎在冷冻中或解冻后会变成红色，其原因是牡蛎在贮藏过程中仍在进行自身消化，使其消化管发生组织崩坏，作为饵料被摄入的涡鞭毛藻体中的红色类胡萝卜素蛋白质复合体流出而引起。

（4）虾类黑变。虾类在冷藏过程中，在其头部、胸甲、尾节等处会逐渐出现黑点甚至黑斑，此即所谓的黑变。黑变的原因是酪氨酸酶或酚酶将酪氨酸氧化成类黑精。研究发现，在甲壳类动物的头部、关节、胸甲、胃肠、生殖腺、体液等处均存在酪氨酸酶，因而这些地方容易出现黑变。研究还发现，虾类黑变与其新鲜度有密切关系。新鲜虾类的酚酶无活性或者活性极低，因此不会发生黑变。如果虾类鲜度下降，则酚酶活性增大，引起虾类黑变。防止虾类黑变的方法有：先进行适当热处理使酚酶失活，再冻结；除去虾类的头部、内脏、外壳及体液等并洗净后再冻结；使用硫脲、半胱氨酸、酒石酸及其钠盐、草酸及其钠盐等的溶液浸泡处理也有一定效果；采用真空包装或采用含抗氧化剂的水包冰衣也是防止虾类黑变的常用方法。

八、冷冻食品营养价值的变化

食品的整个冷冻过程包括预处理、冷冻、冻藏及解冻等环节，不同环节对食品营养价值产生的影响是不同的。研究证实，食品营养物质中，蛋白质、脂质和糖类的营养价值在冷冻过程中并无明显变化，变化较明显的营养物质是维生素及矿物质，特别是维生素 C 和 B 族维生素。

1. 在预处理中食品营养价值的变化

无论是动物性食品还是植物性食品，在冻结前短时间存放都不会影响其营养价值。但延长存放时间，尤其是延长在高温下的存放时间，将会引起维生素 C 和 B 族维生素的较大损失。

2. 在冷冻及冻藏过程中营养成分的损失

研究表明，在冷冻过程中，除了猪肉及抱子甘蓝等食品的维生素有明显减少外，大多数蔬菜及动物性食品的维生素在冷冻过程中无明显变化。但在冻藏过程中，食品维生素将会大量地损失掉。损失程度取决于食品种类、预处理方法、包装材料、包装方法及冻藏方法等因素。

贮藏温度对维生素C的降解速率有很大影响。研究表明，青豆、花椰菜、豌豆和菠菜等在 −18～−7℃ 的温度范围内升高 10℃，会使维生素 C 的降解速率增加 6～20 倍；而对某些桃、树莓及草莓等水果，在 −18～−7℃ 的温度范围内升高 10℃，维生素 C 的降解速率将增加 30～70 倍。动物性食品在冻藏过程中除维生素 B_6 的损失较多外，其他 B 族维生素的损失并不大。

另外，不多的实验结果表明，食品冻藏过程中温度波动对维生素损失并无明显影响，尽管此种情形将会使食品的汁液流失增加，贮藏期缩短。

3. 食品在解冻过程中营养素的损失

单独测定解冻对食品营养价值的影响是一件相当困难的事情。有限的研究结果指出，解冻对水果、蔬菜和动物性食品中维生素含量的影响很小甚至微不足道。但是，如果解冻后食品流失液被废弃，则会造成大量水溶性营养素的损失。动物性食品在整个冷藏过程中的 B 族维生素如维生素 B_1、维生素 B_2 及维生素 B_6 的变化较明显，其他 B 族维生素的变化较少。动物性食品维生素的损失主要是发生在冻藏和解冻过程中。

 概念检查 3.4

○ 防止汁液流失、冷害和蛋白质变性的方法有哪些？

参考文献

[1] 常海军, 唐翠, 唐春红. 不同解冻方式对猪肉品质特性的影响[J]. 食品科学, 2014, 35：1-5.

[2] 邓思杨, 王博, 李海静, 等. 冻融次数对镜鲤鱼肌原纤维蛋白功能和结构特性变化的影响[J]. 食品科学, 2019, 40：95-101.

[3] 高名月, 赵政阳, 王燕, 等. 气调贮藏对瑞雪苹果的保鲜效果与果皮褐变机制的初探[J]. 食品与发酵工业, 2022. https：//doi.org/10.13995/j.cnki.11-1802/ts.03022.

[4] 韩悦, 张小军, 陈雪昌. 中华管鞭虾在不同贮藏温度下品质变化的规律[J]. 食品与发酵工业, 2022. https：//doi.org/10.13995/j.cnki.11-1802/ts.029648.

[5] 吉宁, 张丽敏, 彭熙. 低温下不同自发气调袋对百香果贮藏品质的影响[J]. 包装工程, 2021, 23：54-63.

[6] 李晓燕, 樊博玮, 赵宜范, 等. 超声辅助冷冻技术在食品浸渍式冷冻中的研究进展[J]. 包装工程, 2021, 42：11-17.

[7] 李云飞, 葛克山. 食品工程原理[M]. 4版. 北京：中国农业大学出版社, 2018.

[8] 刘兴华, 曾名湧, 蒋予箭, 等. 食品安全保藏学[M]. 北京：中国轻工业出版社, 2005.

[9] 马志强, 钟艳, 魏雪林, 等. 不同冻藏时间的猪肉品质比较及其变化机制研究[J]. 食品工业科技, 2021, 18：48-56.

[10] 钱书意, 李侠, 孙圳, 等. 不同冻结温度下牛肉的肌原纤维蛋白变性与肌肉持水性[J]. 食品科学, 2018, 15：24-30.

[11] 屈彤彤, 赵金红, 李仙仙, 等. 不同冻藏状态下南美白对虾品质与微观结构的变化[J]. 现代食品科技, 2020, 10：147-156.

[12] 石钢鹏, 阚凤, 高天麒, 等. 速冻方式对冷冻贮藏中大口黑鲈鱼肉蛋白质特性的影响[J]. 食品工业科技, 2021, 20：309-

319.

[13] 隋继学. 制冷与食品保藏技术[M]. 北京：中国农业大学出版社, 2005.

[14] Norman N P, Joseph H H.食品科学[M]. 王璋, 钟芳, 徐良增, 译. 北京：中国轻工业出版社, 2001.

[15] 郁慧洁, 谢晶. 冻藏对水产品脂质氧化影响研究进展[J]. 食品与机械, 2021, 10：193-201.

[16] 曾名湧. 食品保藏原理与技术[M]. 2版. 北京：化学工业出版社, 2014.

[17] 章杰, 彭新书, 何航. 反复冻融对猪肉营养成分的影响[J]. 食品与发酵工业, 2018, 44：166-171.

[18] 中国国家标准化管理委员会. 国家标准GB/T 24616—2019冷藏、冷冻食品物流包装、标志、运输和储存[S]. 2019.

[19] Hu F, Qian S, Huang F, et al. Combined impacts of low voltage electrostatic field and high humidity assisted-thawing on quality of pork steaks[J]. LWT, 2021, 150: 111987.

[20] Jia G, Orlien V, Liu H, et al. Effect of high pressure processing of pork (*Longissimus dorsi*) on changes of protein structure and water loss during frozen storage[J]. LWT-Food Science and Technology, 2021. https：//doi.org/10.1016/j.lwt.2020.110084.

[21] Kutz M. Handbook of Farm, Dairy and Food Machinery Engineering [M]. Third Edition. New York: Myer Kutz Associates, Inc., 2019.

[22] Leygonie C, Britz T J, Hoffman L C. Impact of freezing and thawing on the quality of meat：Review[J]. Meat Science, 2012, 91：93-98.

[23] Li D, Zhu Z, Sun D W. Effects of freezing on cell structure of fresh cellular food materials: A review[J]. Trends in Food Science & Technology, 2018, 75：46-55.

[24] Lyons J M. Chilling injury in plants[J]. Annual Review of Plant Physiology, 1973, 24：445-466.

[25] Paciulli M, Ganino T, Pellegrini N, et al. Impact of the industrial freezing process on selected vegetables-Part1. Structure, texture and antioxidant capacity[J]. Food Research International, 2015, 74：329-337.

[26] Teuteberg V, Kluth I-K, Ploetz M, et al. Effects of duration and temperature of frozen storage on the quality and food safety characteristics of pork after thawing and after storage under modified atmosphere[J]. Meat Science, 2021, 174：108419.

[27] Wu X, Zhang M, Adhikari B, et al. Recent developments in novel freezing and thawing technologies applied to foods[J]. Critical Reviews in Food Science and Nutrition, 2017, 57：3620-3631.

[28] Xie J, Yan Y, Pan Q N, et al. Effect of frozen time on *Ctenopharyngodon idella* surimi：With emphasis on protein denaturation by Tri-step spectroscopy[J]. Journal of Molecular Structure, 2021. https：//doi.org/10.1016/j.molstruc.2020.128421.

[29] Zhang R, WangY, Wang X, et al. Study of heating characteristics for a continuous 915 MHz pilot scale microwave thawing system[J]. Food Control, 2019, 104：105-114.

[30] Zhang W, Jiang H, Cao J, et al. Advances in biochemical mechanisms and control technologies to treat chilling injury in postharvest fruits and vegetables[J]. Trends in Food Science & Technology, 2021, 113：355-365.

[31] Zhang Y, Puolanne E, Ertbjerg P. Mimicking myofibrillar protein denaturation in frozen-thawed meat：Effect of pH at high ionic strength[J]. Food Chemistry, 2021, 338: 128017.

[32] Zhu Z, Zhou Q, Sun D W. Measuring and controlling ice crystallization in frozen foods：A review of recent developments[J]. Trends in Food Science & Technology, 2019, 90：13-25.

总结

○ **食品冷却与冻结、冷藏与冻藏**

- 食品冷却与冻结的本质都是一种热交换过程，即让易腐食品的热量传递给周围的低温介质，在尽可能短的时间内，使食品温度降低到预定温度的过程。区别是冷却在食品冰点以上温度进行，冻结在冰点以下温度进行。

- 冷藏与冻藏都是低温保藏食品的方式，区别在于冷藏是将食品保藏在冰点以上的温度（一般 0 ~ 15℃），而冻藏是将食品保藏在冰点以下的温度（一般 –23 ~ –15℃）。

○ **食品的冷却方法**

- 食品常用冷却方法有空气冷却法、水冷却法、冰冷却法及真空冷却法（注意与食品冻结方法的区别）。

- 空气冷却法是利用降温后的冷空气作为冷却介质流经食品时吸取其热量，促使其降温的方法，特点是干耗大、冷却速度慢、冷风分配不均匀等；水冷却法是采用喷淋或浸渍的方式，通过低温水将需要冷却的食品冷却到指定温度的方法，特点是干耗小、冷却速度快、食品表面会带水、易受微生物污染和交叉感染等；冰冷却法是利用冰块融化时吸收热量来降低食品温度的方法（每 1kg 冰块融化会吸收液化潜热约 334.72kJ），特点是不产生干耗、食品湿润、有光泽；真空冷却法是利用水在低压下蒸发时要吸收汽化潜热（约 2520kJ/kg）来降低食品温度的方法，特点是冷却速度快、成本高、耗资大。

○ **食品冻结的基本过程**

- 食品冻结要经历从食品初温降低到食品冰点、冰点降低到 –5℃左右（最大冰结晶生成带，大多数冰晶体在此阶段形成，食品温度基本保持不变，吸收的冷量主要用于相态改变）及从 –5℃继续下降至终温的过程；食品冻结过程还要考虑到晶核生成和晶体生成情况，它们通过影响食品冻结过程冰结晶的大小和数量来影响冻结食品的品质。

○ **食品的冻结方法**

- 常用的食品冻结技术有三大类，即空气冻结、金属表面接触冻结、与冷剂直接接触冻结（注意与食品冷却方法的区别）。

- 空气冻结设备依据冻结装置不同分为隧道式冻结器、螺旋带式冻结器、流化床冻结器。金属表面接触冻结设备分为钢带式冻结器、平板冻结器及筒式冻结器等。与冷剂直接接触冻结常用的制冷剂有液氮、液体二氧化碳及液态氟利昂等，常用的载冷剂有氯化钠、氯化钙及丙二醇的水溶液等。

- 其他冻结方法还包括冰壳冻结（CPF）、均温冻结（HPF）、活细胞（CAS）冻结与高压冻结等。

○ **冻结食品的冷耗量及其计算**

- 食品冻结的冷耗量就是冻结过程中食品所放出的热量，包括冻结前冷却时的放热量（Q_1）、冻结时形成冰晶体的放热量（Q_2）和冻结食品降温时的放热量（Q_3）。

- 食品冻结冷耗量（Q）计算：$Q = Q_1 + Q_2 + Q_3$，其中 $Q_1 = mC_0(T_初 - T_冰)$，$Q_2 = mw\omega\gamma_冰$，$Q_3 = mC_i(T_冰 - T_终)$。m 为食品质量（kg）；C_0 为温度高于冰点时的质量热容 [kJ/（kg·K）]；C_i 为温度低于冰点时的质量热容 [kJ/(kg·K)]；$T_初$ 为食品初温（K）；$T_冰$ 为食品冰点温度（K）；$T_终$ 为食品冻结终温（K）；w 为食品中的水分含量（%）；ω 为食品达到最终温度时水分的冻结率（%）；$\gamma_冰$ 为水的结冰潜热（334.72kJ/kg）。

○ **食品的解冻与解冻方法**

- 解冻就是升高冻结食品的温度，使其冰晶融化成水，回复到冻前状态的过程。就热交换的情况而言，解冻与冻结相反，是冻结的逆过程。

- 常见的食品解冻方法有空气解冻、水解冻、真空水蒸气凝结解冻、电阻解冻、高压静电解冻、微波

解冻、喷射声空化场解冻、超声波解冻。不同解冻方法各有其特点。

○ **缓慢冻结、快速冻结及其特点**

- 缓慢冻结是通过最大冰晶生成带（−1 ~ −5℃）的时间超过 30min，快速冻结是在 30min 内通过最大冰晶生成带。
- 缓慢冻结存在的问题是形成的冰晶体较大，对细胞有破坏作用，质地砂质感，冻结速度慢，易受到微生物污染，冻结时间长，易产生浓缩效应，促使蛋白质变性和沉淀等。
- 快速冻结的特点是冻结速度快，食品受酶和微生物的作用小，形成冰晶数量多、体积小且分布均匀，生产效率高，解冻时汁液流失少，产品质量好。

○ **干耗**

- 干耗是食品中的水分不断向周围环境转移而逐渐减重的现象，主要由食品与环境空气间的水蒸气压差引起，受库外导入热量、食品堆放方式和密度、贮藏温度和湿度、空气流速、装载量、冷库型式、食品种类等因素的影响。
- 控制措施可采用良好的包装、包冰衣、涂膜、保持冷库温度低且稳定、使用夹层冷库与保持高的相对湿度等。

○ **冷害**

- 冷害是某些水果、蔬菜在低于某一临界温度下长期贮藏时引起的果蔬组织代谢异常、抵抗能力降低的一种生理失调现象，可表现为组织凹陷、水浸斑、组织褐变、内部组织崩溃、着色不均匀、不能正常成熟、产生异味等症状，受果蔬种类和品种、成熟度、冷藏温度和时间的影响较大。
- 可采用适当温度下贮藏、温度锻炼、间歇升温、变温处理、调节贮藏环境中的气体成分、热激处理、化学处理等措施来减轻果蔬冷害。

○ **汁液流失**

- 汁液流失是冻结食品在冻结时或解冻后流出液体的现象，原因与蛋白质、糖类等大分子变性以及细胞、组织受到损伤有关。汁液流失会造成重量损失、营养成分流失和外观变化等不利影响。
- 冻结食品汁液流失与原料种类及新鲜度、冻结前处理、冻结速度、冻藏时间、冻藏期间对温度的管理和解冻方法密切相关，可采用新鲜原料、快速冻结、低且稳定的冻藏温度和添加抗冻剂等来减少汁液流失。

○ **蛋白质冻结变性**

- 含蛋白质的食品在冻结贮藏后，其所含肌原纤维蛋白 ATPase 活性减小，盐溶性蛋白溶解性下降，—SH 含量降低，此即为蛋白质冻结变性。原因可能是细胞液浓缩使蛋白质因盐析作用而变性或胶体体系被破坏，蛋白质大分子在冰晶挤压作用下互相靠拢并聚集而变性，或机械损伤变性等。
- 蛋白质冻结变性受冻藏温度、体系中的盐类、糖类和磷酸盐类含量、食品冻结前的新鲜度等因素的影响，可采用快速冻结、低温贮藏、添加抗冻剂等来减轻蛋白质冻结变性。

✏ **课后练习**

一、判断正误题

1. 食品冷藏过程中，冷藏室的温度应避免波动。（　　）
2. 食品的冷却速度表示食品温度下降的速度。（　　）
3. 解冻时温度越高，解冻时间越短，汁液流失就越少。（　　）
4. 冻藏室内温度波动及大小冰晶之间的蒸气压差是重结晶生长的原因。（　　）
5. 气调贮藏主要以降低氧和二氧化碳的浓度为主。（　　）
6. −5 ~ 0℃范围的温度对微生物的伤害比 −18 ~ −15℃强。（　　）
7. 食品的冷却时间与食品的形状等有关。（　　）
8. 在最大冰结晶生成带，耗冷量不断增加，食品的温度逐渐降低。（　　）
9. 快速解冻效果好，汁液流失少。（　　）
10. 果蔬的冷害是一种生理失调现象。（　　）

二、选择题

1. 最大冰结晶生成带的温度范围是（　　）。
　　A. −5 ~ 0℃　　　　　　B. −10 ~ −5℃　　　　　C. −15 ~ −10℃　　　　D. −20 ~ −15℃
2. 蛋白质冻结变性的可能机理是（　　）。
　　A. 胶体体系破坏　　　B. 机械损伤　　　　　　C. 细胞液浓缩

三、问答题

1. 缓慢冻结与快速冻结有什么区别？各有什么特点？
2. 冻结食品的冷耗量计算。现有牛肉 10t，其水分含量为 68.6%，蛋白质含量 20.1%，脂肪含量 10.2%，其冰点温度为 −1℃。如将最初温度为 5℃的牛肉在冻结室内冻结并降温到 −20℃，试计算牛肉冻结 89.24% 时的冷耗量。已知 C_0、C_i 分别为 3.359kJ/(kg·K)、2.035kJ/(kg·K)。

↘ **能力拓展**

○ **进行小组协作学习，培养问题分析能力与沟通交流能力**

- 某种冷冻水产品在解冻过程中，出现了汁液流失和异味的情况，请针对上述问题，制定 3 种以上的解决方案，并体现批判性思维与创新意识。
- 就 1 种问题解决方案，与业界同行、社会公众进行有效沟通和交流，搜集记录相关交流信息，评价问题解决方案的局限性并获得有效结论。
- 具备一定的国际视野和意识，就 1 种问题解决方案与不同文化背景下的研究者进行书面或口头沟通，搜集记录相关交流信息，评价问题解决方案的局限性并获得有效结论。

○ **进行研究性学习，培养设计 / 开发解决方案能力和工程与社会能力**

- 针对 1 种果蔬从采摘到运输、冷却、冷藏、销售、消费全过程中可能出现的品质劣变问题，从产业化或工程化出发，设计 1 套保持果蔬良好品质的冷藏技术方案，列出简要流程与关键控制点，分析评估设计方案的优势与局限性并得出有效结论。
- 分析和评价设计方案与社会、健康、安全、法律、文化等多元因素的相互影响，并理解从业人员的责任。
- 了解果蔬种植、加工、流通相关的技术标准体系、知识产权、产业政策、法律法规等，理解不同社会文化与习俗等对设计方案的影响并得出有效结论。

第四章　食品罐藏技术

　　古语有云：兵马未至，粮草先行。想要把优质食物运到前线去，但是运输时间长，食物容易变质。这个难题如何解决？

　　一位名叫阿佩尔的青年在1804年成功发明了罐头食品：将食物处理后装入玻璃瓶之中，然后在锅里隔水加热，最后用软木塞塞紧，再用蜡密封，食物就可以长期保存。食物装在瓶子里加热密封后，为什么就不会腐败变质呢？

🍩 思维导图

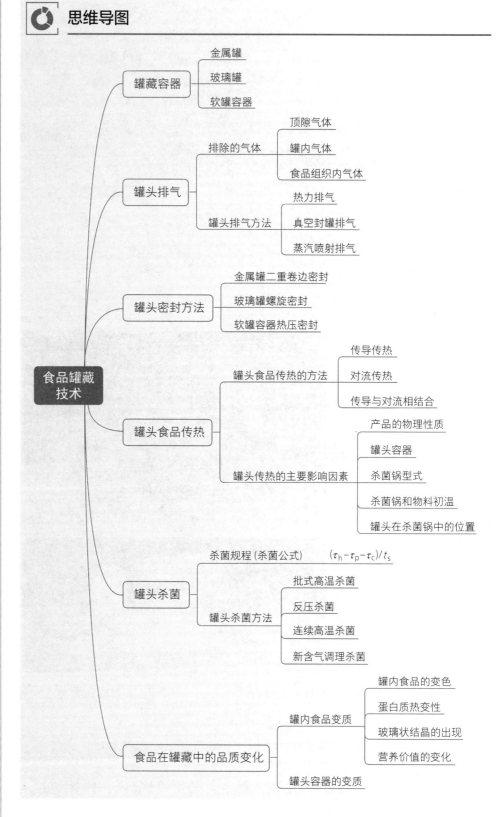

食品罐藏技术
- 罐藏容器
  - 金属罐
  - 玻璃罐
  - 软罐容器
- 罐头排气
  - 排除的气体
    - 顶隙气体
    - 罐内气体
    - 食品组织内气体
  - 罐头排气方法
    - 热力排气
    - 真空封罐排气
    - 蒸汽喷射排气
- 罐头密封方法
  - 金属罐二重卷边密封
  - 玻璃罐螺旋密封
  - 软罐容器热压密封
- 罐头食品传热
  - 罐头食品传热的方法
    - 传导传热
    - 对流传热
    - 传导与对流相结合
  - 罐头传热的主要影响因素
    - 产品的物理性质
    - 罐头容器
    - 杀菌锅型式
    - 杀菌锅和物料初温
    - 罐头在杀菌锅中的位置
- 罐头杀菌
  - 杀菌规程（杀菌公式） $(\tau_h - \tau_p - \tau_c)/t_s$
  - 罐头杀菌方法
    - 批式高温杀菌
    - 反压杀菌
    - 连续高温杀菌
    - 新含气调理杀菌
- 食品在罐藏中的品质变化
  - 罐内食品变质
    - 罐内食品的变色
    - 蛋白质热变性
    - 玻璃状结晶的出现
    - 营养价值的变化
  - 罐头容器的变质

🌸 为什么要学习"食品罐藏技术"？

罐藏是食品保藏中用于改善食品品质、延长食品保质期的最重要方法之一。因罐头食品可以在常温条件下长期贮存，更是航天、航海、勘探、军需、登山、井下作业等特殊行业及长途旅行者的必备方便食品。如何确定罐头的杀菌温度与时间？高温杀菌对罐头食品营养成分和品质有何影响？怎样制造高质量的罐头食品？学习罐藏技术与罐头食品制作的一般工艺流程将有助于理解上述问题，有助于推动新材料、新包装与新技术在罐藏食品中的应用，从而为人们提供种类丰富、优质健康的罐头食品。

👁 学习目标

○ 正确理解罐藏容器对罐藏食品的重要作用，能分析归纳金属罐、玻璃罐、软罐容器的优缺点；
○ 掌握罐头食品制作的全工艺流程及关键控制点；
○ 正确理解热力致死速率曲线、热力致死时间曲线、简单加热曲线、转折型加热曲线、冷点、初温、排气、二重卷边、杀菌规程（杀菌公式）、商业灭菌的概念和内涵；
○ 掌握罐头杀菌时间的计算或推算方法；
○ 分析归纳影响罐头传热的主要因素，并对比分析与影响微生物耐热性主要因素的异同；
○ 根据某一种食品原料，从工程化角度设计制作 1 款罐头产品，制订产品项目计划书，理解并掌握罐头食品开发和工程化设计的全周期和全流程方案设计要素，具备绿色设计、生产的理念，能够评估产品方案对社会和环境可持续发展的影响；
○ 主动参与社会实践、志愿活动及食品企业岗位劳动，在此过程中体现对团队、集体、国家等的责任与担当，提升自身综合素养。

罐藏是将食品原料经预处理后密封在容器或包装袋中，通过杀菌工艺杀灭大部分微生物营养细胞，在维持密闭和真空的条件下，食品得以在室温下长期保存的食品保藏方法。凡用罐藏方法加工的食品通称为罐藏食品。

罐头食品的历史距今约 220 年。18 世纪末叶，法国军队因战争给养出现问题，拿破仑悬赏鼓励发明保藏食品的方法。1804 年法国人 Nicolas Appert 经过 10 年研究，将欲保藏之食品加热后装入瓶内，用木塞塞住瓶口，置于沸水煮 30～60min，取出趁热将塞子塞紧，再用涂蜡密封瓶口，成功研究出可以长期贮存的玻璃瓶装食品。1809 年发表了 "The Art of Processing Animal & Vegetable Food for Many Years" 一书，奠定了罐藏学的基础。1810 年，英国人 Peter Durand 按照 Appert 发明的罐藏方法使用镀锡铁罐来盛装食品，并获得了发明专利权。

1812 年，Appert 在巴黎建立了世界上第一个瓶装罐头厂，英国人布朗·登金与约翰·霍尔使用 Durand 的专利，成立了世界第一家镀锡铁罐头加工厂。1821 年英国人 William Underwood 在波士顿设厂进行罐头生产。1825 年 Thomas Kensett 的《罐头加工法及容器》获得美国专利。但直到 1865 年法国科学家 Louis Pasteur 经过科学实验证明，食品腐败主要是微生物的生长繁殖所致，从理论上阐明了罐藏食品的保藏原理。1874 年发明了从外界通入蒸汽并配有控制装置的高压杀菌锅；1877 年罐头接合机械发明，制罐业逐渐机械化。1896 年美国人 Chalres Ams 和 Max Ams 发明了以液体橡胶制成密封胶密封的方法，

诞生了卷封罐（卫生罐）；1897 年美国人 Julius Bren Zinger 发明封口胶涂布机，为金属容器带来了技术上的革新，从此制罐业和罐头工业开始分离独立经营。1920 年到 1923 年间，Bigelow 和 Ball 根据微生物的耐热性和罐内食品的传热性，提出了用数学公式来确定罐藏食品的杀菌温度和时间。1948 年，Stumbo 和 Hicks 进一步提出了罐头食品杀菌的理论基础 F 值，罐藏理论和技术趋于完善。由于生产机械设备的发展和罐藏工艺技术的不断进步，罐藏工业取得了显著进展，罐藏技术已经成为保藏食品的重要方法之一。

目前，世界罐头年产量近 5000 万吨，品种超过 2500 多种，主要生产国有美国、日本、俄罗斯、澳大利亚、德国、英国、意大利、西班牙及加拿大等。我国第一家罐头食品企业是 1906 年上海商人从西方购入设备并成立的上海泰丰食品公司。我国罐头行业从 20 世纪 50 年代几百吨，发展到目前规模以上罐头企业超过 800 家、产量上千万吨。据国家统计局统计，2016 ～ 2020 年我国罐头产量分别为 1394.86 万吨、1314.31 万吨、1027.99 万吨、919.1 万吨和 863.5 万吨；2017 ～ 2020 年罐头出口量分别为 274.48 万吨、299.88 万吨、227.25 万吨和 219.15 万吨，罐头产量和出口量均有所下降。2017 ～ 2019 年我国罐头进口量分别为 5.96 万吨、9.09 万吨和 8.54 万吨，出口量远远大于进口量。从品类来看，番茄、芦笋、竹笋、黄桃、橘子等一批拳头品种的加工量和出口量，始终保持在全球市场第一的位置，特别是芦笋罐头和橘子罐头，占据全世界罐头出口量的 70% ～ 80%。

作为一种食品保藏方法，罐藏法的优点是：①罐头食品可以在常温下保存 1 ～ 2 年；②食用方便，无须另外加工处理；③经过杀菌处理，无致病菌和腐败菌存在，安全卫生；④对于新鲜易腐产品，罐藏可以起到调节市场、保证产品周年供应的作用。罐头食品更是航海、勘探、军需、登山、井下作业等特殊行业及长途旅行者的必备方便食品。在各种食品保藏技术中，虽然其他保藏技术也在蓬勃发展，但如前所述，还没有一种保藏方法能全面代替罐藏技术。而且愈是发达国家罐头食品消费量愈大，以年人均消费量计，美国为 90kg，西欧 50kg，日本 23kg，而我国则不足 7kg。随着经济发展，人民生活质量提高和生活节奏加快，罐头食品在我国极具发展潜力。

第一节　罐藏容器

玻璃是最早用于罐头食品包装的材料，1810 年 Peter Durand 发明了镀锡金属罐，20 世纪 50 年代以来，相继出现了镀铬薄钢板罐、铝罐、蒸煮袋（软罐头）、复合材料、陶瓷材料等，同时制造技术不断改进。由于罐头食品特殊的加工工艺和长时间保存的需要，对罐藏容器材料组分、安全性、耐腐蚀性和密封性等提出了更高要求。

一、金属罐

由于具有隔绝密封性、导热性以及耐热性好，能够较好地避免／抑制微生物繁殖等优势，金属罐在罐头食品工业中占据重要地位。按照制罐材料可分为镀锡薄钢板罐、铝罐、镀铬薄钢板罐和增强耐腐蚀性或美观的涂料罐等。金属罐具有可实现高效率的机械装填、密封等操作，能方便地在零售点展销及方便消费者贮藏和使用的优点，但存在耐酸碱差、成本高、与罐头内容物发生反应、重金属迁移等缺点。金属罐的发展方向是减量化、薄壁化、覆膜铁、采用无苯内壁涂料。

1. 常见制罐材料

最常用的制罐材料有镀锡薄钢板、铝合金薄板及镀铬薄钢板等。

（1）镀锡薄钢板　镀锡薄钢板是以低碳钢基为基材，采取两面镀锡，上下各分布着合金层、镀锡层、氧化膜及油膜等多层结构的制罐材料，厚度由 0.16mm 至 0.50mm 不等。镀锡罐的抗腐蚀性主要与钢基成分和物理特性、锡层厚度、保护膜、容器构造及内装食品的相对腐蚀性等因素有关。

镀锡薄钢板锡层的厚度、均匀性及镀锡方式会影响到镀锡板罐的耐腐蚀能力。锡层厚度（镀锡量），一般采用每平方米的锡量（g）表示，习惯上则用一基箱镀锡板两面镀锡的总质量（lb❶）来表示。1lb/ 基箱的总镀锡量相当于 22.4g/m²。目前制罐用的镀锡板的镀锡量主要有 0.25lb/ 基箱、0.50lb/ 基箱、0.75lb/ 基箱及 1.00lb/ 基箱等。锡层的主要作用是保护钢基，其均匀致密对镀锡罐的耐腐蚀性影响很大。电镀锡镀锡层均匀、孔隙少，已逐渐取代热浸镀锡板。

（2）镀铬薄钢板　又称无锡铁皮，是为减少用锡量而发展起来的代用品，即采用金属铬代替价格昂贵的锡，一般由钢基、金属铬层、水合氧化铬层及油膜等部分构成。由于镀铬板熔点高（1000℃以上），不能采取焊锡方式制罐，只能采用粘接和电焊。且耐腐蚀性不及镀锡板，镀层薄而针孔率高，罐藏容器均须内外涂料。镀铬板的钢基成分、调质度及规格尺寸等均按镀锡板标准执行。

（3）铝合金薄板　铝合金薄板是铝镁、铝锰等合金经铸造、热轧、冷轧、退火等工序而制成。优点是质轻、不会生锈、有特殊的金属光泽、良好的金属压延性，基本上不被含硫食品腐蚀等。缺点是价格较贵、不能用焊锡法接缝、罐身强度较小。铝合金薄板适用于制造二片罐、冲底罐、冲拔罐、易拉罐，涂料后常作饮料、啤酒容器。

（4）罐头涂料

① 罐内壁涂料。含硫蛋白质丰富的罐头在加热杀菌时会产生硫化物，以致罐壁上常产生硫化斑或硫化铁，使食品遭到污染；有色水果在罐内 Sn^{2+} 作用下发生褪色现象；高酸性食品装罐后常出现氢胀罐，甚至穿孔和出现金属味；樱桃、杨梅等罐头中的花青素与锡、氢反应加速罐壁腐蚀，同时导致水果褪色等。这些罐头都需要在罐内壁上涂布一层符合食品安全要求的、避免与食品直接接触发生反应的涂料。

② 罐外壁涂料。也称彩印涂料，可替代纸商标，省去贴标工序，防止罐头外壁生锈，改善罐头的贮存性能。单一材料往往较难达到上述目的，常常采用几种如油料、树脂、颜料、增塑剂、稀释剂和其他辅助材料共同组成的涂料。

（5）罐头密封胶　罐头密封胶填充于罐头底、盖和罐身卷边接缝中间，因二重卷边的压紧作用将罐底、盖和罐身紧密结合起来，保证了罐头卷边的严密封闭，杜绝外界空气侵入。罐头密封胶必须满足以下要求：①无毒无害，符合食品安全要求；②不含杂质，可塑性好，便于填满罐底、盖与罐身卷边接缝间的空隙；③具有良好的抗热、抗水、抗氧化等性能，确保罐头加工中不溶化，不脱落。

目前我国空罐密封胶多采用天然橡胶，而国际上则以合成橡胶为主。密封胶有水基胶和溶剂胶两类。水基胶以氨水胶为主，尤其是硫化乳胶。溶剂胶则较少。氨水胶采用天然乳胶、酪素、高岭土、硫黄、β-

---

❶ 1lb=0.45359237kg。

萘酚、液体石蜡等多种物质配合，与蒸馏水混合，经球磨混匀，过滤而成。硫化乳胶则是采用天然乳胶、硫黄、硫化促进剂、填料等物料配成。配制方法如图 4-1 所示。

硫黄 $\xrightarrow{\text{天然乳胶}}$ 混合搅拌 $\xrightarrow[\text{(CMS)溶液}]{\text{水, 9\%羟甲基淀粉}}$ 混合调整黏度 $\longrightarrow$ 过滤(60目) $\longrightarrow$ 成品(53%液胶)

图 4-1　硫化乳胶配制工艺流程图

2. 空罐制造

金属罐藏容器目前都是采用电阻焊接。按制造方法可分为由罐身、罐盖和罐底三部分焊接而成的三片罐和冲底、冲拔而成的罐身与罐盖相连而成的二片罐，按制造材料不同可分为镀锡铁罐（俗称马口铁罐）、镀铬板罐、铝罐及蒸煮袋等，按罐形不同则分为圆罐、方罐、椭圆形罐和马蹄形罐等。除圆罐外的所有罐形，均称为异形罐。

（1）电阻焊接缝圆罐的制造技术　电焊圆罐的制造是在机械化程度很高的自动制罐作业线上进行的，其工艺流程如下：

罐身：切板→弯曲→成圆→电阻焊接→接缝补涂、固化→翻边。

底盖：镀锡板→切板→冲盖→圆边→注胶→干燥硫化。

空罐：罐身、罐盖→封底→检查→包装→入库。

（2）接缝方罐的制造技术　方罐是较为常见的一种异形罐。

罐身：镀锡板→冲罐身板→划线→刮黄→压筋→端折→成型→涂焊药→踏平→涂焊药→焊锡→翻边。

罐盖：镀锡板→切板→冲盖→圆边→印胶→烘干、硫化。

空罐：罐身、罐盖→封底→检查→补涂料→烘干→包装入库。

二、玻璃罐

玻璃罐在罐头工业中应用之泛，其优点是无毒无味、密封性好、透明美观、耐热耐压、基本不与内容物发生作用、安全性较好、可重复使用、经济便利等；缺点是笨重易碎、贮运不便、导热性和抗冷热性较差、不耐机械操作，可见光与紫外线透射可能会诱发罐头内容物褪色或变色等。目前，玻璃罐正向薄壁、高强度发展。

玻璃罐是用石英砂、纯碱及石灰石等按一定比例配合后在 1000 ℃以上的高温下熔融缓慢冷却成型。通常配合比例为：石英砂 55% ～ 70%、纯碱 5% ～ 25%、石灰石 15% ～ 25% 及 4% ～ 8% 的氧化铝、氧化铁、氧化镁等氧化物。玻璃罐的制造工艺流程为：原料磨细→过筛→配料→混合→加热熔融→成型冷却→退火→检查→成品。

质量好的玻璃罐应透明无色或略带青色，罐身应端正光滑，厚薄均匀，罐口圆而平正，底部平坦，罐身不得有严重的气泡、裂纹、石屑及条痕等缺陷。

常用的玻璃罐根据封口方式有卷封式、螺旋式、压入式和垫塑螺纹式等，如图 4-2 所示。此外，还有由覆膜的二次冷轧铝薄板或薄钢板，通过机械或加热等封于空罐上，一撕就开的易撕盖。

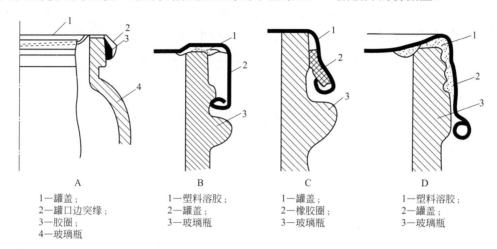

A
1—罐盖；
2—罐口边突缘；
3—胶圈；
4—玻璃瓶

B
1—塑料溶胶；
2—罐盖；
3—玻璃瓶

C
1—罐盖；
2—橡胶圈；
3—玻璃瓶

D
1—塑料溶胶；
2—罐盖；
3—玻璃瓶

图 4-2　玻璃瓶形式

　　卷封式玻璃罐（图 4-2A）罐盖用镀锡薄板或涂料铁制成，橡胶圈嵌在罐盖盖边内，卷封时由于辊轮的推压将盖边及胶圈紧压在玻璃罐口边上。其特点是密封性能良好，能够承受加压杀菌，但开启比较困难。螺旋式玻璃罐（图 4-2B）盖底内侧有盖爪，瓶颈上有斜螺纹线，旋盖后，罐盖内胶圈正好压紧在瓶口上，与爪相互吻合，保证了罐的密封性。常见的盖爪有 3、4 和 6 个盖爪。压入式玻璃罐如图 4-2C 所示。其罐盖底边向内弯曲，并嵌有合成橡胶圈。当它紧贴在罐颈外侧面上时，便保障了罐头容器的密封。开启时，只要撬开靠着瓶口的突缘，即可打开罐盖。封盖操作也非常简便，只需要从上向下压即可。垫塑螺纹式玻璃罐如图 4-2D 所示，使用垫塑螺纹盖，盖内注入塑料溶胶形成垫片。玻璃罐口外侧有螺纹，盖边无螺纹。真空封装时，盖内塑料垫片压入瓶颈便产生同样螺纹，从而达到密封效果。开启时，只需拧开罐盖即可。

三、软罐容器

　　软罐容器是一种采用塑料薄膜或铝箔制成具有形状的容器，袋装的亦称蒸煮袋。优点是重量轻、体积小，易携带易开启；可高温杀菌，保藏性好，能够较好地保留食品原本的色香味以及营养成分；封口成型等加工方便，与金属罐和玻璃罐相比杀菌时间短、节能；适用性广，软包装罐头的尺寸选择性多，特别适合小容量包装，同时可以避免金属罐头开封时可能会产生的划伤危险。缺点是强度较低，容易破损、泄气，引起食品变质。未来发展方向是减量化、同质化和可降解。

　　蒸煮袋的材料是由三层或更多层不同的耐热薄膜基材采用黏合或共挤等制成的复合薄膜。如最常见的蒸煮袋是 3～5 层复合薄膜，外层为聚酯（PET）薄膜或尼龙（NY），中间为铝箔（Al）或乙烯与乙烯醇聚合物（EVOH）等，内层为聚乙烯（PE）或聚丙烯（PP）薄膜。聚酯起到加固耐高温作用（尼龙 66 或尼龙 6 强度更大）。聚酯或尼龙具有耐油、耐有机溶剂、耐酸蚀、气密性好、透明度好等优点，缺点是不耐强碱、防紫外线透过性稍差。铝箔则无毒、质量轻，适宜印刷和复合，导热性好，能阻隔潮气、气体、光线及油脂等，加工性能优良；缺点是易破裂、不能热黏合等。而聚烯烃薄膜有良好的热封性能和耐化学性能，能耐高温蒸煮，安全卫生；但其气密性较差，隔绝异味及防止紫外线穿透性较差。

　　杯状、盘状容器多采用透明的材料如 PP、PVDC（聚偏二氯乙烯）、PP/EVOH 与铝箔（Al/CPP），另

加容器盖。PVDC 耐燃、耐腐蚀、气密性好，但对光热稳定性差，加工困难，多用于保鲜膜、肠衣膜、复合膜。EVOH（乙烯 / 乙烯醇共聚物）是一种高阻隔性材料，对气体具有极好的阻隔性，加工性、透明性、光泽性、机械强度、伸缩性、耐磨性、耐寒性和表观强度都非常优异，适合于硬性和软性容器复合膜中间阻隔层，特别是无菌包装袋。

第二节　食品罐藏的基本工艺

食品罐藏的基本工艺过程包括原料预处理、装罐、排气、密封、杀菌与冷却等。虽然食品原料和罐头品种不同，生产工艺也有所不同，但基本工艺是相同的。衡量一个产品是否属于罐头，关键看其工艺过程，是否经过排气（或抽气）、密封、杀菌三个最基本工艺。

一、原料的预处理

罐藏原料是保证罐头质量的关键基础，虽然种类繁多，但都要求新鲜、完整、大小、成熟度适宜，无病虫害和机械损伤等。如水产品原料必须是鱼体完整，鱼贝类与畜肉相比，肌肉中含水分多，容易损伤和产生化学变化，细菌也容易侵入肌肉内。必须避免鱼体受压和阳光直射，在冷藏条件下保藏。畜肉在屠宰后，由于死后僵硬，肌肉明显收缩、发硬，因此必须采用经过僵硬期后的肉（一般牛肉为宰后 12 ～ 24h，小牛肉为宰后 4 ～ 8h）。水果在未成熟时，酸度太高，不宜作为罐头食品的原料，必须采用成熟度适中的水果。

作为罐头食品的原料和辅助材料，除少数品种新鲜加工外，一般都经过贮藏。动物性原料多采用冻结冷藏或低温保藏，植物性原料多采用低温冷藏或气调贮藏，有的原料如蘑菇等可采用化学法保鲜护色。辅助材料则根据性质不同，采用干藏、密封保藏等。

原料在进入生产之前，必须严格挑选和分级，剔除不合格的原料，同时根据质量、新鲜度、色泽、大小等分级，以利于加工工艺条件的确定。畜产品原料还必须进行兽医检查合格等。

挑选分级后的原料，须分别进行清洗、挑选、分级、去骨、去皮、去鳞、去头尾、去内脏、去核、去囊衣等处理，然后根据各类产品规格要求，分别进行切块、切条、切丝、打浆、榨汁、浓缩、预热、烹调等处理后方可装罐。

二、食品装罐

1. 装罐前容器的准备

食品在装罐前，首先要依据食品种类、性质、产品要求及有关规定选择合适的空罐。空罐首先检查完好性，再进行清洗、消毒，以除去空罐制造、运输、贮存过程中的灰尘、微生物、油脂等污染，保证清洁卫生。目前，大中型企业均采用机械方法，通过喷射蒸汽或热水来清洗、消毒，少数小型企业采取手工清洗。清洗之后再用漂白粉溶液消毒。容器消毒后，应将容器沥干并立即装罐，以防止再次污染。

2. 食品装罐

（1）装罐的工艺要求　原料预处理后，应迅速装罐。装罐时应力求质量一致，并保证达到罐头食品净重和固形物含量要求。每只罐头允许净重公差为 ±3%。但每批罐的净重平均值不应低于固体物净重。罐头固形物含量一般为 45% ～ 65%，因食品种类、加工工艺等不同而异。

装罐时还必须留有适当的顶隙。顶隙是指罐内食品表面层或液面与罐盖间的空隙。顶隙大小将直接影响到食品的装罐量、卷边的密封性、罐头变形及腐蚀等。顶隙过小，杀菌时食品膨胀，引起罐内压力增加，将影响卷边的密封性，同时还可能造成铁罐永久变形或凸盖。顶隙过大，不仅会造成罐头净重不足，且由于顶隙内残留空气较多，将促进铁皮的腐蚀或形成氧化圈，引起表层食品变色变质。一般罐内食品表面与容器翻边应相距 4 ～ 8mm。

（2）装罐方法　装罐有人工和机械两种方法。一般肉禽、水产、水果、蔬菜等块状或固体产品等，多采用人工装罐；而颗粒状、流体、半流体、糜状产品等多采用机械装罐。

装罐之后，除了流体食品、糊状食品、胶状食品、干装食品外，都要加注合适的液体，称为注液。注液能增进食品风味，提高食品初温，促进对流传热，改善加热杀菌效果。注液可排除罐内部分空气，减小杀菌时罐内压力，减轻罐头食品在贮藏过程中的变化。

（3）预封　预封是在食品装罐后用封罐机初步将盖钩卷入到罐身翻边下，进行相互钩连的操作。钩连的松紧程度以能允许罐盖沿罐身自由地旋转而不脱开为准，以便在排气时，罐内空气、水蒸气及其他气体能自由地从罐内逸出。预封机有手扳式或自动式。预封的目的是为了预防因固体食品膨胀而出现汁液外溢，避免排气箱冷凝水落入罐内而污染食品，防止罐内温度降低和外界冷空气窜入，以保持罐头在较高温度下进行封罐，从而提高罐头的真空度。

三、罐头排气

1. 排气目的

排气是在装罐或预封后将罐内顶隙间的、装罐时带入的和原料组织细胞内的空气排出罐外的技术措施。

排气的目的有：①阻止或减轻因加热杀菌时空气膨胀而使容器变形或破损，尤其是二重卷边受到过大的压力影响其密封性；②阻止需氧菌和霉菌的生长发育；③控制或减轻罐藏食品在贮藏中出现的罐内壁腐蚀；④避免或减轻食品色、香、味的变化；⑤避免维生素和其他营养素遭受破坏；⑥有助于避免将假胀罐误认为腐败变质性胀罐。

2. 排气效果

（1）排气与微生物生长发育的关系　罐头中存在的微生物大多数是需氧菌，需要有相当量的游离氧才能生长，如灰绿青霉菌，最高需氧量为 3.22 ～ 3.68mg/L，最少需氧量为 0.06 ～ 0.66mg/L。因而排气是

有效防止它们生长繁殖，控制食品腐败变质的重要措施。

（2）排气与加热杀菌时罐头变形破损的关系　罐头食品在加热杀菌时，罐内空气、水蒸气和内容物均将受热膨胀，以致罐内压力显著增加。如果罐内外压差过大，密封的二重卷边结构就会变得松弛，甚至会漏气、爆裂而成为废品。罐内外压力差与顶隙、食品种类、封罐时内容物的温度、是否排气及杀菌锅压力等因素有关。

一般在其他条件不变时，顶隙越大，罐内外压差就越小；顶隙减小，则压差就增大。两者之间关系如图4-3所示。某些食品如青刀豆、马铃薯、带骨禽类等在加热过程中会不断产生气体，使罐内压力不断上升，难以稳定下来，易造成罐内外压差过大而产生罐头凸角等异常现象。

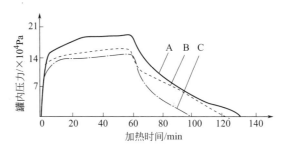

图4-3　罐内压力随顶隙变化关系（李雅飞，1993）

A—顶隙2mm；B—顶隙4mm；C—顶隙6mm

排气良好的罐头杀菌时一般不会产生罐内外压差过大的情况。但在杀菌结束，蒸汽供应停止并开始冷却时，由于杀菌锅的压力急剧降低，会导致罐内外压差迅速增大，造成罐头凸角、凸盖及变形等现象。为此，必须采用反压冷却。排气良好的罐头还有利于选用较高的杀菌温度，缩短杀菌时间，提高设备利用率和产品质量。不过大型罐头排气后，罐内真空度也不宜过高，以免因罐外压力过高而发生瘪罐。

（3）排气与罐头内壁腐蚀的关系　如果罐内有氧气存在，则阳极反应强烈，并促进阴极反应，导致罐壁腐蚀。为此，要求真空封罐时密封温度不低于70℃，真空度不低于 0.5×10^5 Pa。

（4）排气与罐头食品色香味变化的关系　食品长期暴露在空气中，易发生氧化反应而导致色香味的变化。多脂食品由于脂肪氧化酸败使食品表面发黄和产生哈喇味。苹果、梨、桃及蘑菇等果蔬切片与空气接触就会发生褐变。果酱、果冻、果汁等色泽和香味也会因氧化而改变。一般真空排气可以将食品组织、水及液汁等处残留氧排出，减轻罐头食品色香味的变化。

（5）排气与罐头外观的关系　排气良好的罐头因内压低于外压，底盖呈内凹状。食品腐败变质时，除平盖酸败外常产生气体，使罐内压力上升，真空度下降，严重时底盖外凸形成胀罐。因此，人们常通过外观检查来初步判断罐头是否变质。但是，如果排气不充分，就难以从外观上识别罐头食品质量的好坏。

3. 罐内真空度的测定

罐头排气后罐内残留气体压力和罐外大气压力之差即罐内真空度（Pa），其大小主要取决于罐内残留的气体压力，可用真空表直接测定。罐内残留气体愈多，其压力愈大，则真空度就愈低。

4. 排气方法

常见的罐头排气方法有三种：加热排气法、真空封罐排气法及蒸汽喷射排气法。

（1）加热排气法　将预封后的罐头通过蒸汽或热水加热，或将加热后的食品趁热装罐，利用空气、水蒸气和食品受热膨胀的原理，将罐内空气排除掉。有两种形式：热装罐法和排气箱加热排气法。

① 热装罐法：即将食品预先加热到一定温度后，立即趁热装罐并密封的方法。该法只适用于流体或半流体食品，以及食品组织不因加热时搅拌而被破坏的食品，如番茄汁、番茄酱、草莓酱等。热装罐法要求装罐时食品温度不得低于 70 ～ 75℃，否则会降低封罐后罐内的真空度。采用此法时，由于食品装罐时的温度非常适合嗜热性细菌的生长繁殖，如不及时杀菌，食品可能在杀菌前就开始腐败变质。

② 排气箱加热排气法：即食品装罐后，将罐头送入排气箱内，在预定的排气温度下，经过一定时间的加热，罐头中心温度达到 70 ～ 90℃，食品内部的空气充分外逸。排气箱加热排气法能较好地排除食品组织内部的空气，获得较高的真空度，还能起某种程度的脱臭和杀菌作用。

罐头排气温度和时间根据罐头食品的种类和罐型而定，一般为 90 ～ 100℃，6 ～ 15min。大型罐头或填充紧密、传热效果差的罐头，排气时间可延长到 20 ～ 25min。从排气效果看，低温长时间的加热排气效果好于高温短时间的加热排气，但过长时间的加热排气会导致食品色香味和营养成分的损失。加热排气法热量利率较低，卫生状况较差。因此，应综合考虑排气效果和食品质量等方面的因素，确定罐头食品合理的排气温度和时间。常用的排气装置有齿盘式和链带式两种。

（2）真空封罐排气法　真空泵先将密封室内的空气抽出，当罐头进入封罐机与密封室相连、封罐前处于真空度条件下，瞬间将罐内顶隙空气抽出，随即封罐。封罐机真空度可根据各类罐头的工艺要求、罐内食品的温度等进行调整。此法可使罐内真空度达到（3.33 ～ 4.0）×10⁴Pa，甚至更高些。

真空封罐排气法可在短时间内使罐头达到较高的真空度，生产效率高，适用于不宜加热的食品，真空封罐机体积小、占地少。缺点是不能很好地将食品组织内部和罐头中下部空隙处的空气排除，封罐时易产生暴溢现象，造成净重不足，有时还会造成瘪罐现象。

真空封罐排气法已广泛应用于肉类、鱼类、部分果蔬类罐头等的生产。凡汤汁少而空气含量多的罐头，采用此法的效果很好。真空封罐排气法主要依靠真空封罐机来完成。

（3）蒸汽喷射排气法　利用有蒸汽喷嘴的专用封罐机向罐头顶隙喷射过热蒸汽（如图 4-4），赶走顶隙内的空气后立即封罐，依靠顶隙内蒸汽的冷凝来获得一定的真空度。要求喷射的蒸汽有一定的温度和压力，以防止外界空气侵入罐内。喷蒸汽过程应一直持续到卷封完毕。

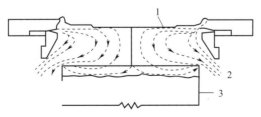

图 4-4　喷蒸汽封罐示意图

1—罐盖；2—蒸汽；3—罐体

蒸汽喷射排气法要求罐内必须有适当顶隙，经验证明，获得合理真空度的最小顶隙为 8mm 左右。顶隙小时，密封冷却后几乎得不到真空度；顶隙较大时，则可以得到较好的真空度。因此，可在封罐之前，用机械带动的柱塞将罐头内容物压实到预定的高度，并让多余的汤汁从柱塞四周溢出罐外，从而保证获得适当的罐内顶隙。

装罐前，食品加热温度对蒸汽喷射排气封罐后的罐内真空度也有一定影响。从美国 NO.2 罐（532mL）装番茄酱的顶隙度为 9.53mm 时，封罐温度对真空度的影响（如图 4-5 所示）来看，要获得较高的真空度，可预先将罐头加热至较高温度再喷蒸汽封罐。

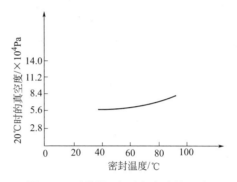

图 4-5　封罐温度对真空度的影响

蒸汽喷射时间较短，除表层食品外，罐内食品并未受到加热。即使是表层食品，受到的加热程度也极轻微。这种方法难以将食品内部的空气及罐内食品间隙中的空气排除掉，因此，适用于大多数加糖水或盐水的罐头食品和大多数固态食品等，而不适用于干装食品。要获得良好的真空度，空气含量较多的食品不宜采用蒸汽喷射排气法。如要采用此法，应将罐藏食品抽真空处理将内部空气排除掉，或装罐后喷温水加热，再喷蒸汽排气密封。

 概念检查 4.1

○　罐头食品排气的方法有哪些？

四、罐头密封

罐头食品能够长期保藏的两个主要因素：一是充分杀灭罐内的致病菌和腐败菌；二是使罐内食品与外界完全隔绝，不再受到外界空气和微生物的污染而腐败变质。封罐是罐头生产工艺中非常重要的工序。封罐方法因罐藏容器不同而异。

1. 金属罐密封

金属罐的密封是采用封罐机将罐身的翻边和罐盖的圆边进行卷封，使罐身和罐盖相互紧密卷合，压紧而形成重叠的二重卷边的过程。手扳封罐机、半自动封罐机、自动封罐机、真空封罐机和蒸汽喷射封罐机，基本结构均有压头、托底板、头道滚轮和二道滚轮 4 个部件。封罐过程中所产生的质量问题如表 4-1 所示。

表 4-1　常见卷边质量问题

卷边缺陷	引起的原因	特征
卷边过长	头道辊轮滚压不足	盖的钩边短，整个卷边伸长
卷边过短	头道辊轮滚压过度，二道辊轮滚压不足	卷边内侧边缘上产生快口，或急弯卷边松弛，钩边带有皱纹
卷边松弛	二道辊轮滚压不足	卷边太厚而长度不足，钩边成弓形状态叠接不紧密，有起皱现象
卷边不均匀	辊轮磨损，辊轮与压头的侧面或其他机件相碰，头道及二道辊轮滚压过度	卷边松紧不一
罐身钩边过短	托底板压力太小；辊轮和压头间距过大	罐头较高，罐身钩边缩短，卷边顶部滚成圆形
垂边过度	身缝叠接处堆锡过多，辊轮靠得太紧，托底压力太大	垂边附近盖钩过短，垂边的下缘常常被辊轮切割或划痕
盖钩边过短	头道辊轮滚压不足	卷边较正常者长，罐身钩边正常，可能形成边唇
盖钩边过长	头道辊轮滚压过度	卷边顶部内侧边缘上产生快口
钩边起皱，埋头度过深	二道辊轮滚压不足，托底板压力太小，辊轮与压头间距太大，压头凸缘太厚，罐头没有放在压头中心	卷边松弛，钩边卷曲，埋头度过深，常因此产生盖钩边过短情况
翻边损坏	在运输及搬运时造成的损伤	翻边破坏，无法与盖钩紧密结合
打滑	托底板压力太小，压头磨损；托底板表面被蚀；托底板或压头有油污；头道及二道辊轮滚压过度	部分卷边过厚，且较松
快口	托底板压力太大；头道辊轮滚压过度，压头与辊轮间距过大；压头磨损	身缝附近快口特别明显
边唇	头道辊轮滚压不足，二道辊轮滚压过度；托底板压力较弱；罐身翻边过宽	边唇常出现在身缝附近，边唇附近钩边叠接不足
跳封	二道辊轮缓冲弹簧疲劳受损，压头有问题	

2. 玻璃罐密封

玻璃罐的罐口边缘与罐盖的形式有多种，因而其封口方法也有多种。如卷封式、螺旋式、压入式和垫塑螺纹式等。其密封方法如前所述。

3. 蒸煮袋密封

蒸煮袋一般采用真空包装机进行热熔密封。依靠内层的聚丙烯材料在加热时熔合成一体而达到密封的目的。封口效果取决于蒸煮袋的材料性能，热熔合时的温度、时间及压力，封边处是否有附着物等因素。杯盘状软罐头同样采用热封法。

五、罐头杀菌和冷却

罐头食品的杀菌是采用热处理或其他物理处理如辐射、加压、微波、阻抗等方法杀死食品中所污染

的致病菌、产毒菌及腐败菌，并破坏食品中的酶活性，使食品常温保藏时不腐败变质。热杀菌是最常见、应用最广的杀菌方法。

1. 罐头食品热传导

（1）热传导方式　罐头食品的杀菌过程实际上是罐头食品不断从外界吸收热量的过程，因此，杀菌效果与罐头食品的热传导过程有很大关系。罐头食品在杀菌过程中的热传导方式主要有传导、对流、传导与对流混合传热等。

① 传导传热。由于物体各部分受热温度不同，分子所产生的振动能量也不同，依靠分子间的相互碰撞，导致热量从高能量分子向邻近的低能量分子依次传递的热传导方式称为传导传热（导热）。导热可分为稳态导热和不稳态导热。前者是指物体内温度的分布和热传导速度不随时间而变，后者指温度的分布和热传导速度皆为时间的函数。

在加热和冷却过程中，罐内壁和罐头几何中心之间将出现温度梯度。在加热杀菌时，热量将由加热介质向罐内几何中心顺序传递；而冷却时，热量由罐头几何中心向罐壁传递。因此罐内各点的受热程度不一样。导热最慢的点通常在罐头的几何中心处，称为冷点，如图4-6（a）所示。加热时冷点为罐内温度最低点，冷却时则为温度最高点。

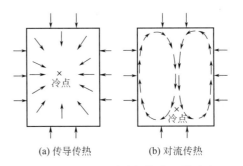

(a) 传导传热　　　(b) 对流传热

图4-6　传导和对流加热食品的冷点

由于固态或黏稠食品的导热性较差，以传导传热方式对罐头食品加热杀菌时，冷点上温度的变化都比较缓慢，因此，热力杀菌需时较长。

② 对流传热。对流传热是借助于流体流动来传递热量的方式，即流体各部分的质点发生相对位移而产生的热交换。对流分自然对流与强制对流，罐头内的对流通常为自然对流。

罐内液态食品在加热介质与食品间温差的影响下，部分食品受热迅速膨胀，密度下降，比未受热或温度较低的食品轻，重者下降而轻者上升，形成了液体循环流动，并不断进行热交换。如此使罐内各处的温差较小，传热速度较快，所需加热时间较短，如果汁、汤类等低黏度液体状食品。其冷点在中心轴上离罐底20～40mm的部位上，如图4-6（b）所示。

③ 传导与对流混合传热。许多情形下，罐头食品的热传导往往是对流和导热同时存在，或先后进行。一般糖水或盐水的小块或颗粒状果蔬食品属于导热和对流同时存在的情况，而含淀粉较多的糊状玉米、盐水玉米等食品属于先

对流传热，淀粉受热糊化后，即由对流转变为导热。苹果沙司等固体颗粒较多的食品则属于先导热后对流。混合型传热的热质交换情况复杂。

如果将上述热传导过程表示在以加热时间为横坐标、加热温度为纵坐标的半对数坐标图中，则可得到一条曲线，即加热曲线。单纯导热和单纯对流传热的加热曲线为一条直线。如图 4-7 所示，称为简单加热曲线。从该曲线的斜率就可判断加热速度的快慢，直线斜率以 f_h 表示，其物理意义就是杀菌温度与罐头中心温度之差减少到 1/10 时所需要的加热时间（min）。

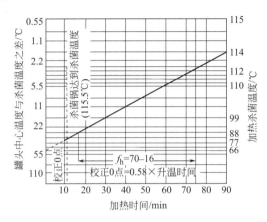

图 4-7　简单加热曲线

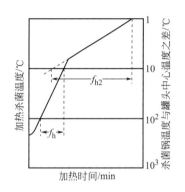

图 4-8　转折加热曲线

混合型传热的加热曲线由两条斜率不同的直线组成，如图 4-8 所示，中间有一个"转折点"，称为转折加热曲线。

 概念检查 4.2

● 罐头食品的加热曲线什么时候会出现一个"转折点"？

（2）影响罐头传热的因素

① 食品的物理特性。包括形状、大小、浓度、密度及黏度等。一般浓度、密度及黏度越小的食品，其流动性越好，加热时以对流传热为主，加热速度快。而随着浓度、密度及黏度的增大，其流动性变差，传热方式逐渐由对流为主变成以导热为主。固体食品基本上以导热为主，传热速度较慢。另外，小颗粒、条、块形食品，在加热杀菌时，罐内液体容易流动，以对流传热为主，传热速度比大的条、块状食品快。

② 容器材料的物理性质、厚度和几何尺寸。材料的物理性质及罐壁厚度对传热有影响。罐头加热杀菌时，热量由外向罐内传递时，首先要克服罐壁的热阻 R。而 R 与壁厚 δ 成正比，与材料的热导率 λ 成反比，即 $R=\delta/\lambda$。一般马口铁罐的罐壁热阻为 $(5.1 \sim 7.7) \times 10^{-6} m^2 \cdot K/W$，而玻璃罐罐壁的热阻为 $(3.4 \sim 10) \times 10^{-3} m^2 \cdot K/W$。因此，玻璃罐壁的热阻比马口铁罐壁的热阻大得多，而铝罐的热阻则比铁罐小。

导热型传热食品加热杀菌时，热量传递还要受到罐内食品热阻的影响。

罐头容器的几何尺寸和容积对传热有影响。根据扎丹的推导结果，圆形罐头加热时间可用下式计算。

$$\tau = \frac{(8.3HD + D^2)\left(19 - \dfrac{1}{\lg\delta - 0.01}\right)}{974.2\lambda} \tag{4-1}$$

$$\delta = \frac{T_m - T_i}{T_s - T_i}$$

式中　T_m——罐头中心最高温度，K；

　　　　T_i——罐头食品的初温，K；

　　　　T_s——杀菌锅内介质的杀菌温度，K；

　　　　H——罐头高度，cm；

　　　　D——罐外径，cm；

　　　　λ——食品的热导率，W/（m·K）。

假设以 A 表示 $\dfrac{19 - \dfrac{1}{\lg\delta - 0.01}}{974.2\lambda}$，则式（4-1）可变成：

$$\tau = A(8.3HD + D^2) \tag{4-2}$$

假如罐头内容物相同，杀菌条件一样，也即 A 值相同时，则两种不同罐形的罐头所需加热时间与罐头尺寸之间的关系如下：

$$\frac{\tau_1}{\tau_2} = \frac{8.3H_1D_1 + D_1^2}{8.3H_2D_2 + D_2^2} \tag{4-3}$$

从式（4-2）和式（4-3）可以清楚地看出，当其他条件相同时，加热时间与罐头容器的高度和直径成正比，也即与罐头容积成正比，这也可以从图4-9中看出。

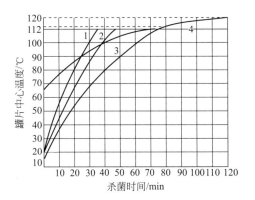

图4-9　不同容积的鱼类罐头杀菌时的加热曲线

1—容积为141.6mL；2—容积为250.0mL；3—容积为477.7mL；4—容积为3033mL

罐头容器的 H/D 大小对传热也有影响。从单位时间加热的容积即相对加热速度公式 $v/\tau = \dfrac{v}{A(8.3HD + D^2)}$ 出发，如果令 $A=1$，罐径不变，而罐高增加 n 倍，则相对加热速度变为：

$$\frac{v_1}{\tau_1} = \frac{nv}{8.3nHD + D^2} = \frac{v}{8.3HD + \dfrac{D^2}{n}} \tag{4-4}$$

如果罐高不变，而罐径增加 n 倍，则相对加热速度为：

$$\frac{v_2}{\tau_2} = \frac{n^2v}{8.3nHD + (nD^2)} = \frac{v}{\dfrac{8.3HD}{n} + D^2} \tag{4-5}$$

可见，增加罐头容积后，相对加热速度也增大。至于 v_1/τ_1 和 v_2/τ_2 哪个大，取决于 HD 和 D^2 的大小，而它们又与 H/D 大小有关。一般 HD 对 v/τ 的大小起主要作用。H/D 越小时，HD 项对 v/τ 的影响也越小，也就是 v/τ 越大。因此，为了加快传热，应增大罐径，而非增加罐高。H/D 值为 0.25，τ 为最小值。如果 H/D 小于或大于 0.25 时，τ 都将增大。但是，实际的罐形不可能都是 H/D=0.25。

③ 初温。初温是指杀菌刚刚开始时，罐内食品冷点的平均温度。一般初温与杀菌温度之差越小，罐头中心加热到杀菌温度所需要的时间越短。初温对导热型食品的加热时间影响很大，对对流传热型食品的加热时间影响较小。

④ 杀菌锅的型式和罐头在杀菌锅中的位置。常用的杀菌锅有静置式、回转式或旋转式等类型。一般回转式杀菌锅的传热效果要好于静置式，回转式杀菌对于加快导热 - 对流结合型传热的食品及流动性差的食品传热尤其有效。注意，回转式杀菌锅的转速应适当，太快或太慢均起不到搅动作用，而像午餐肉一类内容物不能运动的罐头，回转就失去意义。

由于杀菌锅中各处的温度不同、空气分布不同等影响，在静置式杀菌锅中，罐头所处位置对于食品的传热效果有影响。除此之外，杀菌锅内传热介质的种类、传热介质在锅内的循环速度、热量分布情况等，对传热效果也有不同程度的影响。

 概念检查 4.3

○ 影响罐头传热的因素有哪些？

2. 罐头杀菌时间及 F 值的计算

（1）安全 F 值的估算由公式（2-3）变换后得：

$$\tau=D(\lg a-\lg b) \tag{4-6}$$

假设杀菌温度为 121℃，则杀菌时间 τ 与 F 值相等，于是安全 F 值可用下式求得：

$$F_0=\tau=D(\lg a-\lg b) \tag{4-7}$$

例：某罐头厂在生产蘑菇罐头时，选择嗜热脂肪芽孢杆菌为对象菌。经检验每 1g 罐头食品在杀菌前含对象菌数不超过 2 个。经过 121℃杀菌和保温贮藏后，允许腐败率为万分之五以下，试估算 425g 蘑菇罐头在标准温度下的 F_0 值。

解：已知嗜热脂肪芽孢杆菌 $D_{121℃}$=4.00min

$a = 425g/$ 罐 $\times 2$ 个 $/g$=850 个 / 罐

$b = \dfrac{5}{10000} = 5\times 10^{-4}$ 个 / 罐

则 $F_0=D(\lg a-\lg b)=4\times(\lg 850-\lg 5\times 10^{-4})$

=24.92min

即 425g 蘑菇罐头在标准温度下的安全 F 值为 24.92min。

（2）实际杀菌条件下 F 值的计算　假如 t_m、t_0 分别为杀菌温度、标准温度，而 τ_m 和 F 分别为相应的致死时间，则由图 2-6 不难得出下式：

$$\frac{\lg\tau_m - \lg F}{\lg 10^2 - \lg 10} = \frac{t_0 - t_m}{Z} \tag{4-8}$$

上式经简化，整理后可得到：

$$F = \tau_m \times 10^{\frac{t_0 - t_m}{Z}} \tag{4-9}$$

设 $10^{-\frac{t_0 - t_m}{Z}} = L_m$，那么：

$$F = \tau_m L_m \tag{4-10}$$

L_m 是指任意杀菌温度下微生物的致死率，表示任意温度下杀菌效率的换算系数，即罐头在某个杀菌温度 t_m 下的杀菌效率值，相当于在标准温度 121℃ 下的杀菌效率值的几分之几或几倍。

比如某种芽孢的 Z 值为 10℃，那么在 t_m=121℃时，$L_m = 10^{-\frac{121-121}{10}} = 1$；而当 t_m 小于 121℃时，$L_m<1$；t_m 大于 121℃时，$L_m>1$。

对于低酸性食品，杀菌对象菌为肉毒梭菌，Z=10℃，因此，可将 $10^{-\frac{t_0-t_m}{Z}} = L_m$ 写成：

$$L_m = 10^{-\frac{121-t_m}{10}} \tag{4-11}$$

或

$$\lg L_m = \frac{t_m - 121}{10} \tag{4-12}$$

根据公式（4-12）即可算出每一个温度下的 L_m 值。

如果考察一个充分短的加热时间内的杀菌状况，就可以认为罐头中心温度是恒定值。因此，一个无限小的加热时间内，杀菌效率值：

$$\mathrm{d}F = L_m \mathrm{d}\tau \tag{4-13}$$

将罐头中心温度下所有 $\mathrm{d}F$ 值相加，即可得出杀菌过程的总杀菌效率 F 值：

$$\begin{aligned}
F &= \int_0^\tau \mathrm{d}F = \int_0^\tau L_m \mathrm{d}\tau \\
&= \Delta\tau(L_{m1} + L_{m1} + L_{m2} + \cdots + L_{mn}) \\
&= \Delta\tau \sum L_{mn} \quad (n=1,\ 2,\ \cdots)
\end{aligned} \tag{4-14}$$

（3）加热杀菌时间的一般计算法　1920 年 Bigelow 根据细菌致死率和罐头食品传热曲线推算出杀菌时间的方法，也称为基本推算法。

基本推算法的关键是找出罐头食品传热曲线与各温度下细菌热力致死时间的关系。为此 Bigelow 提出部分杀菌效率值，以 A 表示。假如某细菌在温度 t 下致死时间为 τ_1，而在该温度下加热时间为 τ，则 τ/τ_1 就是部分杀菌效率值。比如肉毒杆菌在 100℃ 下致死时间为 300min，加热时间为 10min，那么在该加热时间内的杀菌效率值为 $A=\tau/\tau_1=10/300=0.033$。这表明在 100℃ 下加热杀菌 10min，仅能杀灭罐内全部细菌 3.3%。

因此，基于以上分析，总的杀菌效率值就是各个很小温度区间内的部分杀菌效率值之和，即：

$$A = A_1 + A_2 + \cdots + A_n$$

或 $\quad A = \int_0^\tau \dfrac{1}{\tau_e}\, d\tau$ （4-15）

由上式即可推算出合理的杀菌时间。当 $A=1$ 时，杀菌时间最合适。

Bigelow 从上述基本理论出发，把微生物致死时间和罐头食品的加热过程绘成加热曲线和致死时间曲线，如图 4-10 所示。图 4-10（a）曲线上的每一点代表罐头中心温度，然后以此为基础来推算杀菌时间。如果以加热时间为横坐标、以致死率为纵坐标，则可得到致死率曲线，如图 4-11 所示。用积分方法求出致死率曲线所包含的面积，即为杀菌效率值 A。当 $A=1$ 时，说明杀菌时间正好合适；当 $A<1$ 时，说明杀菌不充分；而当 $A>1$ 时，说明杀菌时间过长。

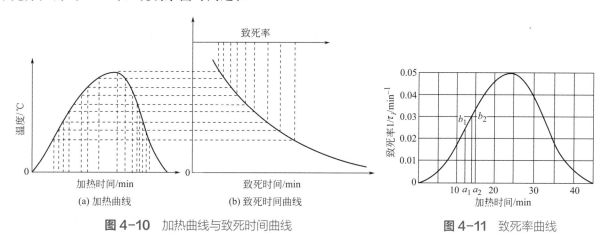

图 4-10 加热曲线与致死时间曲线 　　　　　 图 4-11 致死率曲线

计算加热致死率曲线下所包含的面积方法有两种，即图解法和近似计算法。前者相当繁琐，这里不赘述。近似计算法是根据加热间隔时间，把致死率曲线相应地分成若干小区间，每个小区间的面积就是该加热时间内的杀菌效率值。利用梯形求面积公式计算出各个小面积 A_i 值，其总和就是杀菌效率值 A。

$$A_{i,\,n} = \dfrac{L_{i,n} + L_{i,n+1}}{2}\,\Delta\tau_{i,n}$$ （4-16）

$$A = \sum A_{i,n}$$ （4-17）

例： 全粒甜玉米罐头的加热时间和中心温度如表 4-2 所示，求其合理的加热杀菌时间。

根据公式（4-16）和式（4-17）分别计算出 $A_{i,n}$ 和 A 值，如表 4-2 所示。因为 $A=1$ 时的杀菌时间最合理，从表 4-2 中数据看，当加热时间为 32min 时，$A=0.94$，所以，$A=1$ 时的杀菌时间应为 33min 左右。

表 4-2 全粒甜玉米罐头的加热时间与罐头中心温度

加热时间 /min	罐头中心温度 /°C	加热致死时间 /min	致死率 /min⁻¹	$A_{i,n}$	A
0	27.8	670	0.00149	0.00149	0.00149
2	102.8	129	0.0078	0.00929	0.01078
4	110.0	88	0.0114	0.0192	0.0300
6	111.7	88	0.0114	0.0228	0.0528
8	111.7	165	0.0061	0.0263	0.0791
10	108.9	100	0.0100	0.0241	0.1032
14	111.1	53	0.0189	0.0433	0.1465
17	113.9	36	0.0278	0.0701	0.2166

续表

加热时间 /min	罐头中心温度 /℃	加热致死时间 /min	致死率 /min^{-1}	$A_{i,n}$	A
20	115.6	28.9	0.0357	0.1260	0.3426
24	116.7	16.7	0.0526	0.2207	0.5633
29	118.3	14.8	0.0599	0.1838	0.7471
32	118.9	13	0.0676	0.1912	0.9383
35	119.5	12.4	0.0769	0.3613	1.2996
40	120	12.4	0.0806	0.4188	1.7184
45	120.3	14.8	0.0806	0.1612	1.8796
47	120.3	129	0.0676	0.0369	1.9165

（4）罐头杀菌时间和 F 值的公式计算法　Bigelow 杀菌时间的推算法，对象菌致死量须根据一定罐形、杀菌温度及内容物初温等条件下得到的传热曲线才能推算，因此，不能用于比较不同杀菌条件下的加热效果。比如，121℃下杀菌 70min 和 115℃下杀菌 85min，哪一种情形的杀菌效果更好？无法进行直接比较。

为了弥补上述缺陷，Ball 提出了杀菌值或致死值的概念，即将各温度下的致死率转换成标准温度下（121℃）的加热时间，也即 F 值。F 值可用公式（2-6）计算，即：

$$\lg \frac{\tau}{F} = \frac{121-t}{Z}$$

如果热力致死时间曲线通过 121℃时 F 值为 1min，则上式就变换成：

$$\lg\tau = \frac{121-t}{Z} \text{ 或 } \tau = \lg^{-1}\frac{121-t}{Z} \tag{4-18}$$

由于致死时间的倒数为致死率，根据上述通过 $F=1$min 这一点的特定 TDT 曲线，就可以得到致死率 L 的计算式：

$$L = \frac{F}{\tau} = \frac{1}{\tau} = \lg^{-1}\frac{\tau-121}{Z} \tag{4-19}$$

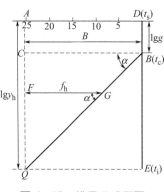

图 4-12　推导公式用图

根据公式（4-19）就可计算出在 $F=1.0$min 条件下其他各温度时相应的 L 值。

Ball 还根据罐头传热曲线，推导出加热杀菌时间的基本计算公式。

将半对数坐标图中的传热曲线单独引出用于公式的推导，如图 4-12 所示。设 D 点为杀菌温度 t_s，B 点为罐头中心温度 t_c，Q 点为杀菌开始时的罐头初温 t_i。从图 4-12 中不难得出：

$$BD = \lg g = t_s - t_c$$

$$AQ = \lg v_h = AC + CQ \tag{4-20}$$

因为 $CQ = BC\tan\alpha$，$AC = \lg g$，代入上式得：

$$\lg y_h = \lg g + BC \tan\alpha$$

$$= \lg g + \tau_t \tan\alpha \qquad (4\text{-}21)$$

其中，τ_t 为将罐头从初温 t_i 加热到罐头中心温度 t_c 所需时间，该中心温度比杀菌温度 t_s 低 g℃。

现取 F 点，使 F 点至 Q 点之间为一个对数循环，并假设 F 点为 $\lg 10$，Q 点为 $\lg 10^2$。从 F 点做平行于横轴的直线 FG，如以 f_h 表示传热曲线的斜率，I 表示杀菌温度与罐头食品初温之差，则 $FG = f_h$，于是：

$$\tan\alpha = \frac{FQ}{f_h} = \frac{\lg 10^2 - \lg 10}{f_h} = \frac{1}{f_h}$$

将上式代入公式（4-21），得：

$$\lg y_h = \tau_t/f_h + \lg g \qquad (4\text{-}22)$$

或 $\tau_t/f_h = \lg \dfrac{y_h}{g}$

又因为 $y_h = t_s - t_i = I$

故 $\tau_t/f_h = \lg \dfrac{I}{g}$ 或 $\qquad\qquad \tau_t = f_h (\lg I - \lg g) \qquad (4\text{-}23)$

由于升温时间的 42% 具有杀菌效力，为此将罐头升温时间 58% 时的罐头温度，称为罐头食品假拟初温，以 t_i' 表示，它与实际初温 t_i 并不相同。这样，y_h 就等于 $t_s - t_i'$，令：

$$j = \frac{t_s - t_i'}{t_s - t_i} = \frac{t_s - t_i'}{I} \qquad (4\text{-}24)$$

或者 $jI = t_s - t_i' = y_h$，将上式代入公式（4-22），则得：

$$\lg jI = \tau_t/f_h + \lg g$$

变换后可得：

$$\frac{\tau_t}{f_h} = \lg \frac{jI}{g} \qquad (4\text{-}25)$$

式中　τ_t——杀菌温度下的加热时间，min；

　　　　f_h——半对数传热曲线横过一个对数循环所需要的加热时间，min；

　　　　g——杀菌锅杀菌温度与加热结束时罐内冷点上能达到的最高温度差，℃；

　　　　I——杀菌锅杀菌温度和杀菌开始前罐头食品初温的差值，℃；

　　　　j——加热滞后因素，$jI = t_s - t_i'$；

　　　　t_i'——罐头食品假拟初温，即由升温时间 $\times 0.58$ 所得值引出的垂直线与传热曲线相交点所对应的温度，℃。

公式（4-25）就是加热杀菌时间的基本计算公式。

3. 杀菌工艺条件和杀菌方法

（1）杀菌规程　罐头杀菌的工艺条件是指杀菌全过程，包括杀菌温度、时间及反压等，也称杀菌规程或杀菌式。一般表示如下：

$$\frac{\tau_h - \tau_p - \tau_c}{t_s} p \qquad (4\text{-}26)$$

式中　τ_h——杀菌锅内的介质由初温升高到规定的杀菌温度所需时间，也叫升
　　　　　　温时间，min；

　　　　τ_p——指在杀菌温度下保持的时间，也称恒温时间或杀菌时间，min；

　　　　τ_c——杀菌锅内介质由杀菌温度降低到出罐温度所需时间，称为冷却时
　　　　　　间或降温时间，min；

　　　　t_s——规定的杀菌温度，℃；

　　　　p——加热或冷却时杀菌锅所用反压，kPa。

杀菌操作的前提是确定合理的杀菌规程。合理的杀菌规程，首先必须保证食品的安全性，其次要考虑到食品的营养价值和商品价值。

杀菌温度与杀菌时间之间存在互相依赖的关系。杀菌温度低时，杀菌时间应适当延长；而杀菌温度高时，杀菌时间可相应缩短。因此，存在低温长时间和高温短时间（超高温瞬时）两种杀菌工艺。这两种杀菌工艺孰优孰劣，依具体情况而定。一般高温短时热力杀菌有利于保存或改善食品品质，但可能难以达到钝化酶的要求，不宜用于导热型食品的杀菌。

（2）罐头杀菌和冷却方法　罐头的杀菌方法通常有两大类，即常压杀菌和高压杀菌，前者杀菌温度低于100℃，而后者杀菌温度高于100℃。高压杀菌根据所用介质不同又可分为高压水杀菌和高压蒸汽杀菌。近年来，出现了超高压杀菌、微波杀菌等杀菌新技术。

① 常压杀菌。适合于大多数水果和部分蔬菜罐头等酸性食品，杀菌设备为立式开口杀菌锅。先在杀菌锅内注入适量的水，通入蒸汽加热，达到杀菌要求的温度后，将罐头或罐头篮放入锅内。玻璃罐头需预热到50℃左右再放入杀菌锅内，避免因水温急剧变化导致玻璃罐破裂。当锅内水温再次升到杀菌温度时，开始计时，并保持水温稳定。杀菌结束后应立即将罐头取出，置于水池内迅速冷却。

常压杀菌可采用连续式杀菌设备。罐头由输送带送入杀菌器内，杀菌时间可通过调节输送带的速度来控制。杀菌结束后，由输送带送入冷却水区进行冷却。

② 高压蒸汽杀菌。大多数蔬菜、肉类及水产类等低酸性食品，必须采用100℃以上的高温杀菌。加热介质通常是高压蒸汽。将装有罐头的杀菌篮放入杀菌锅内，关闭杀菌锅的门或盖、进水阀和排水阀。打开排气阀和泄气阀，再打开进气阀使高压蒸汽迅速进入锅内，快速彻底地排除锅内的全部空气，并使锅内温度上升。在充分排气后，须将排水阀打开，以排除锅内的冷凝水。排除冷凝水后，关闭排水阀和排气阀。等锅内压力达到规定值时，检查温度计读数是否与压力读数相对应。如果温度偏低，则表示锅内还有空气存在。可打开排气阀继续排除锅内空气，然后关闭排气阀。等锅内蒸汽压力与温度相对应，并达到规定的杀菌温度时，开始计算杀菌时间。杀菌过程中可通过调节进气阀和泄气阀来保持锅内恒定的温度。达到预定杀菌时间后，关掉进气阀，并缓慢打开排气阀，排尽锅内蒸汽，使锅内压力回复到大气压。然后打开进水阀放进冷却水进行冷却，或者取出罐头浸入水池中冷却。

而反压冷却法操作过程如下：杀菌结束后，关闭所有的进气阀和泄气阀。一边迅速打开压缩空气阀，使杀菌锅内保持规定的反压，一边打开冷却水阀通入冷却水。由于锅内压力将随罐头的冷却而不断下降，因此，应不断补充压缩

空气以维持锅内反压。在冷却结束后，打开排气阀放掉压缩空气使锅内压力降低到大气压，罐头继续冷却至 38℃ 左右。

③ 高压水杀菌。此法适用于肉类、鱼贝类的大直径扁罐及玻璃罐。将装好罐头的杀菌篮放入杀菌锅内，关闭锅门或盖。关掉排水阀，打开进水阀，向杀菌锅内进水，并使水位高出最上层罐头 15cm 左右。然后关闭所有排气阀和溢水阀。放入压缩空气，使锅内压力升至比杀菌温度对应的饱和水蒸气压高出 54.6 ~ 81.9kPa 为止。然后放入蒸汽，将水温快速升至杀菌温度，并开始计算杀菌时间。杀菌结束后，关掉进气阀，打开压缩空气阀和进水阀。但冷水不能直接与玻璃罐接触，以防爆裂。可先将冷却水预热到 40 ~ 50℃ 后再放入杀菌锅内。当冷却水放满后，开启排水阀，保持进水量和出水量的平衡，使锅内水温逐渐下降。当水温降至 38℃ 左右时，关掉进水阀、压缩空气阀，打开锅门取出罐头。

4. 新技术在食品罐藏中的应用

（1）新含气调理加工　由日本小野食品机械公司针对目前普遍使用的真空包装、高温高压灭菌等常规加工方法存在的不足而开发的一种适合于加工各种方便菜肴食品、休闲食品或半成品的新技术。食品原料预处理后，装在高阻氧的透明软包装袋中，抽出空气后注入不活泼气体并密封，然后在多阶段升温、两阶段冷却的调理杀菌锅内进行温和式杀菌，用最少的热量达到杀菌目的，较好地保持了食品原有的色、香、味和营养成分，并可以常温下保存和流通长达 6 ~ 12 个月。

新含气调理杀菌锅由杀菌罐、热水贮罐、冷却水罐、热交换器、循环泵、电磁控制阀、连接管道及高性能智能操作平台等部分组成。与传统的高温高压杀菌相比，新含气调理杀菌的主要特点如下：

① 热水喷射方式多样，加热均匀。从设置于杀菌锅两侧的喷嘴向被杀菌物直接喷射扇状、带状、波浪状的热水，热扩散快，热传递均匀。如图 4-13 所示。

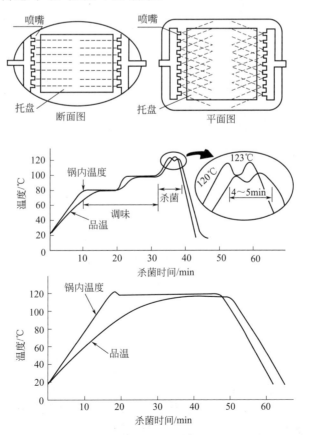

图 4-13　不同杀菌方法的温度－时间曲线（马长伟，2002）

② 多阶段升温、两阶段冷却方式。采用多阶段升温的方式，以缩短食品表面与中心之间的温度差。从图 4-13 可以看出，第三阶段的高温域较窄，从而改善了高温高压灭菌因一次性升温及高温高压时间过长而对食品造成的热损伤，以及出现蒸煮异味和煳味等弊端。杀菌结束后，冷却系统迅速启动，经 5 ～ 10min 两阶段冷却，被杀菌物的温度急速下降到 40℃ 以下，从而使被杀菌物尽快脱离高温状态。

③ 模拟温度压力调节系统。整个杀菌过程的温度、压力、时间全由电脑控制。模拟温度控制系统控温准确，升降温迅速。根据不同食品对灭菌条件的要求，随时设定升温和冷却程序，使每一种食品均可在最佳的状态下进行调理灭菌。压力调节装置自动调整压力，并对易变形的成型包装容器通过反压校正，防止容器的变形和破裂。

④ 配置 F 值软件和数据处理系统。F 值软件每隔 3s 进行一次 F 值计算。所有的杀菌数据，包括杀菌条件、F 值、时间 - 温度曲线、时间 - 压力曲线等均可通过数据处理软件处理后进行保存，以便于生产管理。

（2）欧姆加热　英国 APV 公司开发成功的欧姆杀菌是一种新型热杀菌的加热方法，将电流直接通入食品中，利用食品本身的介电性质产生热量达到杀菌的目的，特别适合带颗粒的流体食品。常规的杀菌方法要使带颗粒的流体食品内部达到杀菌温度，则周围液体必须过热，从而影响产品的品质。而欧姆加热杀菌则流体食品中的颗粒加热速度几乎与流体的加热速度相近，避免了过热对食品品质的破坏。

（3）高压处理杀菌（high pressure process，HPP）　将食品密封在容器内放入液体介质中或直接将液体食品泵入处理槽中，然后进行 100 ～ 1000MPa 的加压处理，从而达到杀灭微生物的目的。高压处理杀菌机理通常认为是在高压下蛋白质的立体结构崩溃而发生变性使微生物致死，在室温下杀死一般微生物的营养细胞只需 450MPa 以下的压力，而杀死耐压性芽孢则需要更高的压力或结合其他处理形式。每增加 100MPa 压力，料温升高 2 ～ 4℃，温度升高与压力增加成比例，也有认为对微生物的致死效果是压缩热和高压的联合作用。

高压处理杀菌有间歇式和连续式两种。间歇式高压处理杀菌（batch high pressure processing，BHPP），首先将食品装入包装容器，然后放入高压处理室中。连续式高压处理杀菌（continuous high pressure processing，CHPP）是将产品直接泵入压力容器中，由一隔离挡板将压力介质和流体食品分开，压力通过挡板由介质传递给产品，处理完后卸压，产品泵入无菌罐，为防止污染，压力介质采用无菌水。其优点是能实现高压处理系统与无菌包装系统整合一体化，进行连续化加工。

（4）脉冲电场技术（pulsed electric field，PEF）　将食品置于一个带有两个电极的处理室中，然后给予高压电脉冲，形成脉冲电场作用于处理室中的食品，从而将微生物杀灭，使食品得以长期贮藏。PEF 技术中的电场强度一般为 15 ～ 80kV/cm，杀菌时间非常短，不足 1s，通常是几十微秒便可以完成。

除了上述新杀菌技术外，微波处理、振荡脉冲磁场、脉冲强光等一些新杀菌技术也受到研究者不同程度的关注。

六、罐头检验、包装和贮藏

1. 罐头检验

罐头杀菌冷却后，须经物理感官检验、化学检验和微生物学检验等，以评判其各项指标是否符合相关标准，是否符合商品要求。具体检查方法可参照罐头食品检验的有关规定。

2. 罐头包装和贮藏

罐头经检查合格后，擦去表面污物，涂上防锈油，贴上商标，按规格装箱。罐头出厂或销售前应在专门仓库内贮藏，贮藏温度以 20℃ 左右为宜，相对湿度一般应低于 80%。

第三节　食品在罐藏中的品质变化

罐头食品的变质现象包含罐内食品变质及罐头容器（主要是金属容器）变质两个方面。罐内食品常见的变质有微生物引起的胀罐、平盖酸坏、硫臭腐败及发霉等，蛋白质热变性、变色及营养价值的破坏等，这些变质现象因罐头食品种类及加工方法等而异。罐头容器变质主要有罐壁腐蚀及变色等现象。

一、罐内食品变质

1. 变色

（1）褐变　红烧鱼、肉罐头等在加热杀菌及贮藏过程中发生美拉德反应而引起褐变，且因高温、加入糖类及酱油等，更易发生褐变。

（2）蟹肉青变　通常大龄蟹、鲜度差及放血不充分的蟹在加热杀菌时，可观察到其肩肉及棒肉的两端或者血淋巴凝固的部分出现青斑，蟹肉的颜色可能是淡蓝色到蓝黑色之间的各种颜色，这可能是血蓝蛋白的铜催化产生了蓝色色素，也可以认为是血清蛋白的蛋白质部分参与了变色等。

防止蟹肉青变的方法有：采用新鲜原料；充分洗涤放血；充分煮熟以破坏氧化酶的作用；煮熟后立即将蟹肉浸入稀有机酸溶液或铝盐、锌盐溶液中；采用分离凝固法，即利用蟹肉蛋白质的热凝固温度（55～60℃）和血蓝蛋白的热凝固温度（70℃）之差，先在 55℃ 下加热蟹肉，使其肌肉蛋白质轻度凝固，然后漂洗蟹肉以去掉未凝固的血蓝蛋白，再在 78～100℃ 下加热使蟹肌肉蛋白质完全凝固。

（3）金枪鱼类罐头的绿变　蒸煮以长鳍金枪鱼和其他金枪鱼类为原料的罐头时，常可发现鱼体的一部分或全部变成青绿色，同时还伴有甲壳类臭的特殊臭味，此现象即长鳍金枪鱼的绿变。其原因是由肌红蛋白、氧化三甲胺及半胱氨酸组成的反应体系加热后产生类似胆绿蛋白的绿色色素。同时，长鳍金枪鱼的绿变程度与鱼肉中氧化三甲胺的含量之间有相关性。当鱼肉中氧化三甲胺 -N 含量高于 13mg/100g 时，蒸煮后极易变成绿色。

（4）牡蛎罐头的黄变　水煮牡蛎罐头长时间在室温下贮藏时，由于内脏中的类胡萝卜素溶解于组织中的脂肪内，转移到肌肉中而引起牡蛎肉变成橙黄色。低温贮藏即可有效地抑制黄变。

（5）黑变　以虾、蟹、乌贼、蛤蜊、牡蛎、金枪鱼等为原料生产的罐头易在罐头内部或内容物中出现黑色。玉米、禽类等罐头也可发生黑变。引起黑变的原因是加热（或微生物）使蛋白质分解产生 H_2S，

H_2S 与罐内壁涂层露出的金属离子化合形成黑色硫化物。碱性条件将促进该反应的进行。为了防止黑变，可采用 C- 瓷漆罐，阻止 H_2S 与金属接触；或在内容物中加入醋酸、柠檬酸等适当的有机酸使之呈酸性。

2. 蛋白质的热变性

（1）肌原纤维蛋白质的热变性　肌原纤维蛋白质在加热时，肽链结合能量较低的氢键、疏水键等断开，呈现展开状态，表面电荷状态改变而导致蛋白质溶解度下降。同时，切下的侧链一部分在分子内再结合，一部分与其他分子的侧链结合而引起分子凝聚，使蛋白质的黏度、保水率、流动双折射值、沉降系数及浊度发生变化。此类变化即为蛋白质的热变性。

肌原蛋白质热变性与食品种类和加热温度密切相关。鱼类肌肉蛋白质更易发生热变性，在 35℃下加热时，鲤鱼肌动球蛋白 Ca-ATPase 变性速率常数为兔子的 26 倍。而鱼类肌肉蛋白质的热变性速率还存在明显的种类差异。通常鱼肌肉热稳定性由高到低为热带性鱼类>温带性鱼类>寒带性鱼类>深海性鱼类。

肌肉蛋白质的热变性速率与其是否经历过冻结和冻藏及 pH 大小等有关。Yumiko 等人指出，鲤鱼肌肉在加热前经过冻结和冻藏后，其肌原纤维蛋白质的热变性速率将加快，且冻藏时间越长，热变性速率越快，肌球蛋白分子的杆部比头部更难发生热变性。肌原纤维蛋白质在中性条件下的热变性速率比在酸性或碱性条件下慢得多。不同种类的动物蛋白质，其热变性受 pH 值的影响是不同的。比如鲣和金枪鱼等的肌原纤维蛋白质在酸性条件下的热变性速率很小，而狭鳕肌原纤维蛋白质即使在中性条件下的热变性速率也很快。另外 pH 值与肌肉蛋白质热变性的关系还受温度的影响，随加热温度升高，蛋白质酸性基逐渐减少，而碱性基数量逐渐增加。特别是酸性基在 40℃以上加热时，数量将迅速减少，在 70℃时减少了原有的三分之二。

有关肌原纤维蛋白质热变性的防止方法可参考防止蛋白质冷冻变性的方法。

（2）结缔组织蛋白质的热变性　胶原蛋白和弹性蛋白等结缔组织蛋白质热稳定性强，特别是弹性蛋白，即使是强烈加热之后仍可保持原有结构。胶原蛋白在较低温度下加热时十分稳定，但当温度超过某个值时，胶原蛋白急剧收缩呈乱丝状，此温度称为热收缩温度（T_s），是表示热稳定性好坏的重要指标。一般哺乳动物胶原蛋白热稳定性（热收缩温度在 60 ～ 65℃）优于鱼类胶原蛋白（热收缩温度为 30 ～ 60℃）。

当胶原蛋白发生收缩时，分子间桥键不断打开。但如果进一步升高加热温度，桥键开始断裂，部分肽键水解，收缩纤维吸水分散，成为水溶性明胶。胶原蛋白热稳定性与其特有的（甘 - 脯 - 羟脯）$_n$ 和（甘 - 脯 - 脯）$_n$ 等的重复排列有关，含有这些重复结构越多的胶原蛋白，其热收缩温度越高，越不易发生热变性。

结缔组织含量与肌肉口感之间具有较高的正相关性，因此牛肉比猪肉更老韧，而畜肉比禽肉和鱼肉更老韧。如果能使结缔组织蛋白质中的胶原蛋白发生明胶化，不仅可改善肉的硬度，还可起到汇集食品味道的效果。各种畜肉类、禽类及鱼类等罐头因经过各种严厉的热处理，因而基本上不存在由结缔组织蛋白质引起的口感老韧的问题。

3. 玻璃状结晶的出现

清蒸鱼类、虾、蟹类、乌贼类等水产罐头在贮藏过程中常出现无色透明玻璃状结晶（实际上是磷酸镁铵，$MgNH_4PO_4 \cdot 6H_2O$，俗称鸟粪石），严重影响罐头的商品价值。主要是原料和海水中的镁与磷酸及 NH_3 反应，在冷却和贮藏过程中慢慢析出而成。该结晶微溶于冷水，溶于热水和稀酸，遇碱性则分解，在人体胃酸条件下可溶解而对人体无害。

防止玻璃状结晶出现的方法有：

（1）采用新鲜原料　原料越新鲜，蛋白质分解产生氨的数量越少，结晶形成速率越慢。

（2）禁止使用粗盐及海水处理原料　粗盐及海水含有较高浓度的镁，能促使结晶形成和析出。

（3）控制 pH 值、添加柠檬酸　在生产某些水产罐头时采用浸酸调整 pH 处理，增加在酸性溶液中溶解度。注意控制好浸酸时间及酸浓度，以免影响罐头风味。还可添加柠檬酸到罐头中防止结晶，同时，又不会影响蟹肉和汤汁的风味。柠檬酸的添加量一般为蟹肉和汤汁重量的 0.04% ～ 0.18%。

（4）添加增稠剂、螯合剂等　添加明胶、羧甲基纤维素及琼脂等增稠剂，能提高罐内溶液黏度，降低结晶析出速度。添加 0.05%EDTA 或酸性焦磷酸钠或 0.05% 植酸，可使镁离子形成稳定的螯合物而防止结晶析出。

此外，使用 14 ～ 20 碳原子数的脂肪酸盐或碱金属盐、L- 谷氨酸、米糠浸提物、可溶性乳酸钙等，或采用离子交换树脂处理以除去镁离子，可有效防止结晶析出。

（5）杀菌后迅速冷却　杀菌后，应尽快冷却到 30℃ 以下，以免长时间停留在 30 ～ 40℃ 的大型结晶形成温度区。

4. 罐头食品营养价值的变化

罐头食品在洗涤、去皮、切分、蒸煮、烫漂及杀菌等加工过程中，其营养价值会发生不同程度的损失。

（1）果蔬类罐头食品营养价值的变化　去皮和去皮方法对营养素的保存有影响。研究发现，蒸汽去皮后维生素 C 的保存率为 72% ～ 86%，杀菌后维生素 C、维生素 B_1、烟酸和类胡萝卜素的保存率分别为 59% ～ 70%、71% ～ 93%、82% ～ 86% 和 100%。除类胡萝卜素外，蒸汽去皮果蔬营养素的保存率均比碱液去皮的低。罐头加工过程对葡萄柚汁、橙汁等果汁中的生物素、叶酸、吡哆醇和肌醇等的影响不明显，其中维生素 C 的保存率可达 98% 以上。

营养素损失程度因原料种类、加工步骤及加工方法的不同而异。目前相关研究数据还比较缺乏。

烫漂和杀菌操作对罐藏蔬菜营养价值的影响较为严重。烫漂的影响因蔬菜种类而异。一般单位体积的蔬菜表面积越大，烫漂时营养素的损失就越多，比如菠菜及各种豆类的维生素在烫漂时损失比芦笋大。

热烫方法及条件对蔬菜营养素的损失有很大影响。一般认为热水烫漂对蔬菜营养素的损失率大于蒸汽烫漂。Wagner 等发现热烫时间比热烫温度对营养素的影响大得多。如某种豌豆维生素 C 的保存率，在 77 ～ 82℃ 和 93℃ 下热烫 2.5min 分别为 86% 和 91%，热烫 8min 时分别为 65% 和 64%。

在蔬菜的各种营养素中，维生素 B_1 和维生素 C 受加热杀菌的影响较大。维生素 B_1 一般在罐内存在氧气时才受加热杀菌的影响，而维生素 C 还会受容器类型的影响。在低 pH 产品中，维生素 C 在素铁罐内的保存率比在涂料马口铁罐或玻璃容器中的要高些。其原因是在素铁罐内的残留氧被镀锡薄板与果酸之间的反应消耗掉，而在涂料马口铁罐和玻璃罐内，果酸与容器之间的反应受到抑制，大部分氧与产品中的维生素 C 起反应，使维生素 C 受到严重破坏。

果蔬罐藏过程中还会产生微量元素的损失。有报道称，罐藏菠菜锰、钴和锌分别损失了 81.7%、70.6% 和 40.1%，罐藏大豆和番茄的锌分别损失 60% 和 83.8%，而罐藏胡萝卜、甜菜和青豆的锌则分别损失 70%、66.7% 和 88.9%。

（2）肉类罐头食品营养价值的变化

① 罐头加工工艺过程中肉类营养价值的变化。肉类在罐头加工工艺过程中营养价值的变化主要是由装罐前的预煮、油炸等处理和加热杀菌处理引起。

肉及肉制品在预煮过程中，蛋白质凝固且一部分蛋白质、无机物及脂类会流出到煮汁中，风味及色泽等也会变化。如肉中的水溶性成分如氨基酸、肽类及低分子糖等和游离脂肪酸之间发生了某些化学反应而引起风味变化。肉的风味与加热方式、加热时间及加热温度有关。在预煮等加热过程中，肉类色泽因肌红蛋白先氧合生成氧合肌红蛋白，再进一步氧化生成高铁肌红蛋白，逐渐由深红转变成鲜红，再变成褐色。

加热杀菌对肉类营养价值有一定影响。加热杀菌时维生素的损失与原料加热杀菌条件等因素有关。高温短时间杀菌比低温长时间杀菌能更好地保留维生素。比如炖牛肉 115℃ 下杀菌 42min，维生素 B_1 减少 22%；而 149℃ 下杀菌 79s 时，维生素 B_1 只损失 7%。对核黄素、烟酸及吡哆醇等也有类似结果。

加热杀菌时肉类蛋白质因参与美拉德反应或蛋白质之间的相互反应或含硫氨基酸氧化或脱硫而损失。

研究表明，加热杀菌对肉类蛋白质消化率、生物学价值及蛋白质效率比的影响不大，但对蛋白质净利用率有显著影响。比如，121℃ 杀菌 85min 的牛肉蛋白质消化率由 98% 降低到 94%，生物学价值由 86% 降至 79%，午餐肉的蛋白质效率比为 2.66～2.76，与鲜肉相差不大。但碎牛肉杀菌之后蛋白质净利用率由 75% 降至 55%，猪肉在 110℃ 下处理 24h 后，其蛋白质净利用率降低 49%。在加热过程中，肉类脂肪融化，部分水解成游离脂肪酸，使酸价升高。同时，由于氧化作用而导致风味变差。但在高温下加热时，脂肪氧化作用将受到抑制。此外，维生素、色素等营养物质也会受到一定程度的氧化作用。

肉类在加热过程中会损失较多的无机盐。在预煮过程中，中等肥度猪肉的无机盐损失量约占生肉总无机盐量的 34.2%，羊肉为 38.6%，牛肉为 48.6%。在油炸过程中，则平均损失 3% 左右。在预煮时，各种无机盐损失量占总无机盐损失量的百分比，如钾、钠、钙、镁、铝、锰、铁、氯、磷和硫分别为 64.4%、62.5%、22.5%、6.0%、58.0%、10.3%、6.0%、41.7%、32% 和 7.3%。将煮汁浓缩后作为肉类罐头的汤汁，可大大减少无机物的损失。

② 肉类罐头贮藏过程中营养价值的变化。肉类罐头在贮藏过程中营养价值变化不大。如牛肉罐头贮藏数年之后，无论是粗蛋白含量，还是粗脂肪含量，均无明显改变。从蛋白质组成来看，新鲜牛肉与罐藏牛肉之间的差别也不明显。脂肪在肉类罐头贮藏过程中将会发生一定程度的变化，主要表现为酸价和碘价有所增加。在较低温度下贮藏时，肉类罐头中维生素损失很少。

（3）鱼类罐头营养价值的变化

① 加热杀菌对鱼类罐头营养价值的影响。鱼类罐头在加热杀菌时，鱼肉蛋白质凝固变性，并伴随着部分分解。占鱼肉原来含量 22%～36% 的水分、

3%～7% 的蛋白质和 33%～48% 的其他含氮物质流入鱼汤中，使非蛋白质态含氮物增加，水溶性蛋白质相应减少。加热杀菌会导致蛋白质消化率降低，使其营养价值略微下降。

鱼类罐头加热杀菌时氨基酸态氮的含量增加 0.5～1.5 倍，其含量受杀菌温度影响。一般温度愈高，含量增加愈多。

加热杀菌易引起鱼体脂肪的水解，其水解程度与杀菌温度、时间及 pH 等因素有关。加热杀菌温度高、时间长及偏碱性的 pH 有利于脂肪水解。加工用水的硬度高，也会促进鱼体脂肪水解，且游离脂肪酸与钙、镁生成不溶性皂化物，附于制品表面，影响其外观。水中存在 Cu^+、Fe^{2+} 则会促进脂肪的氧化作用。鱼肉蛋白质分解产物如氨基酸等也会促进脂肪氧化。

鱼肉中维生素受加热杀菌影响最大，且杀菌时间的影响大于杀菌温度。除硫胺素外，其他维生素在加热杀菌时的损失都不大。如鲐鱼制成罐头后，维生素 B_1、维生素 B_2、烟酸和维生素 B_{12} 的保存率分别为 48%、93%、95% 和 102%，而鲔鱼的相应值分别为 30%、84%、87% 和 96%。维生素损失多少还与罐头内容物的特性等有关。比如硫胺素在清蒸鱼类罐头中比在茄汁鱼类罐头中保存得更好，但核黄素和烟酸的保存率没有明显差异。

② 鱼类罐头在贮藏过程中营养价值的变化。鱼类罐头在贮藏过程中，蛋白质含量将略有减少，挥发性盐基氮略有增加，脂肪也会发生某些变化。比如茄汁鱼类和清蒸鱼类罐头贮存三年时，油脂碘价逐渐降低，而折射率逐渐增大，酸价略有升高。

维生素是鱼类罐头贮藏过程中较为不稳定的营养成分。但不同维生素具有不同的贮藏稳定性。比如茄汁鲈鱼罐头中的硫胺素和烟酸在贮藏中相当稳定，而核黄素则显著减少；在清蒸鲟鱼罐头中的核黄素和烟酸相当稳定，而硫胺素却显著减少。维生素损失还与贮藏温度和时间密切相关。贮藏温度越高，时间越长，则维生素损失越多。比如罐装鲑鱼在 2℃ 下贮藏 12 个月后，维生素 B_1 损失 10%；在 13℃ 下贮藏 12 个月时损失 25%；而在 28℃ 下贮存相同时间后，则损失 50%。鱼类罐头在贮藏过程中脂肪也会发生一定程度的变化，主要是不饱和脂肪酸含量的改变。但脂肪酸含量的改变是相当小的，不会影响脂肪营养价值。

鱼类罐头中的矿物质含量在贮存过程中无明显变化。

二、罐头容器的变质

罐头容器常出现罐壁腐蚀和变色等变质现象。引起罐壁腐蚀和变色的原因较为复杂，在实际生产中必须慎重处理，以防止此类变质现象的出现。

1. 罐内壁的腐蚀现象

常见的罐内壁腐蚀有酸性均匀腐蚀、集中腐蚀、氧化圈及异常脱锡腐蚀等。

（1）酸性均匀腐蚀　在酸性食品中，罐内壁锡面上常会全面和均匀地出现溶锡现象，使整个内壁表面上的锡晶粒外露，在热浸镀锡薄板内壁表面上则会出现鱼鳞状腐蚀纹，此现象就是酸性均匀腐蚀。酸性均匀腐蚀速率可用单位时间内单位面积上的溶锡量来表示，常用单位为金属失重 $[g/(m^2 \cdot d)]$。

酸性均匀腐蚀导致食品中溶锡量增加。当锡量不超过标准规定（200×10^{-6} mg/kg）或食品中不出现金属味时，对食品品质并无影响。长期罐藏过程中酸性均匀腐蚀会促使罐内壁锡面剥落，使钢基外露。此时溶锡量会急剧增加导致食品出现金属味，且铁面腐蚀时形成大量氢气，发生氢胀罐，严重时还会爆裂。

（2）集中腐蚀　指罐内壁面上某些局部有限面积内出现金属（铁或锡）的溶解现象，比如麻点、蚀

孔、蚀斑、露铁点及镀锡板的穿孔等均是集中腐蚀的结果（表现），也称为孔蚀。一般罐内壁出现少量的小麻点、麻孔或露铁点时，不会造成食品污染。如果与含硫食品接触会形成硫化斑而影响商品价值。镀锡板穿孔为微生物入侵引起食品变质腐败提供了途径。集中腐蚀常在酸性食品或空气含量高的水果罐头中出现，溶铁通常是其主要表现，虽然食品中的含锡量不会像酸性均匀腐蚀时那样高，但导致罐头腐败的事故常比酸性均匀腐蚀事故多得多。其原因是集中腐蚀引起罐头损坏所需的时间比酸性均匀腐蚀短得多。涂料和氧化膜分布不匀的镀锡板极易出现集中腐蚀现象。

（3）氧化圈　由于残留氧作用使锡面受到腐蚀，某些罐头食品开罐后，可在顶隙和液面交界处（即液面周围）罐内壁上发现有暗灰色腐蚀圈，即氧化圈。氧化圈属于局部腐蚀，允许存在，常在杀菌前后倒罐旋转和在罐内加汤汁来防止其产生。

（4）异常脱锡腐蚀　含有特种腐蚀因子的某些食品如橙汁、芦笋、刀豆等和罐内壁接触时，会直接起化学反应，导致短时间内出现大量脱锡现象，影响产品质量。脱锡阶段真空度缓慢地下降，全部脱锡前几乎不发生环条和氢胀罐现象，脱锡完成后就迅速发生氢胀罐。

2. 影响罐内壁腐蚀的因素

（1）氧　由于氧在阴极起到去极化作用，导致阳极的锡铁腐蚀，溶氧量愈多，溶锡量愈高。氧在低酸性食品中比在高酸性食品中更易促进铁的腐蚀。

（2）有机酸　食品 pH 值和酸种类对镀锡薄板腐蚀有影响。当氧消耗掉后，氢离子有去极化作用，但有时加入酸却会减缓腐蚀。一般内容物 pH 值愈低，锡的负电性比铁强，易出现溶锡腐蚀（酸性均匀腐蚀），pH 值较高容易出现溶铁现象（集中腐蚀）。但腐蚀程度不完全由 pH 决定。有机酸对 Sn^{2+} 有较强的络合能力，降低 Sn^{2+} 浓度，锡的负电性增强。一般含有多羧基者如柠檬酸、苹果酸、酒石酸等比醋酸、草酸等引起的罐壁腐蚀更为缓和。

（3）食盐　食盐在酸溶液中对锡腐蚀有抑制作用，对铁腐蚀有促进作用。在中性溶液中，与亚锡离子不产生沉淀的食盐溶液常引起锡铁合金的局部腐蚀，金属表面有黑点形成，局部区域上还会形成严重的麻点腐蚀。

（4）亚锡离子　由于亚锡离子可减少锡、铁偶合电流，并对钢基提供显著的阳极保护，因此亚锡离子含量越多，对钢基腐蚀抑制效果越好。

（5）硫及硫化物　含蛋白质较多的罐头食品或用亚硫酸及盐类保藏的原料，加热中产生的硫化氢与溶解的锡铁反应，在罐内壁生成青紫色、紫色、暗褐色和黑色的硫化斑，甚至析出黑色物质污染罐头。罐身接缝处和涂料脱落钢基外露时，较高温度杀菌时顶盖上的水蒸气为锡铁偶合提供了电解质。

（6）硝酸盐　罐头食品中硝酸盐会引起罐内壁急剧溶锡腐蚀，当罐头内容物含硝酸盐较多时，经几周至几个月，罐内食品的含锡量就会高达几百 mg/kg，导致锡中毒。硝酸盐的作用必须在有氧条件下才体现，而亚硝酸盐在无氧条件下也会促进溶锡反应。

　　目前认为，当有氧存在时，锡先溶解成 Sn^{2+} 后再氧化成 Sn^{4+}，而 NO_3^- 则在此过程中被还原成 NO_2^-，并进一步还原成 NH_4^+，同时锡层也继续溶解成 Sn^{2+}。在无氧环境下若存在 NO_3^- 时，溶锡反应不能进行，不会发生腐蚀，但如果存在 NO_2^- 时，则可以代替氧起作用，而使溶锡反应得以进行，导致脱锡腐蚀。

　　（7）花青素　樱桃、草莓类等罐头中的花青素与 Sn^{2+} 形成紫色分子内鳌盐，减轻 Sn^{2+} 浓度，加速了阳极腐蚀。当镀锡薄钢板被腐蚀，在金属表面生成氢气，花青素接受氢，使氢不覆盖在金属表面而不易与金属形成膜，H^+ 就靠近阴极使锡不断腐蚀，最后钢基外露增多，形成局部腐蚀电池，铁成为阳极，溶解并产生氢气，造成镀锡罐的穿孔。

　　（8）铜离子　如果罐内有铜离子存在，会接受电子，形成铜析出，加速锡或铁的溶出。

　　（9）焦糖　酱油中的焦糖以及葡萄糖、果糖等形成的焦糖对溶锡腐蚀影响很大。

　　（10）脱氢抗坏血酸　脱氢抗坏血酸有阴极去极化剂作用，能引起锡的快速溶出。果汁中抗坏血酸被氧化变为腐蚀性很强的因子。

　　除了上述因素外，低甲氧基果胶、氧化三甲胺、镀锡薄板的质量、罐头生产工艺及贮藏条件等因素都会对罐内壁腐蚀产生一定影响。

参考文献

[1]　胡卓炎, 梁建芬.食品加工与保藏原理[M].北京: 中国农业大学出版社, 2020.

[2]　李雅飞.食品罐藏工艺学（修订本）[M].上海: 上海交通大学出版社, 1993.

[3]　刘达玉, 王卫. 食品保藏加工原理与技术[M].北京: 科学出版社, 2014.

[4]　马长伟, 曾名湧. 食品工艺学导论[M]. 北京: 中国农业大学出版社, 2005.

[5]　秦文, 曾凡坤.食品加工原理[M].北京: 中国质检出版社, 2011.

[6]　唐浩国, 曾凡坤, 郑志.食品保藏学[M].郑州: 郑州大学出版社, 2019.

[7]　杨邦英.酸性食品罐头容器内壁腐蚀机理和防止措施[J].食品与发酵工业, 2005, 31(7): 77-80.

[8]　朱蓓薇, 张敏. 食品工艺学[M].北京: 科学出版社, 2015.

[9]　Afoakwa E O, Yenyi S E. Application of Response Surface Methodology for Studying the Influence of Soaking, Blanching and Sodium Hexametaphosphate Salt Concentration on Some Biochemical and Physical Characteristics of Cowpeas (*Vigna unguiculata*) During Canning[J]. Journal of Food Engineering, 2006, 77: 713-724.

[10]　Galitsopoulou A, Georgantelis D, Kontominas M G. Effect of thermal processing and canning on cadmium and lead levels in California market squid: the role of metallothioneins[J]. Food Additives & Contaminants: Part A, 2013, 30(11): 1900-1908.

[11]　Hosahalli Ramaswamy, Michele Marcotte. Food Processing: Principles and Applications [M]. Abingdon: Taylor & Francis Group, 2005.

[12]　Jackson S. Fundamentals of Food Canning Technology [M].Westport: AVI Pubilshing Company, INC, 1979.

[13]　Rasmussen R S, Morrissey M T. Effects of Canning on Total Mercury, Protein, Lipid, and Moisture Content in Troll-caught Albacore Tuna (*Thunnus alalunga*) [J]. Food Chemistry, 2007, 101: 1130-1135.

[14]　Ricardo Prego, Beatriz Martinez, Antonio Cobelo-Garcia, et al. Effect of High-Pressure Processing and Frozen Storage Prior to Canning on the Content of Essential and Toxic Elements in Mackerel[J].Food and Bioprocess Technology, 2021, (5): 1-11.

[15]　Stanley D W, Bourne M C, Stone A P, et a1. Low Temperature Blanching Effects on Chemistry, Firmness and Structure of Canned Green Beans and Carrots[J]. Journal of Food Science, 1995, 60(2): 327-333.

[16]　Susan Featherstone. Two centuries of Thermal Processing: Canning[J]. South African Food Review, 2010, 37(5): 16-17.

总结

○ **罐头食品制作的一般工艺流程**

- 罐头食品制作包括以下过程：原料预处理→装罐预封→排气→密封→杀菌→冷却→检验→包装→贮藏。
- 罐头食品制作过程中排气、密封和杀菌是最基本工艺。

○ **罐头食品的排气**

- 罐头食品的排气是利用空气、水蒸气和食品受热膨胀的原理，将罐内空气排除掉的方法。
- 排气的目的是阻止需氧菌和霉菌在罐内的生长繁殖，防止或减轻加热杀菌时罐体的变形或破裂，减轻罐内壁在贮藏时发生氧化腐蚀，减轻食品色、香、味的不良变化和营养素的损失等。排气主要排除罐头顶隙气体、罐内气体和食品组织内气体。
- 排气方法有热力排气、真空封罐排气和蒸汽喷射排气三种。后两种方法排气不充分，只能排除顶隙气体和罐内部分气体，热力排气可排除顶隙气体、罐内气体和食品组织内气体，排气效果好。

○ **罐头食品的密封**

- 罐头食品的密封是使罐内食品与外界完全隔绝，不再受到外界空气和微生物的污染而腐败变质。
- 密封方法因罐藏容器而异。金属罐的密封要求形成良好的二重卷边，即罐身的翻边和罐盖的圆边在封口机中进行卷封，使罐身和罐盖相互卷合，压紧而形成紧密重叠的卷边过程。二重卷边包含三层罐盖、两层罐体和适当的密封剂。玻璃罐的罐口边缘与罐盖的形式有多种，可采用卷封式、螺旋式、压入式和垫塑螺纹式等进行密封。蒸煮袋一般采用真空包装机进行热熔密封。

○ **罐头食品的传热及影响因素**

- 罐头食品的传热方式有传导、对流、对流与传导结合3种。单纯的传导加热或单纯的对流加热，加热曲线为一条直线。如果食品的热传导是混合型的，则加热曲线就由两条斜率不同的直线组成，中间有一个"转折点"，即转折型加热曲线。
- 罐头食品的传热受产品的物理性质、罐头容器材质形状、杀菌锅形式、杀菌锅和物料初温、罐头在杀菌锅中的位置、传热介质种类、传热介质在锅内的循环等多种因素影响。

○ **罐头食品的冷点**

- 罐头食品在加热和冷却过程中，热量将由高温处向低温处传递，在该温度梯度作用下，罐头食品内温度最低的点就是冷点。
- 传导传热与对流传热的冷点位置有所不同，传导传热的冷点位置一般在几何中心点，对流传热的冷点位置因条件各异。
- 冷点影响罐头食品杀菌效果，一般冷点附近温度变化缓慢，需较长时间热力杀菌。

○ **罐头食品的杀菌**

- 罐头食品的杀菌是采用热处理或其他物理处理如辐射、加压、微波、阻抗等方法杀死食品中所污染的致病菌、产毒菌及腐败菌，并破坏食品中的酶活性与氧化作用，使食品常温保藏不腐败变质。

- 罐头食品杀菌方法有批量式高温杀菌、反压杀菌、高静水压杀菌、新含气调理杀菌、超高压杀菌、微波杀菌、脉冲杀菌等。

○ 杀菌规程（杀菌公式）

- 罐头食品的杀菌条件即杀菌规程，也称杀菌公式，包括温度、时间、压力等，可用下式表示：$(\tau_h-\tau_p-\tau_c)/t_s$，$\tau_h$、$\tau_p$和$\tau_c$分别为升温时间、杀菌时间和冷却时间（min），$t_s$为杀菌温度（℃），有时也包括反压力$p$。

○ 罐头食品的变质

- 罐头贮藏过程中，罐头容器会出现罐壁腐蚀和变色等变质现象；罐头食品会出现微生物引起的胀罐、平盖酸坏、硫臭腐败及发霉等，也会出现蛋白质热变性、变色及营养价值的破坏等变质现象。

✏️ 课后练习

一、选择题

1. 罐头杀菌的主要依据是（   ），其次依据是（   ）。
   A. 污染微生物的耐热性和原始菌数（耐热特性，F、Z、D）　　B. 原料的酸度（pH）
   C. 罐头食品的传热特性（j、f_h、f_2、f_c等）　　D. 罐头食品的保质期

2. 罐头食品加工的最基本工艺包括（   ）。
   A. 原料预处理、装罐　　　　　B. 排气、密封、杀菌
   C. 冷却、检验　　　　　　　　D. 注液、预封

3. 罐藏食品为消费者提供了方便性和安全保证，但也造成食品质量有所下降，除通过优化加工过程外，还可以采取（   ），更好地保持质量。
   A. 提高杀菌温度，缩短杀菌时间　　B. 超高压杀菌
   C. 微波杀菌　　　　　　　　　　　　D. 新含气调理加工

4. 罐头食品的杀菌公式 T_1-T_2-T_3/t 中，T_2 代表（   ）。
   A. 杀菌时间　　B. 杀菌温度　　　　C. 杀菌压力　　　　D. 升温时间

二、问答题

1. 依据 pH 不同，罐头产品如何分类？
2. 如何根据某一种食品原料，设计制作其罐头基本工艺。

↘ 能力拓展

○ **进行研究性学习，培养设计开发／解决方案能力和环境与可继续发展能力**

- 根据某 1 种食品原料，从工程化角度出发设计制作一款罐头食品，理解并掌握罐头食品开发和工程化设计的全周期和全流程方案设计要素。
- 制订产品项目计划书，包含产品工艺流程、技术路线、产品优势分析、产品市场定位及竞争力分析等，项目计划体现绿色设计、生产的理念，有一定的创新性。
- 评估产品方案对社会和环境可持续发展的影响，理解食品从业人员在社会和环境可持续发展中应担当的职责并得出有效结论。

第五章 食品干制保藏技术

○○ ──── ○○ ○ ○○ ────

鲜活海参　　　　　　　　经预煮的海参　　　　　　　干燥后的干海参

　　食品干制是最古老的保藏技术之一：从《礼记》中的记载可知，当时人们已能把桃、梅、雉、鱼、牛肉、鹿肉等晒干后储藏。孔子讲学时所收学生的"束脩"的脩即是干肉，十条干肉称为束脩。汉代《名医别录》里对干枣的描述为"八月采收，曝干即成"。明·高濂的《遵生八笺》中记载人参的加工方法为"拣黄参选坚实者用蜜水润软，盛于绢袋贮干酒米饭内，蒸三，四次，晒干"。中国食材中的"海八珍"（海参、鲍鱼、鱼子、鱼翅、鱼肚、鱼骨、鱼唇、干贝）也多以干制品形式存在。现在我们生活中的干制品更是比比皆是，食品干制的方法也已从简单的自然干制发展到了今天的快速可控的红外辐射干燥、微波干燥、真空冷冻干燥等现代干燥技术。

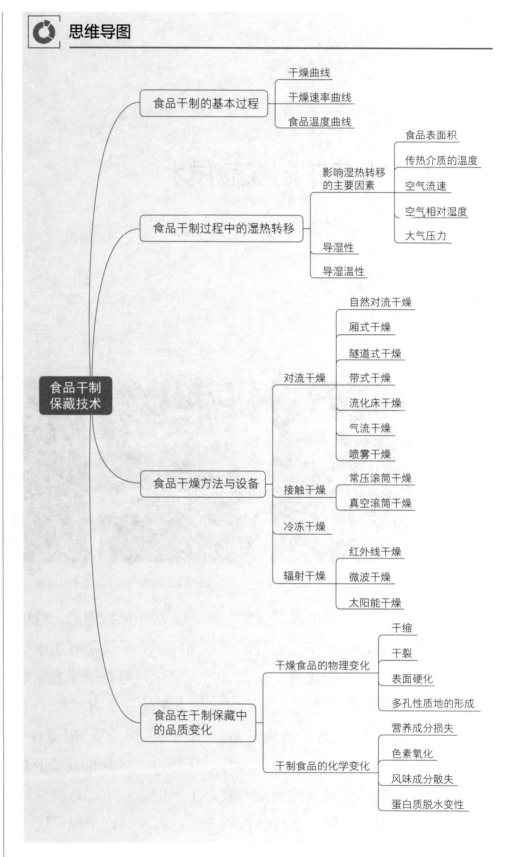

为什么要学习"食品干制保藏技术"？

　　干制保藏是延长食品保质期的一种重要技术手段，也是在没有冰箱、缺乏杀菌条件下保存食物的良策。通过去除水分、降低水分活度，从而抑制微生物的生长以及与酶有关的不良化学作用，使食品在常温条件下具有保藏性。随着科学技术的进步，低温干燥技术产生并迅速发展，这类现代干燥技术既保持了食品的原有营养与风味，又能够使食品耐久贮藏。食品干制的过程究竟如何？干制食品的保质期如何确定？如何提升干制食品泡发时的复水率？现代干燥技术是如何既保持食品营养风味又耐久藏呢？一些食用方便的"速煮"或"速溶"干制食品，只需冲上开水就可食用，又是怎么做到的呢？学习食品干制保藏技术有助于了解食品干制的基本过程，有助于深刻理解干制技术对食品品质的影响，从而为开发高品质干制食品打下坚实基础。

学习目标

○ 依据食品干燥曲线、干燥速率曲线及食品温度曲线描述食品干制基本过程；
○ 理解食品恒率干燥阶段的特点及加快干燥速率的意义；
○ 归纳分析食品干制中的导湿性、导湿温性及影响湿热转移的主要因素；
○ 对比分析食品顺流干燥与逆流干燥的优势及局限性，能正确描述食品流化床干燥、真空干燥、喷雾干燥及冷冻干燥的全过程及特点；
○ 理解干制对食品品质的影响；
○ 理解干制食品的保质期。

　　食品干制是一种具有悠久历史的加工方法，北魏时期贾思勰的《齐民要术》中就有关于干制食品的记载，在明代李时珍的《本草纲目》中则提到了采用晒干制桃干的方法，在《群芳谱》一书中记有先烘枣而后密封储藏的方法。中国著名土特产如葡萄干、红枣、柿饼、干辣椒、金针菜、玉兰片、萝卜干、梅干菜、香蕈等都是晒干或阴干制成；肉制品中的风肉、火腿和广东香肠也是经风干或阴干后再行保存。

　　食品干制保藏（简称干藏）是将食品水分活度（或水分含量）降低到足以使食品能在常温下长期保存而不发生腐败变质的水平，并始终保持在低水分状态的保藏过程。食品干燥是指降低食品含水量的工艺过程。

　　对食品进行干藏的目的是：①延长保藏期，以延长食品的市场供给，平衡产销高峰与低谷；②食品通过干藏使得口感、风味发生变化，使之更加美味，还可以生产新的食品，如葡萄干、薯片等；③可获得期望的物理形态；④减少体积或质量，可节省包装、运输和储藏的费用，便于携带，表5-1表明了干藏食品的容积均低于新鲜的、罐藏的或冷冻食品的容积；⑤便于进一步加工。

表5-1 各种新鲜食品和干藏食品的容积　　　　　　　　　　　　　　　　　　　　单位：m³/t

食品种类	新鲜食品	干制品	罐藏或冷冻食品
水果	1.42 ～ 1.56	0.085 ～ 0.200	1.416 ～ 1.699
蔬菜	1.42 ～ 2.41	0.142 ～ 0.708	1.416 ～ 1.699
肉类	1.42 ～ 2.41	0.425 ～ 0.566	1.416 ～ 1.699
蛋类	2.41 ～ 2.55	0.283 ～ 0.425	0.991 ～ 1.133
鱼类	1.42 ～ 2.12	0.566 ～ 1.133	0.850 ～ 2.124

第五章

第一节　食品干制的基本过程

　　食品干制均包含了两个基本过程：外界热量向湿物料的传递过程（热量传递）和湿物料的水分吸热蒸发并外逸的过程（质量传递）。而这两个过程进行的速度与湿物料的热物理特性之间有着密切关系。干燥的最终目的是减少食品水分，在设计干制方法时必须同时考虑湿传递和热传递，简称湿热传递。湿热传递过程的特性和规律实际上就是食品干制的机理。

一、食品干燥过程中的湿热传递

（一）湿物料在干燥过程中的湿热传递

　　湿物料在接受加热介质供给的热量后，表层温度逐渐升高到蒸发温度，表层水分开始蒸发并扩散到空气中去，内部水分则不断向蒸发层迁移。这个过程不断进行，使得湿物料逐渐干燥。上述湿物料的水分蒸发迁移过程实际上包括两个相对独立的过程，即给湿过程和导湿过程。也可以说，湿物料的给湿过程和导湿过程是湿物料湿热传递的具体表现。

1. 物料给湿过程

　　湿物料受热后表面水分将通过界面层向加热介质蒸发转移，从而在湿物料的内部与表面之间建立起水分梯度。在该水分梯度的作用下，湿物料内部的水分将向表层扩散，并通过表层不断向加热介质蒸发。湿物料中的水分从其表面层向加热介质扩散的过程称为给湿过程。给湿过程在恒率干燥阶段内与自由液面的水分蒸发情况相似。给湿过程中水分蒸发强度可用下式表示：

$$q = \alpha_{mp} \left(p_{饱} - p_{空蒸} \right) \frac{760}{B} \tag{5-1}$$

式中　q——湿物料的给湿强度，$kg/(m^2 \cdot h)$；

　　　α_{mp}——湿物料的给湿系数，可根据公式 $\alpha_{mp}=0.0229+0.0174v$（$v$ 为介质流速）来计算，$kg/(m^2 \cdot h)$；

　　　$p_{饱}$——湿物料湿球温度下的饱和水蒸气压，N/m^2；

　　　$p_{空蒸}$——热空气的水蒸气分压，N/m^2；

　　　B——当地大气压，N/m^2。

　　由式（5-1）不难看出，如果加热介质为空气，则温度越高，相对湿度越低，给湿过程进行得越快，也即干燥速率越快；空气流速越快，给湿过程也越快。

2. 物料导湿过程

　　固态物料干燥时会出现蒸汽或液体状态的分子扩散性水分转移，以及在毛细管势（位）能和挤压空气作用下的毛细管水分转移，这样的水分扩散转移常称为导湿现象，也可称为导湿性。由于给湿过程的进行，湿物料内部建立起水分梯度，因而水分将由内层向表层扩散。这种在水分梯度作用下水分由内层向表层的扩散过程就是导湿过程。可用下列公式来表示导湿过程的特性：

$$\overrightarrow{q_m} = -\alpha_m \gamma_0 \mathrm{grad}W \tag{5-2}$$

式中　$\overrightarrow{q_m}$——水分的流通密度，即单位时间内通过等湿面的水分量，$\mathrm{kg/(m^2 \cdot h)}$；

　　　α_m——导湿系数，$\mathrm{m^2/h}$ 或 $\mathrm{m^2/s}$；

　　　γ_0——单位容积湿物料内绝对干物质的质量，kg 干物质 $/\mathrm{m^3}$；

　　$\mathrm{grad}W$——湿物料内的水分梯度，kg 水 $/（\mathrm{m \cdot kg}$ 干物质）。

导湿系数是指湿物料水分扩散的能力或者说湿物料内部湿度平衡能力的大小。它受湿物料的水分含量和温度等因素的影响。

导湿系数与温度的关系可用米纽维奇所推导的关系式来表示：

$$\alpha_m = \alpha_m^0 \left(\frac{T}{273 + t_0} \right)^n \tag{5-3}$$

式中　α_m——温度 t_0 条件下的导湿系数；

　　　α_m^0——标准温度 T 的导湿系数；

　　　T——标准温度值；

　　　t_0——任一条件下的温度值；

　　　n——自然数，可达 $10 \sim 14$。

上述关系式提供了这样的启示：如果将导湿系数小的湿物料在干燥前预热，即可以明显提高其导湿系数，从而加快干燥过程。

导湿系数与水分含量之间的关系十分复杂，如图 5-1 所示。在恒率干燥阶段，脱去的水分基本上是毛细管水，且以液体状态转移，因而导湿系数不变（如线段 1 所示）；线段 2 相当于渗透吸附水靠扩散作用的脱水过程；随着物料含水量的进一步降低，毛细管水主要以蒸汽形式迁移，导湿系数也进一步减小（如线段 3 和 3′ 所示）。由于各种形式的水分迁移同时发生，图 5-1 中所列曲线是主导迁移形式的结果。

由于湿物料受热后形成了温度梯度，将导致水分由高温向低温处移动，这就是所谓的热湿传导现象或者叫雷科夫效应。水分在温度梯度作用下的传递过程是一个复杂的过程，它由下列现象组成：

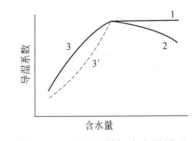

图 5-1　导湿系数与含水量关系

① 水分子的热扩散，它是以蒸汽分子的流动形式进行的，蒸汽分子的流动是因为湿物料的冷热层分子具有不同的运动速率而产生的。

② 毛细管传导，这是由于温度升高导致水蒸气压力升高，使水分由热层进到冷层。

③ 水分内部夹持的空气因温度升高而膨胀，使水分被挤向温度较低处。

热湿传导现象所引起的水分转移量可用下式来计算：

$$\overrightarrow{q_{m\theta}} = -\alpha_m \gamma_0 \delta \mathrm{grad}\theta \tag{5-4}$$

式中　$\overrightarrow{q_{m\theta}}$——在温度梯度作用下的水分流通密度，$\mathrm{kg/（m^2 \cdot h）}$；

　　　δ——湿物料的热湿传导系数，$℃^{-1}$；

　　$\mathrm{grad}\theta$——温度梯度，$℃/\mathrm{m}$；

α_{m}, γ_0——与公式（5-2）相同。

δ 的意义是当温度梯度为 1℃/m 时，物料内部所形成的水分梯度，即 $\delta = -\dfrac{\mathrm{grad}\,W}{\mathrm{grad}\,\theta}$。与导湿系数相似，热湿传导系数也因湿物料中的水分与物料的结合形式而异，如图 5-2 所示。

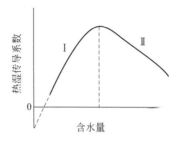

图 5-2　热湿传导系数与含水量之关系

从图 5-2 中可看出，热湿传导系数存在极大值。与此值相对应的含水量可认为是吸附水和自由水（毛细管水和渗透水）的分界点。在水分含量小于极值点时，水分的迁移主要是靠蒸汽的热扩散。随着物料水分的降低，孔隙逐渐被空气充满，使蒸汽的扩散受到阻碍，因此热湿传导系数也随之下降。

在水分含量高于极值点以后，水分主要以液体形式迁移。如果这种迁移主要靠夹持空气的作用，则热湿传导系数与物料的含水量之间存在反比关系。

根据以上所述，在干燥过程中，湿物料内部同时存在水分梯度和温度梯度。若两者方向相同时，则湿物料在干燥过程中除去的水分由下式计算：

$$\overrightarrow{q_{\text{总}}} = \overrightarrow{q_{\mathrm{m}}} + \overrightarrow{q_{\mathrm{m}\theta}} = -\alpha_{\mathrm{m}}\gamma_0\,\mathrm{grad}\,W + \left(-\alpha_{\mathrm{m}}\gamma_0\delta\,\mathrm{grad}\,\theta\right)$$

$$= -\alpha_{\mathrm{m}}\gamma_0\left(\mathrm{grad}\,W + \mathrm{grad}\,\theta\right) \tag{5-5}$$

通常，在对流干燥时，湿物料中温度梯度的方向是由表层指向内部，而水分梯度的方向则正好相反。在此情形下，如果导湿过程占优势，则水分将由物料内层向表层转移，热湿传导现象就成为水分扩散的阻碍因素。反之，如果热湿传导过程占优势，则水分随热流方向转移，即向水分含量较高处转移，此时导湿过程成为阻碍因素。不过，在大多数食品干燥时，热湿传导过程都是水分扩散的阻碍因素。因此，水分蒸发量应按下式计算：

$$\overrightarrow{q_{\text{总}}} = -\alpha_{\mathrm{m}}\gamma_0\left(\mathrm{grad}\,W + \mathrm{grad}\,\theta\right) \tag{5-6}$$

但是，也应指出，在对流干燥的后期，即降率干燥阶段，常常会出现热湿传导过程占优势的现象。于是，湿物料表层水分就会向内层转移，然而物料表面仍在进行水分蒸发（给湿过程），这将导致物料表层迅速干燥，表层温度也快速提高，进一步阻碍了内部水分的扩散和蒸发。只有在内层水分不断蒸发并建立起足够高的水蒸气压后，才能改变水分迁移的方向，内层水分才会重新扩散到物料表层进行蒸发。出现上述现象时，干燥时间就会延长。

当干燥较薄的湿物料时，可以认为物料内部不存在温度梯度，因此物料内部只进行导湿过程。这时物料的干燥速率主要取决于空气的热力学参数，如温度、相对湿度、流速等，以及湿物料的水分扩散系数等。此外，当采用微波加热等内部加热法干燥食品时，也可以认为不存在雷科夫效应。

（二）食品干燥过程的特性

食品干燥过程的各种特性可用干燥曲线、干燥速率曲线及食品温度曲线等结合在一起来加以描述。湿物料的干燥特性反映了物料干燥过程热、质传递的宏观规律，是选择干燥工艺和设备的主要依据，也为强化干燥过程提供了依据。

1. 干燥曲线

干燥曲线是表示食品干燥过程中绝对水分（$W_{绝}$）和干燥时间（τ）之间关系的曲线。该曲线的形状取决于食品种类及干燥条件等因素。典型的干燥曲线如图 5-3 中曲线 1 所示。

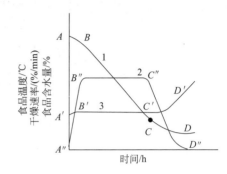

该曲线特征的变化主要由内部水分迁移与表面水分蒸发或外部水分扩散所决定。在干燥开始后的一小段时间内，食品的绝对水分下降很少；随后，食品的绝对水分将随干燥的进行而呈直线下降；到达临界点 C 后，绝对水分趋于缓慢减少，最后达到该干燥条件下的平衡水分，食品的干燥过程也随之停止。

图 5-3 食品干燥过程的特性
1—干燥曲线；2—干燥速率曲线；3—食品温度曲线

2. 干燥速率曲线

干燥速率曲线是表示干燥过程中某个时间的干燥速率 $\left(\dfrac{\mathrm{d}W_{绝}}{\mathrm{d}\tau}\right)$ 与该时间的食品绝对水分（$W_{绝}$）之关系的曲线。由于 $W_{绝}=f(\tau)$，因此，为了便于比较和说明问题，以 $\dfrac{\mathrm{d}W_{绝}}{\mathrm{d}\tau}$ 对 τ 作图，得出如图 5-3 中曲线 2 所示的曲线。

从该曲线不难看出，在开始干燥的最初一小段时间内，干燥速率将由 0 增加到最大。在随后的一段干燥时间内，干燥速率将保持恒定，因此也把这个阶段称为恒率干燥期。在干燥过程的后期，干燥速率将逐渐下降至干燥结束，这个阶段也称为降率干燥期。

 概念检查 5.1

○ 食品干制过程中，干燥速率如何变化？

---

3. 食品温度曲线

食品温度曲线是表示干燥过程中食品温度和干燥时间之关系的曲线。它最初是由雷科夫提出来的。典型的食品温度曲线如图 5-3 中曲线 3 所示。

该曲线表明在干制开始后的很短时间内，食品表面温度迅速升高，进入恒温干燥阶段后，水分大量蒸发，食品吸收的热量等于水分蒸发潜热，温度保持不变，因而食品不被加热。在降率干燥阶段内，水分蒸发速率不断降低，使干燥介质传递给食品的热量超过水分蒸发所需热量，因此，食品温度将逐渐升高。当食品含水量达到平衡水分时，食品温度也上升到与空气的干球温度相等。

应该指出，上述干燥过程的特性曲线都是实验规律，不同食品及不同实验条件下得到的结果可能会

有所不同。

二、干燥过程中的湿热传递及其影响因素

不管采用何种干燥方法，干燥都涉及两个过程，即将热（能）量传递给物料以及从物料中排走水分。加速热与湿（水分）的传递速率，提高干燥速率是干燥的主要目标。影响物料干燥速率的主要因素有物料的组成与结构、物料表面积以及干燥剂（空气）的状态（湿度、温度、压力、速率等）等。

1. 食品物料组成与结构

食品物料在干燥过程中会发生复杂的物理化学过程。食品成分在物料中的位置、溶质浓度、结合水状态、细胞结构都会影响干燥过程，影响湿热传递。

2. 湿物料表面积

湿热传递速率随湿物料表面积增大而加快。这是因为湿物料表面积增大，使之与传热介质的接触面增大，同时也使水分蒸发逸出的面积增大，所以湿物料的传热和传质速率将同时加快。另外，如果单位容积的湿物料表面积增大，则意味着热量由表面传向内部的距离缩短，而水分由湿物料内部向外迁移和逃逸的距离也缩短，显然这将导致湿热传递速率的加快。

3. 干燥介质温度

当湿物料初温一定时，干燥介质温度越高，表明传热温差越大，湿物料与干燥介质之间的热交换越快。但是，如果换热介质是空气（通常如此），则温度所起的作用较为有限。这是因为水分是以水蒸气的形式从湿物料中逸出的，这些水蒸气须不断地从湿物料周围排除掉，否则就会在湿物料周围形成饱和状态，从而大大地降低水分从湿物料中逸出的速率。当然，空气温度越高，它在达到饱和状态之前所能吸纳的水分也越多。为此，适当提高湿物料周围空气的温度有利于加快湿热传递过程。

4. 空气流速

空气流速越快，对流换热系数越大，与湿物料接触的空气量相对增加，因而能吸收更多的水分，防止在湿物料的表面形成饱和空气层。

5. 空气相对湿度

空气相对湿度越低，则湿物料表面与干燥空气之间的水蒸气压差越大，加之干燥空气能吸纳更多的水分，因而能加快湿热传递的速率。

空气的相对湿度不仅会影响湿热传递的速率，而且决定了湿物料的干燥程度。这是因为湿物料干燥后的最低水分含量将与所用干燥空气的平衡相对湿度相对应。水分达到平衡状态时，相对湿度所表示的即是湿物料的水分活度。以马铃薯干燥为例，其水分吸附等温线如图 5-4 所示。如果干燥空气温度为 60℃，相对湿度为 40%，则马铃薯所能干燥到的最低水分含量（也叫平衡水分）为8%；如果温度不变，空气相对湿度增加到 60%，则马铃薯的平衡水分也相应升高到 10%。反之，温度不变，空气相对湿度减少到 20% 时，则马铃薯干燥后的平衡水分可相应降低到 4%。

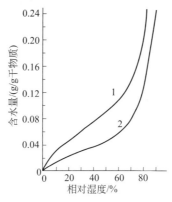

图 5-4 马铃薯的水分吸附等温线
1—60℃；2—100℃

6. 气压

如果水周围空气的压力低于大气压，则水的沸点将随之下降，且压力愈低或者真空度愈高，水的沸点下降也愈多。因此，可以在保持温度恒定的同时降低气压，加快水的沸腾。或者说可以采用加热真空容器的方法使水分在较低的温度下蒸发。而较低的蒸发温度和较短的干燥时间对热敏性食品是非常有利的。

 概念检查 5.2

○ 影响湿热转移的主要因素有哪些？

第二节 食品干燥方法与设备

食品干燥方法有很多，按照所用能量来源，干制可分为自然干燥和人工干燥；按水分蒸发时的压力可分为常压干燥和真空干燥两类；按照水分去除时的温度可分为加热干燥和冷冻升华干燥；按照能量传递方式，可分为对流干燥、传导干燥、辐射干燥和微波干燥；按照操作方式不同，可分为间歇式干燥和连续式干燥。无论采用何种干燥方法所制得的产品均称为干制品或脱水食品。19 世纪开始出现的辐射热干燥器、真空干燥器，以及气流式、流化床式、喷雾式干燥等促进了人工干燥方法和设备的发展。食品干藏技术未来发展趋势：①采用新工艺、新技术以保持食品原有质量，如冷冻干燥、真空临界低温干燥、微波真空干燥等；②回收余热，降低能耗；③增加花色品种，例如早餐谷物、儿童食品、速溶咖啡等，

以方便日常饮食生活。表 5-2 总结了常见食品的干燥方法及应用范围。

表 5-2　常见食品的干燥方法及应用范围

名称			处理和作用方式	所需设备形式	湿料状态								适用产品
					液态	膏糊状	浆状	颗粒状	晶体	粉末状	带状	条块状	
自然干燥			晒干、吹干、晾干，间歇	晒场或棚房				√			√	√	火腿、萝卜干、谷物等
人工干燥	常压	加压	加热、加压膨化，连续	螺旋式		√	√	√		√			膨化食品
		热空气	对流给热，间歇	固定床、箱式				√	√	√	√	√	果、蔬等农副土特产
		热空气	对流给热，半连续	隧道式				√	√	√	√	√	水果干、蔬菜干、挂面、瓜子等干制品
		热空气	对流给热，连续	输送带式				√			√	√	适用于大批量生产单一产品时使用，如干燥苹果、胡萝卜、洋葱、马铃薯等
		热空气	对流给热，连续	气流式				√	√	√			适用于干制时易结块或交错互叠的物料，如乳粉、淀粉、调味品等
		热空气	对流给热，间歇或连续	流化床式				√	√	√			粉态食品及像谷物、青豆一样的颗粒状食物
		热空气	对流给热，间歇或连续	喷动床式				√		√			玉米胚芽、谷物等
		热空气	导热或对流给热，间歇或连续	转筒式				√	√	√	√	√	谷物类、瓜子、砂糖等
		热空气	连续式	泡沫式	√	√	√						橙汁、柠檬汁、葡萄柚汁、苹果汁等
		喷雾	对流给热，连续	箱式、塔式	√	√	√						牛乳、雪蛋白、鸡蛋、葡萄糖、咖啡浸液、酵母粉等
		薄膜	导热，连续	滚筒式、带式	√	√	√						乳粉等制品
		远红外	辐射，间歇或连续	箱式、隧道式、输送带				√		√	√	√	糕点、肉类等食品
		微波	磁波内部加热，间歇或连续	箱式、隧道式				√	√	√	√	√	大多数食品，如蕨菜干、蘑菇干、苹果干、牛肉干等
	减压	真空	真空中传导兼辐射加热，间歇或连续	箱式、带式、转筒式	√	√	√	√	√	√		√	果、蔬、肉类、咖啡等食品
		冻结	冻结后真空中传导兼辐射加热，间歇或连续					√	√	√	√	√	蜂王精、果珍、人参等珍贵营养品

一、干燥方法与干燥设备

（一）对流干燥

对流干燥也叫空气对流干燥，是最常见的食品干燥方法。它是利用空气作为干燥介质，通过对流将热量传递给食品，使食品中水分受热蒸发而除去，从而获得干燥。这类干燥在常压下进行，有间歇式（分批）和连续式两种。空气既是热源，也是湿气载体，干燥空气可以自然或强制对流循环的方式与湿物料接触。湿物料可以是固体物料、膏状物及液体物料。

对流干燥设备的必要组成部分有风机、空气过滤器、空气加热器和干燥室等。风机用来强制空气流动和输送新鲜空气，空气过滤器用来净化空气，空气加热器的作用是将新鲜空气加热成热风，干燥室则是食品干燥的场所。对流干燥的具体形式包括隧道式干燥、带式干燥、泡沫干燥、气流干燥、流化床干燥和喷雾干燥等。

1. 隧道式干燥

隧道式干燥设备的结构示意图如图 5-5 所示。

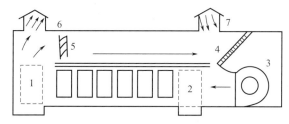

图 5-5　隧道式干燥设备示意图

1—料车入口；2—干制品出口；3—风机；4—加热器；5—循环风门；6—废气出口；7—新鲜空气入口

这种干燥设备大体分成两个部分：沿隧道长度方向设有隔板，隔板以上区域为加热区，其下则为干燥区。食品经预处理后放在小车上，推入干燥区。小车一般高为 1.5～2m，车上分格，其上放料盘。料盘用木料或轻金属制作，盘底有孔缝。料盘放在小车上，应使盘间留出畅通的空气流道。

隧道式干燥设备的干燥效果受其总体结构和布置的影响，特别是受料车与空气主流的相对运动方向的影响。一般料车与空气主流方向的相对运动有两种情形：一种是顺流，即料车运动方向与空气主流方向相同；另一种是逆流，即料车与空气主流呈相反方向运动。

（1）顺流干燥　如图 5-6（a）所示，在顺流干燥时，其热端（即空气温度高的一端）为湿端（即新鲜食品入口端），而冷端（即空气温度低的一端）为干端（即干燥食品出口端）。在湿端处，新鲜食品与温度最高、湿度最低的空气相遇，其表面水分迅速蒸发，使食品表面温度较低，因而可以适当地提高空气的温度，以加快水分蒸发。但是，如果食品表面水分蒸发过于迅速，将使食品表层收缩和硬化。当食品内部继续干燥时，就会出现干裂现象，形成多孔性。一般顺流干燥很难使干制品含水量降低到 10% 以下。因此，顺流干燥仅适用于水果干燥。

（2）逆流干燥　如图 5-6（b）所示，在逆流干燥时，其热端为干端，而冷端则为湿端。潮湿食品首先遇到的是低温高湿空气，此时食品的水分虽然可以蒸发，但速率较慢，食品中不易出现硬化现象。在食品移向热端的过程中，食品接触的空气温度逐渐升高，相对湿度逐渐降低，因此水分蒸发强度不断增

加。当食品接近热端时，尽管处于低湿高温的空气中，由于其中大量水分已蒸发，其水分蒸发速率仍较缓慢。此时食品温度将逐渐上升至接近热空气的温度，因而应避免干制品在热端长时间停留，以防干制品焦化。逆流干燥适用于容易干裂的水果，若用来干燥蔬菜，应该相对减少湿物料的负载。

（3）混流干燥　如图5-6（c）所示，混流干燥兼有顺流和逆流干燥的特点。混流干燥中，顺流干燥阶段比较短，但能将大部分水分蒸发掉，在热量与空气流速合适的条件下，混流干燥可除去50%～60%水分。混流干燥各干燥阶段空气温度可分别调节，顺流段可采用较低温度。该法生产能力高，干燥比较均匀，制品品质好。混流干燥广泛应用于干燥蔬菜如大葱、大蒜、洋葱等。

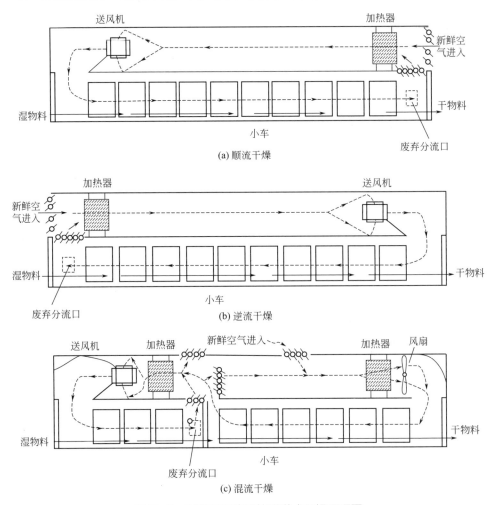

图5-6　三种不同流程的隧道式干燥原理图

2. 带式干燥

带式干燥是将待干食品放在输送带上进行干燥。输送带可以是单根，也可以布置成上下多层。输送带最好由钢丝制成以便干燥介质穿流而过。图5-7为双段带式干燥设备的示意图。

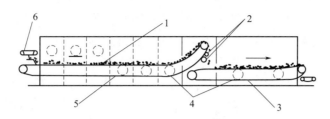

图 5-7　双段带式干燥设备

1—料床；2—卸料辊和轧碎辊；3—第二环带；4—风机；5—第一环带；6—撒料器

湿物料由撒料器散布在缓慢移动的输送带上，料层厚薄应均匀，厚度为 75 ～ 180mm。第一段输送带工作面长 9 ～ 18m、宽 1.8 ～ 3.0m。经过第一段输送带的干燥后，物料散布在第二段输送带上形成 250 ～ 300mm 的厚层，进行后期干燥。

为了改善第一段输送带上湿物料干燥的均匀性，可将此段分成几个区域，干燥介质在各个区域中穿流的方向可交叉进行。但最后一个区域的穿流应自上而下，以免气流将干燥的物料吹走。

带式干燥设备是一种特别适合干燥单品种生产的块片状食品的完全连续化设备，但不适用于未去皮的梅子、葡萄等水果干燥。

3.泡沫干燥

泡沫干燥原理是通过使物料内部产生大量泡沫，增加干燥表面积，提高干燥速度。进行泡沫干燥前，常需对原料进行预处理，对于本身易起泡的原料，如蛋清等，可以直接向其中补充气体或者用外部机械搅拌形成大量泡沫；对于不易起泡的原料，可以添加适量发泡剂，如大豆分离蛋白、单甘酯等，再搅拌形成泡沫。同时也适量添加一些羧甲基纤维素等稳定剂，确保所形成的泡沫稳定，以适合进行泡沫干燥。其工艺流程如图 5-8 所示。

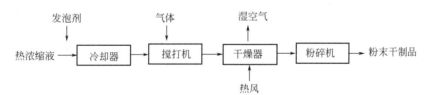

图 5-8　泡沫干燥的工艺流程

这种干燥方法简单地说，就是先将液态或浆质状的物料制成稳定的泡沫状物料，然后将它们铺开在某种支持物上成一薄层，采用常压热风干燥的方法予以干燥。

（1）泡沫干燥设备的结构　图 5-9 是多孔带式泡沫干燥器的示意图。

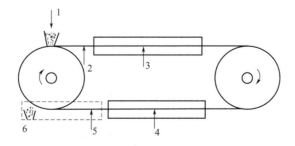

图 5-9　泡沫干燥器示意图

1—泡沫料；2—空气射流；3—顺流热空气；4—逆流热空气；5—冷却空气；6—制品

泡沫料分散在宽为 1.2m 的多孔不锈钢带上形成厚度为 3mm 左右的均匀薄层。不锈钢带上孔眼的大小正好使泡沫料停留其上而不致漏下。料层随带移动，首先经过空气射流区，被空气扩张而膨胀，进一步增大干燥面。随后料层进入干燥区，与顺流及逆流空气充分接触，使料层迅速获得干燥。

传送带也有不带孔的，这种传送带上的泡沫料层更薄，在干燥区停留的时间更短。热风被设计成与传送带平行或垂直流动。此外，在传送带下侧设蒸汽箱，通过水蒸气在传送带上凝结而供给热量，以提高干燥速率。

除带式泡沫干燥设备外，还有一种浅盘式泡沫干燥器，它是以 4m×4m 的多孔浅盘代替多孔带作泡沫料的支持物进行干燥的。

（2）泡沫干燥的工艺条件　为了提高干燥效率，料液须先行浓缩，制成比较稳定的浓稠泡沫体后，才能进行干燥。但是也要注意预浓缩的适度，否则，如果浓缩过度，得到的浓缩物密度过大，就会影响泡沫干燥的效果，也即最终制品的含水量较高。至于原料浓度多少为宜，因原料种类而异，一般为 30%～60%。

泡沫料的性能还与发泡温度、时间等因素有关。不同料液的发泡条件见表 5-3。

表 5-3　实验条件下的发泡条件

物料	可溶性固形物含量 /%	添加剂种类	添加剂用量 /%	发泡温度 /℃	时间 /min	泡沫密度 /（g/mL）
苹果汁	47.2	单棕榈酸葡萄糖酯	0.10	38	10	0.15
冻香蕉	21	单硬脂酸甘油酯	1.0	4.4	20	0.4
牛肉抽提物	54	不必添加	—	21	8	0.32
咖啡抽提物	47	单棕榈酸葡萄糖酯	1.0	21	10	0.20
葡萄浓缩汁	46	可溶性大豆蛋白	1.0	21	4	0.25
柠檬浓缩汁	60	单硬脂酸甘油酯	0.2	21	5	0.25
全牛乳	42	不必添加	1.0	21	10	0.35
橘汁	50	可溶性大豆蛋白	0.8	4.4	20	0.30
土豆泥	30	单硬脂酸甘油酯	1.0	21	4	0.4

连续发泡的方法是在适当温度下，用机械连续搅拌原料液，在搅入空气的同时，添加发泡稳定剂，使料液形成稳定的泡沫。最后形成的泡沫密度为 0.4～0.6g/mL。

（3）泡沫干制品的特性　泡沫干制品的最大特性是其多孔性结构及极低含水量，因而吸湿能力强。比如泡沫干燥柑橘粉的含水量仅为 1%。如此低含水量的制品必须保持在相对湿度低于 15% 的环境中，且温度应较低，以免制品吸湿回潮。此外，泡沫干制品的密度很小，一般只有 0.3g/mL。为了节省包装容器，有时要进行密质化处理。密质化处理可在加热的轧辊上进行。密质化处理之前，须先将轧辊预热到 70℃，调节轧辊间距和转速。经密质化处理后，干制品密度可以增大 2 倍以上。

（4）泡沫干燥的特点　泡沫干燥除了具有热风干燥法的一般优点外，还具有干燥速率快、干制品质量好等优点。比如 2～3mm 厚的泡沫层，料温为

56℃时，10～20min 即可干燥完毕，仅相当于普通干燥法干燥时间的 1/3。

不过，泡沫干燥也存在缺点。泡沫干燥效果在很大程度上取决于泡沫结构，只有在泡沫结构均匀一致且在干燥过程中得以保持时，才能获得很好的干燥效果，而这一点实际上是很难做到的。常规泡沫干燥以热风干燥、真空干燥等方法作为辅助干燥手段，这些干燥方法大都具有干燥时间长、能源消耗大等缺点；采用微波能作为干燥介质，能够大大提高生产效率，确保最大限度保存产品的营养。

4. 气流干燥

气流干燥是将粉末状或颗粒状食品悬浮在热空气流中进行干燥的方法。气流干燥设备只适用于在潮湿状态下仍能在气体中自由流动的颗粒食品或粉末食品如面粉、淀粉、葡萄糖、鱼粉等。在用气流干燥法干燥时，一般需用其他干燥方法先将湿物料的水分干燥到 35%～40% 以下。典型的气流干燥器如图5-10 所示。

颗粒状或粉末状的湿物料通过给料器由干燥器的下端进入干燥管，被由下方进入的热空气向上吹起。在热空气与湿物料一起向上运动的过程中，互相之间充分接触，进行强烈的湿热交换，达到迅速干燥的目的。干燥好的产品由旋风分离器分离出来，废气由排气管排入大气中。

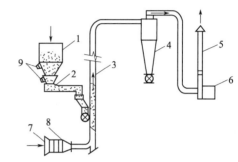

图 5-10 气流干燥器示意图

1—料斗；2—电磁给料器；3—干燥管；4—旋风分离器；
5—排气管；6—风机；7—过滤器；8—加热器；9—振动器

气流干燥的工艺条件是：热风温度 121～190℃，空气流速 450～780m/min。干燥时间一般为 2～3s。

气流干燥的特点：①呈悬浮状态的物料与干燥介质的接触面积大，每个颗粒都被热空气包围，因而干燥速率极快。②物料应具有适宜的粒度范围，粒度最大不超过 10mm，原料水分也应控制在 35% 以下，且不具有黏结性。③可与其他设备联合使用，以提高生产效率。气流干燥用于干燥非结合水时，速率极快，效率也较高，可达 60%；而用于干燥结合水时，热效率很低，仅为 20%。因此，后期干燥可由其他干燥方式来完成。④设备结构简单，制造和维修均较容易。

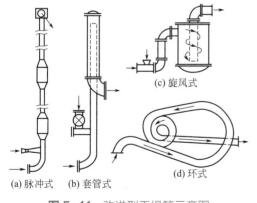

图 5-11 改进型干燥管示意图

(a) 脉冲式　(b) 套管式　(c) 旋风式　(d) 环式

气流干燥的缺点是气流速率高，系统阻力大，动力消耗多，易产生颗粒磨损，难以保持完好的结晶形状和结晶光泽。容易黏附于干燥管的物料或粒度过细的物料不适宜采用此干燥方法。另外直立式干燥管由于太长（10m 或更长）而显得体积较大。为此，可将干燥管改成脉冲式、套管式、旋风式和环式等形式（图5-11），以减小设备体积。这些干燥管尽管形式不同，但有一个共同的目的，就是不断地改变气流方向或速率，从而破坏物料颗粒与气流之间的同步运动，提高两者之间的相对运动速率，以加快干燥过程中的传热和传质。

脉冲式干燥管是通过改变管道的直径来改变气流速率，从而破坏气流和颗粒的同步运动。套管式干燥管是利用气流方向和流通截面大小的改变来破坏气流和颗粒之间运动的同步性。旋风式和环式干燥管则是利用气流方向的不断改变和离心力的作用来破坏气流与颗粒之间运动的同步性。

5.流化床干燥

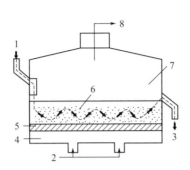

图 5-12 流化床干燥原理图

1—湿颗粒进口；2—热空气进口；3—干颗粒出口；
4—强制通风室；5—多孔板；6—流化床；7—绝热风罩；
8—湿空气出口

流化床干燥是散状物料被置于孔板上，并由其下部输送气体，引起物料颗粒在气体分布板上运动，在气流中呈悬浮状态，犹如液体沸腾一样。流化床的原理见图 5-12，在流化床干燥器中物料颗粒与气体充分接触，进行物料与气体之间的热传递与水分传递，从而达到干燥目的。流化床干燥所用的介质是高温低湿空气。

流化床干燥器具有较高传热和传质速率、干燥速率高、热效率高、结构紧凑、基本投资和维修费用低、便于操作等优点。但普通流化床干燥器仍具有一些不足，如：由于气泡现象，使流化不均匀，接触效率低；容易处理松散的粉状和粒状物料，对于初始湿含量大的物料，必须经过预干燥之后才能用普通流化床干燥器进行干燥，动力消耗较大等。

为此，在普通流化床干燥器基础上进行改型，研制开发了振动流化床干燥机、搅拌流化床干燥器、离心流化床干燥机、脉冲流化床干燥机、热泵式流化床干燥机及组合干燥装置，例如，喷雾-流化床组合干燥、气流-流化床组合干燥，这些改型后的流化床干燥方式扩大了流态化干燥的范围，改善了流化质量，提高了热质传递强度。

6.喷雾干燥

喷雾干燥最早是用于蛋制品的处理，在 20 世纪取得了长足进展。喷雾干燥技术在我国发展起步较晚，我国第一台喷雾干燥机是 20 世纪 50 年代从苏联引进的旋转式喷雾干燥机。喷雾干燥法是将被干燥的液体物料浓缩到一定浓度，经喷雾嘴喷成细小雾滴，使热交换总面积达到极大，与干燥介质热空气进行热交换，在数秒内完成水分蒸发，物料被干燥成粉状或颗粒状。

（1）喷雾干燥的基本流程　首先，物料经过过滤器由泵输送到喷雾干燥器顶端的雾化器中雾化为雾滴，同时空气进入鼓风机经过过滤器、空气加热器及空气分布器送入到喷雾干燥器顶端；空气和雾滴在喷雾干燥器顶端接触、混合，进行传热和传质，完成干燥过程。最终产品由塔底的收集装置进行收集，废气及所带部分产品经旋风分离器分离后，废气由出风口排入大气。

喷雾干燥的工艺流程如图 5-13 所示：①空气加热及输送系统，包括空气过滤器、空气加热器及风机等设备，其作用是提供新鲜、干燥的热空气；②料液供送、喷雾系统，包括高压泵或送料泵、喷雾器等设备，其作用是使料液雾化成极细的液滴；③气液接触干燥系统，也即干燥室，是料液与热空气接触并干燥的场所；④制品分离、气体净化系统，包括卸料器、粉末回收器、除尘器等设备，其作用是将干粉末与废气分离和收集。

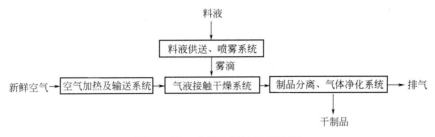

图 5-13　喷雾干燥的工艺流程

（2）喷雾干燥的特点　喷雾干燥具有以下优点。

① 干燥速率极快。由于料液被雾化成几十微米的微滴，所以液滴的比表面积（单位质量液体的表面积）很大，例如将 1L 牛乳分散成平均直径为 50μm 的液滴，则所有液滴表面积总和可达 5400m²。料液以如此巨大的传热、传质面与高温介质相接触，湿热交换过程非常迅速，一般只需几秒到几十秒就可干燥完毕，具有瞬间干燥的特点。

② 物料所受热损害小。虽然喷雾干燥所用干燥介质的温度相当高（一般在 200℃以上），但当液滴含有大量水分时，其温度不会高于空气的湿球温度。当液滴接近干燥时，其固体颗粒的外皮已经形成，且此时所接触的空气是低温高湿的，在较短时间内（几秒钟内）温度不会升到很高，因而非常适合干燥热敏性食品。

③ 干制品的溶解性及分散性好，具有速溶性。

④ 生产过程简单，操作控制方便，适合于连续化生产。即使料液含水量高达 90%，也可直接喷雾成干粉，省去或简化了其他干燥方法所必需的附加单元操作，如粉碎、筛分、浓缩等。

⑤ 喷雾干燥在密闭容器中进行，可避免干燥过程中造成的粉尘飞扬，避免了环境污染。

喷雾干燥的主要缺点是单位制品的耗热较多，热效率低，为 30%～40%，每蒸发 1kg 水分需 2～3kg 的加热蒸汽；由于喷雾干燥属于对流型干燥器，热效率较低，与工业生产上常用的滚筒干燥相比成本偏高，并且喷雾干燥设备投资费用较高。

（3）喷雾干燥发展趋势

① 新型雾化器的开发将成为研究热点，新型雾化器应适应市场对于干制产品的特殊需求。

② 考虑到喷雾干燥的低热效率，喷雾干燥的节能技术研究尚需加强。现在已经出现了喷雾干燥＋流化床干燥的多级干燥模式，可以进一步考虑喷雾干燥＋微波或者干燥塔内加热式的喷雾干燥等。

③ 新型喷雾干燥技术的研究和开发，例如喷雾冷冻干燥、过热蒸汽喷雾干燥等，这些新干燥技术有待于理论上的提高和实验室的小试证明，以便能够真正投入到实际生产中。

（二）接触干燥

接触干燥与对流干燥法的根本区别在于前者是加热金属壁面，通过导热方式将热量传递给与之接触的食品并使食品干燥，而后者则是通过对流方式将热量传递给食品并使之干燥。

接触干燥法按其操作压力可分为常压接触干燥和真空接触干燥。常压接触干燥设备主要是滚筒干燥器，而真空接触干燥设备包括真空干燥箱、真空滚筒干燥器、带式真空干燥器等。接触干燥的特点是干燥强度大，相应能量利用率较高。

1. 滚筒干燥

滚筒干燥是指将物料在缓慢转动和不断加热的滚筒表面形成薄膜，滚筒转动过程便完成了干燥过程。设备的主要部分是一只或两只中空的金属圆筒，圆筒内部由蒸汽、热水或其他加热剂加热。可用于液态、浆状或泥状的食品（如脱脂乳、乳清、番茄汁、肉酱、马铃薯泥、婴儿食品、酵母等）。

滚筒干燥既可在常压下进行，也可在真空中进行。图 5-14 为常压滚筒干燥器示意图，图 5-14（a）为浸没涂抹加料，这种加料方式的缺点是料液会因滚筒的浸没而过热；而采用图 5-14（b）这种喷洒方式加料则可克服上述缺点。

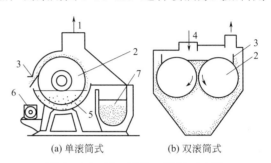

(a) 单滚筒式   (b) 双滚筒式

图 5-14　常压滚筒干燥器示意图

1—空气出口；2—滚筒；3—刮刀；4—加料口；5—料槽；6—螺旋输送器；7—贮料槽

为了加快干燥过程，一般在干燥器上方空气出口处设有吸风罩，用风机强制空气流动以加速水蒸气的排除。滚筒表面温度一般维持在 100℃ 以上，物料在滚筒表面停留干燥的时间为几秒到几十秒。

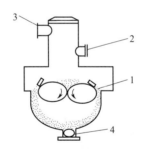

图 5-15　真空滚筒干爆器示意图

1—滚筒；2—加料口；3—接冷凝真空系统；
4—卸料阀

常压滚筒干燥器的结构较简单，干燥速率快，热量利用率较高。但可能会引起制品色泽及风味劣化，因而不适于干燥热敏性食品。为此，可采用真空滚筒干燥。不过真空滚筒干燥成本很高，只有在干燥极热敏的食品时才会使用。真空滚筒干燥器如图 5-15 所示。

滚筒干燥法的使用范围比较窄，目前主要用于干燥马铃薯泥片、苹果沙司、预煮粮食制品、番茄酱等食品。

2. 带式真空干燥

带式真空干燥是在真空条件下，由布料装置将湿物料均匀地涂布在传送带上，通过传导与辐射传热向物料提供热量，使物料中的水分蒸发，由真空泵抽走；干燥后的物料由刮料装置从传送带刮下，经粉碎后得到干制品。

带式真空干燥器是一种连续式真空干燥设备，其结构如图 5-16 所示。

一条不锈钢传送带绕过分设于两端的加热、冷却滚筒，置于密封的外壳内。物料由供料装置连续地涂布在传送带表面，并随传送带进入下方红外加热区。料层因受内部水蒸气的作用膨化成多孔状态，在与加热滚筒接触之前形成一个稳定的膨松骨架，装料传送带与加热滚筒接触时，大量水分被蒸发掉，然后进入上方红外加热区，进行后期水分干燥，并达到所要求的水分含量，经冷却滚筒冷却变脆后，即可利用刮刀将干料层刮下。

带式真空干燥器适用于干燥果汁、番茄汁、牛奶、速溶茶和速溶咖啡等。如要制取高度膨化的干制品，则可在料液中先加入碳酸铵等膨松剂或在高压下充入氮气，利用分解产生的气体或溶解的气体加热后形成气泡而获得膨松结构。

带式真空干燥与带式常压干燥相比，设备结构复杂，成本较高。因此，只限于干燥热敏性高和极易氧化的食品。

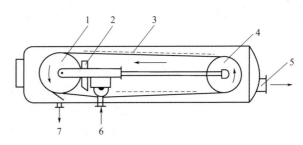

图 5-16　带式真空干燥器示意图

1—冷却滚筒；2—脱气器；3—物料；4—加热滚筒；
5—接真空系统；6—加料闭风器；7—卸料闭风器

（三）辐射干燥

这是一类以红外线、微波等电磁波为热源，通过辐射方式将热量传给待干燥食品进行干燥的方法。湿物料中的水分对不同能量场中的能量有特殊的吸收作用，可促进物料水分汽化，提高干燥速率。辐射干燥也可在常压和真空两种条件下进行。

1. 红外线干燥

红外线干燥的原理是当食品吸收红外线后，产生共振现象，引起原子、分子的振动和转动，从而产生热量使食品温度升高，导致水分受热蒸发而获得干燥。干燥主要用红外线中的长波段即远红外，其波长范围为 25～1000μm，当食品吸收红外线时，几乎不发生化学变化，只引起粒子的加剧运动，使食品温度上升。特别是当食品分子、原子遇到辐射频率与其固有频率相一致的辐射时，会产生类似共振的情况，从而使食品升温，干燥得以实现。在红外辐射干燥过程中，由于红外线有一定穿透性，在食品内部形成热量积累，再加上被干燥食品表面水分不断蒸发吸热，使食品表面温度降低，造成了食品内部比外部温度高，使食品热扩散由内部向外部进行。同时，由于食品内部水分梯度引起的水分移动，总是由水分较多的内部向水分较少的外部移动，所以食品内部水分的湿扩散与热扩散方向是一致的，这将加速水分扩散过程，加速干燥进程。

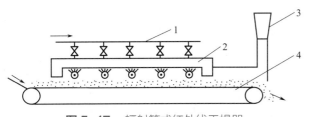

图 5-17　辐射管式红外线干燥器

1—煤气管；2—辐射体；3—吸风装置；4—输送器

红外线干燥器的关键部件是红外线发射元件。常见的红外线发射元件有短波灯泡、辐射板或辐射管等，如图 5-17 所示。

这种干燥器的结构简单，能量消耗较少，操作灵活，温度的任何变化可在几分钟之内实现，且对于不同原料制成的不同形状制品的干燥效果相同，因此应用较广泛。

红外线干燥的最大优点是干燥速率快。这是因为红外线干燥时，辐射能的传递不需经过食品表面，且有部分射线可透入食品毛细孔内部达 0.1～2.0mm。

这些射线经过孔壁的一系列反射后，几乎全部被吸收。因此，红外线干燥器的传热效率很高，干燥时间与对流、传导式干燥相比，可大为缩短。另外红外线的光子能量级比紫外线、可见光都要小，一般只会产生热效应，而不会引起物质变化，且由于传热效率高、加热时间短，可减少对食品材料的破坏作用，因此广泛用于各种食品干燥。

2. 微波干燥

一般物料干燥如对流、传导和热辐射干燥，是由外露表面向内部进行的，即温度梯度指向物料表面，因此湿热传导阻碍水分从物料中脱去。微波在食品材料中的穿透性、吸收性，使食品电介质吸收微波能，在内部转化为热能。因此，被干燥物料本身就是发热体，且由于物料表层温度向周围介质的热损失使其表层温度低于内部温度，因此微波干燥有较高的干燥速率。微波加热速率快，且可同时在内部加热，因此微波干燥，对比较复杂形状的物料有均匀的加热性，且容易控制。不同水分物料在微波场中，对微波吸收性不同，含水分高的物料有较高的吸收性，因此微波干燥有利于保持制品水分含量一致，具有干燥食品水分的调平作用。

微波加热设备主要由电源、微波管、连接波导、微波加热器及冷却系统等几部分组成，如图 5-18 所示。高频干燥器主要由三个单元组成，即高频振荡器、工作电容器和被干燥的物料，前两者为主机，后者为负载，如图 5-19 所示。

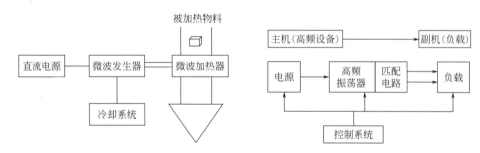

图 5-18　微波加热设备方块示意图　　　**图 5-19**　高频介电加热干燥系统组成

（1）微波加热器的类型　　根据结构及发射微波方式的差异，微波加热有四种类型，即微波炉、波导型加热器、辐射型加热器及慢波型加热器等，它们的结构如图 5-20 所示。

（2）微波加热器的选择　　包括选择工作频率和加热器的形式。工作频率的选择主要依据以下四个因素。

① 被干燥食品的体积、厚度　微波加热食品主要靠微波穿透到食品内部引起偶极子的碰撞、摩擦。因此，微波的穿透深度是值得特别注意的。一般穿透深度与微波频率成反比，故 915MHz 微波可加工较厚和较大的食品，而 2450MHz 微波可加工较薄较小的食品。

② 食品含水量和介质损耗　微波照射食品所产生的热量与介质损耗成正比，而介质损耗与食品含水量有关，含水量越多，介质损耗越大。因此，对于含水量高的食品，宜采用 915MHz 的微波；而对于含水量低的食品，宜采用

2450MHz 的微波。

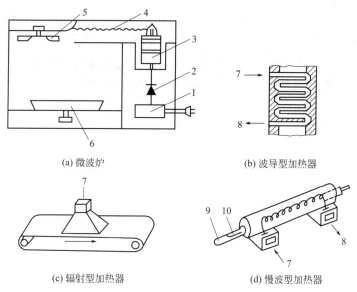

(a) 微波炉 　　　　　　(b) 波导型加热器

(c) 辐射型加热器 　　　　　　(d) 慢波型加热器

图 5-20 各种形式的微波加热器示意图

1—变压器；2—整流器；3—磁控管；4—波导；5—搅拌器；6—旋转物台；7—微波输入；8—输出至水负载；9—传送带；10—食品

③ 总产量和成本　微波磁控管的功率与微波频率之间有一定的关系。从频率为 915MHz 磁控单管中可以获得 30kW 或 60kW 的功率，而从 2450MHz 的磁管中只能获得 5kW 左右的功率。915MHz 磁控管的工作效率比 2450MHz 的高 10%～20%。因此，在加工大批量食品时，应选用 915MHz 频率，或者在开始干燥阶段选用 915MHz，而在后期干燥时再用 2450MHz 的频率。这样就可以降低干燥的总成本。

④ 设备体积　一般 2450MHz 频率的磁控管和波导管都比 915MHz 的小，因此，2450MHz 的加热器比 915MHz 的小。

（3）微波干燥的特点　微波干燥的优点：① 干燥速率非常快。微波主要是靠穿透食品并引起介质损耗来加热食品的，与那些靠热传导加热食品的干燥法相比，热扩散和质扩散显著提高，加热和干燥速率快得多。② 食品加热均匀，制品质量好。微波加热可在食品内外同时进行，因此，可避免表面加热干燥法中易出现的表面硬化和内外加热不均匀的现象，比较好地保持被干燥食品原有的色、香、味及营养成分。③ 调节灵敏，控制方便。微波加热过程的调节和控制均已实现了半自动或自动化，因此，微波加热功率、温度的控制反应非常灵敏方便。比如，要使加热温度从 30℃ 上升到 100℃，只需 2～3min。④ 具有自动平衡热量的性能。微波产生的热量与介电损失系数成正比，而介电损失系数与食品含水量有很大关系，含水量越多时则吸收的微波能也越多，水分蒸发也越快。这样就可以选择性加热使能量在物料中按需分配，可以防止微波能集中在已干燥的食品或食品的局部位置上，避免过热现象。⑤ 热效率高，设备占地面积小。微波加热效率很高，可达 80% 左右。其原因在于微波加热器本身并不消耗微波能，且周围环境也不消耗微波能，因此，避免了环境温度的升高，改善了劳动条件。

微波干燥的主要缺点是耗电多，因而干燥成本较高。为此可以采用热风干燥与微波干燥相结合的方法来降低成本。具体做法是：先用热风干燥法将物料含水量干燥到 20% 左右，再用微波干燥完成最后的干燥过程。这样既可使干燥时间比单纯用热风干燥缩短 3/4，又节约了单纯用微波干燥的能耗的 3/4。此外，微波加热时，热量易向被干燥物料的边角集中，产生所谓的"尖角效应"，也是其主要缺点。

（四）冷冻干燥

冷冻干燥也叫升华干燥、真空冷冻干燥等，是将食品先冻结然后在较高的真空度下，通过冰晶升华作用将水分除去而获得干燥的方法。

近年来，随着人民生活水平的提高和科学技术的发展，冻干食品又获得了恢复和发展。目前，国外冻干设备已实现了电脑自动化，冻干生产由间歇式转向连续化；冻干设备的干燥面积从 0.1m² 到上千平方米不等，已形成了系列化、标准化。统计结果表明，目前日本年产冻干食品约为 700 万吨，美国为 500 万吨。冻干制品的品种包括蔬菜、肉类、海产品、饮料及各种调味品等，十分繁多。

1. 冷冻干燥的原理

（1）水的相平衡关系　依赖于温度和压力的改变，水可以在气、液及固态三种相态之间相互转变或达到平衡状态。上述变化可用水的相平衡图来表示，如图 5-21 所示。

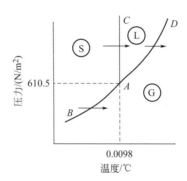

图 5-21 水的相平衡图

图 5-21 中有三条线 AB、AC 及 AD，分别叫做升华曲线、溶解曲线及汽化曲线，它们将整个坐标图分成三个部分，即气态 G、液态 L 及固态 S。这三条曲线有一共同点，即 A 点，称为三相点。在该点所对应的压力和温度条件下，水可以液、固、气三种相态同时存在。三相点因物质种类而异，对于一定的物质，三相点则是固定不变的。比如水的三相点压力为 610.5N/m²，温度为 0.0098℃。

如果环境压力低于 610.5N/m²，则温度的改变将导致水在气相和固相之间相互转化，也即当温度升高时，水分将由固相（冰）向气相（水蒸气）转化，这就是升华过程。或者在环境温度低于 0.0098℃时，升高压力，也可使水分由固相向气相转化。上述相态之间的变化关系正是冷冻干燥的基础。

（2）食品的冻结　冻结工艺将在以下几个方面影响冷冻干燥的效果。首先，不同的冻结率将影响冻干品的最终含水量，冻结率低或未冻结水分较多的食品，冻干品含水量也高。其次，冻结速率将影响冻干速率和冻干质量。冻结速率慢时，食品中易形成大冰晶，将对细胞组织产生严重的损害，引起细胞膜和蛋白质的变性，从而影响干制品的弹性和复水性。从这方面考虑，缓慢冻结对冷冻干燥有不利的影响。但是，食品中形成大冰晶时，升华产生的水蒸气容易逸出，且传热速率也快，因此干燥速率快，制品多孔性好。由此可见，必定存在一个最适冻结速率，既可使食品组织所受损伤尽可能小，又能保证食品尽可能快地干燥。最后，食品被冻结成什么形状，不仅会影响冻干品的外观形态，而且对食品在干燥时能否有效地吸收热量和排出升华气体起着极为重要的作用。

食品的冻结可分为自冻和预冻两种情形。自冻是指利用食品水分在高真空下因瞬间蒸发，吸收蒸发潜热而使食品温度降低到冰点以下，获得冻结。由于瞬间蒸发会引起食品变形或发泡等现象，因此不适合外观形态要求高的食品。此法的优点是可以降低脱水干燥所需的总能耗。

预冻即将冻结作为干燥前的加工环节，单独进行，将食品预先冻结成一定的形状。因此，此法适合于蔬菜类等物料的冻结。预先冻结时采用的方法有吹风冻结法、盐水浸渍冻结法、平板冻结法以及液氮、液体二氧化碳或液体氟利昂冻结法等。

（3）干燥　干燥包含了两个基本过程，即热量由热源通过适当方式传给冻品的过程和冻品冰晶吸热升华变成蒸汽并逸出的过程。

冻品冰晶的升华总是从表面开始的，这时升华的表面积就是冻品的外表面积，随着升华的进行，水分逐渐逸出，留下不能升华的多孔状固体，升华面也逐渐向内部前进。也可以说，在整个干燥过程中，都存在以升华面为界限的两个区域，在升华面外面的区域称为已干层，而在升华面以内的区域称为冻结层。冻结层中的冰晶吸收了升华潜热后将继续在升华面上升华。

但是，随着升华面的不断深入，热量由外界靠传导方式传递到升华面的阻力和升华面所产生的水蒸气向外表面传递并进而向空气中逃逸的阻力将会逐渐增大，因此升华速率将不断下降，使整个升华干燥过程十分缓慢，干燥成本很高。

冷冻干燥过程的传热方式除了热传导外，还有辐射。以热传导的方式加热时是通过用载热流体流过加热壁来实现的。常用的热源有电、煤气、石油、天然气和煤等，常用的载热剂有水、水蒸气、矿物油、乙二醇等。

为了提高加热壁的传热效果，加热壁一般都用钢、铝或其合金材料制造。加热壁的形式有管式和板式两种。前者强度高，但传热效果差；后者传热面积大，传热效果好，但强度较差，加工较困难。

以辐射方式加热是通过红外线、微波等直接照射食品来实现的。辐射加热方式将导致两种独特的工艺效果，冻品的温度高于周围环境的温度以及冻品内层温度高于表层温度，如图5-22所示。

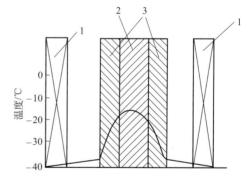

图 5-22　微波冷冻干燥时物料温度与环境温度的关系
1—冷凝器；2—冻结层；3—已干层

2. 食品冷冻干燥设备

（1）冷冻干燥设备的基本组成　无论何种形式的冷冻干燥设备，它们的基本组成都包括干燥室、制冷系统、真空系统、冷凝系统及加热系统等部分。

干燥室有多种形式，如箱式、圆筒式等，大型冷冻干燥设备的干燥室多为圆筒式。干燥室内设有加热板或辐射装置，物料装在料盘中并放置在料盘架或加热板上加热干燥。物料可以在干燥室内冻结，也可先冻结好再放入干燥室。在干燥室内冻结时，干燥室需与制冷系统相连接。此外，干燥室还必须与低温冷凝系统和真空系统相连接。

制冷系统的作用有两个：一是将物料冻结；二是为低温冷凝器提供足够的冷量。前者的冷负荷较为稳定，后者则变化较大，冷冻干燥初期，由于需要使大量的水蒸气凝固，因此，需要很大的冷负荷，而

随着升华过程的不断进行，所需冷负荷将不断减少。

真空系统的作用主要是保持干燥室内必要的真空度，以保证升华干燥的正常进行；其次是将干燥室内的不凝性气体抽走，以保证低温冷凝效果。

低温冷凝器是为了迅速排除升华产生的水蒸气而设的，低温冷凝器的温度必须低于待干物料的温度，使物料表面水蒸气压大于低温冷凝器表面的水蒸气分压。通常低温冷凝器的温度为 $-50 \sim -40℃$。

加热系统的作用是供给冰晶升华潜热。加热系统所供给的热量应与升华潜热相当，如果过多，就会使食品升温并导致冰晶融化；如果过少，则会降低升华速率。

（2）冷冻干燥设备的形式　冷冻干燥设备的形式有间歇式和连续式，由于前者具有许多适合食品生产的特点，因此，成为目前冷冻干燥设备的主要形式。

① 间歇式冷冻干燥设备。图 5-23 所示是常见的间歇式冷冻干燥设备。该设备的特点是预冻、抽气、加热干燥以及低温冷凝器的融霜等操作都是间歇的；物料预冻和水蒸气凝聚成霜由各自独立的制冷系统完成。在干燥时，将待干物料放在料盘中并放入干燥室，用图 5-23 中右侧的制冷系统进行预冻。预冻结束后，关闭制冷系统，同时向加热板供热，并与低温冷凝器接通，开启真空泵和左侧制冷系统，进行冷冻干燥操作。有些设备中也将低温冷凝器纳入干燥室做成一套制冷系统，在预冻时充当蒸发器而在干燥时充当低温冷凝器。

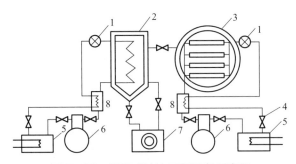

图 5-23　间歇式冷冻干燥设备示意图

1—膨胀阀；2—低温冷凝器；3—干燥室；4—阀门；
5—冷凝器；6—压缩机；7—真空泵；8—热交换器

间歇式设备的优点：a. 适合多品种小批量的生产，特别适合于季节性强的食品生产；b. 单机操作，如一台设备发生故障，不会影响其他设备正常运行；c. 设备制造及维修保养较简便；d. 易于控制物料干燥时不同阶段的加热温度和真空度。

间歇式设备的缺点：a. 装料、卸料、启动等操作占用时间较多，设备利用率较低；b. 要满足较大批量生产的要求，往往需要多台单机，因此，设备的投资费用和操作费用较大。

② 连续式冷冻干燥设备。对于小批量多品种的食品干燥，间歇式干燥设备很适用，但对于品种单一而产量较大的食品干燥，连续式冷冻干燥设备则更为优越，这是因为连续式冷冻干燥设备不仅使整个生产过程连续进行，生产

效率较高，而且升华干燥条件较单一，便于调控，降低了劳动强度，简化了管理工作。连续式设备尤其适合浆液状和颗粒状食品的干燥。

图 5-24 是一种旋转式连续干燥设备。它的主要特点是干燥管的断面为多边形，物料经过真空闭风器（也叫做进料闭风器）进入加料斜槽，并进入旋转料筒的底部，加料速率应能使筒内保持一定的料层（料层顶部要高于转筒底部干燥管的下缘）。每当干燥管旋转到圆筒底部时，其上的加料螺旋便埋进料层，并因转动而将物料带进干燥管。通过控制加料螺旋的螺距、转轴转速及进料流量等，就可使干燥管内保持一定的物料量。

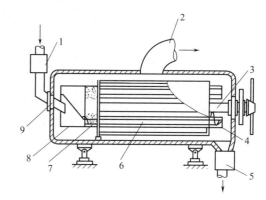

图 5-24　旋转式连续干燥器示意图

1—真空闭风器；2—接真空系统；3—转轴；4—卸料管和卸料螺旋；
5—卸料闭风器；6—干燥管；7—加料管和加料螺旋；
8—旋转料筒；9—静密封

图 5-25 所示为隧道式连续冷冻干燥设备。它的干燥室由长圆筒干燥段和扩大室两个部分组成。干燥室与进口、出口及冷凝室的连接均需通过隔离阀门。操作时，先打开左侧端盖，将装好冻结物料的小车推入进口闭风室。关闭端盖，打开进口侧的真空泵抽气。当进口闭风室的压力与干燥室的压力相等时，打开隔离阀，料车即自动沿导轨进入干燥室。关闭隔离阀，并关上真空泵，打开通大气阀，使进口闭风室处于大气压之下。料车在干燥室中逐渐向出口处移动，物料则不断升华干燥。在此过程中右侧的冷凝系统和真空泵均处于工作状态。待靠近出口端的料车上的物料干燥好后，即打开出口处的真空泵，使出口闭风室的压力降到与干燥室压力相等，打开隔离阀，料车自动卸出到出口闭风室，关闭隔离阀，通入大气。然后打开端盖，卸出干燥好的物料。重复进行上述操作，将新料车装入干燥室和卸出已干燥好的料车。

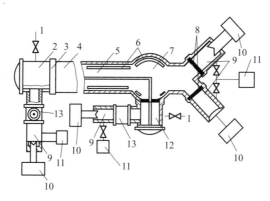

图 5-25　隧道式连续冷冻干燥设备示意图

1—通大气阀；2—进口闭风室；3—隔离阀；4—长圆筒容器；5—中央干燥室；6—辐射板；7—扩大室；8—隔离阀；
9—冷凝室；10—真空泵；11—压缩机；12—出口闭风室；13—阀门

3. 冷冻干燥法的特点

冷冻干燥法是目前最先进的食品干燥技术之一，具有许多独特的优点。

① 冷冻干燥法能最好地保存食品原有的色、香、味和营养成分。

② 冷冻干燥法能最好地保持食品原有形态。食品脱水前先经过冻结，形成稳定的固体骨架。

③ 冻干食品脱水彻底，保存期长。

④ 由于物料预先被冻结，原来溶解于水中的无机盐之类的溶质被固定，因此，在脱水时不会发生溶质迁移现象而导致表面硬化。

冷冻干燥工艺也具有以下缺点与不足：

① 设备投资大，干燥速率慢，干燥时间长，能耗高。

② 生物活性物质（如多肽和蛋白质药物）制成冻干制品主要是为了保持活性，但如果配料（如保护剂、溶剂、缓冲剂等）选择不合理，工艺操作不合理，可能会导致制品失活。

原则上，只要能够冻结的食品都可以用冷冻干燥法干燥。但是，考虑到制品成本等因素，下列食品采用冷冻干燥法是可行的：

① 营养保健食品，如人参、鹿茸、花粉、蜂王浆、鳖粉等；

② 土特风味食品，如黄花菜、芦笋、蕨菜、蛇肉、山药及食用菌类等；

③ 海产品，如虾仁、贝类、鲍鱼等；

④ 饮料，如咖啡、茶叶、果珍等；

⑤ 调味料、汤料，如香料、色素、姜、葱、蒜等；

⑥ 特需食品，如用于航天、航海、军用、野外作业及旅游等食品。

（五）RW 干燥技术

RW（refractance window）干燥意为"折射窗"或"偏流窗"薄层干燥，美国 MCD 科技公司于 1999 年研究开发的一种新干燥脱水技术，它属于传导、辐射和薄层干燥相结合的一种干燥方式。

RW 干燥采用循环热水作为干燥热源，湿物料被喷涂到聚酯薄膜传送带上，传送带以设定速度运转，热水红外能量透过传送带进入湿物料，湿物料中的水分因此被加热蒸发并通过抽风扇排走。物料干燥时间取决于物料厚度、水分含量、循环热水温度和排气风速。随着干燥进行，物料水分含量逐渐减小至干燥终点，在干燥传送带末段再通过低温水冷却，有助于物料从传送带上移除，还可以减少温度对产品质量的影响。

RW 干燥具有设备简单、成本低和节能等优势，作为新的薄层干燥技术，已引起研究者的兴趣和重视。

 概念检查 5.3　　　　　　　　　　　　　　　

○ 加快冷冻干燥的方法有哪些？

二、不同干燥方式对食品干燥效果的比较

不同的食品干燥时应选择适合的干燥方式，表 5-4 总结了不同加热方式对

同一食品的干燥效果，可以比较全面和直观地看出各种干燥方法的优缺点。

表 5-4　不同干燥方式对食品干燥效果的比较

方法	物料	结果	来源
微波、热风、真空冷冻干燥	睡莲花茶	不同干燥方法处理睡莲花，干燥速度为微波干燥 > 热风干燥 > 真空冷冻干燥。能较好地保留睡莲花茶中酚类物质，使其具备较强的抗氧化活性	[8]
热风、微波、热风 - 微波联合干燥	甘蓝	联合干燥的甘蓝色泽最佳，微波干燥后样品的维生素 C、游离酚、总酚的保留率分别为 67.3%、90.0%、86.6%，抗氧化能力较强，其中 DPPH、ABTS 自由基清除能力和 Fe^{3+} 还原能力最强	[9]
热风、冷冻、微波干燥	胡萝卜	微波干燥后产品的复水性能较优，α- 胡萝卜素、维生素 C 含量较高，感官评价与冷冻干燥样品相近	[10]
真空冷冻、微波、热风 - 微波联合干燥	香菇片	热风 - 微波联合干燥其微波干燥阶段的干燥速率明显高于热风干燥后期干燥速率。热风 - 微波联合干燥的香菇复水比好于热风干燥。热风 - 微波联合干燥和热风干燥 L^*、b^* 值差异显著，而 a^* 不显著。微波干燥的样品中甲醛含量最低	[11]
阴干、晒干、烘干、真空冷冻、微波干燥	沙棘果渣	对蛋白质含量影响最小的是室温阴干；真空电热干燥对黄酮含量破坏最小，经过真空电热干燥处理的沙棘果渣是室温阴干黄酮含量的 1.92 倍；经远红外快速干燥的沙棘果渣，能够较好地保存原花青素的含量，并使纤维化程度最低	[12]
冷冻干燥、微波真空干燥、喷雾干燥、变温压差膨化干燥及热风干燥技术	西兰花	喷雾干燥和真空冷冻干燥对粉体色泽保持效果最好，粉体维生素 C 保持较好；微波干燥后野菜外观好、时间短；喷雾干燥粉体粒径、跨度最小；变温压差膨化干燥和热风干燥粉体更有利于压片成型；真空冷冻干燥粉体持水、膨胀能力最强	[13]
微波、远红外、真空冷冻干燥	野菜	远红外干燥外观多泛黄，但可大量干燥；微波干燥，其干燥外观较好，干燥时间快，多为亮绿色，但大量干燥容易灼烧；冷冻干燥能够保持野菜原有的色泽，但干燥时间也较长	[14]
热风、真空、真空冷冻、微波	朝鲜蓟粉	自由黄酮含量大小顺序为微波组 > 冻干组 > 真空组 > 热风组，而热风组结合黄酮含量最高；4 种抗氧化评价体系表明微波组自由酚与结合酚抗氧化能力均大于另外 3 组；微波组干燥时间最短、所得制品堆积密度最大、持水性和持油性最好、粗脂肪含量最高	[15]
热风干燥与真空微波干燥	红枣蜜饯	红枣蜜饯热风干燥最初 2h 自由水含量显著降低，干燥后期自由水向组织内迁移减弱，最终不易流动水含量增加至 43.9%，自由水含量散失降至 55.99%；红枣蜜饯真空微波干燥过程中自由水快速向不易流动水迁移，6min 时自由水含量为 0，结合水含量降低，不易流动水含量高达 99.94%	[16]

概念检查 5.4

○ 真空干燥原理及其特点是什么？

第三节　食品在干制保藏中的品质变化

食品在干燥过程发生的变化涉及物理变化和化学变化等。

一、干燥时食品的物理变化

食品干燥过程中常出现的物理变化有干缩、干裂、表面硬化和多孔性形成等。

1. 干缩与干裂

食品在干燥时，因水分被除去而导致体积缩小，肌肉组织细胞的弹性部分或全部丧失的现象称为干缩。干缩程度与食品种类、干燥方法及条件等因素有关。一般情况下，含水量多、组织脆嫩者干缩程度大；而含水量少、纤维质食品的干缩程度较轻。与常规干燥制品相比，冷冻干燥制品几乎不发生干缩。在热风干燥时，高温干燥比低温干燥所引起的干缩更严重；缓慢干燥比快速干燥引起的干缩更严重。

干缩有两种情形，即均匀干缩和非均匀干缩。有充分弹性的细胞组织在均匀而缓慢地失水时，就产生了均匀干缩，否则就会发生非均匀干缩。干缩之后细胞组织的弹性都会或多或少地丧失掉，非均匀干缩还容易使干制品变得奇形怪状，影响其外观。

干缩之后有可能产生所谓的多孔性结构。当快速干燥时，由于食品表面干燥速度比内部水分迁移速度快得多，因而迅速干燥硬化。在内部继续干燥收缩时，内部应力将使组织与表层脱开，干制品中就会出现大量裂缝和孔隙，形成所谓的多孔性结构。

2. 表面硬化

表面硬化是指食品表面呈现干燥而内部仍软湿的现象。表面硬化会阻碍干燥过程中热量向食品内部传递和水分向表面迁移，从而使干燥速率下降，而且长期贮藏过程中，会使干制品内部水分缓慢渗出到干制品表面，引起干制品霉变。

引起表面硬化的原因有两种：其一，食品在干燥时，其溶质借助水分迁移不断在食品表层形成结晶，导致表面硬化；其二，由于食品表面干燥过于强烈，水分迅速蒸发，而内部水分又不能及时扩散到表面，因此表层就会迅速干燥而形成一层硬膜。前者常见于盐类较多的食品干燥中，比如干制初期某些水果表面上有含糖的黏质渗出物，可导致表面硬化现象的出现；后者与干燥条件有关，如温度太高或风速太快，是人为可控的现象，可通过提高干燥初期食品温度及干燥介质相对湿度来控制食品表层湿度的变化，从而消除表面硬化现象。

 概念检查 5.5

○ 如何预防干制过程中食品的表面硬化？

3. 物料内部多孔性的形成

快速干燥时物料表面硬化及其内部蒸气压的迅速建立会促使物料成为多孔性制品。膨化马铃薯正是利用外逸的蒸汽促使它膨化的。添加稳定性能较好的发泡剂并经搅打发泡可形成稳定泡沫状的液体或浆质体，经干燥后也能成为多孔性制品。真空干燥时提高真空度也会促使水分迅速蒸发并向外扩散，从而制成多孔性的制品。

干燥前经预处理使物料形成多孔性结构，有利于水分的传递，加速物料的干燥。不论采用何种干燥技术，多孔性食品能迅速复水或溶解，提高其食用的方便性，但也带来保藏性下降的问题。

4. 热塑性的出现

不少食品具有热塑性，即温度升高时会软化甚至有流动性，而冷却时变硬，具有玻璃体的性质。糖分及果肉成分高的果蔬汁就属于这类食品，例如橙汁或糖浆在平钢或输送带上干燥时，水分虽已全部蒸发掉，残留固体物质却仍像保持水分那样呈热塑性黏质状态，黏结在带上难以取下，而冷却时它会硬化成结晶体或无定形玻璃状而脆化，此时就便于取下。为此，大多数输送带式干燥设备内常设有冷却区。

二、干制过程食品的化学变化

1. 干制食品营养价值变化

脱水干燥后食品失去水分，故每单位重量干制食品中营养成分的含量反而增加。若将复水干制品和新鲜食品相比较，则与其他食品保藏方法一样，它的品质通常不如新鲜食品。

高温干燥引起蛋白质变性，使干制品复水性较差，颜色变深。脂肪在干燥过程发生的主要变化是氧化问题，含不饱和脂肪酸高的物料，干燥时间长，温度高时氧化变质较严重。通过干燥前添加抗氧化剂可明显降低氧化变质程度。糖类干燥过程的变化主要是降解和焦化，变化程度主要取决于温度和时间，以及糖类的构成。按照常规食品干燥条件，蛋白质、脂肪和糖类的营养价值下降并不是干燥的主要问题。

水果含有较丰富的糖类，而蛋白质和脂肪的含量却极少。果糖和葡萄糖在高温下易于分解，高温加热糖类含量较高的食品极易引起焦化；而缓慢晒干过程中初期的呼吸作用也会导致糖分分解。还原糖还会和氨基酸发生美拉德反应产生褐变等问题。动物组织内糖类含量低，除乳、蛋制品外，糖类的变化不至于成为干燥过程中的主要问题。高温脱水时脂肪氧化就比低温时严重得多，若事先添加抗氧化剂就能有效地控制脂肪氧化。

干燥过程会造成部分水溶性维生素被氧化，维生素损耗程度取决于干制前物料预处理条件及选用的脱水干燥方法和条件。维生素 C 和胡萝卜素易因氧化而遭受损失，核黄素对光极其敏感。硫胺素对热敏感，故干燥处理时常会有所损耗。胡萝卜素在日晒加工时损耗极大，在喷雾干燥时则损耗极少。水果晒干时维生素 C 损失也很大，但升华干燥却能将维生素 C 和其他营养素大量地保存下来。

日晒或人工干燥时，蔬菜中营养成分损耗程度大致和水果相似。加工时未经钝化酶的蔬菜中胡萝卜素损耗量可达 80%，采用最佳干燥方法处理，它的损耗量可下降到 5%。预煮处理时蔬菜中硫胺素的损耗量为 15%，而未经预处理其损耗量可达 3/4。维生素 C 在迅速干燥时的保存量则大于缓慢干燥，通常蔬菜中维生素 C 将在缓慢日晒干燥过程中损耗掉。

乳制品中维生素含量取决于原乳中的含量及其加工条件。滚筒或喷雾干燥能够较好地保存维生素 A；虽然滚筒或喷雾干燥中会出现硫胺素损失，但与一般果蔬干燥相比，它的损失量仍然比较低；核黄素的损失也如此。牛乳干燥时维生素 C 也有损耗，若选用升华和真空干燥，制品内维生素 C 保留量将和原乳大致相同。

通常干燥肉类中维生素含量略低于鲜肉。加工中硫胺素会有损失，高温干制时损失量比较大，而核黄素和烟酸的损失量比较少。

2. 干制过程对食品色素的影响

食品中的天然色素包括叶绿素、血红素、花色苷和类胡萝卜素等，容易在干制过程中发生变化，导致干制品色泽的改变。叶绿素和血红素都是四吡咯衍生物类的色素，分子结构中均由一个卟啉环和金属元素以配位键结合。在干制过程中，叶绿素容易失去镁原子，变成橄榄绿，而血红素容易变成暗红色。温度越高，花色苷降解速率越快，光会加速花色苷的降解。类胡萝卜素在一般加工和贮藏条件下是相对稳定的，但是高温、氧和光照均能使之分解褪色和异构化。

褐变反应是导致干制品色泽变化的另一个重要原因。对于酶促褐变，因为干制时的温度不足以破坏酶的活性，通常是在干制前进行湿热或化学钝化处理来防止酶促褐变。干制过程中常发生焦糖化作用、美拉德反应、抗坏血酸氧化等非酶褐变反应，导致干制品色泽加深，且糖、蛋白质、维生素 C 等营养物质由于参与了非酶褐变反应，也会受到损失。研究表明，无核白葡萄在干制过程中总酚含量总体呈降低趋势，在无核白葡萄出现明显褐变时总酚含量有所增加，同时褐变度明显上升。无核白葡萄中主要的酚类物质有 14 种，其中 6 种是酶促褐变的底物，分别为原花青素 B2、对羟基肉桂酸、儿茶素、反式 - 咖啡酸、顺式 - 白藜芦醇、阿魏酸，最主要的酶促褐变底物为儿茶素。

3. 干制过程中食品风味的变化

食品失去挥发性风味成分是脱水干燥常见的一种现象，如牛乳失去极微量的低级脂肪酸，特别是硫化甲基，虽然它的含量仅亿分之一，但其制品却已失去鲜乳风味。即使是低温干燥也会发生化学变化，出现食品变味的问题。例如奶油中的脂肪有 δ- 内酯形成时就会产生像太妃糖那样的风味，这种风味物质也存在于乳粉中。通常加工牛乳时所用的温度即使不高，蛋白质仍然会分解并有挥发硫放出。

要完全防止干燥过程风味物质损失是比较难的。有效的解决办法是在干燥过程，通过冷凝外逸的蒸汽（含有风味物质），再回加到干制食品中，尽可能保持制品的原有风味。此外，也可从其他来源取得香精或风味制剂再补充到干制品中；或干燥前在某些液态食品中添加树胶或其他包埋物质将风味物微胶囊化，以防止或减少风味损失。

食品脱水干燥设备的设计应当根据前述各种情况加以考虑，在干制速率最高、食品品质损耗最小、干制成本最低的情况下找出最合理的脱水干燥工艺条件。

第四节　干制食品包装与贮藏

一、干制食品包装及贮运前的处理

1. 包装前干制品的处理

干制后的产品一般不立即包装，根据产品的特性与要求，往往需要经过一些处理才进行包装。

（1）筛选分级　为了使产品合乎规定标准，便于包装，贯彻优质优价原则，对干制后的产品要进行筛选分级。干制品常用振动筛等分级设备进行筛选分级，剔除块、片和颗粒大小不合标准的产品，以提高商品质量。筛下的物质另作他用，碎屑物多被列为损耗。大小合格的产品还需进一步在移动速率为 $3\sim7m/min$ 的输送带上进行人工挑选，剔除杂质和变色、残缺或不良成品，并经磁铁吸除金属杂质。

（2）均湿处理或水分平衡　无论是自然干燥还是人工干燥方法制得的干制品，其各自所含的水分并不是均匀一致，而且在其内部也不是均匀分布，常需均湿处理，目的是使干制品内部水分均匀一致，使干制品变软，便于后续工序的处理。回软方式是将干制品堆积在密闭室内或容器内进行短暂贮藏，以便使水分在干制品之间进行扩散和重新分布，最后达到均匀一致的要求。一般水果干制品常需均湿处理，而脱水蔬菜一般不需这种处理。

（3）防虫　干制品尤其是果蔬干制品常有虫卵混杂其间，特别是采用自然干制的果蔬干制品和包装材料在包装前都应经过灭虫处理。

烟熏是控制干制品中昆虫和虫卵常用的方法，晒干的制品最好在离开晒场前进行烟熏。干制水果贮藏过程中常定期烟熏以防止虫害发生。甲基溴是近年来使用最多的一种有效的烟熏剂，它的爆炸性比较小而效力极强，对昆虫极毒，因而对人类也有毒。氧化乙烯和氧化丙烯即环氧化合物是目前常用的另一种烟熏剂，不过这些烟熏剂被禁止使用于高水分食品。因为在这种情况下有可能会产生有毒物质。表5-5列出了部分水果干制品的无机溴允许残留量。

表5-5　部分水果干制品的无机溴允许残留量

品名	无机溴允许残留量 $/\times10^{-6}$	品名	无机溴允许残留量 $/\times10^{-6}$
无花果	150	苹果干、杏干、桃干、梨干	30
葡萄干	150	李干	20
海藻干	100		

（4）压块　食品干制后重量减少较多，而体积缩小程度小，造成干制品体积膨松，不利于包装运输，因此在包装前，需经压缩处理，称之为压块。干制品若在产品不受损伤的情况下压缩成块，体积大为缩小，不仅有效地节省包装材料、装运和贮藏容积，而且减少了运输费用。另外产品紧密后还可降低包装袋内氧气含量，有利于防止氧化变质。

蔬菜干制品一般可在水压机中用块模压块。大规模生产中有专用的连续式压块机。蛋粉可用螺旋压榨机装填。流动性好的汤粉则可用制药厂常用的轧片机轧片。块模表面宜镀铬或镀镍，并应抛光，使用新模时表面还应涂上食用油脂作为滑润剂，减轻压块时摩擦，保证压块全面均匀地受到压力。压块时应注意破碎和碎屑的形成，压块的大小、形状、密度和内聚力，以及压块制品的耐藏性、复水性和食用品质等问题。干制品压块工艺条件及效果见表5-6。蔬菜干制水分低，质脆易碎，常用蒸汽加热 $20\sim30s$，促使其软化以方便压块并减少破碎率。

表5-6　干制品压块工艺条件及效果

干制品	形状	水分/%	温度/℃	最高压力/MPa	加压时间/s	压块前密度/(kg/m³)	压块后密度/(kg/m³)	体积缩减率/%
甜菜	丁状	4.6	65.6	8.19	0	400	1041	62
甘蓝	片	3.5	65.6	15.47	3	168	961	83
胡萝卜	丁状	4.5	65.6	27.94	3	300	1041	77
洋葱	薄片	4.0	54.4	4.75	0	131	801	76
马铃薯	丁状	14.0	65.6	5.46	3	368	801	54
甘薯	丁状	6.1	65.6	24.06	10	433	1041	58
苹果	块	1.8	54.4	8.19	0	320	1041	61
杏	半块	13.2	24.0	2.02	15	561	1201	53
桃	半块	10.7	24.0	2.02	30	577	1169	48

（5）干制品的干燥比和复水性　干制品一般都在复水（重新吸回水分）后才食用。干制品复水后恢复原来新鲜状态的程度是衡量干制品品质的重要指标。干制品的复原性就是干制品重新吸收水分后在重量、大小、形状、质地、颜色、风味、成分、结构以及其他可见因素等各个方面恢复原来新鲜状态的程度。在这些衡量品质的因素中，有些可进行定量衡量，而另一些只能用定性方法来表示。实际上，任何一种动植物性食物干制时，它们的某些特性经常由于物料内不可逆性变化而遭受损害。为此，选用和控制干制工艺必须遵循的准则就是尽可能减少因这类不可逆性变化所造成的损害。冷冻干燥制品复水迅速，基本上能恢复原来的一些物理性质，因而冷冻干燥已成为干燥技术进展的重要标志。

由表 5-7 可见，冻干蔬菜的复水时间短而且能使水分最大限度恢复。

表 5-7　冻干和热风干燥蔬菜复水性的比较

种类	样品重 /g		复水时间 /min		复水后质量 /g	
	热风干燥	冻干	热风干燥	冻干	热风干燥	冻干
油菜	12	12	50	30	49.3	169
洋葱	14.2	14.2	41	10	67	81.5
胡萝卜	35	35	110	11	136.3	223

为了研究和测定干制品复水性，国外曾制定过脱水蔬菜复水性的标准试验方法。可是用这种方法进行重复试验时，经长时间的浸水或煮沸后最高的吸水量和吸水率常会出现较大的差异。

复水试验主要是测定复水试样的沥干重。复水比（$R_复$）简单来说就是复水后沥干重（$G_复$）和干制品试样重（$G_干$）的比值。复水时干制品常会有一部分糖分和可溶性物质流失而失重。它的流失量并不少，但一般都不再予以考虑，否则就需要进行广泛的试验和仔细地进行复杂的质量平衡计算。

复重系数（$K_复$）就是复水后制品的沥干重（$G_复$）和同样干制品试样量在干制前的相应原料重（$G_原$）之比。

$$K_复 = \frac{G_复}{G_原} \times 100\% \tag{5-7}$$

只有在已知同样干制品试样量在干制前相应原料重（$G_原$）的情况下才能计算复重系数，但在一般情况下 $G_原$ 却为未知数，因此，只有根据干制品试样重（$G_干$）以及原料和干制品的水分（$W_原$ 和 $W_干$）等一般可知数据来进行计算。

$$G_原 = \frac{G_干 - G_干 W_干}{1 - W_原} \tag{5-8}$$

复重系数（$K_复$）也是干制品复水比和干燥比的比值。其式如下：

$$K_复 = \frac{R_复}{R_干} = \frac{G_复/G_干}{G_原/G_干} \times 100\% \tag{5-9}$$

由于 $R_复$ 总是小于或等于 $R_干$，因此 $K_复 \leqslant 1$。$K_复$ 越接近 1，表明干制品在干制过程中所受损害越轻，质量越好。

2. 干制品包装

干制食品的处理和包装应在低温、干燥、清洁和通风良好的环境中进行，最好能进行空气调节并将相对湿度维持在 30% 以下；与工厂其他部门相距应尽可能远些；门、窗应装有窗纱，以防止室外灰尘和害虫侵入。干制品的耐藏期受包装影响极大，干制品的包装应能达到下列要求：

① 能防止干制品吸湿回潮以免结块和长霉，包装材料在 90% 相对湿度中，每年水分增加量不超过 2%；

② 能防止外界空气、灰尘、虫、鼠和微生物以及气味等入侵；

③ 不透外界光线；

④ 贮藏、搬运和销售过程中具有耐久牢固的特点，能维护容器原有特性，包装容器在 30 ～ 100cm 高处落下 120 ～ 200 次而不会破损，在高温、高湿或浸水和雨淋的情况下也不会破烂；

⑤ 包装的大小、形状和外观应有利于商品的推销；

⑥ 与食品相接触的包装材料应符合食品卫生要求，并且不会导致食品变性、变质；

⑦ 包装费用应做到低廉或合理；

⑧ 对于防湿或防氧化要求高的干制品，除包装材料要符合要求外，还需要在包装内另加小包装的干燥剂、吸氧剂，以及采取充氮气、抽真空等措施。

常用的包装材料和容器有：金属罐、木箱、纸箱、聚乙烯袋、复合薄膜袋等。一般内包装多用有防潮作用的材料如聚乙烯、聚丙烯、复合薄膜、防潮纸等；外包装多用起支撑保护及遮光作用的金属罐、木箱、纸箱等。根据《食品安全国家标准　食品接触材料及制品用添加剂使用标准》（GB 9685—2016）的规定，表 5-8 总结了各种包装材料和容器的应用范围和优缺点。

表 5-8　各种食品包装材料和容器的特点

	名称	应用范围	优点	缺点
容器	纸箱和纸盒	大多数干制品，如包装点心、茶叶、乳制品、糖果	加工性能好，印刷性能优良，有一定机械性能，便于复合加工，卫生安全，原料来源广泛，成本低，可回收，无白色污染	储藏搬运时易受害虫侵扰和不防潮（即透湿）
	玻璃材质	酒类、饮料、调味品等	质地通透性好，材质环保无毒无味、美观洁净、密封性好、价格低廉，可重复利用。耐热，不易变形，易于清洗	自身质量较大、易碎，导致运输成本高、不易印刷
	塑料包装	方便面、冷冻食品	材料性能可塑性高，成本更低廉，运输方便	密封性较差，所装物品容易变质或发生其他化学变化，降低产品的保质期与口味，不环保
	金属材料	罐装饮料、奶粉、肉罐头制品、坚果等	有利于防止氧化变质和消灭害虫或阻止它的生长	化学稳定性差，耐碱能力差，内涂料质量差或工艺不过关，都会使饮料变味。经济性不高
	陶瓷包装	酒、咸菜等	耐火、耐热、隔热性好，原材料丰富，废弃物不污染环境	耐冲击性差、易碎，陶瓷不透明，且一般不重复使用
内包装	聚乙烯	糖果、糕点、茶叶、饼干等	阻水阻湿性好、良好的化学稳定性、柔韧性好、本身无毒	光泽度、透明度不高，阻气阻有机蒸气的性能差，耐高温性能差
	复合铝塑袋	调味料、奶粉等	隔绝性好，充入惰性气体可延长保质期	机械强度低
	聚丙烯	糖溶液浸渍水果	阻水阻湿性好、良好的化学稳定性、热封性高于复合铝塑袋	光泽度、透明度不高，阻气阻有机蒸气的性能差
外包装	聚苯乙烯（PS）和 K- 树脂	主要制成透明食品盒、水果盘、小餐具	机械性能好，具有较高的刚硬性，透明度、光泽度好，成型加工性好。易着色和表面印刷	耐热性差，易被有机溶剂（如烃类、脂类等）腐蚀
	彩印纸、蜡纸、纤维膜或铝箔	容器的外包装	易着色和表面印刷	光泽度、透明度不高

二、干制品贮藏

合理包装的干制品受环境因素的影响较小，未经特殊包装或密封包装的干制品在不良环境因素的作

用下容易发生变质。良好的贮藏环境是保证干制品耐藏性的重要条件。影响干制品贮藏效果的因素很多，如原料的选择与处理、干制品含水量、包装、贮藏条件及贮藏技术等。

选择新鲜完好、充分成熟的原料，经充分清洗干净然后再干燥，能提高干制品的保藏效果。烫漂处理能更好地保持蔬菜干制品的色、香、味，并可减轻其在贮藏中的吸湿性。熏硫处理则有利于保色和避免微生物或害虫的侵染危害。

干制品含水量对保藏效果影响很大。一般在不损害干制品质量的条件下，含水量越低保藏效果愈好。蔬菜干制品因多数为复水后食用，因此除个别产品外，多数产品应尽量降低其水分含量。当水分含量低于 6% 时，则可以大大减轻贮藏期的变色和维生素损失。反之，当含水量大于 8% 时，则大多数种类干制蔬菜的保藏期将缩短。水果干制品因组织厚韧，可溶性固形物含量高，多数产品干制后直接食用，所以干燥后含水量较高，通常在 10%～15% 以上，也有高达 25% 左右的产品。干制品的水分还将随它所接触的空气温度和相对湿度的变化而异，其中相对湿度为主要决定因素。干制品水分低于它与周围空气的温度及相对湿度相对应的平衡水分时，它的水分将会增加。

高温贮藏会加速高水分乳粉中蛋白质和乳糖间的反应，导致产品的颜色、香味和溶解度发生不良变化。温度每增加 10℃，蔬菜干制品中褐变的速率加速 3～7 倍。贮藏温度为 0℃ 时，褐变就受到遏制，而且在该温度时所能保持的 SO_2、抗坏血酸和胡萝卜素含量也比 4～5℃ 时多。

光线也会促使果干变色并失去香味。研究发现在透光贮藏过程中，和空气接触的乳粉会因脂肪氧化加速风味恶化，而且它的食用价值下降程度与物料从光线中所得的总能量有一定关系。

上述各种情况充分表明，干制品必须贮藏在光线较暗、干燥和低温的地方。贮藏温度愈低，干制品的保存期也愈长，以 0～2℃ 为最好，最高温度不宜超过 10～14℃。空气愈干燥愈好，相对湿度最好在 65% 以下。干制品如用不透光包装材料包装时，光线不再成为重要因素，因而就没有必要贮存在较暗的地方。贮藏干制品的库房要求干燥、通风良好、清洁卫生。此外，干制品贮藏时防止虫鼠也是保证干制品品质的重要措施。堆码时，应注意留有空隙和走道，以利于通风和管理操作。要根据干制品的特性，保持库内一定的温度、湿度，定期检查产品质量。

参考文献

[1]　王仕琪. 花生干燥过程中湿热传递机理及实验研究[D]. 郑州: 河南工业大学, 2020.

[2]　张瑞迪, 王若兰, 黄亚伟, 等. 大豆结露过程中湿热传递规律研究[J]. 中国粮油学报, 2021, 36(09):145-150.

[3]　魏硕, 陈鹏枭, 谢为俊, 等. 基于三维湿热传递的玉米籽粒干燥应力裂纹预测[J]. 农业工程学报, 2019, 35(23): 296-304, 319.

[4]　刘文磊. 静态储藏下玉米粮堆热湿耦合的数值模拟与实验研究[D]. 郑州: 河南工业大学, 2020.

[5]　高福成. 食品的干燥及其设备[M]. 北京: 中国食品出版社, 1987.

[6] 唐毓玮, 龙凌云, 毛立彦, 等. 干燥方式对睡莲花茶多酚及其抗氧化性的影响[J]. 食品研究与开发, 2020, 41(11): 59-65.

[7] 王红利, 郁志芳. 不同干燥方式对甘蓝理化性质和抗氧化活性的影响[J]. 食品工业技术, 2020, 41(21): 81-86.

[8] 高伦江, 曾顺德, 李晶, 等. 热风微波联合干制对香菇品质及风味的影响[J]. 食品工业科技, 2017, 38(21): 80-83, 240.

[9] 张春媛. 不同干燥方法对沙棘果渣营养成分的影响[J]. 绿色科技, 2021, 23(12):169-171.

[10] 张明, 吴茂玉, 杨立风, 等. 不同干燥方式对西兰花老茎粉体物理性质及营养品质的影响[J]. 食品科技, 2018, 43(10): 60-66.

[11] 张九东, 徐伟君, 范才明. 野菜的干燥方法比较研究[J]. 现代园艺, 2021, 44(21): 21-22, 25.

[12] 王振帅, 盛怀宇, 陈善敏, 等. 不同干燥方法对朝鲜蓟粉多酚、抗氧化性及香气成分的影响[J]. 食品与发酵工业, 2019, 45(23): 149-156.

[13] 张江宁, 柳青, 丁卫英, 张玲, 叶峥, 杨春. 不同干燥方法下红枣蜜饯水分状态变化研究[J]. 保鲜与加工, 2021, 21(10):64-68.

[14] 范小平, 王雅君, 邹子爵, 等. 食品物料的收缩变形特性及其对干燥过程的影响[J]. 食品工业, 2018, 39(09):227-231.

[15] 侯芳, 高红辉. 微波处理对食品营养成分的影响研究[J]. 食品安全导刊, 2021, (03):141-142.

[16] 李晓丽, 陈计峦, 范盈盈, 等. 无核白葡萄干制过程中酚类物质的变化及其与褐变的关系[J]. 食品科学, 2019, 40(07):27-32.

[17] 中华人民共和国国家卫生和计划生育委员会. GB 9658—2016食品安全国家标准　食品接触材料及制品用添加剂使用标准 [S]. 北京: 中国标准出版社, 2016.

[18] 李兵, 姜洋, 檀礼义, 等. 果蔬运输保温包装箱的研究[J]. 包装与食品机械, 2020, 38(04):38-43.

[19] 曾名湧. 食品保藏原理与技术[M]. 青岛:青岛海洋大学出版社, 2000.

[20] Anukiruthika T, Moses J A, Anandharamakrishnan C. Electrohydrodynamic drying of foods: Principle, applications, and prospects[J]. Journal of Food Engineering, 2021: 295-307.

[21] Li X, Wu M, Xiao M, et al.通过四种不同的干燥方式制备β-胡萝卜素微胶囊[J]. Journal of Zhejiang University-Science B(Biomedicine & Biotechnology), 2019, 20(11): 901-909.

总结

○ **食品干制的基本过程**
- 食品干制的基本过程即为食品湿物料中水分含量、食品温度与食品干燥速率变化的过程，可从食品的干燥曲线、干燥速率曲线及食品温度曲线进行分析描述。
- 食品干燥曲线和食品温度曲线分别表示食品中绝对水分含量和食品温度与干燥时间的关系。食品干燥速率曲线表示干制过程中任何时间干燥速率的变化，包含升率干燥阶段、恒率干燥阶段和降率干燥阶段。食品干制就是尽可能维持恒率干燥阶段，加快干制过程。

○ **恒率干燥阶段**
- 食品干制过程中，随着热量传递，干燥速率很快达到最高值，然后稳定不变，此为恒率干燥阶段，此时水分从内部转移到表面的速率大于或等于水分从表面扩散到空气中的速率。
- 干制过程中食品内部水分扩散大于食品表面水分蒸发或外部水分扩散，则恒率干燥阶段可以延长；若内部水分扩散速率低于表面水分扩散，则不存在恒率干燥阶段。

○ **导湿性与导湿温性**
- 食品干制过程中，水蒸气从食品表面向周围介质扩散，表面湿含量下降，由内向外，形成水分梯度，水分顺水分梯度从高水分向低水分处转移或扩散的现象即为导湿性，可用导湿系数 K 来表示。
- 导湿系数 K 在干燥过程中并非稳定不变，一般随物料水分含量和温度而异。
- 食品干制过程中，食品表面受热高于它的中心，在物料内部会建立一定的温度梯度，温度梯度将促使水分从高温向低温处逆水分梯度转移，即为导湿温性，主要因水分子的热扩散、毛细管导热和空

气受热膨胀等引起，可用导湿温系数来表示。

- 若导湿性大于导湿温性，干燥正常进行；若导湿温性大于导湿性，干燥难于进行。

○ 影响食品湿热转移的主要因素

- 食品湿热转移受食品表面积、传热介质温度、空气流速、空气相对湿度、大气压力和蒸发速度等因素的影响。
- 一般增大食品表面积，提升传热介质温度、空气流速和蒸发速度，降低空气相对湿度和大气压力可加快食品干制过程。

○ 顺流干燥与逆流干燥

- 顺流干燥是湿物料与热空气流动方向一致，逆流干燥是湿物料与热空气流动方向相反。
- 顺流干燥中湿物料与干热空气相遇，水分蒸发快，可允许使用更高一些的空气温度加速水分蒸发而不至于焦化，干端处则与低温高湿空气相遇，水分蒸发缓慢，干制品平衡水分增加，不适合干制吸湿性较强的食品。
- 逆流干燥中，湿物料遇到的是低温高湿空气，蒸发速率较慢，不易出现表面硬化和干裂现象，干端处食品物料已接近干燥，干物料的停留时间不宜过长，温度不宜过高，否则容易焦化。

○ 喷雾干燥

- 喷雾干燥是采用雾化器将料液分散为雾滴，并用热空气干燥雾滴而完成脱水的干燥过程。主要设备包含雾化系统、空气加热系统、干燥室、粉末分离系统等。
- 雾化是喷雾干燥的关键，常采用压力喷雾或离心喷雾完成雾化过程。
- 喷雾干燥蒸发面积大，干燥时间短，可连续化生产，但单位产品耗热量大，设备的热效率低。

○ 冷冻干燥

- 冷冻干燥是一种特殊形式的真空干燥，水分从冰晶体直接升华成水蒸气，保留了真空干燥在低温和缺氧状态下干燥的优点，是真空条件下的升华干燥。
- 冷冻干燥适用于热敏性和易氧化食品的干燥，减缓物料受到的热损害和氧化损害，避免了物料收缩、变形以及表面硬化。
- 可以采用提高导热性、改变干燥室内压力和温度、减小已干层厚度和改进低温冷凝方法等加快冷冻干燥过程。
- 冷冻干燥食品在干燥前需要先冻结，具有稳定的骨架架构，利于多孔结构的形成，具有理想的速溶性和快速复水性，热能利用率高，但费用高，成本高。

○ 食品干缩和表面硬化

- 干缩是食品物料失去弹性时出现的一种变化。干制过程中，食品难于达到线性收缩，会出现水分除去、体积缩小的干缩现象。
- 表面硬化即食品表面干燥而内部仍呈现湿软的状态，原因主要是溶质迁移或升温快，蒸发强烈，表面形成干燥膜引起，可通过提高相对湿度或改进干燥方式（如顺流干燥）来避免或减轻。

课后练习

一、判断正误题

1. 物料表面积越大，热能需求越多，越难于干燥。（　　　）
2. 恒率干燥阶段制品水分含量不再发生变化。（　　　）
3. 只要干制时间足够长，干制品的水分含量可趋向于0。（　　　）
4. 有的干燥不存在恒率干燥阶段。（　　　）
5. 一般情况下，干制品的收缩是线性收缩。（　　　）
6. 顺流干燥时，干制品水分含量一般偏高。（　　　）
7. 升率干燥阶段比恒率干燥阶段水分转移快。（　　　）
8. 冷冻干燥时冷阱温度与干燥室温度必须相同。（　　　）
9. 逆流干燥比顺流干燥好。（　　　）

二、选择题

1. 干燥速率最大的阶段是（　　　）。
A. 升率干燥阶段　　　　B. 恒率干燥阶段　　　　C. 降率干燥阶段　　　　D. 干燥开始阶段
2. 喷雾干燥属于（　　　）。
A. 对流干燥　　　　B. 接触干燥　　　　C. 冷冻干燥　　　　D. 辐射干燥
3. 滚筒干燥属于（　　　）。
A. 对流干燥　　　　B. 接触干燥　　　　C. 冷冻干燥　　　　D. 辐射干燥
4. 加工冷冻干燥的技术措施有（　　　）。
A. 减少已干层厚度　　B. 升高温度　　　　C. 降低冷阱温度　　　　D. 提高真空度

三、问答题

1. 食品干制的基本过程如何？请从干燥曲线、食品温度曲线、干燥速率曲线变化进行描述。
2. 食品喷雾干燥的基本原理与特点是什么？
3. 食品冷冻干燥的基本原理与特点是什么？

第五章

↘ 能力拓展

○ **进行调查研究，培养项目管理与沟通交流能力**

● 围绕干制果蔬制品发展现状与趋势进行调查研究，撰写调查研究分析报告。调研方法可通过实地走访、抽样调查、电话访谈、深度面访、固定样本连续调查等进行，调研对象可包括果蔬制品从业企业、渠道商、上游供应商、下游用户、行业协会、专家、学者等，官方机构数据资料可查阅国家统计局、海关总署、商务部、发改委、行业协会、工商税务等。

● 拓展学习食品工程管理原理、商业规则和经济决策方法，培养项目评估、项目管理与决策能力。

● 就问题解决方案，与业界同行、社会公众进行有效沟通，搜集记录交流信息，评价问题解决方案的优势与局限性并获得有效结论。

第六章　食品辐照保藏技术

辐照食品标志

　　食品辐照保藏技术于20世纪50年代问世，目前世界上已有35个国家批准了30多种食品的辐射加工标准。1980年联合国粮农组织（FAO）、世界卫生组织（WHO）、国际原子能机构组织（IAEA）的辐照食品卫生安全联合专家委员会的决定表明，辐照剂量为10kGy以下的食品，不会引起任何毒理学危害。我国根据现行的GB14891.1 ~ GB14891.8标准，目前允许应用辐照技术处理的食品种类包括熟畜禽肉类、花粉、干果果脯类、香辛料类、新鲜水果、蔬菜类、猪肉、冷冻包装畜禽肉类、豆类、谷类及其制品等。你遇到过辐照食品吗？你对辐照食品有什么看法？

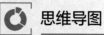

思维导图

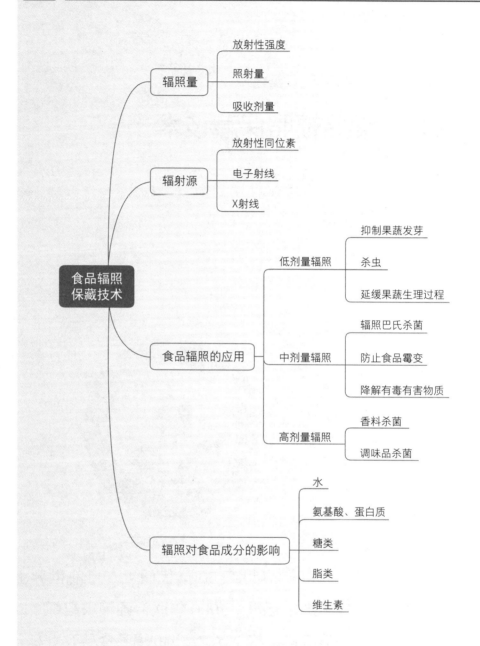

为什么要学习"食品辐照保藏技术"？

在日常生活中，我们经常会遇到马铃薯、大蒜、生姜因发芽问题而造成其商品价值丧失，一些干果、调味品及生鲜食品也难以采用热杀菌的方式控制其表面的腐败微生物与病原微生物，而辐照作为一种冷杀菌技术可满足此类食品的杀菌需求。但食品辐照多采用放射性同位素 ^{137}Cs、^{60}Co 和 γ 射线、X 射线等，因此，引起很多消费者"辐照恐慌"和"谈辐照而色变"。辐照食品真的不安全吗？人们食用辐照食品会影响身体健康吗？学习食品辐照保藏技术有助于正确理解辐照食品与核污染食品，有助于消除消费者的辐照恐慌，有助于食品辐照保藏新技术的推广应用。

👁 学习目标

○ 了解食品辐射源的分类及特点，知晓辐照处理对食品成分的影响；
○ 理解辐照的双刃剑作用，归纳总结辐照对食品品质的影响及控制措施；
○ 应用批判性思维，合理阐述辐照食品的卫生安全性；正确认识辐照食品，客观评价辐照食品的发展前景。

第一节　概述

食品辐照是利用电离辐射在食品中产生的辐射化学与辐射微生物学效应来达到抑制发芽、延迟或促进成熟、杀虫、杀菌、灭菌和防腐等目的的辐照过程（GB18524—2016《食品辐照加工卫生规范》）。

一、辐照保藏的特点

食品辐照是一种新型、有效的"冷"灭菌方法，与传统的加工保藏技术如加热杀菌、化学防腐、冷冻、干制等相比，辐照处理是物理加工过程，食品温度几乎不会升高（<2℃），不会留下任何残留物。辐照技术的另一个特点就是穿透力强，杀虫、灭菌彻底，对不适用于加热、熏蒸的食品（谷物、果实、冻肉等）中的害虫、寄生虫和微生物，辐照能够起到化学药品和其他处理方式所不能及的作用。同时，辐照保藏方法能节约能源，据国际原子能组织（IAEA）报告，单位食品冷藏时需要消耗的最低能量为324.4kJ/kg，巴氏消毒为829.14kJ/kg，热消毒为1081.5kJ/kg，脱水处理为2533.5kJ/kg，而辐照消毒为22.7kJ/kg，辐照巴氏消毒仅需2.74kJ/kg。

然而，辐照处理也存在一定的缺点，主要包括：①在杀菌剂量的照射下，食品中的酶不能完全被钝化；②敏感性强的食品和经高剂量辐照的食品可能会发生不愉快的感官性质变化；③辐照保藏方法不适用于所有食品，要选择性地应用；④要对辐射源进行充分遮蔽，必须经常对辐照区和工作人员进行监测检查。

食品保藏原理与技术　第三版

二、国内外食品辐照技术的应用概况

辐照食品研究自 20 世纪 40 年代开始，1963 年美国食品及药品管理局（FDA）允许辐照用于香料杀菌与灭虫、果蔬保藏。苏联政府在 1958 年就批准了辐照马铃薯供人食用。日本、荷兰、英国、法国、加拿大、比利时、意大利及东欧一些国家从 20 世纪 50 年代也开始辐照抑制发芽、灭菌和杀虫的研究。目前，辐照技术作为能够有效提高食品安全和延长货架期的技术已被全世界 50 多个国家批准使用。

我国自 20 世纪 50 年代以来开展了辐照食品的生产工艺、卫生安全、辐射装置、剂量检测及卫生标准等方面的研究。2005 年我国生产的辐照食品数量达到 14.5 万吨，占全世界产量的 36%，居全世界首位。表 6-1 中列出了我国允许采用辐照加工的食品及其相关卫生标准。

表 6-1　我国辐照食品的 8 项卫生标准（哈益明等，2015）

允许辐照食品种类	允许辐照剂量	标准	适用商品
熟畜禽肉类	低于 8kGy	GB14891.1—1997	猪肉、牛肉、鸡鸭肉
花粉类	低于 8kGy	GB14891.2—1994	玉米、荞麦、高粱、芝麻、油菜、向日葵、紫云英的蜜源的纯花粉及混合花粉
干果果脯类	0.4 ~ 1.0kGy	GB14891.3—1997	花生仁、桂圆、空心莲、核桃、生杏仁、红枣、桃脯、山楂脯及其他果脯类
香辛料类	低于 10kGy	GB14891.4—1997	所有品种
新鲜水果、蔬菜	低于 1.5kGy	GB14891.5—1997	土豆、洋葱、西红柿、苹果等 17 种
猪肉	低于 0.65kGy	GB14891.6—1994	鲜猪肉
冷冻包装畜禽肉	低于 2.5kGy	GB14891.7—1997	预包装的猪肉、牛肉、鸡胸肉
豆类、谷类及其制品	豆类低于 0.2kGy，谷类 0.4 ~ 0.6kGy	GB14891.8—1997	豆类、谷类及其制品

三、辐照技术原理

辐照本质上是能量传递的过程，其原理是利用原子能量以电磁波的形式穿透物体，导致被辐照物质中的分子、离子或自由基被激活，使得物质内部结构发生变化，例如通过直接或者间接作用引起蛋白质、脂类等分子中化学键的断裂及微生物 DNA、RNA 序列中的碱基发生改变等，从而导致微生物死亡。辐照使食品中的生物体产生物理、化学反应，发生生物变化从而损害细胞内的遗传物质，有效地阻止生物体继续生存，最终实现杀菌、杀虫、抑制新陈代谢和生长发育、延长货架期、减少损失的目的。

四、辐照量及单位

1. 放射性强度

又称放射性活度，是度量放射性强弱的物理量。采用的单位有居里

（Curie，Ci）、贝可勒尔（Becqurel，Bq）和克镭当量等，其中贝可为国际单位。

2. 照射量

是用来度量 X 射线或 γ 射线在空气中电离能力的物理量，使用单位有伦琴（Röntgen，R）和库仑 / 千克（C/kg），其中库仑 / 千克为国际单位。

3. 吸收剂量

指照射物质所吸收的射线能量，国际单位为戈瑞（Gy），非法定单位为拉德（rad，1Gy=100rad）。

照射量与吸收剂量的意义完全不同。照射量只能作为 X 射线或 γ 射线辐射场的量度，而吸收剂量则可以用于任何类型的电离辐射，反映被照射介质吸收辐射能量的程度。对于同种类、同能量的射线和同一种被照射物质来说，吸收剂量与照射量成正比。

第二节　辐照对食品成分的影响

利用放射线对食品进行杀菌、杀虫等处理的同时，食品成分，包括水、蛋白质、糖类、脂类及维生素等也会受到影响，分述如下。

一、水

水分子对辐照很敏感，当它接受了射线的能量后，水分子首先被激活，然后由活化的水分子与食品中的其他成分发生反应。水辐射的最后产物是氢气和过氧化氢等，其形成机制很复杂。现已知的中间产物主要有水合电子（e_{aq}）、氢氧自由基（OH·）、氢自由基（H·）、过氧化氢等。水辐照后的辐解产物是食品中最重要、最活跃的因素。过氧化氢是一种强氧化剂和生物毒素；水合电子是一种还原剂；氢氧自由基是一种氧化剂；氢自由基有时是氧化剂，有时是还原剂。在稀溶液或含水的食品中，食品中其他组分与水辐解的离子和自由基相互作用，发生氧化还原反应，导致食品组分的化学变化。

 概念检查 6.1

○ 水经辐照后产生的辐照产物有哪些？

二、氨基酸、蛋白质

1. 氨基酸

若辐照干燥状态的氨基酸，主要发生脱氨基作用而产生氨，而辐照氨基酸水溶液时就要受到水分子辐照的间接效应的影响。具有环状结构的氨基酸，可能会发生环上断裂现象，有的氨基酸还可能形成胺

类、CO_2、脂类及其他酸类等。用放射线照射氨基酸时发现，氨基酸种类、放射线剂量的不同以及有无氧气和水分，所得的生成物及其收率均有所不同。芳香族及多环氨基酸对放射线的敏感性，一般按组氨酸 > 苯丙氨酸 > 色氨酸的顺序递减。

2. 蛋白质

由于放射线的作用，食品中蛋白质的一级结构、二级或三级结构会发生变化，例如巯基氧化、脱氨、脱羧以及苯酚和多环氨基酸自由基的氧化反应，产生分子变形、凝聚、黏度降低、溶解度变化等现象。在水产、小麦、牛奶等食品中，辐照会导致蛋白质发生不同程度的变性。如水产品即使用低剂量照射时，也会出现游离氨基酸增加、褐变、酶促反应等问题；而牛奶经照射后风味有显著变化，巯基、二硫键及黏度也明显增加；卵清黏度则降低；小麦蛋白（面筋）的吸水性能降低，酶的消化性增强。

总的来说，在辐照剂量低于 10kGy 时，辐照对食品中蛋白质的影响不大。

三、糖类

辐照处理低分子糖类时，随着照射剂量增加，糖的旋光度减少，而且发生褐变，还原性以及吸收光谱等均发生变化，低聚糖可降解成为单糖。另外，还有 H_2、CO、CO_2、CH_4 等气体生成。

多聚糖如淀粉、纤维素等辐照后可被降解成葡萄糖、麦芽糖、糊精等。在植物组织中的果胶质会发生解聚现象，使组织变软。动物组织中的糖原会由于辐照而断裂成小分子。多糖类经放射线照射后会发生熔点降低、旋光度减少、吸收光谱变化、褐变及结构变化等现象。在低于 200kGy 剂量的照射下，淀粉粒的结构几乎没有变化，但研究发现，直链淀粉、支链淀粉等的分子量和碳链长度会降低，如直链淀粉经 $0 \sim 100$kGy 照射后，其平均聚合度由 1700 降为 350。

需要指出的是，在照射食品体系时，由于食品中多种成分的相互保护作用，以及在食品辐照中辐照剂量大多控制在 10kGy 以下，糖类的辐解产物是极其微量的。

四、脂类

脂类对辐射十分敏感。辐照可以诱导脂肪加速自动氧化和水解反应，导致令人不快的感官变化和必需脂肪酸的减少，而且辐射后过氧化物的出现对敏感性食物成分如维生素有不利影响。研究表明，辐射产生的令人不快的气味与脂肪氧化程度并没有直接关系，而是与辐射产生的挥发性成分有直接关系。

脂肪辐照后的变化幅度和性状取决于被辐照食品的组成、脂肪类型、不饱和脂肪酸含量、辐射剂量和氧存在与否等。一般来说，饱和脂肪相对稳定，不饱和脂肪则容易发生氧化；氧化程度与辐射剂量大小成正比；当有氧存在时，脂肪则发生典型的连锁反应。与植物脂肪相比，动物脂肪对自动氧化具有较高的抗性，表现出很高的稳定性。大量试验表明，在剂量低于 50kGy 时，正常的辐照条件下，脂肪只发生非常微小的变化。

五、维生素

维生素对辐照很敏感，其损失量取决于辐照剂量、温度、氧气和食品种类。一般来说，低温缺氧条件和低温密封状态下辐照均可减少维生素的损失。

不同维生素受辐射的影响程度不同。脂溶性维生素对辐照均很敏感，尤其是维生素 E 及维生素 A 的放射线敏感性最高。维生素 A 对辐照和自动氧化比较敏感，一般把维生素 A 作为评判脂肪辐照程度的标准。脂溶性维生素对辐照的敏感性从大到小顺序为：维生素 E＞胡萝卜素＞维生素 A＞维生素 K＞维生素 D。水溶性维生素对辐照的敏感性从大到小顺序为：硫胺素＞抗坏血酸＞吡哆醇＞核黄素＞叶酸＞钴胺素＞尼克酸。水溶性维生素对辐照的敏感性主要取决于它们是处在水溶液中，还是在食品中，或者它们是否受食品中其他化学物质所保护，其中包括维生素彼此的保护作用。一般维生素在复杂体系或食品中的稳定性比在单纯溶液中的高。

研究表明，辐照对食品中营养成分的影响远小于烹调。事实上，所有加工和保藏方法都减少了食品中的某些营养成分。一般来说，低剂量辐照（<10kGy）时，营养成分的减少测定不出来或者测定无意义；高剂量辐照（>100kGy）时，营养成分的损失要比烹调和冷藏的小。对大部分食品来说，使用较低剂量的辐照后，其感官和温度都不会有明显变化；而使用较高剂量辐照后，辐照食品的温度会有微小变化，而感官则会有显著变化，如气味和颜色。

第三节 辐照技术在食品保藏中的应用

一、辐射源

用于食品辐照处理的辐射源主要有两种：放射性同位素和电子加速器。

1. 放射性同位素

在核反应堆中产生的天然放射性元素和人工感应放射性同位素，会在衰变过程中发射各种放射物和能量粒子，包括 α 粒子、β 粒子或射线、γ 光子或射线以及中子。在食品辐照处理中使用的射线首先要具有良好的穿透力，不仅能够抑制食品表面的微生物和酶，而且产生的这种作用能够深入到食品内部，同时，又不会因散射能量太高使食品中的原子结构破坏和使食品产生放射性。食品辐照处理上用得最多的 γ 射线，辐射源是 ^{60}Co 和 ^{137}Cs，但放射性元素射线源自然衰变过程不可控、能量利用率低、废源处理难、对环境污染重等缺陷限制了 γ 射线辐照在食品领域的发展。

2. 电子加速器

电子加速器（简称加速器）是用电磁场使电子获得较高能量，将电能转变成射线（高能电子射

线、X 射线）的装置。电子加速器可以作为电子射线（≤ 10MeV）和 X 射线（≤ 5MeV）的两用辐射源。

目前用于食品辐照处理的电子加速器主要有高频高压加速器（地那米加速器）、Rhodotron 加速器和电子直线加速器等。电子加速器系统包括辐射源、电子束扫描装置和有关装置（如真空系统、绝缘气体系统、电源等）。图 6-1 为 ESS-010-03 型电子加速器系统工作图。

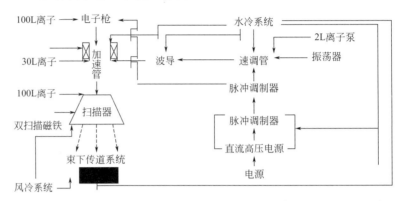

图 6-1　ESS-010-03 型电子加速器系统工作图（范林林等，2014）

（1）电子射线　电子射线又称电子流、电子束，是经过电子加速器加速而产生的高能电子束，目前应用于食品领域的电子束一般小于或等于 10MeV（表 6-2）。电子束辐照效率高，与 γ 射线辐照相比，能源利用率能够达到 60%，剂量分布均匀，不易发生泄漏，具有处理时间短、无放射性废物、高剂量率、辐射安全等优势。但其穿透力较弱，仅能达到食品表面的 5 ～ 10cm。

表 6-2　电子束分类及应用范围（王媛等，2021）

分类	能量 /MeV	应用范围
低能电子束	0.1 ～ 1	表面杀菌、无菌包装、食品包装材料修饰
中能电子束	1 ～ 5	表面杀菌、特殊食品包装的巴氏杀菌、食品包装材料修饰
高能电子束	5 ～ 10	食品及农产品杀菌、巴氏杀菌、食品工业废物处理

（2）X 射线　它是利用电子加速器产生的高速电子轰击金属靶产生的，一般能量≤ 5MeV，不仅较好地利用了电子加速器的可控性和无放射源的特点，同时又具有较强的穿透能力，适用于厚物品和大型包装物的辐照加工。当电子加速器上装有 X 射线转换靶时，可根据辐照产品的要求，选择电子束或 X 射线进行辐照加工。

二、食品辐照加工工艺流程

食品辐照加工工艺流程如图 6-2 所示。

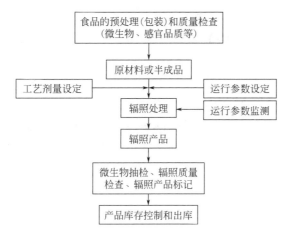

图6-2 食品辐照加工工艺流程（汪勋清等，2005）

三、食品辐照的应用

根据不同辐照保藏的目的，以及拟达到辐照目的的平均辐照剂量，用不同剂量处理各种食品可以产生不同效果。一般按其照射剂量可分为低剂量（1kGy以下）、中剂量（1～10kGy）和高剂量（10kGy以上）辐照三类。

1. 低剂量辐照

（1）抑制发芽　蔬菜、水果在采后仍是有机活体，仍然在进行呼吸和成熟，在保存过程中可能还会发芽生长（如土豆、大蒜、洋葱、生姜、甘薯、板栗等），发芽后，不仅影响其感官品质，还降低了产品质量甚至产生有毒物质。以极低剂量（0.05～0.15kGy）辐照处理，可使植物体在采摘后处于一种"休眠状态"，从而达到抑制发芽的目的。

（2）杀虫　使用约1kGy的剂量辐照大米、小麦、干菜豆、谷粉和通心面，可以消灭象鼻虫和面象虫，0.13～0.25kGy的剂量辐照能阻止幼虫发育为成虫，0.4～1kGy的剂量辐照后能阻止所有卵、幼虫和蛹的发育。

（3）延缓水果与蔬菜的生理过程　用1kGy以下的剂量辐照可抑制多种水果、蔬菜中的酶活性，也可相应降低植物体的生命活力，从而延缓后熟过程，减少腐烂，延长保藏期。

2. 中剂量辐照

（1）辐照巴氏杀菌　中剂量辐照的效果类似于加热巴氏杀菌，因此又称辐照巴氏杀菌。使食品中检测不出特定的无芽孢致病菌（如沙门氏菌），所用辐照剂量范围为5～10kGy。杀灭食品中除病毒与芽孢菌以外的非芽孢病原菌所需剂量为2～8kGy；杀灭腐败微生物，延长食品的保藏期采用的剂量为0.4～1.0kGy。

采用1.0～6.0kGy的剂量照射牛肉和羊肉，货架期可延长1～3倍。用8kGy的剂量杀灭沙门氏菌后的鸡肉在-30℃下可保藏2年，鸡肉质地和色、香、味均未变化。半干海鲜产品经过7kGy的γ射线辐照后，90%以上的诺瓦克病毒能够被杀灭，且对色泽与感官品质没有显著影响。1.5～3kGy的γ射线能够有效杀灭罗氏沼虾和斑节对虾中的微生物。

（2）防止食品霉变　造成新鲜农副产品霉变的大多数微生物对低剂量辐照很敏感，采用 1～5kGy 剂量辐照可大大降低其霉变微生物的含量，延长这些食品的货架期。

（3）改良食品的工艺品质　大豆经 2.5kGy 或 5kGy 的剂量辐照后，可改进豆奶和豆腐的品质并提高产率。对葡萄进行辐照处理，可以提高出汁率。辐照处理过的脱水蔬菜其复原速度和品质远远超过未经辐照处理的产品。牛肉经 1～10kGy 的剂量辐照，其蛋白纤维会降解，具有嫩化效果。

（4）降解有毒有害物质　食品辐照处理在不显著影响食品品质的前提下，可使药物或化学污染残留物分子发生断裂、交联等，改变这些分子原有的结构及生物学特性，从而去除食品中残留的有毒有害物质。研究发现，γ 射线辐照剂量为 10kGy 时，玉米中的镰刀菌素可完全降解。辐照剂量为 3.4kGy 时，肉制品中瘦肉精降解率在 80% 以上。采用辐照技术对茶叶进行处理，菊酯类农药降解率随着辐照剂量的增加而增加。

3. 高剂量辐照

高剂量辐照常用于香料和调味品的消毒。香料与调味品在生产加工过程中常常会沾染微生物和昆虫，特别是霉菌和耐热芽孢细菌。对香料和调味品进行杀虫灭菌辐照保藏，不仅可有效地抑制微生物的生长活动，而且可保持原有风味。辣椒粉经 5kGy 剂量辐照后，样品中检测不出霉菌。10～15kGy 剂量辐照包装的胡椒粉、五香粉保藏 6～10 个月未见生虫、霉烂，调味品色香味及营养成分没有显著变化。

 概念检查 6.2

○ 不同剂量的辐照，主要用途有哪些？

四、辐照食品的安全性

辐照食品有无潜在的毒性以及是否符合营养标准的问题，受到许多国家的学者和专家的重视。1970 年，联合国粮农组织（FAO）和国际原子能机构（IAEA）主持，世界卫生组织（WHO）参与，推动 24 个国家共同制订了国际食品辐照计划（IFIP），1980 年 FAO、IAEA、WHO 联合组织科学家进行了有关辐照食品毒理学、营养学、微生物学的科研试验并联合声明："任何食品辐照处理其平均吸收剂量控制在 10kGy 以下时，不会产生毒害，无需做毒理学试验。"WHO 于 1999 年公布：使用 10kGy 以上的剂量辐照食品，也不会产生安全性问题。

2003 年国际食品法典委员会（CAC）修订了《辐照食品国际通用标准》《食

品辐照加工工艺国际推荐准则》，修订后的标准对辐照加工工艺的要求进行了细化，同时放松了以10kGy为辐照剂量上限的限制要求，允许必要时可采用10kGy以上辐照剂量。CAC同时对电子束辐照食品的安全性做了特别规定，指出10MeV及以下电子束辐照食品不存在安全问题，而超过这一阈值会产生次生放射性。食品辐照时，都是在带包装的情况下进行，仅仅是外照射，并没有和放射源直接接触，因此，也不存在放射性污染问题。美国食品及药品管理局（FDA）认为，辐照膳食中的营养素不会受到严重破坏。

因此，应对消费者给予正确引导，消除其心理误区，放心消费辐照食品，促进辐照农产品及其制品的商业化。

五、辐照食品标识的规定

辐照不会使食品发生严重不利变化，但为了维护消费者的知情权，CAC规定如果食品中10%以上的组分曾经被辐照，必须在食品标签上标明为"辐照食品"。美国为了避免"辐照"一词引起消费者的误解，2007年修改了有关标准，即经过辐照处理的食品可以标识为"冷巴斯德杀菌"。我国2004年颁布及2011年修订的《预包装食品标签通则》明确接受CAC对辐照食品标识的严格要求，规定"经电离辐射线或电离能量处理过的食品，应在食品名称附近标明辐照食品"，"经电离辐射线或电离能量处理过的任何配料，应在配料表中标明"。根据规定，辐照食品在包装上必须贴有统一制定的辐照食品标志（图6-3）。

图6-3　辐照食品标志

六、辐照食品检测方法和检测标准

尽管在目前允许的食品种类、辐照剂量作用下的辐照食品是安全的，但不当的辐照会对食品的颜色、味道、营养产生一些负面的影响，比如脱色或褐变、有臭味、破坏一些营养成分，辐照残留也对人的健康存在安全隐患。成熟可靠的检测方法不但可提供鉴定食品是否已被辐照和测定吸收剂量的方法，而且可进一步提高有关辐照食品的国际法规意识，提高消费者对辐照加工技术的信任度，促进国际贸易和辐照食品商业化的发展。

辐照食品鉴别方法的基本模式是基于辐照在食品中产生的物理、化学、生物学等效应，从辐照后产物和食品出现的一些微小变化为依据进行鉴定。目前国际上颁布辐照食品检测标准的国家和组织中以欧盟的标准最为系统，涉及8个方法（含筛选法）的10个检测方法标准（表6-3），2001年CAC在此基础上建立并批准了辐照食品鉴定方法的国际标准。

表6-3　欧盟辐照食品鉴定的方法和标准（徐宏青等，2015）

序号	标准号	标准名称
1	EN1789—1997	ESR光谱法检测含骨辐照食品
2	EN1787—2000	ESR光谱法检测含纤维素辐照食品
3	EN1788—2001	热释光法检测可分离出硅酸盐矿物质的辐照食品
4	EN13708—2001	ESR光谱法检测含结晶糖辐照食品

续表

序号	标准号	标准名称
5	EN13784—2001	DNA 断裂碎片法电泳"彗星"分析法检测辐照食品 - 筛选方法
6	EN13783—2001	直接荧光过滤技术 / 平板计数法检测辐照食品 - 筛选方法
7	EN13751—2002	光致发光法检测辐照食品 - 筛选方法
8	EN1784—2003	GC 法检测含脂辐照食品
9	EN1785—2003	GC/MS 测定辐解产物 2- 十二烷基环丁酮法检测含脂辐照食品
10	EN14569—2004	内毒素 / 革兰氏阴性菌微生物法检测辐照食品 - 筛选方法

　　自 2006 年以来，我国已颁布多个辐照食品检测标准（表 6-4），相比较欧盟的检测标准，我国采用的检测方法和适用范围都较少。在今后的研究过程中，必须强化多学科及国际间的技术合作与创新，推动辐照食品检测的国际化和标准化发展。

表 6-4　我国辐照食品鉴定的相关标准

序号	标准号	标准名称
1	GB 23748—2016	辐照食品鉴定　筛选法
2	GB 31642—2016	辐照食品鉴定　电子自旋共振波谱法
3	GB 31643—2016	含硅酸盐辐照食品的鉴定　热释光法
4	GB 21926—2016	含脂类辐照食品鉴定　2- 十二烷基环丁酮的气相色谱 - 质谱分析法
5	NY/T 2211—2012	含纤维素辐照食品鉴定　电子自旋共振法
6	NY/T 2212—2012	含脂辐照食品鉴定　气相色谱分析　碳氢化合物法
7	NY/T 2213—2012	辐照食用菌鉴定　热释光法
8	NY/T 2214—2012	辐照食品鉴定　光释光法
9	NY/T 2215—2012	含脂辐照食品鉴定　气相色谱质谱分析 2- 烷基环丁酮
10	SN/T 2910.3—2012	出口辐照食品的鉴别方法　第三部分　气相色谱 - 质谱法
11	SN/T 2910.4—2012	出口辐照食品的鉴别方法　第四部分　热释光法

七、辐照食品发展前景

　　食品辐照技术对确保食品的卫生、安全，减少污染、残留起着重要作用。随着国民食品安全意识提高，食品辐照加工技术作为一种高新技术，在我国的应用前景将十分广阔。为使我国食品辐照技术更好更快地发展，需做好以下几方面的工作。

1. 消除公众心理障碍

　　当今世界各国消费者，对于核污染的恐惧心理很大，一提到辐照就联系到放射性核污染。要通过正确的宣传引导，使消费者对辐照技术原理有一定了解，熟悉其加工工艺流程，从而降低人们对辐照加工的恐惧心理，并接受认可辐照食品。

2. 完善卫生安全的立法和标准

目前，我国批准的辐照食品的卫生标准和检测方法还不完善，逐步健全相关的法律、法规，建立和完善我国食品辐照技术的标准体系，可最大限度地实现对整个辐照食品产业链的全面控制。

3. 推进食品辐照技术的研究和成果应用

目前有关辐照食品的科研项目存在研究定位与市场不匹配、缺乏深入的研究、核心问题（如肉类食品的"辐照味"）没有解决等问题。研究人员应重视研究成果转化的问题，同时科研单位、生产企业与市场销售有机结合，加快科研成果的商业化、产业化转化。相信随着科学技术的进步和消费者对辐照食品认识的提高，辐照食品将得到迅速发展，食品辐照保藏技术将成为未来食品贮藏中具有广阔前景的重要保藏方法。

参考文献

[1] 范林林, 韩鹏祥, 冯旭娇, 等. 电子束辐照技术在食品工业中应用的研究与进展[J]. 食品工业科技, 2014, (14):374-380.
[2] 关绮璐. 浅谈我国辐照食品现存问题和解决方法[J]. 现代食品, 2020, (18): 89-91.
[3] 哈益明, 朱佳廷, 张彦立, 等. 现代食品辐照加工技术[M]. 北京: 科学出版社, 2015.
[4] 姜晓燕, 王晓英, 郭云昌, 等. 我国辐照食品卫生法规和标准修订现状[J]. 标准科学, 2013, (10):58-61.
[5] 卢佳芳, 朱煜康, 徐大伦. 不同剂量电子束辐照对花鲈鱼肉风味的影响[J]. 食品科学, 2021, 42(12):153-158.
[6] 商飞飞, 吕晓华, 王晓慧, 等. 电子束辐照对八角和桂皮灭菌效应的影响[J]. 食品科技, 2021, 46(5):58-63.
[7] 史依沫. 辐照综合保鲜技术对生湿面条货架期及品质的影响[D]. 沈阳: 沈阳农业大学, 2018.
[8] 汪勋清, 哈益明, 高美须. 食品辐照加工技术[M]. 北京: 化学工业出版社, 2005.
[9] 王晶晶. 电子束与γ射线辐照对象拔蚌微生物和品质影响的异同性[D]. 杭州: 浙江大学, 2016.
[10] 王媛, 刘雪婷, 陈金定, 等. 电子束辐照技术在食品工业中的应用前景及研究现状[J]. 食品工业, 2021, 42(7):257-261.
[11] 肖欢, 韩燕, 翟建青, 等. ^{60}Co-γ射线和电子束辐照对冷鲜鸡保鲜效果的异同性研究[J]. 核农学报, 2018, 32(7): 1358-1367.
[12] 徐宏青, 殷俊峰, 董军, 等. 欧盟食品辐照的现状及发展趋势[J]. 安徽农业科学, 2015, 43(2):289-291.
[13] 叶爽, 陈璁, 高虹, 等. γ射线辐照对香菇采后贮藏过程中水分特性及理化指标的影响[J]. 食品科学, 2021, 42(17):91-97.
[14] 袁国芸. γ射线对鲜核桃抑芽作用的研究[D]. 杨凌: 西北农林科技大学, 2021.
[15] 扎基·伯克. 食品加工工程与技术[M]. 康大成, 译. 北京: 中国轻工业出版社, 2020.
[16] 张明. 两种辐照方式对盐水鹅品质和微生物的影响[D]. 扬州: 扬州大学, 2019.
[17] 赵晋府. 食品技术原理[M]. 北京: 中国轻工业出版社, 2002.
[18] 周冉冉, 高虹, 范秀芝, 等. ^{60}Co-γ射线和电子束辐照对鲜香菇保鲜效果的初步研究[J]. 核农学报, 2019, 33(3): 0490-0497.
[19] Balakrishnan N, Yusop S M, Rahman I A, et al. Efficacy of Gamma irradiation in improving the microbial and physical quality properties of dried chillies (Capsicum annuum L.): A Review[J]. Foods, 2022, 11(1): 91.
[20] Bisht B, Bjatnagar P, Hururani P, et al. Food irradiation: Effect of ionizing and non-ionizing radiations on preservation of fruits and vegetables– a review[J]. Trends in Food Science & Technology, 2021, 114:372-385.
[21] Dileep Sean Y, Manasa K. Irradiation in food processing: A review[J]. Journal of Pharmacognosy and Phytochemistry, 2018,

SP1:905-912.

[22] Khaneghah A M, Moosavi M H, Oliveira C A F, et al. Electron beam irradiation to reduce the mycotoxin and microbial contaminations of cereal-based products: An overview[J]. Food and Chemical Toxicology, 2020, 143: 111557.

 总结

○ **食品用辐射源及特点**

- 依据辐照目的、临界剂量、食品种类、杀菌程度（表面杀菌、深部杀菌）和防止辐照后再污染等因素来选择辐射源。用于食品辐照处理的辐射源有放射性同位素 ^{137}Cs、^{60}Co，电子加速器产生的加速电子和 X 射线等。

○ **辐照剂量**

- 食品用辐照剂量指可允许的对食品辐照的最大剂量，FAO/IAEA/WHO 规定，辐照食品总平均剂量 10kGy 以下不需要做毒理学实验，无特殊营养和微生物学问题。

- 以降低食品中腐败微生物数量，延长新鲜食品的后熟期及保藏期为目的的辐照剂量一般在 5kGy 以下；以降低微生物数量和控制芽孢菌与致病菌为目的的辐照剂量一般为 5 ~ 10kGy。

○ **辐照对食品成分的影响**

- 水分子对辐照敏感，被活化的水与其他有机物反应，可产生辐射的间接效应。

- 辐照可破坏蛋白质的一级、二级和三级结构，使其发生辐射交联、辐射降解而导致蛋白质分子变性，使其发生凝聚、黏度下降和溶解度降低等变化；辐照对糖类影响较小，只有在大剂量辐照处理下，才引起氧化和分解；辐照可使脂肪酸长链中的 C-C 键发生断裂，引发脂肪发生自动氧化和非自动氧化的辐射分解。

- 辐照对矿物质的影响较小，但对维生素的影响较大，一般随辐照剂量增加而损失增大。

○ **辐照食品的安全性**

- 放射性物质的诱发：食品中的基本元素主要为氮、氢、氧、碳，而 ^{14}N、^{16}O 和 ^{12}C 的元素核反应能阈都在 10MeV 以上，目前在食品中允许使用的辐射源 ^{60}Co（1.17MeV）、^{137}Cs（0.66MeV）加速电子的能量均低于 10MeV，不会诱发放射性物质。

- 毒性物质：联合国粮农组织（FAO）、国际原子能机构（IAEA）、世界卫生组织（WHO）规定，在 10kGy 以内的辐照食品，不需要毒性试验，在微生物学和营养学上均不存在问题。

课后练习

一、判断正误题

1. 食品辐照保藏的能耗较巴氏杀菌、冷藏等保藏方法高。（　　　）

2. 戈瑞为辐照吸收剂量的国际单位，指照射物质所吸收的射线能量。（　　　）

3. 辐照过程中，存在于复杂体系或食品中的维生素稳定性较单纯溶液中的高。（　　　）

4. 放射性同位素 ^{60}Co 产生的 γ 射线的穿透性比电子加速器产生的电子射线弱。（　　　）

二、选择题

1. 中剂量辐照的剂量为（　　　）。

A. 1kGy 以下　　　　B. 1 ～ 10kGy　　　　C. 10kGy 以上　　　　D. 50kGy 以上

2. 根据 FAO、IAEA、WHO 联合组织科学家进行了有关辐照食品毒理学、营养学、微生物学的科研试验并联合声明："任何食品辐照处理其平均吸收剂量控制在（　　　）以下时，不会产生毒害，无需做毒理学试验。"

A. 1kGy　　　　B. 10kGy　　　　C. 20kGy　　　　D. 50kGy

三、问答题

1. 用于食品辐照处理的辐射源有哪些？

2. 辐照保藏技术有哪些特点？

第六章

能力拓展

○ 进行小组协作学习，培养理解和遵守工程职业道德和规范的能力

- 结合我国国情，围绕辐照食品的安全性问题开展小组协作学习与讨论，并获得有效结论。
- 自主学习辐照食品相关法律、法规，正确理解食品工程师对公众的安全、健康、福祉、伦理以及环境保护的社会责任，开展小组讨论与交流，培养自身工程职业道德和素养。

第七章　食品化学保藏技术

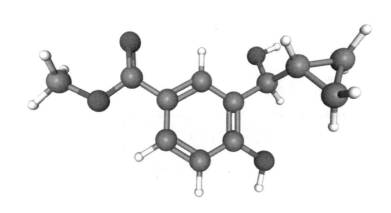

对羟基苯甲酸酯 3D 结构图

食品化学保藏与我们的生活息息相关，加工食品的包装上经常能看到：苯甲酸钠、山梨酸钾、对羟基苯甲酸酯、2- 苯基苯酚钠盐、2,4- 二氯苯氧乙酸、乙二胺四乙酸二钠、单辛酸甘油酯、丁基羟基茴香醚（BHA）、二丁基羟基甲苯（BHT）、没食子酸丙酯（PG）、叔丁基对苯二酚、4- 己基间苯二酚等。这些化学物质对食品保藏起什么作用？为什么要添加它们？

思维导图

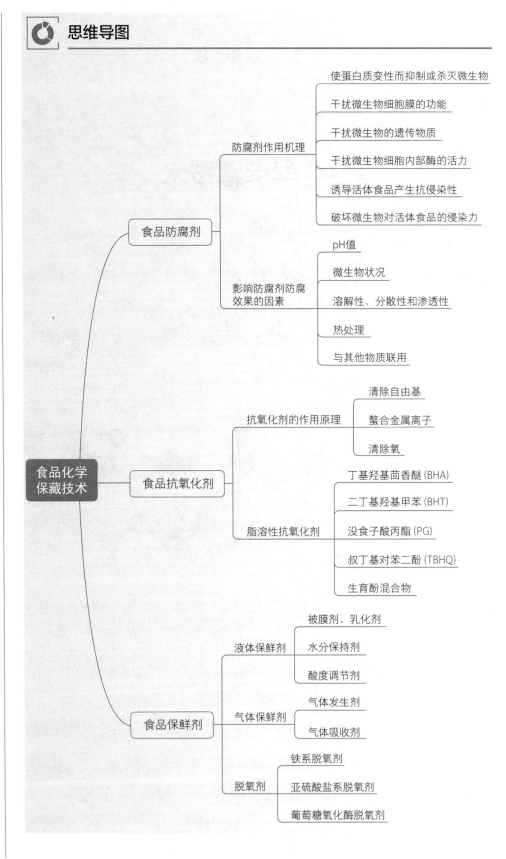

食品化学保藏技术
- 食品防腐剂
  - 防腐剂作用机理
    - 使蛋白质变性而抑制或杀灭微生物
    - 干扰微生物细胞膜的功能
    - 干扰微生物的遗传物质
    - 干扰微生物细胞内部酶的活力
    - 诱导活体食品产生抗侵染性
    - 破坏微生物对活体食品的侵染力
  - 影响防腐剂防腐效果的因素
    - pH值
    - 微生物状况
    - 溶解性、分散性和渗透性
    - 热处理
    - 与其他物质联用
- 食品抗氧化剂
  - 抗氧化剂的作用原理
    - 清除自由基
    - 螯合金属离子
    - 清除氧
  - 脂溶性抗氧化剂
    - 丁基羟基茴香醚 (BHA)
    - 二丁基羟基甲苯 (BHT)
    - 没食子酸丙酯 (PG)
    - 叔丁基对苯二酚 (TBHQ)
    - 生育酚混合物
- 食品保鲜剂
  - 液体保鲜剂
    - 被膜剂、乳化剂
    - 水分保持剂
    - 酸度调节剂
  - 气体保鲜剂
    - 气体发生剂
    - 气体吸收剂
  - 脱氧剂
    - 铁系脱氧剂
    - 亚硫酸盐系脱氧剂
    - 葡萄糖氧化酶脱氧剂

🌸 为什么要学习"食品化学保藏技术"?

　　食品化学保藏技术最早来自人类长期积累的生活经验。有些食物不容易腐败变质,人们对其有效成分进行分离鉴定,然后提取或合成该物质用于食品保藏,这就是食品防腐剂的最初由来。随着人民生活水平的提高,消费者在选购食品时,不仅对食品的新鲜度、味道和口感高度关注,对食品的安全、健康和营养也提出了更高要求,"零添加"和"不含防腐剂"成为消费者选择食品时关注的要素之一。但"零添加"的食品一定安全吗? 防腐剂对人体一定有害吗? 牛奶中为什么不能添加防腐剂? 天然防腐剂和抗氧化剂的使用有限制吗? 在食品中多添加一些抗氧化剂,是否就成为辅助抗氧化功能的保健食品了? 学习本章内容有助于了解食品防腐剂和抗氧化剂的规范使用,有助于正确认识化学保藏与食品安全性之间的辩证关系。

👁 学习目标

○ 能够区分防腐剂、防霉剂、抗菌剂、抑菌剂、杀菌剂、消毒剂的概念及使用范围;
○ 阐明食品防腐剂和食品抗氧化剂的作用机理;
○ 列举食品添加剂使用标准(GB 2760—2014)中的 5 种防腐剂和 3 种抗氧化剂,并能归纳分析其特点和使用范围;
○ 能够设计 1 种天然防腐剂的研究开发方案,根据产品特征,给出合理有效的技术路线和开发方案,开发方案体现绿色设计、生产的理念,能够评估该方案对社会和环境可持续发展的影响,并得出有效结论。

　　食品化学保藏就是在食品生产、贮藏和运输过程中使用化学品(化学保藏剂)来提高食品的耐藏性和尽可能保持食品原有质量的措施。食品化学保藏的优点在于,只要往食品中添加少量的化学保藏剂,就能在室温条件下延缓食品的腐败变质。和其他食品保藏方法如罐藏、冷冻保藏和干藏法相比,化学保藏食品的质地变化较小。化学保藏具有简便、经济的特点。

　　化学保藏剂仅能在有限时间内保持食品原来的品质状态,属于暂时性保藏,是食品保藏的辅助措施,因为它们只能推迟微生物的生长,并不能完全阻止它们的生长或只能短时间内延缓食品内的化学变化。化学保藏剂用量愈大,延缓腐败变质的时间也愈长,然而,这可能为食品带来异味和卫生安全问题。此外,不可利用食品保藏剂将已经腐败变质的食品改变成优质的食品,因为这时腐败变质的产物已留存在食品之中。因此,化学保藏剂只能有限地使用,必须严格按照食品卫生标准规定控制使用范围和用量,以保证食品的安全性。

　　按照保藏机理的不同,化学保藏剂主要有三大类,即防腐剂、抗氧化剂和保鲜剂。

第一节　食品防腐剂

一、防腐剂概况

　　广义而言,食品防腐剂(food preservatives)是指能够抑制或者杀灭有害微生物,使食品在生产、贮

运、销售、消费过程中避免腐败变质的化学制品或生物代谢制品，也常称为化学防腐剂。狭义而言，防腐剂是指能够抑制微生物生长繁殖的物质，亦称抑菌剂。抑菌剂的概念主要在食品保藏学中使用，主要包括抑细菌剂（bacteriostatic agent）、抑真菌剂（fungistatic agent）。但是，很多防腐剂在低浓度时呈现抑菌作用，在高浓度时变为杀菌作用。食品领域使用的防腐剂需要遵守国家食品添加剂标准 GB2760 的规定。

抗菌剂（antiseptic）是指一类具有抑菌和杀菌性能的物质，主要包含抗细菌剂（antibacterial agent）和抗真菌剂（antifungal agent）。抗菌剂强调对病菌的作用和抗病原菌感染，常用于描述医学上伤口处理药物、天然的具有抑菌或杀菌的物质（natural food antiseptic agent）。

能够杀灭微生物的物质称为杀菌剂，主要包括杀细菌剂（bactericide）、杀真菌剂（fungicide）。杀菌剂的概念主要在植物保护学中使用，采前使用杀菌剂类农药，在采后会有残留，仍然可能起到一定的抑菌或杀菌作用。一些行业标准甚至推荐少数的抗真菌农药在采后柑橘等具有外皮的水果上使用。

防霉剂（mildew preventive）是指防止霉菌滋生的一种添加剂，包含抑真菌剂（fungistatic agent）和杀真菌剂（fungicide）。该概念常用于纺织、皮革、家装等行业。

经常遇到的概念还有消毒剂（disinfectant），也称消毒杀菌剂，是用于杀灭传播媒介上病原微生物，使其达到无害化要求的制剂，常指切断人体传染病的传播途径的化学品。现在也有少数种类的消毒剂用于食品表面消毒，多数消毒剂用于操作人员、加工运输器具、食品环境消毒。例如含氯、臭氧等高效消毒剂可杀灭一切细菌繁殖体（甚至芽孢）、病毒、真菌及其孢子等。还有醇类、酚类等中效消毒剂可杀灭病菌营养体。

二、防腐作用的机理

防腐剂的种类很多，它们防腐作用的机理各不相同，迄今为止尚有不少未明之处。防腐作用的机理主要有以下几种：①通过使蛋白质变性而抑制或杀灭微生物；②干扰微生物细胞膜的功能；③干扰微生物的遗传机理；④干扰微生物细胞内部酶的活力；⑤诱导活体食品产生抗侵染性；⑥破坏微生物对活体食品的侵染力。

三、影响防腐剂防腐效果的因素

同一种防腐剂在不同的条件下使用时，其抗菌或杀菌效果是不一样的。这主要是因为防腐剂的防腐效果受到许多因素的影响，如 pH 值，微生物状况，防腐剂的溶解性、分散性和渗透性，热处理及其他物理处理状况以及是否与其他物质联用等。

1.pH 值

目前常用的防腐剂中有很多是酸型防腐剂。这类防腐剂的防腐效果在很大程度上受其 pH 的影响。一般来说，pH 值越低，其防腐效果越好。例如山梨酸对黑根霉起完全抑制作用的最小浓度在 pH6.0 时需 0.2%，而在 pH3.0 时仅为 0.007%。

这类防腐剂的防腐效果之所以与 pH 密切相关，是因为酸型防腐剂的防腐作用取决于溶液中未解离的成分。未解离的分子较容易渗透通过微生物细胞膜进入细胞内，引起蛋白质变性和抑制细胞内酶的活性，从而起防腐作用。多数食品腐败细菌不耐酸，低 pH 协同作用效果较强。霉菌耐酸能力普遍较强，但不同霉菌对酸碱有喜恶之分。有机酸处理可以抑制寄生能力较强且采前就可以侵染香蕉、芒果的炭疽病菌的生长；而苏打或小苏打等碱溶液处理柑橘，有利于抑制腐生能力较强的青霉菌生长。

2. 微生物状况

食品最初污染菌数、微生物种类、是否有芽孢、是否形成细菌生物膜（biofilm）等情况对防腐剂的防腐效果有很大影响。一般来说，食品最初污染菌数越多，防腐剂的防腐效果就越差。如果食品的污染程度已相当严重，且微生物的生长已进入对数生长期，此时再单纯使用防腐剂很难保证食品贮藏的安全性。霉菌的情况也类似，进入菌丝快速生长期，抗防腐剂能力较强。因此，尽管在食品生产过程中有多种保藏技术可供选择，但是要让它们充分发挥作用，就必须严格控制从原料到成品销售的整个流通过程中的卫生状况。

由于每一种防腐剂都具有其特定的抗菌谱，因此，要根据食品中的微生物种类选择合适的防腐剂。另外，芽孢的抵抗力较营养细胞更强，这将削弱防腐剂的防腐效果。适当加热等促进芽孢萌发或削弱芽孢完整性，有利于加强防腐剂作用。对霉菌来说，抑制孢子萌发所需的防腐剂剂量，一般远低于抑制菌丝生长的剂量。生物膜是细菌分泌胞外的多糖类物质形成的，众多细菌通过生物膜形成团块，共同抵抗外界逆境和防腐剂的作用。目前一个研究热点是如何更好地阻止或破坏细菌的生物膜，从而更好地防腐。

3. 防腐剂的溶解性、分散性和渗透性

防腐剂的溶解性和分散性好坏将影响其使用效果。防腐剂的溶解性和分散性好则易使其均匀分布于食品中，而溶解性和分散性差的防腐剂则很难均匀分布于食品中，这将导致食品中某些部位的防腐剂含量过少而起不到防腐作用，某些部位又因防腐剂含量过多而超标。分子量大小影响溶解性和分散性。例如醋酸分子比柠檬酸小，醋酸对细菌抑制作用更强。小分子壳聚糖抑菌效果通常比大分子壳聚糖的更好。另外分子的极性也影响溶解性和渗透性。细菌细胞壁的肽聚糖和真菌细胞壁的几丁质（壳聚糖）是极性的，而细胞膜的脂类是非极性的。防腐剂如果需要进入细胞内起作用，其极性或非极性过强，将容易通过一个屏障，较难通过另一个屏障，这会影响抑菌效果。如果防腐剂作用于菌体的细胞壁或细胞膜，前者需要破坏细胞壁结构，后者如果非极性或氧化性强，抑菌效果较好。

4. 热处理

一般地，加热处理可以增强防腐剂的防腐效果。在加热杀菌时加入防腐剂，可使杀菌时间明显缩短。例如，在 56℃时使酵母的营养细胞数减少一个对数循环需要 180min，而加入 0.5% 的对羟基苯甲酸丁酯后仅需 4min。这说明加热与防腐剂之间存在协同作用。但是具有挥发性的防腐剂，不宜在加热前添加。另外，防腐剂配合其他物理保藏手段如冷冻、包装等一起使用，也可收到良好效果。

5. 与其他物质的联用

每一种防腐剂都有其特有的抗菌谱，因此，如果将两种或更多种防腐剂联用，就可以扩大它们的抑菌范围，从而提高防腐剂的防腐效果。但是也要指出，并不是任意两种防腐剂都可以联用。不同防腐剂之间是否可以联用要通过实验确定，而且不能使总用量超过单一防腐剂的最大用量。实际上，不同防腐剂之间的联用并不常见，而同一种类型的防腐剂联用，如山梨酸与其钾盐联用，或防腐剂与其他增效剂之间联用，如防腐剂与食盐、糖等联用，鱼精蛋白与乙醇联用等，则较为普遍。

四、常用化学防腐剂

目前，世界上用于食品保藏的化学防腐剂有 30～40 种。按其性质可分为有机防腐剂和无机防腐剂，其中以化学合成的有机防腐剂使用最广泛。

GB2760—2014 中的食品防腐剂主要有苯甲酸（钠）、山梨酸（钾）、对羟基苯甲酸酯（钠）、脱氢乙酸（钠）、双乙酸钠、丙酸（钠、钙）、乙氧基喹、仲丁胺、桂醛、二氧化碳、乙萘酚、联苯醚、2-苯基苯酚钠盐、4-苯基苯酚、2，4-二氯苯氧乙酸、稳定态二氧化氯、硫黄及亚硫酸类、硝酸钠（钾）、亚硝酸钠（钾）、乙酸钠、二甲基二碳酸盐（又名维果灵）、乙二胺四乙酸二钠、单辛酸甘油酯、纳他霉素、乳酸链球菌素。

防腐剂单独使用时应该按照国家标准的使用范围和剂量使用。如果复配，同样或类似抑菌机理的防腐剂将累加剂量，总量不超过单独防腐剂的国家限量。例如苯甲酸及其钠盐与山梨酸及其钾盐的复配，其剂量将进行累加，累加后剂量不允许超过国标中苯甲酸限量，也不允许超过山梨酸限量。防腐剂复配应该选择某方面有突出效果、优势互补的不同防腐剂。

食品的细菌和酵母侵染主要以活菌污染为主，防腐剂需要抑制活菌繁殖或杀死活菌。也有一些食品受细菌的芽孢侵染，防腐剂需要抑制细菌芽孢萌发。食品的霉菌初次侵染一般与霉菌的孢子污染有关，直接接触发霉食品才会有菌丝侵染；防腐剂抑制孢子萌发可以较好地防止食品发霉，所需剂量也很低，而一旦孢子萌发后，需要很高剂量的防腐剂才能抑制菌丝生长。另外，如果防腐剂能抑制霉菌产孢子，就可以抑制霉菌对非接触食品的传染。

食品实际使用的防腐剂剂量常与培养基上最低杀菌浓度（MBC）或最低抑菌浓度（MIC）不同。由于某些食品成分的干扰，实际使用浓度常高于 MBC 或 MIC，但也有可能低于 MIC。例如，壳聚糖能够在最低抑菌浓度的 1/4 时，破坏镰刀菌的果胶酶，导致接种镰刀菌的新鲜芦笋伤口仅有少量菌丝（可能是利用伤口漏出的营养）而不腐烂，其侵染能力已经基本丧失。

对于活体食品，防腐剂所起的作用也与无生命的食品有很大不同。采前采后低浓度的水杨酸（苯甲酸结构类似物）、壳聚糖等处理能诱导果蔬抗病基因启动，产生分解微生物细胞壁的几丁质酶、葡聚糖酶等，合成强烈抑菌的植物保卫素，合成更多的多酚、多酚氧化酶、木质素等抗菌和耐菌物质，对后续的侵染菌有较强的抵抗作用。

（一）合成有机防腐剂

1. 苯甲酸及其钠盐

是广谱性抑菌剂，难溶于水，易溶于乙醇。其钠盐易溶于水，因此使用更为广泛。其抑菌机理是使微生物细胞的呼吸系统发生障碍，使三羧酸循环（TCA 循环）中乙酰辅酶 A → 乙酰乙酸及乙酰草酸 → 柠檬酸之间的循环过程难于进行，并阻碍细胞膜的正常生理作用。

在酸性条件下，以未解离的分子起抑菌作用，但对产酸菌的抑制作用较弱。一般 pH 值 <5 时抑菌效果较好，pH 值 2.5 ～ 4.0 时抑菌效果最好，见表 7-1。例如当 pH 值由 7 降至 3.5 时，其防腐效力可提高 5 ～ 10 倍。

表 7-1　pH 值影响苯甲酸的抗菌性（最小抑制浓度）（曾名湧，2014）　　单位：%

对象微生物	pH3.0	pH4.5	pH5.5	pH6.0	pH6.5
黑曲霉	0.013	0.1	< 0.2	< 0.2	
娄地青霉	0.006	0.1	< 0.2	< 0.2	
黑根霉	0.013	0.05	< 0.2	< 0.2	
啤酒酵母	0.013	0.05	0.2	< 0.2	< 0.2
毕赤氏皮膜酵母	0.025	0.05	0.1	< 0.2	
异形汉逊氏酵母	0.013	0.05	< 0.2	< 0.2	
纹膜醋酸杆菌		0.2	0.2	< 0.2	
乳酸链球菌		0.025	0.2	< 0.2	
嗜酸乳杆菌		0.2	0.2	< 0.2	
肠膜状明串珠菌		0.05	0.4	0.4	< 0.4
枯草芽孢杆菌			0.05	0.1	0.4
嗜热酸芽孢杆菌			0.1	0.2	< 0.4
巨大芽孢杆菌			0.05	0.1	0.2
浅黄色小球菌				0.1	0.2
薛基尔假单胞菌				0.2	0.2
普通变形杆菌			0.05	0.2	< 0.2
生芽孢梭状芽孢杆菌				< 0.2	
丁酸梭状芽孢杆菌				0.2	< 0.2

苯甲酸钠对镰刀菌（霉菌）和欧氏杆菌（细菌）抑制作用较弱，仅对真菌孢子萌发抑制较强。一般来说，真菌孢子萌发和细菌芽孢萌发阶段是对防腐剂最敏感的时期。

2. 山梨酸及其钾盐

山梨酸难溶于水，易溶于乙醇，其钾盐易溶于水。抑菌机制是损害微生物细胞中脱氢酶系统，并使分子中的共轭双键氧化，产生分解和重排。能有效抑制霉菌、酵母和好氧腐败菌，但对严重污染的霉菌、厌氧细菌与乳酸菌抑制效果差。防腐效果随 pH 的升高而降低，但其适宜的 pH 范围比苯甲酸广，以在 pH6 以下为宜，属于酸性防腐剂。山梨酸是一种不饱和脂肪酸，能在人体内参与正常的代谢活动，最后被氧化成 CO_2 和 H_2O。对镰刀菌菌丝、产孢子能力以及欧氏杆菌的抑制效果不好。

3. 对羟基苯甲酸酯类

商品名尼泊金酯类，难溶于水，易溶于乙醇等有机溶剂。对霉菌、酵母和细菌有广泛的抗菌作用，但对革兰氏阴性杆菌及乳酸菌的抑制作用较差。由其未电离的分子发挥抗菌作用，但抗菌不像酸性防腐

剂那样随 pH 值变化。原因是其羟基被酯化，其分子可以在更广泛的 pH 值范围内保持不电离，通常在 pH4.0 ～ 8.0 的范围内效果较好。抗菌性与烷链的长短有关，烷链越长，抗菌作用越强。其抗菌作用比苯甲酸和山梨酸强。该类抗菌剂有对羟基苯甲酸甲酯、乙酯、丙酯和丁酯，对羟基苯甲酸丁酯的防腐效果最佳，但是，目前国标允许使用对羟基苯甲酸甲酯钠和对羟基苯甲酸乙酯及其钠盐，国标允许其使用的剂量很低（表 7-2）。

表 7-2　防腐剂对芦笋致病菌的抑制率的影响（王向阳等，2016；潘丽秀，2012）

防腐剂	剂量	欧氏杆菌抑制率/%	镰刀菌抑制率/%		
			菌丝	产孢子	孢子萌发
苯甲酸钠	1%	100	37	75	100
山梨酸钾	1%	64	−0.9	0.3	30
对羟基苯甲酸乙酯	0.03%	80	92	100	100

4. 脱氢醋酸及其钠盐

脱氢醋酸易溶于乙醇等有机溶剂而难溶于水，钠盐易溶于水，故多用其钠盐作防腐剂。其对霉菌和酵母菌的抑制作用较强，对细菌的抑制作用较差。对热较稳定，适应的 pH 值范围较宽，以酸性介质中的抑菌效果最好。其抑菌作用是由三羰基甲烷结构与金属离子发生螯合作用，通过损害微生物的酶系而起到防腐效果。脱氢醋酸钠为乳制品的主要防腐剂，常用于干酪、奶油和人造奶油。其对酵母作用强，见图 7-1。

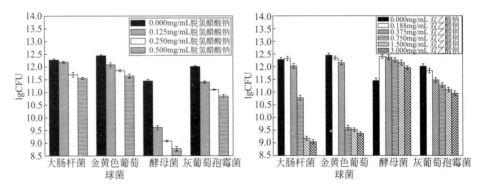

图 7-1　脱氢醋酸钠和双乙酸钠对 4 种微生物的抑菌效果（王向阳等，2017）

5. 双乙酸钠

双乙酸钠易溶于水，呈酸性，带有乙酸味道。其抗菌作用来源于乙酸。乙酸可降低体系 pH 值，而且可穿透细胞壁，使生物细胞内蛋白质变性，从而起到杀菌防腐作用。在酸性介质中的抗菌效果要比中性的好，对革兰氏阴性菌有较强的抑菌效果。对细菌有较强的抑制作用，见图 7-1。

6. 丙酸盐

丙酸钠和丙酸钙易溶于水，属酸性防腐剂，在 pH 值较低的介质中抑菌作用强，例如最小抑菌浓度在 pH 值 5.0 时为 0.01%，在 pH 值 6.5 时为 0.5%。丙酸盐对霉菌、需氧芽孢杆菌或革兰氏阴性杆菌有较强的抑制作用，对引起食品发黏的菌类如枯草杆菌抑菌效果好，对防止黄曲霉毒素的产生有特效，但是对酵母几乎无效。丙酸盐已广泛用于面包、糕点、酱油、醋、豆制品等的防霉。

（二）无机防腐剂

1.亚硫酸及其盐类

亚硫酸是强还原剂，除具有杀菌防腐作用外，还具有漂白和抗氧化作用。常用的亚硫酸盐有亚硫酸氢钠、无水亚硫酸钠、焦亚硫酸钠（$Na_2S_2O_5$）和低亚硫酸钠（$Na_2S_2O_4$）。燃烧硫黄熏蒸可以生成亚硫酸，同样起到杀菌防腐作用。亚硫酸对细菌的杀灭作用强，对酵母菌的作用弱。其杀菌机理是消耗食品中的 O_2，使好氧微生物因缺氧而致死，并能抑制某些酶的活性。属于酸性防腐剂，以未解离的分子起杀菌作用，并随 pH 值增大而减弱。介质的 pH 值 <3.5 时，亚硫酸保持分子状态而不发生电离，杀菌防腐效果最佳；当 pH 值为 7 时，SO_2 浓度为 0.5% 时也不能抑制微生物的繁殖。亚硫酸及其盐类的水溶液在放置过程中易分解逸散 SO_2 而降低其使用效果，所以应该现用现配。高温会加速 SO_2 挥发损失，故最好是在低温和密封条件下使用。亚硫酸及其盐类主要用于植物性食品的防腐。

2.硝酸盐和亚硝酸盐

两者是肉制品中常用的添加剂，分别有钠盐和钾盐，以硝酸钠和亚硝酸钠在生产中比较常用，稍有苦味，易溶于水。可抑制引起肉类变质的微生物生长，尤其是对梭状肉毒芽孢杆菌等耐热性芽孢的发芽有很强的抑制作用。另外，硝酸盐和亚硝酸盐可使肉制品呈现鲜艳的红色。

3.稳定态二氧化氯

将二氧化氯稳定在水溶液或浆液中，使用时加酸活化，再释放出二氧化氯气体，具有强烈刺激性和腐蚀性。对光和热极不稳定，易溶于水，具有杀菌、漂白等作用。在 pH6.0 ～ 10.0 的范围内消毒效果最好。主要用于果蔬产品、水产品及其制品的防腐（表 7-3）。

表7-3　NaClO 抑制欧氏杆菌和镰刀菌的最低抑制浓度（王向阳，2016；潘丽秀，2012）

微生物	欧氏杆菌繁殖	镰刀菌菌丝生长	镰刀菌产孢	镰刀菌分生孢子萌发
剂量 /(mg/L)	500	300	500	100

4.二氧化碳

高浓度的 CO_2 能阻止微生物生长，还能抑制呼吸强度上升和酶的活动，从而保藏食品。多数致病菌在果蔬成熟衰老后期才使果蔬腐烂，适量 CO_2 可以推迟果蔬成熟，抑制果蔬中抗病物质的快速下降，从而间接达到防止果蔬腐烂。少数果蔬如草莓等，能耐 15%CO_2，高 CO_2 可以直接抑制灰霉等的繁殖，减少腐烂。害虫是粮食贮藏中的最大危害，15% CO_2 具有明显的防治害虫的效果。

CO_2 能够抑制好氧性微生物尤其是 G- 菌，并防止脂质氧化酸败。在同温同压下，CO_2 可以 30 倍于 O_2 的速度渗入细胞，对细胞膜和生物酶的结构和功能产生影响，导致微生物细胞正常代谢受阻。引起鲜肉腐败的常见菌——假单胞菌、变形杆菌、无色杆菌等在 20% ～ 30% 的 CO_2 中明显受抑制。CO_2 能减少

氧气，防止脂质氧化酸败。鱼类脂肪中因含有较多的不饱和脂肪酸而对 O_2 更为敏感。新鲜鱼、肉的蛋白质、脂肪、水分含量很高，容易腐败。目前推荐使用的 CO_2 浓度：肉类 20% ～ 30%；鱼类 40% ～ 60%。但过高的 CO_2 浓度将导致肌肉色泽变暗，因此使用 CO_2 必须同时设定合理的 O_2 浓度。

（三）天然化学防腐剂

1. 纳他霉素

来源于纳塔尔链霉菌（*Streptomyces natalensis*）发酵产物，通过提取精制获得。不溶于水，溶解于乙酸、稀盐酸、稀碱液。pH 低于 3 或高于 9 时，溶解度提高。对氧气、紫外线极为敏感，不耐高温。对霉菌、酵母抑制效果极好，但是对细菌、病毒抑制效果差。在 pH5 ～ 7 时，抑菌效果好。其产品一般与乳糖混合。

2. 乳酸链球菌素（Nisin）

来源于乳酸链球菌发酵产物，通过提取精制获得。是一种多肽，溶解于水。酸性条件下稳定，中性条件加热会损失活性。其抑制革兰氏阳性菌效果很好，但是不能杀灭芽孢。人体食用后分解为氨基酸，安全性高。

另外，一些天然产物如蜂胶，以及天然产物中提取的多酚类、黄酮类、壳聚糖、芳香油等物质具有较好的抑菌作用，见表 7-4。

表 7-4　防腐剂对烤鸡货架期优势菌的抑菌圈直径（包桂凤等，2021）　单位：mm

防腐剂	剂量 /%	枯草芽孢杆菌	短小芽孢杆菌	亮白曲霉
Nisin	0.0125	4.75	5.81	—
壳聚糖	0.25	3.67	5.72	—
纳他霉素	0.025	—	—	7.96
蜂胶	0.1	6.53	6.87	

 概念检查 7.1

○　食品防腐剂的防腐机理包括哪些？

第二节　食品抗氧化剂

一、抗氧化剂概况

食品抗氧化剂是为了阻止或延迟食品氧化，提高食品质量的稳定性和延长贮存期的一类食品添加剂。主要为了防止油脂及含脂食品的氧化酸败，防止肉类食品变色，防止蔬菜、水果褐变等。

含油脂多的食品容易出现"酸败"，肉类食品变色、果蔬褐变等均与氧化有关。抗氧化剂可以防止食品在贮藏、运输过程中的褪色、褐变、异味、异臭、维生素被破坏等现象。防止和减缓食品氧化，还可以采取避光、降温、排气、充氮、密封等物理性措施，但添加抗氧化剂是一种既简单又经济的方法。

食用含有多量过氧化物的食品，会促使人体内的脂肪氧化。过氧化的脂肪及其产物可破坏生物膜，从而破坏细胞结构（见图7-2），引起细胞功能衰退乃至组织死亡，诱发各种生理异常而引起疾病。最近研究表明，癌症的发生以及人体的老化也与过氧化脂肪有关。

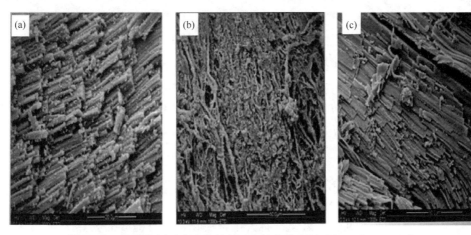

图7-2　抗氧化剂对冷冻黄花鱼肌肉结构的影响（卿明民，2021）
（a）新鲜样品；（b）未加抗氧化剂冻藏35d样品；（c）添加抗氧化剂冻藏35d样品

二、抗氧化剂的作用原理

各种抗氧化剂的作用原理不尽相同，大致分为如下三种。

1. 清除自由基

脂类的氧化反应是自由基的连锁反应，如果能消除自由基，就可以阻断氧化反应。自由基清除剂就是通过与脂类自由基特别是与ROO·反应，将自由基转变成更稳定的产物，从而阻止脂类氧化。如下式所示：$ROO· + AH \longrightarrow ROOH + A·$，$R· + AH \longrightarrow RH + A·$，与R·、ROO·相比，A·要稳定得多。目前常用的防止食品酸败的抗氧化剂多为酚类化合物。这些酚类抗氧化剂是优良的氢或中子的供体，当它向自由基提供氢之后，本身成为自由基（比较稳定），可进一步结合成稳定的二聚体之类的物质。

2. 螯合金属离子

某些金属离子如铜离子、铁离子等能催化脂类氧化。柠檬酸、EDTA、磷酸衍生物和植酸等，本身没有抗氧化作用，但可以与金属离子形成稳定的螯合物，防止金属离子的催化作用。这些物质与抗氧化剂混合使用，可增强抗氧化剂的效果，被称为抗氧化剂的增效剂。

3. 清除氧

氧清除剂是通过除去食品中的氧来延缓氧化反应的发生，主要包括抗坏血酸类物质。当抗坏血酸清除氧后，本身就被氧化成脱氢抗坏血酸。

三、影响抗氧化剂作用的因素

抗氧化剂的抗氧化效果与其溶解性、添加时间、隔氧包装、复配应用等密切相关。

对酚型抗氧化剂来说，添加柠檬酸、磷酸、抗坏血酸及它们的酯类具有良好的抗氧化增效作用。酸性环境可以保证原始抗氧化剂和油脂的稳定性。不同的抗氧化剂在不同油脂氧化阶段可以分别中止某个油脂氧化的连锁反应。因此，合成抗氧化剂常与柠檬酸及其酯类合用，抗坏血酸及其酯类则与生育酚合用。

四、常见的抗氧化剂

常见的抗氧化剂有人工合成物，也有提取的天然产物。GB2760 中的抗氧化剂主要有丁基羟基茴香醚（BHA）、二丁基羟基甲苯（BHT）、没食子酸丙酯（PG）、叔丁基对苯二酚、维生素 E、抗坏血酸（钠、钙、棕榈酸酯）、D-异抗坏血酸（钠）、植酸（钠）、亚硫酸盐类、4- 己基间苯二酚、磷脂、硫代二丙酸二月桂酯、羟基硬脂精（氧化硬脂精）、乳酸（钠、钙）、山梨酸（钾）、乙二胺四乙酸二钠（钙）、茶多酚、竹叶抗氧化物、甘草抗氧物、迷迭香提取物。抗氧化剂按溶解性不同，分为脂溶性、水溶性抗氧化剂两类。

（一）脂溶性抗氧化剂

1. 丁基羟基茴香醚（BHA）

BHA 为粉末状、有臭味，不溶于水，易溶于乙醇、油脂。通常是 3-BHA 和 2-BHA 两种异构体的混合物。3-BHA 的抗氧化效果比 2-BHA 强 1.5 倍，两者合用有增效作用。熔点 48 ～ 63℃，随混合比不同而异。用量为 0.02% 时比 0.01% 的抗氧化效果增强 10%，用量超过 0.02% 时效果反而下降。与其他抗氧化剂相比，不会与金属离子作用而着色。BHA 除抗氧化作用外，还有相当强的抗菌力。BHA 对动物性脂肪的抗氧化作用较之对不饱和植物油更有效。对热和弱碱较稳定，可用于动物脂的焙烤制品，但具一定的挥发性，在煮炸制品中易损失。可用于食品包装材料中。是国内外常用的抗氧化剂，其应用见表 7-5。

表 7-5 BHA 在食品中的应用（曾名湧，2014）

食品种类	使用量 /%	食品种类	使用量 /%
动物油	0.001 ～ 0.01	脱水豆浆	0.001
植物油	0.002 ～ 0.02	精炼油	0.01 ～ 0.02
焙烤食品	0.01 ～ 0.02	口香糖基质	0.04
谷物食品	0.005 ～ 0.02		

2. 二丁基羟基甲苯（BHT）

BHT 为粉末状、无臭味，不溶于水，易溶于乙醇、油脂。熔点 69.5 ～ 71.5℃，沸点 265℃。对热相当稳定，抗氧化能力强，与金属离子反应不着色。对于不易直接拌和的食品，可溶于乙醇后喷雾使用。BHT 价格低廉，为 BHA 的 1/8 ～ 1/5，是用量最大的抗氧化剂。

BHT 常用于油脂、油炸面制品、方便米面制品、即食谷物、腌腊肉制品类、油炸坚果与籽类、坚果与籽类罐头、脱水马铃薯粉、干制水产品、饼干、膨化食品、胶基糖果。

3. 没食子酸丙酯（PG）

PG 为粉末状、无臭、微苦，熔点 146 ～ 150℃。难溶于水，微溶于植物油，猪脂溶解较多。PG 会与铜、铁等金属离子发生呈色反应，变为紫色或暗绿色，有吸湿性，对光不稳定，会发生分解，耐高温性差。0.01% PG 即能自动氧化着色，故一般不单独使用，而与 BHA 复配使用，或与柠檬酸、异抗坏血酸等增效剂复配，用量 0.005%。

4. 叔丁基对苯二酚（TBHQ）

TBHQ 为粉末状，微溶于水，能溶于乙醇、油脂。熔点 126 ～ 128℃。不与铁或铜形成络合物，不发生颜色和风味变化，存在碱时转变为粉红色。TBHQ 的抗氧化活性与 BHT、BHA 或 PG 相等或稍优。TBHQ 对其他的抗氧化剂和螯合剂普遍有增效作用。TBHQ 优点是在其他的酚类抗氧化剂都不起作用的油脂中有效，例如植物油。对生姜油的保护作用见表 7-6。柠檬酸的加入可增强其活性。对蒸煮和油炸食品效果好，抗氧化持久力好，适用于油炸土豆之类产品。但它在焙烤制品中的持久力不强，除非与 BHA 合用。

表 7-6 添加 TBHQ 对生姜油的姜辣素的影响（李记龙，2021）

TBHQ 添加量 /%	0.2	0.16	0.12	0.08	0.04	0.01	0
姜辣素损失 /%	0.95	0.98	1.05	1.52	1.92	2.21	3.20

5. 生育酚混合物

为黄色透明黏稠液体、无臭味，不溶于水，溶于乙醇、植物油。对热稳定，在较高的温度下，还有较好的抗氧化性能。对其他抗氧化剂如 BHA、TBHQ、抗坏血酸棕榈酸酯、卵磷脂等有增效作用。在空气及光照下，会缓慢变黑。但耐紫外线较 BHA 和 BHT 强。可防止维生素 A、β- 胡萝卜素被紫外线分解，能阻止咸肉产生亚硝胺。能防止甜饼干和速食面条在日光照射下的氧化作用。生育酚混合浓缩物是目前国际上唯一大量生产的天然抗氧化剂，这类天然产物都是 α- 生育酚。主要用于保健食品、婴儿食品和其他高价值的食品。

（二）水溶性抗氧化剂

1.L- 抗坏血酸（维生素 C）

为粉末状、无臭味，有酸味。呈强还原性。易溶于水、乙醇。熔点为190℃。受光照逐渐变褐，干燥状态下相当稳定，在空气存在下的溶液中迅速变质。pH 值 3.4 ～ 4.5 时稳定。在碱性介质中或存在微量金属离子时，分解很快。可用于浓缩果蔬汁（浆）、小麦粉等。异抗坏血酸系抗坏血酸的异构体（无生理活性），抗氧化性较抗坏血酸强，常用于抗氧化、防腐、发色助剂。价格较低廉，用于葡萄酒等。

2. 植酸

植酸的螯合能力很强，在 pH 值 6 ～ 7 时，可与几乎所有的多价阳离子形成稳定的螯合物。螯合力的强弱依次为 Zn、Cu、Fe、Mg、Ca 等。植酸的螯合能力与 EDTA 相似，但比 EDTA 有更宽的 pH 适用范围，在中性和高 pH 值下，也能与各种多价阳离子形成难溶的络合物。植酸用于罐头特别是水产罐头有抑制结晶与变黑等作用。

 概念检查 7.2

○ 食品抗氧化剂的抗氧化机理包括哪些？

第三节　食品保鲜剂

食品保鲜剂并非严格的学术概念，而是商业上的俗称。能够防止新鲜食品脱水、氧化、变色、腐败的物质统称保鲜剂。它可通过喷涂、喷淋、浸泡或涂膜于食品的表面或利用其吸附食品保藏环境中的有害物质而对食品保鲜。食品保鲜剂分为食品直接接触类和非接触类。直接接触类的食品保鲜剂所使用的成分需要符合食品添加剂 GB 2760 的规定。有液体保鲜剂和气体保鲜剂两类。

一、液体保鲜剂

液体食品保鲜剂根据食品添加剂国标分类，包含防腐剂、抗氧化剂、被膜剂、乳化剂、酸度调节剂、水分保持剂，甚至可能还含有着色剂、护色剂等。根据食品保护功能分类，包含防腐、防止失水、延缓衰老、保脆等。防腐和抗氧化保鲜剂前面已经有介绍，下面介绍几种其他食品保鲜剂。

1. 被膜剂、乳化剂

被膜剂涂抹于食品外表，能减少食品失水，保持食品表面亮光，还能阻隔微生物侵染，抑制果蔬类食品呼吸代谢。GB 2760 中被膜剂主要有吗啉脂肪酸盐果蜡、普鲁兰多糖、松香季戊四醇酯、脱乙酰甲壳素（又名壳聚糖）、辛基苯氧聚乙烯氧基、硬脂酸（又名十八烷酸）、紫胶（又名虫胶）。可食用天然蛋白质、食用油、植物多糖类等也常使用。

乳化剂是指能使食品中互不相溶的油脂和水形成稳定的乳浊液或者乳化体系的物质。主要是甘油酯和脂肪酸酯类物质。乳化剂常配合被膜剂一起使用，偶然也有单独用于保鲜。常配制成蜡膜、虫胶、油质膜等涂膜保鲜剂。此外蛋品涂膜硅酸盐、聚乙烯醇等，可减少失水和 CO_2 丢失，起到类似功能。

甲壳素（几丁质）和壳聚糖（脱乙酰甲壳素）两者兼有抗菌、抗氧化、被膜的作用。甲壳素在 GB 2760 中作为增稠剂、稳定剂使用，用于油脂、果酱、蛋黄酱、沙拉酱、醋、乳酸菌饮料、啤酒麦芽饮料等。壳聚糖作为增稠剂、被膜剂，用于西式火腿和灌肠，还可作为果汁、植物饮料、啤酒等的澄清剂使用。

（1）壳聚糖能抑制一些真菌、细菌、病毒的生长繁殖。抑菌机理：①由于壳聚糖为多聚阳离子，易与真菌细胞表面带负电荷的基团作用，从而改变病原菌细胞膜的流动性和通透性；②干扰 DNA 的复制与转录；③阻断病原菌代谢；④对于活体果蔬，壳聚糖通过诱导病程相关蛋白、积累次生代谢产物和信号传导等方式来达到抗菌的目的。壳聚糖对微生物细胞的破坏见图 7-3 和图 7-4。

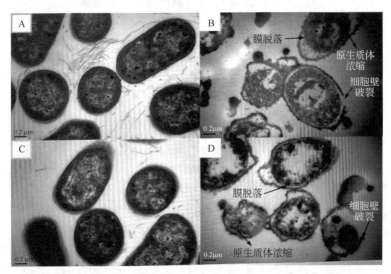

图 7-3 壳聚糖衍生物对猪霍乱沙门氏菌和金黄色葡萄球菌细胞形态的透射电子显微结构（贾瑞秀，2015）

A—猪霍乱沙门氏菌对照；B—银壳聚糖纳米粒子处理；C—金黄色葡萄球菌对照；D—银壳聚糖纳米粒子处理

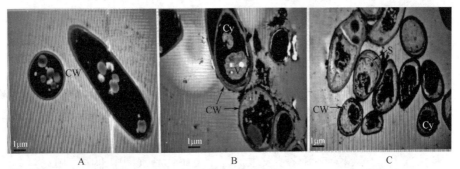

图 7-4 壳聚糖对镰孢菌的影响（透射电镜 ×15000 倍）（贾瑞秀，2016）

A—对照；B—1mg/mL 壳聚糖处理；C—10mg/mL 壳聚糖处理；

CW—细胞壁；V—液泡；Cy—细胞质；S—隔膜

（2）壳聚糖抑制氧化作用机理与肉中自由铁离子有关。当肉在热处理过程中，自由铁离子便从肉的血红蛋白中释放出来，并与壳聚糖螯合形成螯合物，从而抑制铁离子催化油脂的活性。

（3）保鲜机理与成膜有关，其膜层具有通透性、阻水性，在果蔬上形成一种低 O_2 高 CO_2 微气调环境，抑制了果蔬的呼吸代谢和水分散失，减缓结构衰老，从而延长采后寿命。

2. 水分保持剂

指在食品加工过程中，加入后可以提高产品稳定性，保持食品内部持水性，改善食品形态、风味、色泽等的一类物质。主要是磷酸盐和聚磷酸盐类物质。主要用于肉制品和水产品。

3. 酸度调节剂

用以维持或改变食品酸碱度的物质。主要是可食用的有机酸类。对不耐酸细菌有很好的抑菌作用，也可以抑制食品中酶的活性，防止打浆苹果汁液、去皮土豆等褐变。

4. 其他保鲜剂

延缓果蔬衰老或调节果蔬的生理活性物质，例如 2，4- 二氯苯氧乙酸抑制柑橘褪绿，减轻芦笋木质化等。抗淀粉老化物质如磷脂等可抑制淀粉回生。起保脆作用物质如明矾类（硫酸铝钾、硫酸铝铵）可保持海蜇、腌菜的脆度。

二、气体保鲜剂

气体保鲜剂一般与食品直接接触。气体保鲜剂主要有气体发生剂和气体吸收剂。前者常产生特定气体，具有抑菌、延缓衰老作用，例如 SO_2、1- 甲基环丙烯（1-MCP）等。后者吸收有害气体，防止食品变质，例如乙烯吸收剂等。两者可以调节气体成分产生气调效果，例如 CO_2 发生剂、脱氧剂、CO_2 脱除剂；也可以调节湿度，例如脱水剂等。

1. 气体发生剂

（1）乙烯抑制剂 1-MCP：1-MCP 可抑制乙烯的催熟和衰老作用。
（2）二氧化硫发生剂：熏蒸防腐。常用于葡萄、龙眼、腐竹等长期贮藏。
（3）乙醇蒸气发生剂：气调辅助防腐。
（4）二氧化碳发生剂：无生命食品气调中抑菌作用。
（5）精油熏蒸剂：作为防腐保鲜剂。

2.气体吸收剂

（1）CO_2 脱除剂：果蔬气调，防止 CO_2 过量导致的危害。

（2）脱氧剂：用于焙烤食品包装贮藏时，去除 O_2，防止霉菌生长，减少氧化。

（3）脱水剂：饼干、薯片、茶叶等干制品利用氯化钙脱去水分，保脆，防止吸水导致褐变、发霉等劣变。

（4）乙烯脱除剂：果蔬贮藏环境中，即使存在千分之一浓度的乙烯，也足以诱发果蔬的成熟，所以果蔬采收后 1～5d 内施用乙烯脱除剂可抑制果蔬的呼吸作用，防止后熟老化。包括物理吸附剂、氧化分解剂、触媒型脱除剂。

三、脱氧剂

脱氧剂又称为游离氧吸收剂或游离氧驱除剂，是一类能够清除氧的物质。脱氧保鲜剂就是利用脱除食品包装内的氧气来实现食品保鲜的目的。

目前使用的脱氧剂种类很多，按脱氧速度可分为速效型、一般型和缓效型。按原材料可分为无机类和有机类，其中无机系列脱氧剂包括铁系脱氧剂、亚硫酸盐系脱氧剂、加氢催化剂型脱氧剂等，有机系列脱氧剂包括葡萄糖氧化酶和抗氧化剂（抗坏血酸类、儿茶酚类、维生素 E 类）等，其中以原料易得、成本低、除氧效果好、安全性高的铁系脱氧剂应用最广。脱氧剂都是利用其本身具有还原作用，能和氧气发生反应的原理而使包装内的氧气脱除。其除氧反应的机理因脱氧剂种类不同而不同，下面具体介绍几种主要脱氧剂的脱氧机理。

1.铁系脱氧剂

这是目前使用较为广泛的一类以活性铁粉为主剂的脱氧剂，其脱氧过程的主要反应如下：

（1）$Fe+2H_2O \longrightarrow Fe(OH)_2+H_2$

（2）$4Fe(OH)_2+O_2+2H_2O \longrightarrow 4Fe(OH)_3 \longrightarrow 2Fe_2O_3 \cdot 3H_2O$

（3）$3Fe+4H_2O \longrightarrow Fe_3O_4+4H_2$

反应（1）的产物，经过反应（2），可以除去包装中的氧气，而反应（3）是可能发生的副反应之一。在标准状况下，按理论计算可得，1g 铁可与 0.143g 氧气（100mL）发生反应，即 1g 铁可以脱除大约 500mL 空气中的氧。实际因为存在反应（3）以及氧气渗入包装内，需要添加更多脱氧剂。上述脱氧反应速度随温度不同而改变，通常铁系脱氧剂的使用温度为 5～40℃。

从反应机理看，铁系脱氧剂反应时应有水存在，含水较高的食品脱氧速度较快。研究表明，相对湿度在 90% 以上时，18h 后包装中的残留氧气接近零，而湿度在 60% 时则需 95h。铁粉细度与脱氧速度有关，一般粒度细小，脱氧速度快。另外，还与添加的碱或盐种类和比例有关。

2.亚硫酸盐系脱氧剂

以连二亚硫酸盐为主剂，以 $Ca(OH)_2$ 和活性炭为辅剂，在有水的环境中进行反应。反应式如下：

（1）$Na_2S_2O_4+O_2 \longrightarrow Na_2SO_4+SO_2$

（2）$Ca(OH)_2 + SO_2 \xrightarrow{\text{水、活性炭}} CaSO_3 + H_2O$

总反应式为：$Na_2S_2O_4 + O_2 + Ca(OH)_2 \xrightarrow{\text{水、活性炭}} Na_2SO_4 + CaSO_3 + H_2O$

其中反应（1）是主要的脱氧反应，$Ca(OH)_2$ 主要用来吸收 SO_2。按理论计算，1g 连二亚硫酸钠消耗 0.184g 氧气（130mL），即 650mL 空气中的氧气。活性炭的用量及包装内相对湿度会影响脱氧速度。

另外一种是该类脱氧剂中加入 $NaHCO_3$ 和活性炭为辅剂：

（1）$Na_2S_2O_4 + O_2 \longrightarrow Na_2SO_4 + SO_2$

（2）$SO_2 + NaHCO_3 \xrightarrow{\text{水、活性炭}} Na_2SO_3 + H_2O + 2CO_2$

反应中生成的 CO_2 能够抑制某些细菌繁殖，或吸附在油脂及糖类周围，减少食品与氧气接触，从而达到脱氧保鲜的目的。

3. 葡萄糖氧化酶脱氧剂

这是由葡萄糖和葡萄糖氧化酶组成的脱氧剂。葡萄糖氧化酶通常采用固定化技术与包装材料结合，在一定的温度、湿度条件下，利用葡萄糖氧化成葡萄糖酸时消耗氧来达到脱氧目的。反应如下：

$$2C_6H_{12}O_6 + O_2 \xrightarrow{\text{葡萄糖氧化酶}} 2C_6H_{12}O_7$$

由于该反应是酶促反应，所以脱氧效果受到食品温度、pH、含水量、盐种类及浓度、溶剂等各种因素的影响，且存在酶易失活等特点，故制备不易，成本较高，适用于液态食品。主要用于去除蛋粉中的糖类，防止美拉德反应。此外，还用于一些对氧气很敏感的饮料。

脱氧剂种类繁多，不同种类脱氧剂的脱氧能力不同，同类脱氧剂也具有不同的脱氧速率和不同规格，而且脱氧剂的脱氧能力受温度、湿度和包装内食品种类等因素的影响。所以，必须根据食品种类、水分含量等来选择合适的脱氧剂；再者，使用时应根据包装容器大小和内容物的相对量来确定脱氧剂用量，以免造成脱氧剂的浪费或起不到脱氧效果；最后，将脱氧剂从包装中取出后，应立即和食品一起填充到包装容器中进行密封。

 概念检查 7.3

○ 食品保鲜剂的种类有哪些？

参考文献

[1] 包桂凤, 钱琦峰, 王向阳, 等. 烤鸡货架期优势菌鉴定及其防腐研究[J]. 中国食品学报,

2021, 3: 245-252.

[2]　高彦祥. 食品添加剂[M]. 2版. 北京: 中国轻工业出版社, 2019.

[3]　贾瑞秀, 邱苗, 黄建颖, 等. 壳聚糖及其衍生物对镰孢菌的抑菌机理[J]. 中国食品学报, 2016, 11: 70-75.

[4]　李记龙, 魏占姣, 齐立军. 几种抗氧化剂对生姜油稳定性的研究[J]. 中国食品添加剂, 2021, 3: 1-5.

[5]　刘雄, 曾凡坤. 食品工艺学[M]. 北京: 科学出版社, 2017.

[6]　潘丽秀. 采后绿芦笋保鲜方法研究[D]. 杭州: 浙江工商大学, 2012.

[7]　卿明民, 陈朋, 臧静楠, 等. 复合抗氧化剂对冻藏大黄花鱼片品质的影响[J]. 保鲜与加工, 2021, 2: 13-19, 27.

[8]　孙平. 食品添加剂[M]. 2版. 北京: 中国轻工业出版社, 2020.

[9]　王向阳. 食品贮藏与保鲜[M]. 杭州: 浙江工商大学出版社, 2020.

[10]　王向阳, 陈贝莉, 潘丽秀, 等. 防腐剂和消毒剂对采后芦笋欧氏杆菌的抑制作用[J].中国食品学报, 2016, 8: 172-177.

[11]　王向阳, 从俊峰, 丁冰. 五种食品添加剂对细菌和真菌的抑制研究[J]. 中国调味品, 2017, 12: 28-31.

[12]　王向阳, 董欢欢, 俞兴伟. 茶多酚对货架期泡菜气味成分的影响[J]. 中国调味品, 2016, 41(2): 36-38, 43.

[13]　曾名湧. 食品保藏原理与技术[M]. 2版. 北京: 化学工业出版社, 2014.

[14]　GB 2760—2014 食品安全国家标准　食品添加剂使用标准.

[15]　周家春. 食品工艺学[M]. 3版. 北京: 化学工业出版社, 2017.

[16]　Jia R, Jiang H, Jin M, et al. Silver/Chitosan-based Janus Particles: Synthesis, Characterization, and Assessment of Antimicrobial Activity *in Vivo* and *Vitro*[J]. Food Research International, 2015, 78: 433–441.

 ## 总结

○ **食品防腐剂的作用**
- 防腐剂种类繁多，它们的作用机理各不相同，其主要作用机理有以下几种：通过使蛋白质变性而抑制或杀灭微生物、干扰微生物细胞膜的功能、干扰微生物的遗传系统、干扰微生物细胞内部酶的活力、诱导产生抗侵染性、破坏微生物的侵染力等。

○ **常见的食品防腐剂**
- 常见的食品防腐剂有苯甲酸及其钠盐、山梨酸及其钾盐、丙酸及其钠盐或钙盐、单辛酸甘油酯、对羟基苯甲酸酯、脱氢乙酸（钠）、乙酸钠、双乙酸钠、乙二胺四乙酸二钠、2，4-二氯苯氧乙酸、二氧化硫、焦亚硫酸钾、焦亚硫酸钠、亚硫酸钠、亚硫酸氢钠、低亚硫酸钠、硝酸钠、亚硝酸钠、硝酸钾、亚硝酸钾、硫黄、乙氧基喹、二氧化碳、ε-聚赖氨酸、ε-聚赖氨酸盐酸盐、纳他霉素、溶菌酶、乳酸链球菌素、肉桂醛等。

○ **影响防腐剂防腐效果的因素**
- 防腐剂的防腐效果受多种因素影响，同一种防腐剂在不同的条件下使用时，其抗菌或杀菌效果不同。
- 防腐剂的溶解性、分散性和渗透性，pH值，微生物状况，热处理及与其他物质联用等均影响防腐剂的防腐效果。

○ **食品抗氧化剂的作用**
- 抗氧化剂的作用机制主要包括清除自由基或螯合金属离子或清除氧。
- 抗氧化剂的抗氧化作用受其溶解性、添加时间、是否使用隔氧包装、是否与其他物质复配联用等影响。

第七章

○ 常见的食品抗氧化剂
- 丁基羟基茴香醚（BHA）、二丁基羟基甲苯（BHT）、抗坏血酸（钠、钙、棕榈酸酯）、D-异抗坏血酸（钠）、没食子酸丙酯（PG）、硫代二丙酸二月桂酯、亚硫酸盐类、4-己基间苯二酚、叔丁基对苯二酚（TBHQ）、维生素E、植酸（钠）、茶多酚、茶多酚棕榈酸酯、迷迭香提取物、竹叶抗氧化物等。

○ 食品保鲜剂
- 食品保鲜剂是能够防止新鲜食品脱水、氧化、变色、腐败的物质的统称。
- 常见的气体食品保鲜剂有乙烯拮抗剂、乙烯脱除剂、脱氧剂、二氧化硫发生剂、二氧化碳发生剂、香精油熏蒸剂等。
- 常见的液体食品保鲜剂有被膜剂、乳化剂、水分保持剂、酸度调节剂等。

✎ 课后练习

一、选择题

1. 奶油中含有 2.5% 食盐，食盐的主要作用是什么？（　　　）

　A. 防腐　　　　　B. 抗氧化　　　　C. 促进凝固　　　　　D. 分散乳脂肪

2. 下列抗氧化剂哪些归属脂溶性抗氧化剂？（　　　）

　A. 维生素C　　B. 维生素E　　　C. BHA　　　　　D. BHT

　E. 茶多酚　　　F. 植酸

3. 炒货油脂含量高，在炒制和贮藏过程容易被氧化，适合添加什么抗氧化剂？
　（　　　）

　A. 丁基羟基茴香醚（BHA）　　　B. 二丁基羟基甲苯（BHT）

　C. 叔丁基对苯二酚（TBHQ）　　D. 没食子酸丙酯（PG）

4. 哪种保鲜剂在食品中使用需要按照 GB2760 规定？（　　　）

　A. 吸氧剂　　　　　B. 脱水剂　　　　C. 具防腐作用的天然食物提取物

　D. 具防腐作用的天然食物浓缩物

二、问答题

1. 果汁饮料能否实现零添加？

2. 萝卜干按照 GB 2760 的剂量添加苯甲酸或山梨酸，难以防止胀袋吗？

3. 苯甲酸是较广泛应用的食品添加剂，在 GB 2760 中的使用范围为何不含牛奶。某公司牛奶被测出含有微量的苯甲酸，苯甲酸是加进去的？还是所有牛奶本身含有苯甲酸？

能力拓展

○ **进行研究性学习和小组协作学习，培养研究问题能力和环境与可持续发展能力**
  - 设计 1 种天然防腐剂的研究开发方案，根据产品特征，给出合理有效的技术路线和研究内容，评估该方案对社会和环境可持续发展的影响并得出有效结论。
  - 设计方案要体现绿色设计、生产的理念，设计者要理解环境保护和可持续发展的内涵，明确食品从业人员在社会和环境可持续发展中担当的职责。

第八章　食品腌制与烟熏保藏技术

鲜活鲅鱼

烟熏鲅鱼

　　腌制和烟熏保藏技术实际上是一种古老的食品保藏与加工技术。我国传统的美味佳肴金华火腿、臭鳜鱼、熏鲅鱼等就是其中的代表。

　　腌制和烟熏食品有害吗？食品在腌制与烟熏过程中经历了什么？美味与不良风味物质，如何进行平衡？

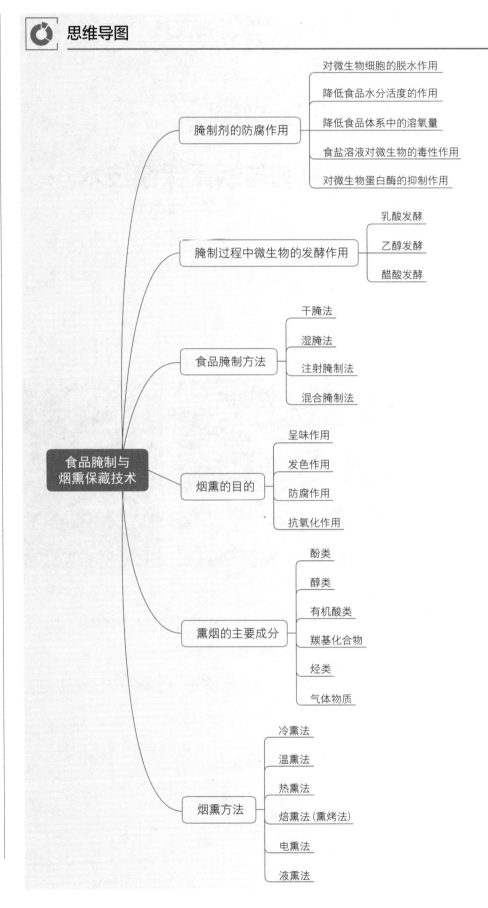

为什么要学习"食品腌制与烟熏保藏技术"？

　　食品腌制和烟熏具有悠久的发展历史。腌制与烟熏食品，如腌肉制品、腌制蛋、蔬菜腌制品、果蔬糖制品、西式熏肉等，因其独特的风味和民族特色而受到人民群众的广泛喜爱。但腌制食品在制作时常使用大量的腌制剂，食用过多会增加患病风险。那么腌制和烟熏食品可能存在哪些危害因子？如何控制？腌制和烟熏是如何实现对微生物的控制？食品腌制和烟熏过程中，其色泽和风味又是如何产生的？低盐腌制法是怎么做到的？学习腌制与烟熏保藏技术有助于理解和解答上述问题，有助于创制新产品，推动传统腌制与烟熏食品的工业化和高质量发展。

👁 学习目标

○ 依据扩散和渗透机制阐述食品腌制的基本理论；
○ 恰当描述腌制剂、微生物发酵和酶等因素对腌制保藏的作用；了解腌制剂的保藏机理，思考新型健康腌制品的发展趋势；
○ 列举 3 种腌制剂，并比较其优缺点和在腌制过程中的作用；
○ 分析归纳腌制食品色泽和风味的形成机制和质量控制措施；
○ 描述熏烟的主要成分及其作用，能阐明烟熏保藏的机制，比较分析常见烟熏方法的优势及局限性；
○ 能够就 1 种传统腌制品或烟熏制品的工业化生产问题，选择与使用恰当的信息资源、工程工具和专业模拟软件，设计其工业化发展路线和问题解决方案，研究方案体现创新性，分析其局限性，得出有效结论。

第一节　食品腌制的基本原理

　　食品腌制保藏是利用咸味剂、甜味剂、酸味剂、发色剂、防腐剂、香辛料等腌制材料处理食品原料，通过扩散和渗透作用使其渗入食品组织内，从而降低食品内的水分活度，提高其渗透压，进而抑制有害微生物的活动及酶的活性，达到防止食品腐败、改善食品品质的加工保藏技术。

　　根据腌制原料的不同，腌制品可以分为腌肉制品、腌制水产品、腌制蛋、蔬菜腌制品、果蔬糖制品等。

一、溶液的扩散和渗透

　　食品腌制过程首先是腌制液的形成，盐、糖等可溶性的腌制剂与水（包括外加的水和食品组织内的水）形成一定浓度的腌制液，产生相应的渗透压，溶质经过食品原料的细胞间隙扩散进入食品原料内部，使组织细胞或微生物细胞处于高渗环境，水分子渗透出来，最终达到各处浓度平衡，从而降低水分活度，抑制微生物的生长繁殖。腌制溶液的扩散和渗透理论是食品腌制的重要理论基础。

1. 溶液的扩散

扩散是分子热运动或胶粒布朗运动的必然结果。分子或微粒总是从高浓度向低浓度迁移从而达到浓度均匀化的一种热运动，其推动力是浓度梯度。

物质在扩散过程中的扩散方程式为：

$$dQ=-DA(dc/dx)dt \tag{8-1}$$

式中　Q——物质扩散量；

　　　　D——扩散系数；

　　　　A——扩散通过的面积；

　dc/dx——浓度梯度（c 为浓度，x 为间距）；

　　　　t——扩散时间。

式中负号表示扩散方向与浓度梯度的方向相反。

由式（8-1）可知，物质扩散量与扩散通过的面积及浓度梯度成正比。

将上式两边同时除以 dt，可得扩散速率方程式（8-2）：

$$dQ/dt=-DA（dc/dx） \tag{8-2}$$

爱因斯坦假设扩散物质粒子为球形时，扩散系数 D 的表达式可以写成式（8-3）：

$$D=RT/(6N\pi r\eta) \tag{8-3}$$

式中　D——扩散系数（在单位浓度梯度的影响下，单位时间内通过单位面积的溶质量），m^2/s；

　　　　R——气体常数，$8.314J/(mol·K)$；

　　　　T——热力学温度，K；

　　　　N——阿伏加德罗常数，$6.023×10^{23}$；

　　　　r——溶质微粒直径（应比溶剂分子大，并且只适应于球形分子），m；

　　　　η——介质黏度，$Pa·s$。

将式（8-3）代入式（8-2），可将扩散速率表示为：

$$dQ/dt=-A(dc/dx)RT/(6N\pi r\eta) \tag{8-4}$$

式（8-4）中，R、N、π 均为常数，食品腌制过程中，原料经一定预处理后，腌制剂扩散通过的面积（A）是一定的，因此，腌制剂扩散速率（dQ/dt）就与浓度梯度（dc/dx）、腌制时的温度（T）、腌制剂粒子直径（r）以及溶液黏度（η）有关。

腌制溶液的浓度梯度（dc/dx）越大则腌制剂的扩散速率越快。不过溶液浓度增加时，其黏度（η）也会增加（如糖液），不利于扩散，因此，浓度对扩散速率的影响还与溶液黏度有关。黏度越大则扩散速率越慢。腌制温度（T）越高则腌制剂的扩散速率越快，这与温度升高分子运动加快以及溶液黏度降低有关。一般情况下，温度每增加1℃，溶质扩散系数增加2.0% ～ 3.5%。但实际生产中还要考虑温度对腌制原料的影响，比如加工樱桃蜜饯时，高温容易使樱桃软烂。另外，腌制剂粒子直径（r）越小则扩散速率越快，比如，不同糖类在糖液中的扩散速率由大到小的顺序是：葡萄糖 > 蔗糖 > 饴糖中的糊精。

2. 渗透

渗透是指溶剂从浓度较低的溶液一侧经过半透膜向浓度较高的一侧扩散的过程。细胞膜具有半透膜性质，其通透性具有选择性，它所透过的物质包括水、糖、氨基酸和各种离子等。不同细胞对不同物质的通透性是不同的，其中，水分子通过细胞膜比其他小分子物质要迅速得多。

水的渗透是在溶液渗透压的作用下进行的。Van't Hoff 研究推导出稀溶液渗透压的公式如下：

$$\Pi = cRT \tag{8-5}$$

式中　Π——溶液的渗透压，Pa；

c——溶液中溶质（粒子）的浓度，mol/L；

R——气体常数，8.314×10^3 Pa/(mol·K)；

T——热力学温度，K。

与扩散相似，腌制过程的渗透速度取决于渗透压的大小。由式（8-5）可知，渗透压与溶质（粒子）的浓度和温度成正比。

组织细胞和微生物细胞需要生活在渗透压稳定的溶液中。当细胞处于高渗透压环境时，细胞内的水分就会流出使细胞发生皱缩、萎蔫，对于植物细胞和微生物来说将会发生质壁分离现象。腌制溶液相对于食品原料细胞或微生物内液而言是高渗溶液，腌制过程中细胞中的水分会流出细胞，胞外的糖、食盐离解后的离子等也会缓慢扩散进入细胞内，因此，微生物生长繁殖受到抑制。这是腌制的原理之一。

食品腌制速度取决于腌制剂的渗透速度，可以采取提高腌制温度和腌制剂浓度来增大原料细胞内外的渗透压差，从而达到加快渗透速度的目的。但在实际生产中，很多食品原料如在高温下腌制，会在腌制过程中出现组织软烂、腐败变质以及变性凝固等问题。因此应根据食品种类的不同，采用不同温度，如质地柔软的果蔬加工果脯蜜饯时要在常温下进行腌制，鱼类、肉类食品则需在10℃以下（大多数情况下要求在2～4℃）进行腌制，咸蛋等腌制也须在常温下进行。

提高腌制剂的浓度可以提高渗透压，从而加快渗透速度，但如果腌制溶液浓度过高，将会导致细胞在腌制剂渗入之前出现皱缩及质壁分离等现象。例如，蜜饯加工、果蔬糖制时，要采用分次加糖等方法逐步提高糖浓度，避免组织出现干缩现象。研究发现，组织细胞死亡后细胞膜的通透性会随之增强，采用预煮或硫处理等措施能够加快蜜饯类制品的糖制速度。

二、腌制剂的防腐作用

腌制品要做到较长时间保藏离不开腌制剂的防腐作用。食品腌制时，使用量较大的腌制剂主要是食盐和食糖，其防腐作用主要表现在以下几个方面。

1. 对微生物细胞的脱水作用

微生物细胞在等渗溶液能保持原形，并可进行正常的生长繁殖。腌制过程中，随着腌制剂扩散和渗透，微生物处于高渗溶液中，细胞内的水分就会透过细胞膜向外渗透，结果将导致细胞因脱水而发生质

壁分离，微生物生长活动受到抑制，脱水严重时还会造成微生物死亡。不同的微生物因细胞液渗透压不一样，它们所要求的最适渗透压（即等渗溶液）也不同。大多数微生物细胞内的渗透压为 0.3 ～ 0.6MPa。食盐溶液可以形成较高的渗透压，1% 的食盐溶液可以产生 0.6MPa 的渗透压。一般食盐浓度达到 1% ～ 3% 时，大多数微生物就会受到暂时性抑制；浓度达到 6% ～ 8% 时，大肠杆菌、沙门氏菌、肉毒杆菌停止生长；浓度高于 10% 后，大多数杆菌停止生长。球菌在食盐浓度达到 15% 时才被抑制。霉菌和酵母菌则要 20% ～ 25% 的食盐浓度才能抑制。如果 pH 降低，微生物的耐盐力也会降低。例如，当 pH 降至 2.5 时，14% 的食盐浓度即可抑制酵母菌。糖液浓度低于 10% 时不仅不会抑制反而会促进某些微生物生长，浓度达到 50% 时能抑制大多数细菌的生长，达到 65% ～ 75% 则可抑制霉菌和酵母菌的生长。相同质量浓度时，不同种类的糖产生的渗透压也不相同，葡萄糖、果糖等单糖因为分子量比蔗糖、麦芽糖等双糖的分子量小，故其渗透压较高，抑菌效果也比较好。

2. 降低食品水分活度的作用

盐溶于水后会解离为钠离子和氯离子，并在其周围吸附一群水分子，形成水合离子，导致溶液中自由水减少，水分活度下降。溶液水分活度随食盐浓度的增大而下降，在饱和食盐溶液（26.5%）中，由于水分全部被钠离子和氯离子吸引，没有自由水，微生物因没有可以利用的水分而不能生长。糖腌制时，糖分子因含有许多羟基可以和水分子形成氢键，使部分自由水变成结合水，水分活度降低。如蔗糖溶液浓度达到 67.5% 时，水分活度可以降到 0.85 以下，大多数微生物生理活动受到抑制。

3. 降低食品体系中的溶氧量

氧气在糖溶液和食盐溶液中的溶解度小于在水中的溶解度，如在 20℃时，60% 的蔗糖溶液中氧气的溶解度仅为纯水的 1/6。食品腌制时使用的糖（盐）溶液或渗入食品组织内形成的糖（盐）溶液浓度很大，使得氧气的溶解度下降，从而造成缺氧环境，有利于抑制好氧微生物的生长。

4. 食盐溶液对微生物的毒性作用

微生物对 Na^+ 很敏感，研究发现，少量 Na^+ 对微生物有刺激生长的作用，但当达到足够高的浓度时就会产生抑制作用。这是因为 Na^+ 能和微生物细胞原生质中的阴离子结合从而产生毒害作用。pH 能加强 Na^+ 对微生物的毒害作用。食盐对微生物的毒害作用也可能来自 Cl^-，因为 Cl^- 也会与微生物细胞原生质结合，从而促使微生物死亡。

5. 对微生物蛋白酶的抑制作用

盐溶液可以抑制微生物蛋白酶的分解作用。由于食盐分子可以与酶分子中的肽键结合，降低酶活，从而减少蛋白质分解作用。亚硝酸盐对产气荚膜杆菌也具有一定的抑菌作用，亚硝酸盐与含巯基的细菌细胞反应产生亚硝基硫醇，对酶有抑制作用，如 3- 磷酸甘油醛脱氢酶。

三、腌制过程中微生物的发酵作用

在发酵型腌制品的腌制过程中，微生物发酵主要有两方面作用：一是抑制有害微生物的活动而起到防腐保藏作用，二是产生腌制品特有的风味物质。

根据微生物作用的对象不同，腌制中的微生物主要有三类：蛋白质分解菌、脂肪分解菌、糖类分解菌。蛋白质分解菌主要通过分泌蛋白酶作用于食品中蛋白质产生蛋白胨、多肽、氨基酸等小分子含氮化合物，如黄色杆菌属、芽孢杆菌属、变性杆菌等。脂肪分解菌通过分泌脂肪酶将脂肪、磷脂、固醇等物质分解成脂肪酸、甘油三酯、醛、酮类化合物。而糖类分解菌通过分泌淀粉酶、纤维素酶、半纤维素酶等将淀粉和纤维素降解成糊精、低聚糖、单糖、乙醇、有机酸等物质。蛋白质分解菌和脂肪分解菌对发酵品的风味有一定贡献，但过度发酵容易导致不良风味；而糖类分解菌的分解产物不仅对腐败菌和致病菌有抑制作用，还能主导发酵食品的风味。

糖类分解菌的代谢产物主要有乳酸发酵、乙醇发酵、醋酸发酵等。

1. 乳酸发酵

乳酸发酵是由乳酸菌将食品中的糖分解生成乳酸及其他产物的反应。根据发酵产物不同可分为正型乳酸发酵和异型乳酸发酵。

正型乳酸发酵一般以六碳糖为底物，只生成乳酸，产酸量高。主要有植物乳杆菌和小片球菌等，能将蔗糖等水解成葡萄糖后发酵生成乳酸。主要发生在发酵的中后期。

异型乳酸发酵的发酵产物除了乳酸外，还包括其他产物和气体。常见的异型乳酸菌有肠膜明串珠菌、短乳杆菌、大肠杆菌。其在乳酸发酵初期比较活跃，竞争性抑制有害微生物的繁殖。产酸虽不高，但其产物中微量乙醇、醋酸等对腌制品的风味有增进作用，二氧化碳气体可降低食品中的溶氧，促进正型乳酸发酵菌活跃。

2. 乙醇发酵

乙醇发酵是由酵母菌将食品中的糖分解生成乙醇和二氧化碳。发酵型蔬菜腌制品腌制过程中也存在着乙醇发酵，其量可达 0.5% ～ 0.7%，对乳酸发酵没有影响，反而起到增香作用。乙醇发酵还能生成异丁醇和戊醇等高级醇，这些醇类物质对腌制品在后熟期中品质的改善及芳香物质的形成有重要作用。

3. 醋酸发酵

醋酸发酵是醋酸菌氧化乙醇生成醋酸的反应，这是发酵型腌制品中醋酸的主要来源。醋酸菌为好氧细菌，仅在有氧气存在的情况下才可以将乙醇氧化成醋酸，因而发酵作用多在腌制品的表面进行。正常情况下，醋酸积累量为 0.2% ～ 0.4%，可以增进产品品质。但对于非发酵型腌制品来说，过多的醋酸又有损其风味，如榨菜制品中，若醋酸含量超过 0.5%，则产生酸败，导致品质下降。

四、腌制过程中酶的作用

食品腌制过程中将会发生一系列酶促反应，对于腌制品色、香、味的形成以及组织状态变化起着非常重要的作用。腌制过程中酶的来源主要有两类：原料自身的内源酶和微生物发酵产生的酶。

蛋白酶是食品腌制中非常关键的酶。在蔬菜腌制过程中，蔬菜中的蛋白质在微生物或原料本身所含蛋白酶的作用下分解为游离氨基酸，其中谷氨酸、天冬氨酸、苯丙氨酸、丙氨酸、甘氨酸、酪氨酸等呈味氨基酸是腌制品鲜味的主要来源。氨基酸可以与醇发生反应形成氨基酸酯等芳香物质，还可以与戊糖或4-羟基戊烯醛作用生成含有氨基的烯醛类芳香物质，这是腌制品香味的两个重要来源。此外，氨基酸能与还原糖发生美拉德反应，生成褐色至黑色的物质，起呈色增香作用，如冬菜色泽乌黑、香气浓郁的良好品质就与美拉德反应有关。

酪氨酸酶是引起蔬菜腌制品酶促褐变的关键酶。蛋白质水解所生成的酪氨酸在酪氨酸酶的作用下，在有氧气存在时，经过一系列复杂而缓慢的生化反应，逐渐变成黄褐色或黑褐色的黑色素，是蔬菜腌制品变成黄褐色和黑褐色的主要成因。

硫代葡萄糖酶是芥菜类腌制品形成菜香的关键酶。芥菜类蔬菜原料在腌制时搓揉或挤压使细胞破裂，细胞中所含硫代葡萄糖苷在硫代葡萄糖酶的作用下水解生成异硫氰酸酯类、腈类和二甲基三硫等芳香物质，苦味、生味消失，这些芳香物质的香味称为"菜香"，是咸菜的主体香。

果胶酶类是导致蔬菜腌制品软化的主要原因之一。蔬菜腌制中，蔬菜本身含有的或有害微生物分泌的果胶酶类将蔬菜中的原果胶水解为水溶性果胶，或将水溶性果胶进一步水解为果胶酸和甲醇等产物时，就会使细胞彼此分离，使蔬菜组织脆性下降，组织变软，易于腐烂，严重影响腌制品的质量。

第二节　食品腌制剂及其作用

腌制所使用的腌制材料统称为腌制剂，主要起防腐、调味、发色、抗氧化、改善食品物理性质和组织状态等作用，从而达到防止食品腐败，改善食品品质的目的。

常见腌制剂主要包括咸味剂、甜味剂、酸味剂、鲜味剂、肉类发色及助色剂、品质改良剂、防腐剂、抗氧化剂等。

一、咸味剂

咸味剂主要是食盐。食盐在烹调和食品加工中是一种不可缺少的调味料，在食品腌制中具有重要的调味和防腐作用。

食盐质量好坏直接影响腌制品的质量。如果食盐纯度不高将会影响食盐在腌制过程中的扩散和渗透速度，甚至使腌制品产生苦味等异味。因此，应选择色泽洁白、氯化钠含量高、水分及杂质含量少、卫生状况符合国家食用盐卫生标准（GB 2721—2015）的食盐为腌制的咸味剂。

食盐的主要成分为氯化钠，是人体钠离子和氯离子的主要来源，它有维持人体正常生理功能、调节血液渗透压的作用。但过量摄入食盐会引起心血管病、高血压及其他疾病，其中最易引起的就是高血压。中国居民膳食指南推荐日常饮食中食盐摄入量为每人每天6g。目前，WHO正实施减少人均食盐摄入量的政策，我国制定的《"健康中国2030"规划纲要》提出了食盐量降低20%的目标。因此，如何减少腌制食盐用量，开发"低盐腌制技术"已成为国内外的研究热点。已报道具有咸味的新型食盐（部分）替代品主要有盐酸盐、磷酸盐、乳酸盐、天然提取物、咸味肽等。

二、甜味剂

腌制食品所使用的甜味剂主要是食糖。食糖种类很多，主要有白糖、红糖、饴糖、蜂糖等，在食品腌制中起调味、防腐和增色等作用。

白糖又分白砂糖、绵白糖、方糖，主要成分为蔗糖，含量在99%以上，色泽白亮，甜度较大，味道纯正。其中以白砂糖在腌制食品中使用最为广泛。

红糖又名黄糖，以色泽黄红而鲜明、味甜浓厚者为佳。红糖主要成分为蔗糖，含量约84%，同时含较多的游离果糖、葡萄糖、色素、杂质等，水分含量在2%～7%，容易结块、吸潮。红糖除用于提供腌制食品的甜味外，还可增进色泽，多在红烧、酱、卤等肉制品和酱菜的加工中使用。

饴糖又称麦芽糖浆，是用淀粉水解酶水解淀粉生成的麦芽糖、糊精以及少量的葡萄糖和果糖的混合物。其中含53%～60%的麦芽糖和单糖、13%～23%的糊精，其余多为杂质。麦芽糖含量决定饴糖的甜度，糊精决定饴糖的黏稠度。饴糖在果蔬糖制时一般不单独使用，常与白砂糖结合使用，降低生产成本。同时，饴糖还有防止糖制品结晶返砂的作用。在酱腌菜的加工中饴糖能起增色、增甜及增稠作用。

传统甜味剂大多数为营养型甜味剂，可产生较多的热量。研究证明，过量摄入糖会增加龋齿的风险，导致肥胖和糖尿病的发生，控制糖的摄入量很有必要。《国民营养计划（2017—2030年）》和全民健康生活方式行动都倡导"减糖"。因此，非营养型甜味剂日益受到重视，是甜味剂的发展趋势，如甘草、甜菊糖苷、罗汉果苷、糖精钠、甜蜜素、木糖醇、二肽甜味剂、甜蛋白、乙酰磺胺酸钾及阿力甜等甜味剂。

三、酸味剂

酸味剂主要是食醋，包括酿造醋（米醋、熏醋、糖醋）和人工合成醋两种。

米醋又名麸醋，是以大米、小麦、高粱等含淀粉的粮食为主料，以麸皮、谷糠、盐等为辅料，用醋曲发酵，使淀粉水解为糖，糖发酵成酒，酒氧化为醋酸而制成的产品。

熏醋又名黑醋，原料与米醋基本相同，发酵后略加花椒、桂皮等熏制而成，颜色较深。

糖醋是用饴糖、醋曲、水等为原料搅拌均匀，封缸发酵而成。糖醋色泽较浅，最易长白膜，由于醋味单调，缺乏香气，故不如米醋、熏醋味美。

人工合成醋是用醋酸与水按一定比例调配而成的，又称为醋酸醋或白醋，品质不如酿造醋。

食醋的主要成分是醋酸，具有良好的抑菌作用，还具有去腥解腻、增进食欲、提高钙磷吸收、防止维生素C破坏等功效。

此外，常见酸味剂还有柠檬酸、乳酸、苹果酸等食用有机酸。

四、鲜味剂

鲜味剂又称风味增强剂，是一类可以增强食品鲜味的化合物。根据化学成分的不同，可分为氨基酸类、核苷酸类、有机酸类、复合鲜味剂等。鲜味剂对腌制蔬菜、肉、禽、水产类等起着良好的增味作用。

氨基酸类主要有 L- 谷氨酸钠、L- 丙氨酸、L- 天冬氨酸钠、甘氨酸等。

核苷酸类主要包括 5′- 肌苷酸二钠（IMP）和 5′- 鸟苷酸二钠（GMP），能增加肉类的鲜味，改善食品基本味觉，两者等量混合物是销售前景较好的鲜味剂之一。

有机酸类主要有琥珀酸（1,4- 丁二酸），其钠盐琥珀酸二钠是目前我国许可使用的有机酸鲜味剂，呈味阈值为 0.03%，作为食品中的强力鲜味剂，普遍存在于传统发酵产品清酒、酱油、酱中，能与食盐、谷氨酸钠或其他有机酸合用，起增强鲜味作用。

复合鲜味剂主要利用大宗优质动植物蛋白原料，经酶法降解，富含多种呈味氨基酸、呈味肽以及氨基酸和还原糖通过美拉德反应的产物等复合呈味物质，同时还含有一些特殊生理功能的活性肽。酵母抽提物是一种国际流行的营养型多功能鲜味剂和风味增强剂，以面包酵母、啤酒酵母、原酵母等为原料，通过自溶法、酶解法、酸热加工法等制备，在欧洲占有鲜味剂市场 1/3 的份额。在食品工业中，酵母抽提物主要用作鲜味增强剂，起着改善产品风味、提高产品品质及营养价值、增进食欲等作用。

五、肉类发色及助色剂

发色剂又称护色剂，是能与肉及肉制品中的呈色物质发生作用，使之在食品加工保藏过程中不致分解、破坏，呈现良好色泽的物质。发色原理是亚硝酸盐所产生的一氧化氮与肉类中的肌红蛋白和血红蛋白结合，生成一种具有鲜艳红色的亚硝基肌红蛋白和亚硝基血红蛋白。典型发色剂是硝酸盐和亚硝酸盐，主要包括硝酸钠、硝酸钾、亚硝酸钠、亚硝酸钾。其中，硝酸盐通过微生物作用可以还原为亚硝酸盐，从而起到发色作用。硝酸钠（$NaNO_3$）为无色透明结晶或白色结晶性粉末，可稍带浅色，无臭、味咸、微苦，有潮解性，溶于水，微溶于乙醇和甘油。硝酸盐在食物中、水中或胃肠道内容易被还原成亚硝酸盐，故应在保证安全和产品质量的前提下，严格控制使用。我国《食品安全国家标准　食品添加剂使用标准》（GB2760—2014）规定其在腌腊肉制品中最大使用量为 0.5g/kg，残留量（以亚硝酸钠计）$\leqslant$ 30mg/kg。

亚硝酸钠（$NaNO_2$）为白色或淡黄色结晶性粉末或粒状，味微咸，易潮解，水溶液呈碱性，易溶于水，微溶于乙醇。在腌腊肉制品中最大使用量为 0.15g/kg，残留量（以亚硝酸钠计）$\leqslant$ 30mg/kg。亚硝酸盐具有一定的毒性，它可以与胺类物质生成强致癌物亚硝胺。

肉类加工常用的发色助剂主要有：抗坏血酸、抗坏血酸钠、异抗坏血酸、异抗坏血酸钠以及烟酰胺等。

抗坏血酸即维生素 C，具有强还原性，但是对热和重金属极不稳定。因此，一般使用稳定性较高的钠盐。抗坏血酸钠和异抗坏血酸钠在肉类腌制中主要作用：一是参与将氧化型的褐色高铁肌红蛋白还原为红色的还原型肌红蛋白，加快腌制速度，以助发色；二是与亚硝酸发生化学反应，增加一氧化氮的形成；三是防止亚硝胺的生成；四是具有抗氧化作用，有助于稳定肉制品的颜色和风味。其使用量一般为原料肉的 0.02% ～ 0.05%。

烟酰胺可以与肌红蛋白结合生成很稳定的烟酰胺肌红蛋白，很难被氧化，可以防止肌红蛋白在亚硝酸生成亚硝基期间的氧化变色。在肉类腌制过程中常与抗坏血酸联合使用，协同发色在肉品中添加量为 0.01% ～ 0.02%。

六、品质改良剂

品质改良剂通常是指能改善或稳定制品的物理性质或组织状态，如增加产品的弹性、柔软性、黏着性、保水性和保油性等的一类食品添加剂。磷酸盐是一类改善肉的保水性能的品质改良剂，主要有焦磷酸盐、三聚磷酸盐和六偏磷酸盐等，通常几种磷酸盐复配使用，其保水效果优于单一成分。其作用机制主要有几种：一是磷酸盐可以提高肉的 pH 值使其高于蛋白质的等电点，从而能增加肉的持水性；二是增加离子强度，使处于凝胶状态的球状蛋白的溶解度显著增加而成为溶胶状态，从而提高肉的持水性；三是螯合金属离子，使蛋白质的羧基解离出来，由于羧基之间同性电荷的相斥作用，使蛋白质结构松弛，以提高肉的保水性；四是将肌动球蛋白离解成肌球蛋白和肌动蛋白，肌球蛋白的增加也可使肉的持水性提高；五是对肌球蛋白变性有一定的抑制作用，可以稳定肌肉蛋白质的持水能力。

磷酸盐过量使用会导致产品风味恶化、组织粗糙、呈色不良等问题。在肉品加工中，使用量一般为肉重的 0.1% ～ 0.4%。

除磷酸盐外，葡萄糖酸 -δ- 内酯、谷氨酰胺转氨酶淀粉、大豆分离蛋白、卡拉胶、酪蛋白等也可用于肉制品的品质改良。

七、防腐剂

防腐剂是指能防止由微生物所引起的食品腐败变质、延长食品保存期的一类食品添加剂。食品腌制中使用的防腐剂主要有苯甲酸及其钠盐、山梨酸及其钾盐、脱氢乙酸及其钠盐、对羟基苯甲酸酯类及其钠盐、乳酸链球菌素、纳他霉素等，其添加量必须符合我国《食品安全国家标准　食品添加剂使用标准》（GB 2760—2014）相关规定（详细见第七章内容）。

八、抗氧化剂

抗氧化剂是指能防止或延缓食品成分氧化分解、变质，提高食品稳定性的物质。抗氧化剂分为油溶性抗氧化剂和水溶性抗氧化剂两大类。油溶性抗氧化剂有：丁基羟基茴香醚（BHA）、二丁基羟基甲苯

（BHT）、没食子酸丙酯（PG）、生育酚（维生素 E）混合浓缩物等。水溶性抗氧化剂主要有：L- 抗坏血酸及其钠盐、异抗坏血酸及其钠盐、茶多酚、异黄酮类、迷迭香抽提物等。抗氧化剂添加量必须符合我国《食品安全国家标准　食品添加剂使用标准》（GB 2760—2014）相关规定（详细见第七章内容）。

第三节　常用的食品腌制方法

根据腌制剂类型的不同，可以将腌制方法分为盐腌法、糖腌法、酸腌法、糟制法、碱盐制法等。

一、食品盐腌方法

食品盐腌方法主要包括干腌法、湿腌法、注射腌制法和混合腌制法等。

1. 干腌法

干腌法是将食盐直接撒在或涂擦于食品原料表面进行腌制的方法，在食盐渗透压和吸湿性的作用下，使食品的组织液渗出并溶解于水中，形成食盐溶液（卤水），同时食盐在溶液中扩散到食品组织内部，使其在原料内部分布均匀，但盐水形成缓慢，盐分向食品内部渗透较慢，延长了腌制时间，因而这是一种缓慢的腌制方法，常用于火腿、咸肉、咸鱼以及多种蔬菜腌制品的腌制。

为防止食品上下层腌制不均匀的现象，腌制过程中有时需要定期进行翻倒，一般是上下层翻倒。蔬菜等腌制过程中有时要对原料加压，以保证原料被浸没在盐水之中。干腌法的用盐量因食品原料和季节不同而异。腌制火腿的食盐用量一般为鲜腿重的 9%～10%，气温升高时用盐量可适当增加。生产西式火腿、香肠及午餐肉时，多采用混合盐，混合盐一般由 98% 的食盐、0.5% 的亚硝酸盐和 1.5% 的食糖组成。干腌蔬菜时，用盐量一般为菜重的 7%～10%，夏季为菜重的 14%～15%。腌制酸菜时，为了利于乳酸菌繁殖，食盐用量不宜太高，一般控制在原料重的 4% 以内，保证菜卤漫过菜面，防止好氧微生物的繁殖所造成的产品劣变。

干腌法的优点是设备简单，操作方便；腌制品含水量低，有利于贮存；食品营养成分流失较少，产品风味良好。缺点是腌制不均匀；产品失水量大；肉制品色泽差；肉制品易发生油烧现象，蔬菜易引起长膜、生花和发霉等劣变。

2. 湿腌法

湿腌法是将食品原料浸没在一定浓度的食盐溶液中，利用溶液的扩散和渗透作用使盐溶液均匀地渗入原料组织内部，最终使原料组织内外溶液浓度达到动态平衡的腌制方法。常用于分割肉类、鱼类和蔬菜的腌制。此外，果品中的橄榄、李子、梅子等加工凉果时多采用湿腌法先将其加工成半成品。

肉类多采用混合盐液腌制，盐液中食盐含量与砂糖量的比值（称盐糖比值）对腌制品的风味影响较大。鱼类湿腌时，常采用高浓度盐液，腌制中常因鱼肉水分渗出使盐水浓度变稀，故需经常搅拌以加快盐液的渗入速度。非发酵型蔬菜腌制品的湿腌可采用浮腌法，即将菜和盐水按比例放入腌制容器中，定时搅拌；也可利用盐水循环浇淋腌菜池中的蔬菜。发酵型蔬菜腌制品可利用低浓度混合食盐水浸泡，在厌氧条件下使其进行乳酸发酵。湿腌法采用的盐水浓度在不同的食品原料中是不一样的。腌制肉类时，甜味者食盐用量为12.9%～15.6%，咸味者为17.2%～19.6%。鱼类常用饱和食盐溶液腌制。非发酵型蔬菜腌制品腌制时的盐水浓度一般为5%～15%，发酵型蔬菜腌制品所用盐水浓度一般控制在6%～8%。湿腌法的优点是：食品原料完全浸没在浓度一致的盐溶液中，既能保证原料组织中的盐分均匀分布，又能避免原料接触空气出现油烧现象。其缺点是：用盐量多；易造成原料营养成分较多流失；制品含水量高，不利于贮存；需用容器设备多，工厂占地面积大。

3. 注射腌制法

注射腌制能加快食盐的渗透，防止腌肉在腌制过程中腐败，主要有动脉注射腌制和肌内注射腌制。动脉注射腌制是用泵及注射针头将盐水或腌制液经动脉系统送入分割肉或腿肉的腌制方法，一般适用于腌制前后腿。其优点是腌制速度快；产品得率高。缺点是应用范围小，只能用于前、后腿的腌制；腌制产品易腐败，需要冷藏。

肌内注射腌制的注射方法可采用单针头和多针头两种。单针头注射可用于各种分割肉；多针头注射更适用于形状整齐而不带骨的肉，特别是腹部肉和肋条肉。肌内注射因注射时腌制液会过多地积聚在注射部位，短时间内难以扩散渗透到其他部位，因而通常在注射后进行按摩或滚揉操作，即利用机械作用促进盐溶蛋白释放及腌制液渗透。

4. 混合腌制法

混合腌制是把两种以上腌制方法相结合的腌制方法。

干腌和湿腌相结合的混合腌制常用于鱼类、肉类及蔬菜等的腌制。可以先利用干腌适当脱除食品中一部分水分，避免湿腌时因食品水分外渗而降低腌制液浓度，同时也可以避免干腌法对食品过分脱水的缺点。

注射腌制法常和干腌法或湿腌法结合进行，即腌制液注入鲜肉后，再在其表面擦盐，然后堆叠起来进行干腌。或者注射后进行湿腌，湿腌时腌制液浓度不要高于注射用的腌制液浓度，以免导致肉类脱水。混合腌制法具有贮藏稳定性、色泽好、咸度适中等优点。

5. 新型腌制技术应用

除此以外，为提高腌制速度，缩短生产周期，降低盐含量，许多新技术被应用于腌制，如静态变压腌制、真空滚揉腌制技术、超高压处理腌制技术、冲击波技术、脉冲电场技术等。单一腌制技术的使用往往具有局限性，不能保证腌制品的最佳品质和特殊风味，因此，新技术的使用常作为一种辅助手段，多采用联用，发挥其协同作用。

二、食品糖渍方法

高浓度的糖可以降低食品的水分活度，减少微生物生长、繁殖所能利用的水分，并借渗透压导致细

胞质壁分离，抑制微生物生长活动。糖渍主要用于果品和蔬菜类加工。糖渍前应对原料进行必要的预处理，如洗涤、切分、漂烫、保脆等。果蔬糖制品根据其组织状态可分为果脯蜜饯类、凉果类、果酱类，不同种类糖制品糖渍的方法也不相同。

1. 果脯蜜饯类糖渍法

糖渍是果脯蜜饯类产品加工生产的关键工序，根据是否对原料加热可分为蜜制和煮制两种。

蜜制一般是在室温下，将果蔬原料放在糖液中腌制，较好地保存产品的色、香、味、营养价值及组织状态。适用于皮薄多汁、质地柔软的原料，如樱桃等。为了使产品保持一定的饱满度，常用分次加糖法、一次加糖分次浓缩法、减压蜜制法等方法来加快糖分的扩散渗透。

煮制是将原料放在热糖液中糖渍的方法。煮制有利于加快糖分的扩散渗透，生产周期短。但因温度高，产品的色、香、味以及维生素 C 等热敏性营养物质会受到破坏。该法适用于肉质致密、耐煮制的果蔬原料。煮制方法包括一次煮制、多次煮制、快速煮制、减压煮制和扩散煮制等几种方法。

一次煮制法是将经过预处理的原料加糖后一次性煮制成功。苹果脯、南式蜜枣等一般采用此法。

多次煮制法是将预处理的原料放在糖液中经多次加热和放冷浸渍，并逐步提高糖浓度的糖渍方法。主要适用于糖液难于渗入、容易煮烂以及含水量高的原料，如桃、杏、梨和西红柿等。

快速煮制法是将原料在冷热两种糖液中交替进行加热和放冷浸渍，使果蔬内部水汽压迅速消除，糖分快速渗入而达到平衡的糖渍方法。此法可连续进行，加热时间短，产品质量高，但糖液用量大。

减压煮制法（真空煮制法）是将原料在真空和较低温度下煮沸，以减少氧化发生，降低营养物质的损失。具有温度低、时间短、制品色香味好等优点。

扩散煮制法是在真空煮制的基础上进行的一种连续化糖渍方法，机械化程度高，糖渍效果好。

2. 凉果类糖渍法

凉果是以梅、李、橄榄等果品为原料，先将果品盐腌制成果坯进行半成品保藏，再将果坯脱盐，添加多种辅助原料，如甘草、糖精、精盐、食用有机酸及天然香料（如丁香、肉桂、豆蔻、茴香、陈皮、蜜桂花和蜜玫瑰花等），采用拌砂糖或用糖液蜜制，再经干制而成的甘草类制品。凉果类制品兼有咸、甜、酸、香多种风味，属于低糖蜜饯，如话梅、话李、陈皮梅、橄榄制品等，深受消费者欢迎。

3. 果酱类糖渍法

果酱类产品包括果酱、果泥、果糕、果冻、马末兰等。果酱类糖渍即加糖煮制浓缩，其目的是排除果浆（或果汁）中大部分水分，提高糖浓度，使果浆（或果汁）中糖、酸、果胶形成最佳比例，有利于果胶凝胶的形成，从而改善制品的组织状态。煮制浓缩还能杀灭有害微生物，破坏酶的活性，有利于制品保藏。

加糖煮制浓缩是果酱类制品加工的关键工序，主要有常压浓缩和真空浓缩两种。煮制浓缩前要按原料种类和产品质量标准确定配方，一般果肉（果浆或果汁）占 40%～55%，砂糖占 45%～60%。形成凝胶的最佳条件为果胶 1% 左右、糖 65%～68%、pH 值 3.0～3.2。煮制浓缩时可以添加适量柠檬酸、果胶或琼脂。

三、食品酸渍方法

食品酸渍法是利用食用有机酸腌制食品的方法。按照有机酸的来源不同大致可分为人工酸渍和发酵酸渍两类。

人工酸渍法是以食醋或冰醋酸及其他辅料配制成腌制液浸渍食品的方法。主要用于蔬菜中酸黄瓜、糖醋大蒜、糖醋薤头等产品的酸渍。在酸渍前，一般先对蔬菜原料进行低盐腌制，根据产品风味要求再进行脱盐或不脱盐，之后再按照不同产品的用料配比加入腌制液进行酸渍。由于产品种类和腌制液配比不同，酸渍产品的风味也各异。

发酵酸渍法是利用乳酸发酵所产生的乳酸对食品原料进行腌制的方法，如酸菜、泡菜等。乳酸发酵是乳酸菌在厌氧条件下进行的发酵，因此，在发酵过程中要使食品原料浸没在腌制液中完全与空气隔绝，这是保证酸渍食品质量的技术关键。

四、食品糟制方法

酒糟是酿酒过程中经过发酵蒸馏得到的主要副产物。酿制过程中，糖化菌将淀粉分解成糖类，糖类再经酵母乙醇发酵产生醇类（主要为乙醇），同时部分醇氧化生成乙酸（醋酸）。酒糟中存在的酸、醇、糖和添加的食盐等，通过渗透和扩散作用进入食品组织，起到抑制腐败微生物的作用，同时具有酒香味和微甜味。"糟制"也称"糟醉"，就是以"糟"为主要调味料，用"糟"来腌制或者卤制食材，是酿酒废物利用的主要途径。常见糟制食品主要有糟鱼、醉泥螺、醉蟹、糟鸡、糟蛋、糟醉腐乳等，多为地方特色腌制发酵制品。如工业化生产糟鱼的工艺有鱼体处理、腌制、糟制、煮蒸炸等处理后辅以多种天然香料，同时进行真空包装和高温灭菌。其中，糟制部分最为重要，而在糟制过程中，除了温度、时间等环境条件，微生物也发挥着极为重要的作用，各类优势微生物影响着酒糟鱼成品的质量和风味物质的形成。

五、食品碱制方法

常见碱制食品有皮蛋。皮蛋是中国独特的蛋加工品，也是一种碱性食品，具有特殊的风味，食用方便，保质期较长，深受国内外消费者喜爱。腌制皮蛋所需的材料有盐、茶以及碱性物质（如生石灰、草木灰、碳酸钠、氢氧化钠等）。利用蛋在碱性溶液中能使蛋白质凝胶的特性，使之变成富有弹性的固体；同时蛋白中的部分蛋白质会分解成氨基酸，经过强碱作用后，原本具有的含硫氨基酸被分解产生硫化氢

第八章

及氨，再加上浸渍液中配料的气味，就会产生特有味道。而皮蛋的颜色则是因蛋白质在强碱作用下，蛋白部分呈现红褐或黑褐色，蛋黄则呈现墨绿或橙红色。

六、腌制过程中有关因素的控制

食品腌制的目的是防止食品腐败变质，改善食品的食用品质。腌制过程中扩散和渗透速度、发酵是否正常这两方面因素的控制是影响发酵型腌制品质量的关键，主要有以下几个方面。

1. 食盐纯度

食盐的主要成分是 NaCl，此外，还含有 $CaCl_2$、$MgCl_2$、Na_2SO_4、$MgSO_4$、沙石及一些有机物等杂质。$CaCl_2$、$MgCl_2$ 的溶解度远远超过 NaCl 的溶解度，而且随着温度升高，溶解度的差异越大，当食盐中含有这两种杂质时，NaCl 的溶解度会降低，从而影响食盐在腌制过程中向食品内部扩散渗透的速度。食盐中 $CaCl_2$、$MgCl_2$、Na_2SO_4、$MgSO_4$ 等杂质过多还会使腌制品具有苦味，微量铜、铁、铬的存在会加快脂肪氧化酸败，铁还会影响蔬菜腌制品的色泽。因此，食品腌制过程中最好选用纯度较高的食盐，以防止食品的腐败变质以及品质的下降。

2. 食盐用量或盐水浓度

根据扩散渗透理论，盐水浓度越大，则扩散渗透速度越快，腌制品的食盐含量就越高。实际生产中食盐用量决定于腌制目的、腌制温度、腌制品种类以及消费者口味。腌制温度的高低也是影响用盐量的一个关键因素，腌制时气温高则食品容易腐败变质，故用盐量应该高些，气温低时用盐量则可以降低些。例如腌制火腿的食盐用量一般为鲜腿重的 9%～10%，气温升高时（如腌房气温在 15～18℃时），用盐量可增加到 12% 以上。干腌蔬菜时，用盐量一般为菜重的 7%～10%，夏季为菜重的 14%～15%。腌制酸菜时，为了利于乳酸菌繁殖，食盐用量不宜太高，一般控制在原料重的 3%～4%。泡菜加工时，盐水浓度虽然在 6%～8%，但是加入蔬菜原料经过平衡后一般维持在 4% 以内。

·　从消费者能接受的腌制品咸度来看，其盐分以 2%～3% 为宜。但是低盐制品还必须考虑采用防腐剂、合理包装措施等来防止制品的腐败变质。

3. 温度

由扩散渗透理论可知，温度越高，腌制剂的扩散渗透速度越快。对腌制鹅肉过程进行研究发现，腌制 2h，腌制温度 35℃时的扩散速度是 4℃条件下的近两倍（图 8-1）。虽然温度越高，腌制时间越短，但还必须考虑微生物引起的食品腐败问题。对于体积较大的食品原料（如肉类），腌制应该在低温（2～3℃）

条件下进行。

　　蔬菜腌制时，适当提高温度达到内源蛋白酶酶解条件（30～50℃），可以加速蔬菜腌制过程中的生化反应，因而大多数咸菜（如榨菜、冬菜等）要经过夏季高温暴晒，从而有利于冬菜色、香、味等优良品质的形成。

　　对泡酸菜来说，由于需要乳酸发酵，适宜于乳酸菌发酵的温度为 26～30℃，在此温度范围内，发酵快，时间短。如卷心菜发酵，在 25℃时仅需 6～8d，而温度为 10～14℃时则需 5～10d。

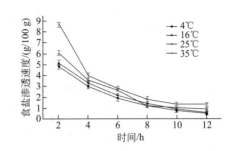

图 8-1　不同温度条件下腌制鹅肉时食盐的渗透速度
（章银良等，2017）

　　果蔬糖渍时，温度的选择主要考虑原料的质地和耐煮性。对于柔软多汁的原料来说，一般是在常温下进行蜜制；质地较硬、耐煮制的原料则选择煮制的方法。

　　因此，食品腌制过程中温度应根据实际情况和需要进行选择和控制。

4. 空气

　　空气对腌制品的影响主要是来自氧气的影响。果蔬糖制过程中，氧气的存在将导致制品的酶促褐变和维生素 C 等还原性物质的氧化损失，采用减压蜜制或减压煮制可以减轻氧化导致的产品品质下降。

　　肉类腌制时，长时间暴露于空气中的肉表面的色素会氧化，并出现褪色现象；脂肪氧化会导致哈喇味产生。因此，保持缺氧环境将有利于稳定肉制品的色泽和风味。

　　对于发酵型蔬菜腌制品来说，乳酸菌只有在缺氧条件下才能进行乳酸发酵。加工泡菜时必须将坛内蔬菜压实，装入的泡菜水要将蔬菜浸没，盖上坛盖后要在坛沿加水进行水封，避免外界空气和微生物的进入，发酵时产生的二氧化碳从坛沿冒出，并将空气或氧气排除掉，形成缺氧环境。

 概念检查 8.1

○ 腌制过程需要控制哪些因素？

第四节　腌制品色泽及风味形成

　　色泽和风味是构成腌制品食用品质的重要组成部分。食品在腌制过程中随着腌制剂的吸附、扩散和渗透，食品组织内会发生一系列的化学和生物化学变化，有些还伴随着复杂的微生物发酵过程，这一系列的变化使腌制品产生了独特的色泽和风味。

一、腌制品色泽的形成

　　色泽是评价食品质量品质的重要指标之一，直接影响消费者对食品的选择。在食品腌制加工过程中，

色泽主要通过褐变作用、吸附作用以及添加的发色剂的作用而产生。

1. 褐变作用产生的色泽

主要有酶促褐变和非酶褐变两种类型。

果蔬含有多酚类物质、多酚氧化酶以及过氧化物酶等，有氧气存在的情况下多酚类物质会在氧化酶的作用下形成醌，进一步聚合形成褐色物质，最后变成褐黑色物质，这一反应即为酶促褐变。酶促褐变产生的色泽是某些腌制品良好品质的表现。此外，蔬菜中的蛋白质分解产生的酪氨酸在酪氨酸酶作用下发生酶促褐变，逐渐变成黄褐色或黑褐色的黑色素，使腌制品呈现较深的色泽。

非酶褐变主要是美拉德反应，由蛋白质分解产生的氨基酸与还原糖反应生成褐色至黑色的物质。褐变程度与温度及反应时间的长短有关，温度越高、时间越长，则色泽越深。如四川南充冬菜成品色泽乌黑有光泽，与其腌制后熟时间长并结合夏季晒坛是分不开的。

蔬菜原料中的叶绿素在酸性条件下会脱镁生成脱镁叶绿素，失去其鲜绿的色泽，变成黄色或褐色，腌制过程中乳酸发酵和醋酸发酵会加快这一反应的进行，所以，发酵型蔬菜腌制品（如酸菜、泡菜）腌制后蔬菜原来的绿色会消失，进而表现出蔬菜中叶黄素等色素的色泽。

果蔬糖制品的褐变作用往往会降低产品的质量，需要采取措施来抑制褐变的发生，保证产品质量。在实际生产中，通过钝化酶和隔氧等措施可以抑制酶促褐变，通过降低反应物浓度和介质 pH 值、避光及降低温度等措施可以抑制非酶褐变的进行。

2. 吸附作用产生的色泽

在食品腌制使用的腌制剂中，红糖、酱油、陈醋等有色调味料均含有一定的色素物质，辣椒、花椒、桂皮、小茴香、八角等香辛料也分别具有不同的色泽。食品原料经腌制后，这些腌制剂中的色素会被吸附在腌制品表面，并向原料组织内扩散，结果使产品具有了相应的色泽。

3. 发色剂作用产生的色泽

肌红蛋白（Mb）和血红蛋白（Hb）是主要存在于动物体内的两种色素蛋白（图 8-2）。在有生命活动的组织内，还原态的暗紫红色的肌红蛋白（Mb）和血红蛋白（Hb）与充氧态的鲜红色氧合肌红蛋白（MbO_2）和氧合血红蛋白（HbO_2）处于平衡状态。屠宰后酮体发酵仍在进行以致肌肉组织保持还原状态，肉色仍为暗紫红色的肌红蛋白，与氧的反应呈可逆性。肉在腌制时会加速 Mb 和 Hb 的氧化，形成高铁肌红蛋白（MetMb）和高铁血红蛋白（MetHb），使肌肉失去原有色泽，变成带紫色调的浅灰色。肉类腌制中常加入发色剂亚硝酸盐（或硝酸盐），使肉中的色素蛋白与亚硝酸盐（分解产物一氧化氮）反应，形成色泽鲜艳的亚硝基肌红蛋白（NO-Mb），它是构成腌肉色泽的主要成分。鲜肉和腌制肉色泽变化与肌红蛋白之间的关系见图 8-3，具体步骤如下：

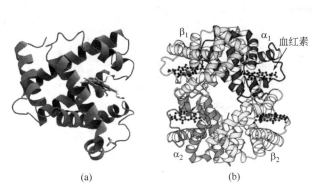

图 8-2 肌红蛋白（a）和血红蛋白（b）结构图

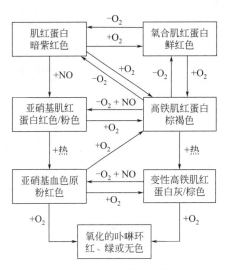

图 8-3 鲜肉和腌制肉色泽的变化途径

首先硝酸盐在酸性条件和还原性细菌作用下形成亚硝酸盐：

$$NaNO_3 \longrightarrow NaNO_2 + 2H_2O$$

亚硝酸盐在微酸性条件（肌肉中糖原降解成乳酸或微生物发酵产酸所致）下（pH5.6 ～ 6.5）形成亚硝酸：

$$NaNO_2 \longrightarrow HNO_2$$

亚硝酸是一个非常不稳定的化合物，腌制过程中在还原性物质作用下形成 NO：

$$3HNO_2 \longrightarrow HNO_3 + 2NO + H_2O$$

NO 的形成速率与介质的酸度、温度以及还原性物质的存在有关。形成亚硝基肌红蛋白（NO-Mb）需要一定的时间。直接使用亚硝酸盐比使用硝酸盐的发色速度要快。

肉制品色泽受各种因素影响，在贮藏过程中常常发生一些变化。如脂肪含量高的制品往往会褪色发黄、受微生物感染的灌肠外面灰黄不鲜、腌肉切开后切面褪色发黄等，都与亚硝基肌红蛋白（NO-Mb）在微生物作用下引起卟啉环的变化有关。此外，光的作用促使亚硝基肌红蛋白（NO-Mb）失去 NO，再氧化成高铁肌红蛋白，在微生物等的作用下，使得血色素中的卟啉环生成绿色、黄色、无色的衍生物。脂肪酸败和有过氧化物的存在可加速肉制品的黄变。综上所述，为了使肉制品获得鲜艳的色泽，除了要用新鲜原料外，还必须根据腌制时间长短，选择合适的发色剂、发色助剂，掌握适当的用量，在适当的 pH 值条件下严格操作。而为了保持肉制品的色泽，应该注意采用低温、避光、隔氧等措施，如添加抗氧化剂、真空或充氮包装、添加去氧剂脱氧等来避免氧化导致的褪色。

二、腌制品风味的形成

腌制品的风味是评定腌制品质量的重要指标。每种腌制品都有自己独特的风味，都是多种风味物质综合作用的结果。这些风味物质有些是食品原料本身具有的，有些是食品原料在加工过程中经过物理、化学、生物化学变化以及微生物的发酵作用形成的（图 8-4），还有一些是腌制剂本身所具有的。

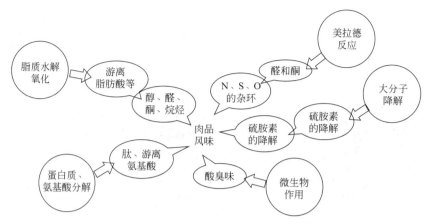

图 8-4　腌制肉制品风味形成的主要途径

1. 原料成分以及加工过程中形成的风味

腌制品产生的风味有些直接来源于原料本身，有些在加工过程经过一系列生化反应产生。芥菜类蔬菜原料腌制时在硫代葡萄糖酶作用下水解生成异硫氰酸酯类、腈类和二甲基三硫等芳香物质，是咸菜类的主体香。腌制过程中，蛋白质在水解酶作用下，会分解成一些带甜味、苦味、酸味和鲜味的呈味氨基酸和小肽类物质（图 8-5），对腌制品的滋味起主要贡献。氨基酸可以与醇发生酯化反应生成具有芳香的酯类物质，与戊糖还原产物 4- 羟基戊烯醛作用生成含有氨基的烯醛类芳香物质，与还原糖发生美拉德反应生成具有香气的褐色物质。

脂肪在腌制过程中分解为甘油和脂肪酸，少量的甘油可使腌制品稍带甜味，并使产品润泽。脂肪酸与碱类化合物发生的皂化反应可减弱肉制品的油腻感。因此，适量脂肪有利于增强腌肉制品的风味。

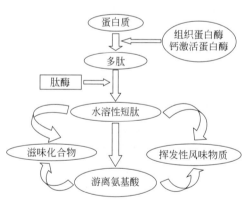

图 8-5　腌制过程中蛋白质的降解途径

2. 发酵作用产生的风味

乳酸发酵初期主要是异型乳酸发酵，产酸量低，其产物除了乳酸外，还有乙醇、醋酸、琥珀酸、甘露醇、酮类等，如 2- 庚酮、2- 壬酮可赋予产品爽口、清香的口感，微量双乙酰赋予制品奶油香味等。中后期进行的正型乳酸发酵的产物只有乳酸，并且产酸量高，可以使腌制品具有爽口的酸味，从而赋予蔬菜腌制品独特风味。

乙醇发酵产物除乙醇外，还有异丁醇和戊醇等高级醇，对于腌制品后期芳香物质的形成起重要作用。

醋酸发酵只在有空气的条件下进行，因此主要发生在腌制品表面。正常情况下，醋酸积累量在 0.2% ~ 0.4%，可以增进腌制品的风味。

由于腌制品的风味与微生物发酵有密切关系，为了保证腌制品具有独特风味，需要控制好腌制条件，使之有利于微生物的正常发酵作用。

3. 吸附作用产生的风味

在腌制过程中，通常要加入各种调味料和香辛料等腌制剂，腌制品通过吸附作用可获得一定的风味物质。在常用的腌制辅料中，非发酵型的调味料风味比较单纯，而一些发酵型调味料的风味成分十分复杂。如酱油中的芳香成分就包括醇类、酸类、酚类、酯类和甲基硫等多种风味物质。腌制品通过吸附作用产生的风味，与调味料和香辛料本身的风味以及吸附的量有直接关系。在实际生产中可通过控制调味料和香辛料的种类、用量以及腌制条件来保证产品质量。

 概念检查 8.2

○ 腌制过程主要风味形成途径有哪些？

第五节　食品烟熏保藏技术

食品烟熏是在腌制基础上，利用木材不完全燃烧时产生的烟气熏制食品的方法，在我国有着悠久历史，最早可以追溯到公元前。食品经过烟熏，不仅可以获得特有的烟熏味，而且可以延长保存期。但是随着冷藏技术的发展，烟熏的防腐作用已降到次要位置，烟熏的主要目的已经成为赋予制品以特有的烟熏风味。

烟熏是加工禽肉和水产等烟熏制品的主要手段，特别是西式肉制品如灌肠、火腿、培根等均需经过烟熏。某些植物性食品如熏豆腐、乌枣也需采用烟熏方法。

一、烟熏的目的

1. 呈味作用

香气和滋味是评定烟熏制品的重要指标。烟熏能赋予制品独特风味，起作用的主要是熏烟中的酚类、有机酸（甲酸和醋酸）、醛类、乙醇、酯类等，特别是酚类中的愈创木酚和 4- 甲基愈创木酚是最重要的风味物质。烟熏制品的熏香味是多种化合物综合形成的，包括烟熏过程中附着在制品上的熏烟成分、烟熏制品加热时自身反应生成的香气成分以及熏烟成分与烟熏制品的成分反应生成的新的呈味物质。

2. 发色作用

烟熏制品所呈现的金黄色或棕色主要来源于熏烟成分中的羰基化合物与烟熏制品中蛋白质或其他含氮物中的游离氨基发生的美拉德反应。烟熏肉制品的稳定色泽与熏制过程中加热促进硝酸盐还原菌增殖，以及蛋白质热变性后游离出半胱氨酸，从而促进亚硝基肌红蛋白形成稳定的颜色有关。此外，烟熏时，

烟熏制品因受热而引起的脂肪外渗，还会使制品表面带有光泽。

3. 防腐作用

熏烟的防腐作用主要来源于熏烟中的有机酸、醛类和酚类等三类物质。

有机酸可以降低微生物的抗热性，使烟熏过程中的加热更容易杀死制品表面的腐败菌，同时，渗入肉中的有机酸还可与肉中的氨、胺等碱性物质反应，从而使肉酸性增强，降低腐败菌的抗热性。

醛类一般具有防腐性，特别是甲醛，不仅本身具有防腐性，而且还与蛋白质或氨基酸的游离氨基结合，使碱性减弱，酸性增强，进而增强防腐效果。

酚类物质也具有一定的防腐作用，但其防腐作用比较弱。

熏烟成分主要附着在食品表层，其防腐作用可以使食品表面存在的腐败菌和病原菌减少。烟熏前的腌制和烟熏过程的干燥脱水也能在一定程度上提高其保藏特性。

4. 抗氧化作用

烟熏所产生的抗氧化作用与熏烟中的抗氧化成分有关，最主要的抗氧化成分是酚类及其衍生物，尤其以邻苯二酚和邻苯三酚及其衍生物的抗氧化作用最为显著。熏烟的抗氧化作用可以较好地保护不饱和脂肪酸以及脂溶性维生素不被氧化破坏。

二、熏烟的主要成分及其作用

熏烟是由气体、液体和固体微粒组成的混合物。熏烟成分很复杂，现在已从木材熏烟中分离出 200 种以上不同的化合物。熏烟成分常因燃烧温度、燃烧室的条件、形成化合物的氧化变化以及其他许多因素的变化而异，主要有酚类、有机酸类、醇类、羰基化合物、烃类以及一些气体物质。

1. 酚类

从木材熏烟中分离出来并经鉴定的酚类达 20 种之多，其中最主要的有愈创木酚（邻甲氧基苯酚）、4- 甲基愈创木酚、4- 乙基愈创木酚、邻位甲酚、间位甲酚、对位甲酚、4- 丙基愈创木酚、香兰素（烯丙基愈创木酚）、2,6- 二甲氧基 -4- 丙基酚、2,6- 二甲氧基 -4- 乙基酚、2,6- 二甲氧基 -4- 甲基酚。

酚类的主要作用包括：①抗氧化作用；②对产品的呈味和呈色作用；③抗菌防腐作用。

熏烟中的 2,6- 二甲氧基酚、2,6- 二甲氧基 -4- 甲基酚、2,6- 二甲氧基 -4- 乙基酚等沸点较高的酚类抗氧化作用较强；4- 甲基愈创木酚、愈创木酚、2,6- 二甲氧基酚等存在于气相的酚类则与烟熏制品特有风味的形成有关。高沸点酚类抑菌效果较强，由于熏烟成分渗入制品深度有限，因而主要是对烟熏制品表面的细菌有抑制作用。

2. 醇类

木材熏烟中醇的种类繁多，包括甲醇、伯醇、仲醇和叔醇等，其中最常见和最简单的醇是甲醇，由于甲醇是木材分解蒸馏中的主要产物之一，故又称其为木醇。它们都很容易被氧化成相应的酸类。醇类的主要作用是作为挥发性物质的载体，对色、香、味的形成不起主要作用，杀菌能力也较弱。

3. 有机酸类

熏烟组分中的有机酸主要是含 1～10 个碳原子的简单有机酸，其中蚁酸、醋酸、丙酸、丁酸和异丁酸等含 1～4 个碳原子的酸存在于熏烟的气相内；而戊酸、异戊酸、己酸、庚酸、辛酸、壬酸和癸酸等含 5～10 个碳的长链有机酸主要附着在熏烟的固体微粒上。

有机酸对烟熏制品的主要作用是聚积在制品表面呈现一定的防腐作用。此外，有机酸有促进烟熏制品表面蛋白质凝固的作用，在食用去肠衣的肠制品时，有助于肠衣剥除。有机酸对烟熏制品的风味影响甚微。

4. 羰基化合物

熏烟中含有大量的羰基化合物，现已确定的有 20 种以上，如 2-戊酮、戊醛、2-丁酮、丁醛、丙酮、丙醛、丁烯醛、乙醛、异戊醛、丙烯醛、异丁醛、丁二酮、3-甲基-2-丁酮、3，3-二甲基丁酮、4-甲基-3-戊酮、α-甲基戊醛、顺式-2-甲基-2-丁烯-1-醛、3-己酮、2-己酮、5-甲基糠醛、丁烯酮、糠醛、异丁烯醛、丙酮醛等。既存在于蒸馏组分内，也存在于熏烟内的颗粒上。主要作用是呈色、呈味。羰基化合物与烟熏制品中蛋白质或其他含氮物中的游离氨基发生的美拉德反应是烟熏制品色泽的主要来源。某些羰基化合物本身具有芳香气味，综合构成熏烟特有的风味。

5. 烃类

从熏烟中能分离出许多多环烃类，其中有苯并（a）蒽、二苯并（a，h）蒽、苯并（a）芘、芘以及 4-甲基芘。大量动物试验表明，苯并（a）芘具有致癌性，特别是胃癌发生的主要危险因素之一。冰岛也是胃癌高发国家，据调查当地居民食用自己熏制的食品较多，其中所含多环烃或苯并（a）芘明显高于市售同类产品。多环烃对烟熏制品来说无防腐作用，也不能产生特有的风味，主要附在熏烟内的颗粒上，采用过滤的方法可以将其除去。

6. 气体物质

熏烟中含有 CO_2、CO、O_2、N_2、N_2O 等气体，大多数对烟熏制品风味无关紧要，但 CO 和 CO_2 可被吸收到鲜肉表面，产生一氧化碳肌红蛋白，而使产品产生亮红色。气体成分中的 N_2O 可在熏制时形成亚硝酸，也有利于改善肉制品的色泽。

三、熏烟的产生

用于熏制食品的熏烟是由空气和木材不完全燃烧得到的产物——燃气、蒸气、液体、固体颗粒所形成的气溶胶系统。包括固体颗粒、液体小滴和气相，颗粒大小一般在 50～800μm，气相成分大约占熏烟

成分的 10%。

熏制过程就是食品吸收熏烟成分的过程。因此，熏烟中的成分是决定烟熏制品质量的关键，熏烟成分因木材种类、供氧量以及燃烧温度等不同而异。

熏制食品采用的木材含有 50% 左右的纤维素、25% 左右半纤维素和 25% 左右的木质素。一般来说，硬木和竹类（如山毛榉木、橡木、山胡桃木、枫木和果木等）风味较佳，而软木类（松木和云杉）因树脂含量多，无法充分燃烧，不仅会产生多环芳烃，而且燃烧时产生大量黑烟，使烟熏制品表面发黑，风味较次。除木材之外，稻壳、玉米芯、椰子壳和山核桃壳等也可以制备熏烟。

木材在缺氧条件下燃烧会产生热解作用。其中，半纤维素热解温度在 200～260℃ 之间，纤维素在 260～310℃ 之间，木质素在 310～500℃ 之间。热解时表面和中心存在着外高内低的温度梯度，表面正在氧化时产生 CO、CO_2 以及醋酸等挥发性短链有机酸，内部则进行着氧化前的脱水，当水分接近零时，温度就迅速上升到 300～400℃，木材和木屑发生热分解并出现熏烟。大多数木材在 200～260℃ 温度范围就已有熏烟产生，温度达到 260～310℃ 时则产生焦木液和一些焦油，当温度高于 310℃ 时则木质素热解产生酚及其衍生物。

熏烟成分还受供氧量的影响。正常烟熏过程中木屑在 100～400℃ 之间燃烧和氧化同时进行，能产生 200 种以上的成分。供氧量增加时，酸和酚的量就会增加，当供氧量超过完全氧化时需氧的 8 倍左右时，形成量达到最高值。酸和酚的形成量同时受燃烧温度的影响，如果温度较低，酸的形成量就较大，当温度达到 400℃ 以上，酸和酚的比值就下降。因此，以 400℃ 温度为界限，高于或低于它时所产生熏烟成分就有显著区别。

燃烧温度在 340～400℃ 以及氧化温度在 200～250℃ 时所产生的熏烟质量最高。实际燃烧温度以控制在 343℃ 左右为宜。

四、熏烟在制品上的沉积

在烟熏过程中，熏烟会在制品的表面沉积。影响熏烟沉积量的因素有食品表面的含水量、熏烟浓度、烟熏室内的空气流速和相对湿度等。一般食品表面越干燥，熏烟的沉积量就越少（用酚的量表示）。熏烟浓度越大，熏烟的沉积量也越大。烟熏室内适当的空气流速有利于熏烟沉积，空气流速越大，熏烟和食品表面接触的机会就越多，但如果气流速度太大，则难以形成高浓度的熏烟，反而不利于熏烟沉积。因此，实际操作中一般采用 7.5～15m/min 的空气流速。相对湿度高有利于加速熏烟沉积，但不利于色泽形成。

随着熏烟成分在制品表面沉积，各种熏烟成分开始进行内部扩散、渗透，使制品呈现出特有的色、香、味，保质期延长。影响熏烟成分扩散、渗透的因素包括：熏烟的成分和浓度、相对湿度、产品的组织结构、脂肪和肌肉的比例、水分含量、熏制方法和时间等。

五、烟熏方法

1. 冷熏法

原料经过腌制降低含水量后，在低温（15～30℃）下进行较长时间（4～7d）熏制的方法。产品具有风味佳和耐藏性好等优点，但加工时间长、肉色差、产品重量损失大。一般宜在冬季进行，主要用于干制香肠、带骨火腿以及培根的熏制。

2. 温熏法

温熏法是原料经过适当腌制（有时还可以加调味料）后在30～50℃的温度范围内进行的烟熏方法。该法常用于熏制脱骨火腿、通脊火腿及培根等，熏制时间通常为2～3d，其优点是产品重量损失少、风味好，但耐贮藏性不如冷熏法。同时，因为烟熏温度范围超过了脂肪的熔点，所以脂肪很容易流失；而且部分蛋白质受热凝结，使烟熏制品的质地稍硬。

3. 热熏法

热熏法采用的温度为50～85℃，通常在60℃左右，熏制时间4～6h。因为熏制温度较高，制品在短时间内就能形成较好的熏烟色泽。较高的熏制温度使蛋白质几乎全部凝固，熏制品表面硬度较高，而内部水分高，产品富有弹性。热熏法应用较为广泛，常用于熏制灌肠制品。

4. 焙熏法（熏烤法）

焙熏法采用的温度为90～120℃，熏制时间较短，是一种特殊的熏烤方法。该法不能用于火腿、培根等。由于熏制温度较高，熏制过程即可完成熟制，不需要重新加工即可食用。应用这种方法烟熏的肉制品贮藏性较差，应迅速食用。

5. 电熏法

电熏法是在烟熏室内配置电线，电线上吊挂原料后，给电线通10～20kV高压直流电或交流电进行电晕放电，熏烟由于放电而带电荷，可以更加深入到制品内部，从而使烟熏制品风味提高，贮藏期延长的熏制方法。电熏法的优点是使烟熏制品贮藏期延长，不易生霉，还能缩短烟熏时间。

6. 液熏法

液熏法是用液态烟熏制剂代替传统烟熏的方法，又称无烟熏法。目前在国内外已广泛使用，是烟熏技术的发展方向。该法优点很多，包括不需要使用熏烟发生器，可以减少大量的投资费用；液态烟熏剂的成分比较稳定，便于实现熏制过程的机械化和连续化，缩短熏制时间；液态烟熏剂中固体颗粒已除净，无致癌风险。

常见对苯并（a）芘具有吸附作用的物质有树脂、粉末炭、硅藻土和颗粒炭等（表8-1）。

表 8-1　不同吸附方法对烟熏液中酚类物质和苯并（a）芘的影响

检测成分	烟熏液种类	吸附前	吸附后			
		原液	树脂	粉末炭	硅藻土	颗粒炭
酚类物质 /（mg/mL）	龙眼枝烟熏液	14.57	9.88	12.18	13.79	13.03
	木菠萝枝烟熏液	23.17	17.43	20.47	21.72	21.54
	甘蔗烟熏液	20.24	10.59	15.45	18.68	18
苯并芘 /（μg/mL）	龙眼枝烟熏液	14.2	1.95	5.95	9.45	9.95
	木菠萝枝烟熏液	22.88	5.65	6.3	16.53	15.06
	甘蔗烟熏液	18.8	6.75	3.45	9.3	9.1

　　液态烟熏剂含有熏烟中的气相成分，除了作为风味改良剂赋予食品特殊的烟熏风味和掩盖不良风味外，因其含有酚类、羰基化合物、有机酸和醇类物质，故具有抑菌性。烟熏液可以抑制食品腐败菌和致病菌，如大肠杆菌、金黄色葡萄球菌、伤寒沙门氏菌和单核增生李斯特氏菌等。烟熏液还被应用于可食性薄膜保鲜。

　　液态烟熏剂的使用方法主要有两种：一是用液态烟熏剂替代熏烟材料，采用加热方法使其挥发，使其有效成分吸附在制品上；二是采用浸渍法或喷洒法结合干燥或烤制技术，使熏烟有效成分附着在食品上并产生风味。还可以在浸渍时根据产品特性适当加入食盐、柠檬酸或醋等其他调味料。

六、烟熏设备

　　常用的烟熏设备是由烟熏箱配备烟熏车组成。按烟熏发烟方式，烟熏设备可分为直接发烟式和间接发烟式两种。

1. 直接发烟式

　　直接发烟式是在烟熏房内燃烧烟熏材料使其产生烟雾，借助空气对流循环把烟分散到室内各处，因此，这种直接发烟式也称直火或自然空气循环式。简单烟熏炉如图 8-6 所示。在烟熏房内还可加装加热装置，如电热套、电炉盘、远红外线电加热管以及蒸汽管、洒水器等，以便完成与

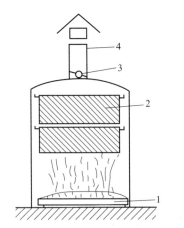

图 8-6　简单烟熏炉（曾名湧，2014）

1—熏烟发生器；2—食品挂架；3—调节阀门；4—烟囱

烟熏相配套的干燥、加热、蒸熟、烤制等功能。

直接发烟式设备由于依靠空气自然对流的方式，使烟在烟熏室内流动和分散，因此存在如室内温度分布不均匀、烟雾的循环利用差、熏烟中的有害成分不能去除、制品的卫生条件不良等问题，操作方法复杂，因此，只在小规模生产时应用。

2. 间接发烟式

间接发烟式烟熏室（炉）是被广泛采用的烟熏设备。这种装置的烟雾发生器放在炉外，通过鼓风机强制将烟送入烟熏炉，对制品进行熏烟，因此也称为强制通风式烟熏炉。使用间接发烟式烟熏炉不仅能够控制整个烟熏过程的工艺参数，而且能控制蒸煮和干燥程度。这种专用的烟熏房可以解决前述的直接发烟式烟熏设备存在的温度和烟雾分布不均匀、原材料利用率低及操作方法复杂等问题。此外，这种烟熏炉通常还能调节相对湿度。

参考文献

[1] 陈盼莹,曾小群,潘道东,等.腌制食品中亚硝酸盐及其乳酸菌降解的研究进展[J].现代化农业,2014, (12):20-22.

[2] 陈星,沈清武,王燕,等.新型腌制技术在肉制品中的研究进展[J].食品工业科技,2020,41(02):345-351.

[3] 高宁宁,胡萍,朱秋劲,等.烟熏液及其在肉制品中的应用研究进展[J].肉类研究,2019,33(01):66-70.

[4] 郭希娟,杨铭铎,史文慧,等.国外传统食品工业化发展[J].食品与发酵工业,2014,40(07):115-120.

[5] 郭杨,腾安国,王稳航.烟熏对肉制品风味及安全性影响研究进展[J].肉类研究,2018,32(12):62-67.

[6] 郭园园,娄爱华,沈清武.烟熏液在食品加工中的应用现状与研究进展[J].食品工业科技,2020,41(17):339-344, 351.

[7] 何强, 吕远平.食品保藏技术原理[M].北京: 中国轻工业出版社, 2020.

[8] 胡可. 特征烟熏成分与熏煮火腿蛋白相互作用及呈味机理研究[D].贵阳：贵州大学,2020.

[9] 江铭福.真空糟制鲍鱼加工工艺研究[J].福建农业科技,2019, (09):22-27.

[10] 刘登勇,王道,吴金城,等.肉制品烟熏风味物质研究进展[J].肉类研究,2018,32(10):53-60.

[11] 刘美玉, 何鸿举. 食品保藏学[M].北京:中国农业大学出版社, 2020.

[12] 刘瑞,李雅洁,陆欣怡,等.超声波技术在肉制品腌制加工中的应用研究进展[J].食品工业科技,2021,42(24):445-453.

[13] 刘学铭,陈智毅,林耀盛,等.青梅腌制加工副产物梅卤化学组成及利用技术研究进展[J].现代食品科技,2017,33(08):313-318, 295.

[14] 马成业,陈俊霞,武素玲.探讨我国主要传统食品和菜肴的工业化生产及其关键科学问题[J].现代食品,2016, (11):54-55.

[15] 阮仕艳. 罗非鱼下颌水提鲜味肽的呈味特性及其作用机制研究[D]. 昆明: 昆明理工大学,2021.

[16] 沈文凤,王文亮,崔文甲,等.蔬菜低盐腌制技术的研究进展[J].中国食物与营养,2018,24(12):28-30.

[17] 司蕊. 马氏珠母贝肉提取物呈味特性的比较研究[D]. 湛江: 广东海洋大学,2021.

[18] 宋敏. 冻结方式和低盐腌制对鲷鱼片品质影响研究[D]. 无锡: 江南大学,2018.

[19] 孙宝国.食品添加剂[M].北京: 化学工业出版社, 2021.

[20] 孙丽婷. 低糖李子果脯加工工艺优化研究[D]. 天津: 天津商业大学,2020.

[21] 孙庆申,王钰涵,韩德权,等.酸菜腌制及保藏方法的研究进展[J].食品安全质量检测学报,2020,11(23):8849-8856.

[22] 唐道邦, 夏延斌, 张滨.肉的烟熏味形成机理及生产应用[J].肉类工业, 2004, 2: 12-14.

[23] 屠泽慧,聂文,王尚英,等.烧烤及烟熏肉制品中多环芳烃的迁移、转化与控制研究进展[J].肉类研究,2017,31(08):49-54.

[24] 王建新.酒糟高值化利用研究进展[J].食品安全导刊,2018, (33):160-161.

[25] 王静,孙宝国.中国主要传统食品和菜肴的工业化生产及其关键科学问题[J].中国食品学报,2011,11(09):1-7.

[26] 王路.食品烟熏液的制备和精制工艺研究及香气成分的分析[D].湛江:广东海洋大学,2012.

[27] 吴涵,施文正,王逸鑫,等.腌制对鱼肉风味物质及理化性质影响研究进展[J].食品与发酵工业,2021,47(02):285-291, 297.

[28] 吴丽娜,谢小本,刘东红,等.腌制蔬菜微生物的研究进展[J].中国食物与营养,2018,24(12):18-22.

[29] 吴燕燕,曹松敏,魏涯,等.腌制鱼类中内源性酶类对制品品质影响的研究进展[J].食品工业科技,2016,37(08):358-363.

[30] 夏文水.食品工艺学[M].北京:中国轻工业出版社, 2017.

[31] 杨文君,段杉,崔春.豌豆蛋白深度酶解制备咸味肽的研究[J].中国调味品,2021,46(08):1-5.

[32] 昝沛清,程裕东,金银哲.咸鸭蛋快速腌制工艺及咸蛋清综合利用研究进展[J].食品与机械,2020,36(10):210-214.

[33] 曾洁, 刘骞.腌腊肉制品生产[M].北京: 化学工业出版社, 2014.

[34] 曾庆孝, 芮汉明, 李汴生.食品加工与保藏原理[M]. 3版. 北京: 化学工业出版社, 2015.

[35] 张佳汇,王芳,闫丹丹.鲜味肽介绍及其在调味料中应用的探讨[J].食品工业,2021,42(05):204-207.

[36] 张秀洁.养殖大黄鱼及糟制过程中品质特性研究[D]. 上海: 上海海洋大学,2020.

[37] 张芸,章蔚,汪兰,高琼,等.木糖醇部分替代食盐腌制对大口黑鲈鱼品质的影响[J].食品工业,2020,41(12):82-86.

[38] 章超桦, 薛长湖. 水产食品学[M]. 3版. 北京:中国农业大学出版社, 2018.

[39] 章银良,庞丹洋,卢慢慢,等.鹅肉腌制过程中食盐渗透扩散规律的研究[J].中国调味品,2017,42(01):89-94.

[40] 周光宏.畜产品加工学[M]. 2版. 北京:中国农业出版社, 2019.

[41] 周绪霞,戚雅楠,吕飞,等.不同烟熏材料对鲣鱼产品挥发性成分的影响[J].食品与发酵工业,2017,43(10):161-169.

[42] 纵伟.食品科学概论[M].北京: 中国纺织出版社,2015.

[43] Dikeman, Carrick Devine. Encyclopedia of Meat Sciences[M]. Second Edition. Academic Press,2014.

[44] Margit Dall Aaslyng, Anette Granly Koch. The use of smoke as a strategy for masking boar taint in sausages and bacon[J].Food Research International, 2018,108:387-395.

[45] Michael Ellis D F.Meat Smoking Technology in Meat Science and Application [M]. Boca Raton,USA: Taylor & Francis Group,CRC Press, 2001.

📄 总结

- ○ 腌制中的扩散与渗透作用
  - 扩散是溶质从高浓度向低浓度迁移的分子热运动，渗透是溶剂从低浓度溶液经过半透膜向高浓度溶液扩散的过程。
  - 食品腌制速度取决于腌制剂的渗透速度，而渗透速度取决于原料细胞内外的渗透压差。
  - 提高腌制剂浓度可以提高渗透压，从而加快渗透速度。
- ○ 食品腌制剂的作用
  - 食品腌制剂主要起防腐、降低水分活度、调味、发色、抗氧化、改善食品物理性质和组织状态等作用，从而达到防止食品腐败，改善食品品质的目的。
  - 常见的腌制剂主要包括咸味剂、甜味剂、酸味剂、鲜味剂、肉类发色及助色剂、品质改良剂、防腐剂、抗氧化剂等。
- ○ 肉类腌制发色机理
  - 亚硝酸盐发色原理是其所产生的一氧化氮与肉类中的肌红蛋白和血红蛋白结合，生成一种具有鲜艳红色的亚硝基肌红蛋白和亚硝基血红蛋白。
  - 抗坏血酸钠和异抗坏血酸钠参与将氧化型的褐色高铁肌红蛋白还原为红色的还原型肌红蛋白，加快腌制速度，以助发色。
- ○ 食品腌制方法
  - 食品腌制方法主要有干腌法、湿腌法、注射腌制法和混合腌制法。
  - 每种腌制方法各有其特点，其中混合腌制法避免了单一腌制法的缺点，腌制效果好，但生产工艺复杂、生产周期长。
- ○ 烟熏的目的
  - 烟熏的目的主要有：呈味作用，赋予烟熏制品独特的风味；发色作用，使烟熏制品呈现金黄色或棕色，提高色泽稳定性，形成脂肪外渗光泽；防腐作用，防止腐败变质；抗氧化作用，保护不饱和脂肪酸以及脂溶性维生素不被氧化破坏等。
- ○ 熏烟的主要成分及作用
  - 熏烟是由气体、液体和固体微粒组成的混合物。熏烟成分很复杂，现在已从木材熏烟中分离出200种以上不同的化合物，其中对烟熏制品风味形成和防腐起作用的熏烟成分有酚类、有机酸类、醇类、羰基化合物、烃类以及一些气体物质等。
  - 熏烟成分中，酚类主要起抗氧化、呈味、呈色和防腐作用；有机酸呈现一定的防腐作用，且对制品质构有一定影响；醇类的主要作用是作为挥发性物质的载体，有一定的杀菌作用；羰基化合物对烟熏食品的色泽和风味形成起关键作用；烃类物质如苯并蒽、二苯并蒽、苯并芘以及 4- 甲基芘等多为致癌性物质。
- ○ 食品烟熏方法
  - 食品烟熏方法有冷熏法、温熏法、热熏法、焙熏法、电熏法和液熏法几种，各有其特点。
  - 液熏法不需熏烟发生装置，便于实现机械化和连续化，且液体烟熏剂已除去固相物质及其吸附的烃类，安全性高，但风味、色泽及其保藏性能不及传统烟熏制品。

第八章

课后练习

一、判断正误题

1. 在腌制食品的过程中，外界溶液的渗透压大于微生物细胞的渗透压，导致微生物质壁分离，从而抑制微生物生长活动。（   ）

2. 硝酸盐和亚硝酸盐是一种无机防腐剂，在肉制品的腌制加工保藏中的主要作用是发色和抑菌，尤其对梭状肉毒芽孢杆菌具有很强的抑制作用。（   ）

3. 美拉德反应是腌制食品色泽形成的重要原因之一，由原料中的蛋白质分解产生的氨基酸与原料中的还原糖反应生成褐色至黑色的物质。（   ）

4. 食品腌制的速度取决于渗透压大小，渗透压与温度及浓度成正比。（   ）

5. 烟熏液通过去除掉吸附在熏烟颗粒上的有害烃类物质，能够大大减少熏烟中的有害因子。（   ）

二、选择题

1. 食品腌渍过程实质是（   ）的过程。

    A.溶液扩散   B.水分渗透   C.A 和 B

2. 腌制食品中，下列哪种微生物的耐盐特性最强？（   ）

    A. 大肠杆菌   B.乳酸菌   C.霉菌   D.酵母菌

3. 烟熏保藏处理时，食品被污染致癌的物质有（   ）。

    A. 有机酸   B.酚类物质   C.羰基化合物   D. 烃类物质

4. 烟熏保藏处理时对食品风味品质影响较大且具有抑菌作用的物质是（   ）。

    A. 有机酸   B.酚类物质   C.羰基化合物   D. 烃类物质

三、问答题

1. 腌制剂的主要作用是什么？

2. 食盐腌制方法有哪些？

能力拓展

○ 进行研究性学习和小组协作学习，培养问题分析与使用现代工具能力

   ● 就1种传统腌制品或烟熏制品的工业化生产问题，选择与使用恰当的信息资源、工程工具和专业模拟软件，设计其工业化发展路线和问题解决方案，研究方案要体现创新性。

- 运用所学知识，识别、判断传统腌制品或烟熏制品工业化生产的复杂工程问题和关键环节，分析评估研究方案的局限性并得出有效结论。

○ **进行小组协作学习，培养团队协作与沟通交流能力**

- 传统的腌渍方法存在高盐高糖等问题，研究表明，过量的食盐摄入会导致高血压、糖尿病等疾病，且高盐食品不适合于高血压患者、孕妇、儿童等特殊人群。但降低盐分有利于腐败微生物生长，对食品品质和保藏不利。请就低盐制品存在的主要问题，设计1套栅栏保藏技术方案，防止低盐食品的腐败变质。

- 组织小组讨论，就低盐食品栅栏保藏技术中的复杂工程问题与团队成员进行沟通，记录和分析交流内容并撰写结论。

第九章 食品涂膜保藏技术

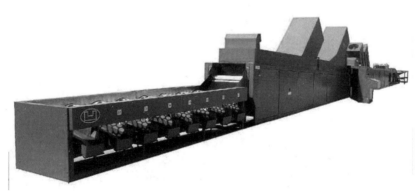

涂膜机

　　在逛水果店时，我们总能看到一些水果的表面有微亮光泽，看起来非常新鲜。但有传言称这样的水果是打了蜡，不能购买。真的如此吗？像苹果、葡萄和蓝莓等水果，在生长时自身就会分泌一层天然果蜡，不仅能防止细菌、病毒和有害物质等进入水果内部，还能抵御环境变化给水果造成的伤害，这种天然果蜡对人体是无害的。食品涂膜就是类似于给水果涂上"一层蜡"，食品膜材料需符合我国《食品添加剂使用卫生标准》规定，对人体亦是无害的。

思维导图

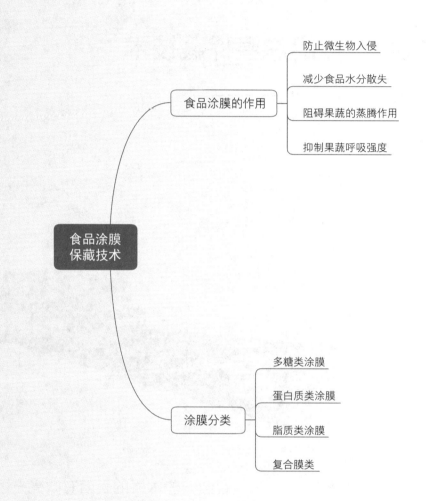

为什么要学习"食品涂膜保藏技术"？

食品涂膜保藏技术是一种将涂膜剂附着在食品表面，构成食品表面的密闭环境，从而减少病原菌侵染，降低营养与呼吸消耗，防止食品组织氧化和延长食品保质期的技术。涂膜后的食品色泽鲜艳，外表光洁美观，且保鲜效果好，受到生产者和消费者的广泛关注。食品涂膜剂的主要成分是什么？可以食用吗？对人体有危害吗？食品涂膜剂与葡萄、蓝莓、李子和苹果等果实自带的粉、霜、蜡有区别吗？如何正确区分天然果蜡与人工果蜡？学习食品涂膜保藏技术，有助于深入认识食品涂膜剂的作用与安全性，有助于拓宽食品涂膜剂的使用范围和发展食品保藏新技术。

学习目标

○ 阐明食品涂膜保藏的主要机制；
○ 解析淀粉类涂膜的适用性及改性淀粉后对涂膜的影响；
○ 对比分析多糖类涂膜、蛋白质类涂膜和脂质类涂膜的异同；
○ 分析归纳复合膜的优势及局限性；能举 2 例论述食品涂膜在果蔬保鲜上的应用效果；
○ 针对 1 类涂膜，综述涂膜保藏技术的最新研究进展，运用文献研究，分析涂膜保藏技术的发展趋势与存在的主要问题并获得有效结论；
○ 积极参与专业岗位实践，培养在岗位工作过程中的适应能力和岗位所匹配的心理素质、身体素质以及职业技能。

第一节　食品涂膜保鲜技术概述

涂膜保鲜技术是将果蔬浸泡在无毒的可食性涂膜剂中，在食品表层形成半透气薄膜，达到隔绝有害微生物和氧化的目的，从而延长食品贮藏期。该法操作简单、安全无毒、成本低廉，已经成为近年来果蔬保鲜技术领域的研究热点。随着人民的科学文化素质和生活水平的提高，对果蔬等食品的品质要求越来越高。不仅要求食品种类多，并且重视食品的营养价值和新鲜程度。

涂膜保鲜技术的优点很多，不仅能够保证果蔬新鲜度，而且涂膜材料来源广，可在常温下进行，设备需求简单，工艺便捷，成本低，安全性好，适用广泛；涂膜处理后，果蔬表面的色泽鲜艳，有利于果蔬的销售（图 9-1）。

目前，应用较多的涂膜保鲜材料主要包括壳聚糖、1-甲基环丙烯、魔芋葡甘聚糖等。近年来，氯化钙、丁香提取液、乙酰水杨酸等安全性更高、来源更天然的涂膜材料也在果蔬保鲜方面进行了应用。另外，以蔗糖为原料，通过聚合反应而生成的一种高分子、可生物降解、高吸收性凝胶聚合物——蔗糖基聚合物涂膜法保鲜果蔬，不仅可以防止果实脱水、萎缩及微生物的侵蚀，较明显地延长贮藏寿命，而且能有效提高荔枝、芒果等水果的可溶性固形物，降低酸度，增加总糖含量，具有明显的增甜作用。由此可见，天然来源的涂膜材料应用潜力十分巨大。

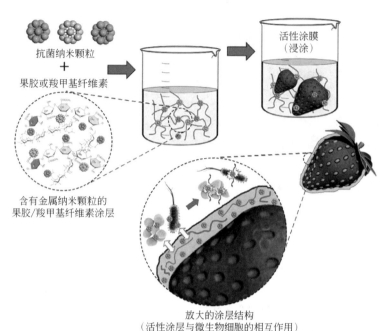

图 9-1　果蔬涂膜保鲜示意图（Panahirad et al，2021）

第二节　食品涂膜保鲜的基本原理与应用

涂膜保鲜技术最早出现于 20 世纪 20 年代，早期主要应用于果、蔬的防腐保鲜，后来逐渐扩大到其他食品。目前，涂膜保鲜技术不仅广泛应用于果、蔬保鲜，而且在肉类、水产品等食品中的应用也日益增加。有些涂膜剂不仅能够阻挡有害微生物的入侵，而且其本身就具有抑菌作用，因此具有更好的保鲜效果。研究表明，壳聚糖对一些腐败真菌具有抑制或灭活的作用，涂膜在果蔬表面后，能够诱导植物产生一系列防御反应，增加自身抗病性，促进参与木质素合成的相关酶和蛋白质的表达，使细胞壁增厚并阻碍有害微生物穿透。丁香提取物对霉菌和酵母菌的抑菌效果显著，且抑菌效果维持时间长。它们都是良好的涂膜保鲜剂。

一、涂膜保鲜的机理

涂膜保鲜技术是将具有抑菌或成膜特性的大分子物质作为成膜物质，制成适当浓度的水溶液或乳液，采用浸渍、涂抹、喷涂等方法涂布于食品表面，在表面固化并形成一层光亮的半透性薄膜。这层膜可以封闭果蔬表面气孔，阻碍果蔬的蒸腾作用，形成具有严密渗透性的密闭环境，能够有效减少水分散失及果蔬质量损失，避免贮藏过程中因水分丧失导致的果蔬品质下降。果蔬采后正常生理条件下，其维生素 C、总糖和可滴定酸随贮藏时间延长逐渐呈下降趋势，而可溶性固形物则由于部分淀粉转化成糖，其含量会不断增加，从而导致果蔬在采后阶段，随着贮藏时间的推移，品质下降，营养流失。贮存过程中，涂膜有效阻隔了食品与环境氧的接触，可以降低果实的呼吸强度，从而延缓其因呼吸作用引起的内部温度过高和腐烂现象，达到减缓营养物质消耗的目的。此外，果蔬表面的涂膜还可以有效防止微生物的入侵，从而避免因微生物生长繁殖造成的果蔬营养损失、质地软化甚至腐烂变质，实现延长果蔬贮藏货架期的作用。

涂膜对气体的通透性是影响涂膜保鲜效果的主要因素之一。涂膜对气体的通透性可用膜对气体的分离因子来表示，即分离因子 $\alpha(a/b)=P_a/P_b$，其中，P 为通透系数 [g·mm/(m²·d·kPa)]，a、b 为不同气体。一般含有羟基的分子所形成的涂膜，其 $\alpha(CO_2/O_2)<1$，对果、蔬保鲜的效果较好。而 $\alpha(CO_2/O_2)>1$ 的涂膜，对果、蔬则没有保鲜效果。对于 $\alpha(CO_2/O_2)<1$ 的涂膜，其适宜保鲜的果、蔬种类依其分离因子不同而异。

二、涂膜的种类、特性及其保鲜效果

根据成膜材料的种类不同，可将涂膜分为多糖类、蛋白质类、脂质类和复合膜类等类型。

1. 多糖类涂膜及其保鲜效果

多糖类涂膜是目前应用最广泛的涂膜，许多多糖及其衍生物都可用作成膜材料，常用的有壳聚糖、纤维素、淀粉、褐藻酸钠、魔芋葡甘聚糖及其衍生物等。

壳聚糖是甲壳素的脱乙酰产物，属氨基多糖，有良好的成膜性和广谱抗菌性，不溶于水，溶于稀酸。选择合适的酸作为壳聚糖的溶剂是保证壳聚糖涂膜保鲜效果的重要因素，酸度过低，溶解不完全，酸度过高则易对食品产生酸伤。研究表明，酒石酸和柠檬酸的效果较好，且可以制成固体保鲜剂。另外，加入表面活性剂如吐温、斯盘、蔗糖酯等，可改善其黏附性。脱乙酰度和分子量对壳聚糖膜的性质影响较大，脱乙酰度越高，分子量越大，则分子内晶形结构越多，分子柔顺性越差，膜拉伸强度越高，通透性越差。

增塑剂种类和浓度也会明显影响膜的性质。以醋酸、丙酸、乳酸、甲酸为膜增塑剂，随增塑剂浓度增加，透氧性明显上升，其中乳酸最低，甲酸最高，两者相差近 100 倍。但是，酸的种类和浓度对膜的透湿性无显著影响。

研究发现，壳聚糖的防腐效果与其分子量之间有很大关系。分子量为 20 万和 1 万左右的壳聚糖防腐效果最好，二者最佳浓度分别为 1% 和 2%。将草莓在 1% 壳聚糖溶液中浸渍 1min，晾干后于 4～8℃冰箱中贮存，定期测定超氧化物歧化酶（SOD）活力和维生素 C 含量，结果表明，壳聚糖处理能明显阻止草莓中 SOD 活力下降，减少维生素 C 损失，抑制腐烂。对番茄涂膜保鲜的研究结果还显示，不同黏度的壳聚糖均存在一个最适浓度，黏度为 120mPa·s、250mPa·s、600mPa·s 的壳聚糖，其最适浓度分别为 3.2%、2.0% 和 0.85%。

衍生化反应可以改变壳聚糖的透气性。壳聚糖经羧甲基化可生成 N-羧甲基壳聚糖、O-羧甲基壳聚糖、N,O-羧甲基壳聚糖等，其中，N,O-羧甲基壳聚糖溶于水，所形成的膜对气体具有选择通透性，特别适合于果、蔬保鲜。对草莓、水蜜桃、猕猴桃等品种的保鲜实验表明，N,O-羧甲基壳聚糖具有良好的保鲜效果。美国、加拿大已有此类产品面市。

研究发现，含铁离子、钴离子、镍离子等金属离子的壳聚糖膜对葡萄的保鲜效果优于无金属离子的壳聚糖膜，其中，含钴离子的膜保鲜效果最好。其主要原因在于金属离子对壳聚糖膜通透性的影响，如表 9-1 所示。

表 9-1　金属离子对壳聚糖复合膜通透性的影响

含金属离子壳聚糖复合膜	P_{O_2}	P_{CO_2}	α (CO_2/O_2)
—	0.943	0.0703	0.075
Cu^{2+}	1.23	0.0610	0.050
Co^{2+}	1.55	0.0711	0.046
Ni^+	1.80	0.0532	0.030

注：P 为通透系数 [g·mm/(m²·d·kPa)]。

　　壳聚糖膜保鲜技术不仅适用于果、蔬保鲜，也可用于冷却肉类、鱼虾等水产品保鲜。

　　纤维素类也是常用的多糖类涂膜剂。天然状态的纤维素聚合物分子链结构紧密，不溶于中性溶剂，碱处理使其溶胀后与甲氧基氯甲烷或氧化丙烯反应，可制得羧甲基纤维素（CMC）、甲基纤维素（MC）、羧丙基甲基纤维素（HPMC）、羧丙基纤维素（HPC）等，均溶于水并具有良好的成膜性。纤维素类膜透湿性强，常与脂类复合以改善其性能。纤维素制造的可食膜已经在商业上应用。制 MC 膜时，溶剂种类和 MC 的分子量对膜的阻氧性影响很大。此外，环境相对湿度对纤维素膜透氧性也有很大影响，当环境湿度升高时，纤维素膜的透氧性急速上升。对绿熟番茄的研究表明，涂膜后的番茄保鲜效果明显优于对照组。

　　果蔬失重率也是评判果蔬品质和贮藏保鲜效果的重要指标。由蒸腾作用所引起的失水是导致果实失重率增加的主要原因。研究表明，纳米纤维素（NCC）作为涂膜材料能够在椪柑贮藏过程中降低其失重率和腐烂率。如图 9-2（a）所示，贮藏 0～16d 过程中，涂膜了 2% 和 4%NCC 的椪柑果实，失重率明显低于对照组。由此说明，低浓度的 NCC 复合涂膜在贮藏后期能够显著抑制椪柑果实失重率的增加。与此同时，如图 9-2（b）所示，椪柑果实在贮藏期间的腐烂率逐渐增加，且贮藏后期腐烂速度加快。但各涂膜组的果实自第 6 天起，尤其是 CS-2% NCC 组，腐烂率开始明显低于对照组。添加了 NCC 的复合涂膜组，果实腐烂率在贮藏后期比 CS 组更低。贮藏至 16d 后腐烂率仅为 30.0%，相较于 CK 组下降了 55.0%。由此说明，添加 NCC 确实可提高壳聚糖复合涂膜对椪柑果实的保鲜效果，降低其腐烂率，而其效果又与 NCC 的浓度有关。

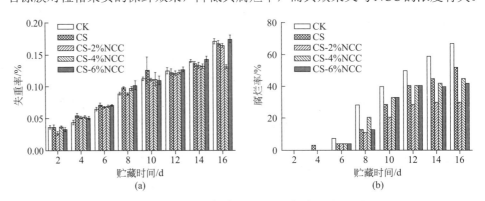

图 9-2　椪柑果实失重率（a）和腐烂率（b）随贮藏时间的变化

　　淀粉类涂抹材料价廉易得，直链淀粉含量高的淀粉所成膜呈透明状，在低 pH 下透氧性非常小，加入增塑剂可增大透气性。淀粉经改性生成的羟丙基淀粉所成膜阻氧性非常强，但阻湿性极低。用稀碱液对淀粉进行改性处理得到的产物配成涂膜剂，加入甘油作增塑剂，用该涂膜剂处理草莓，于 0℃、相对湿度 84.4% 条件下贮存 30d 后，处理果腐烂率为 30%，对照果则全部腐烂。用淀粉膜处理香蕉也获得了较好的保鲜效果。目前，关于淀粉膜保鲜研究的报道还很少，尚待进一步研究。

　　褐藻酸是糖醛酸的多聚物，其钠盐具有良好的成膜性，可阻止膜表层微生物生长，减少果实中活性氧的生成，降低膜脂过氧化程度，保持细胞完整性，但褐藻酸钠膜阻湿性有限。研究表明，褐藻酸钠膜厚度对拉伸强度影响不大，但透湿性随着膜厚度的增加而减小。适量增塑剂不仅使膜具有一定的拉伸强度，而且不会明显增加透湿性。交联膜的性质明显优于非交联膜，环氧丙烷和钙双重交联膜的性能最好。脂质可显著降低褐藻酸钠膜的透水性。绿熟番茄经 2% 的褐藻酸钠涂膜后，常温下可延迟 6d 后熟，且维生素 C 损失减少，失重率降低。褐藻酸钠涂膜保鲜胡萝卜的腐烂率低于纤维素膜和魔芋精粉膜。

魔芋精粉含 50%～60% 的魔芋葡甘聚糖，能防止食品腐败、发霉和虫害，是一种经济高效的天然食品保鲜剂。所成膜在冷热水及酸碱中均稳定，膜的透水性受添加亲水或疏水物质的影响，添加亲水性物质，则透水性增强，添加疏水性物质，则透水性减弱。用磷酸盐对魔芋葡甘聚糖改性后用于龙眼涂膜保鲜，分别于常温（29～31℃）和低温（3℃）条件下贮存，常温下保藏 10d 后，处理组好果率 82.86%、失重率 2.56%，对照组好果率仅 41.67%、失重率 4.49%。低温下保藏 60d 后，处理组好果率 88.89%、失重率 2.03%，而对照组已全部腐烂。另外，处理组的总糖、维生素 C 等指标均优于对照组。

改性后魔芋精粉的保鲜效果将得到明显改善。用 1% 的魔芋精粉与丙烯酸丁酯接枝共聚产物涂膜保鲜柑橘，室温下贮藏 130d 后，与对照组相比，失重率下降 36.2%，烂果率下降 89.6%，维生素 C 损失率下降 53.5%，且外观良好，酸甜适口，保鲜效果显著好于未改性的魔芋精粉。

2. 蛋白质类涂膜及其保鲜效果

蛋白质类也是常用的涂膜材料，用于涂膜制剂的蛋白质主要有小麦面筋蛋白、大豆分离蛋白、玉米醇溶蛋白、酪蛋白、胶原蛋白及明胶等。

小麦面筋蛋白膜柔韧、牢固，阻氧性好，但阻水性和透光性差，限制了其在商业上的应用。实验发现，用 95% 的乙醇和甘油处理小麦面筋蛋白，可以得到柔韧、强度高、透明性好的膜。当小麦面筋蛋白膜中脂类含量为干物质的 20% 时，透水率显著下降。目前，小麦面筋蛋白在果蔬保鲜上很少使用。

大豆分离蛋白是近年来研究较多的蛋白质类涂膜剂，研究表明，pH 值是影响蛋白质成膜质量的关键因素。大豆分离蛋白制膜液的 pH 值应控制在 8，小麦面筋蛋白应控制在 5。大豆分离蛋白膜的各项性能均优于小麦面筋蛋白膜。此外，经碱处理的大豆分离蛋白的成膜性、透明度、均匀性及外观均优于未经碱处理的大豆分离蛋白，但两者的透水率几乎一致。大豆分离蛋白膜的透氧率相当低，比小麦面筋蛋白低 72%～86%。由于大豆分离蛋白膜的透氧率太低，透水率又高，因而不单独用于果蔬保鲜，常与糖类、脂类复合后使用。

玉米醇溶蛋白溶于含水乙醇，所形成的膜具有良好的阻氧性和阻湿性。香蕉保鲜实验表明，效果较好的膜为 0.8mL 3% 甘油 +0.4mL 油酸 +10mL 玉米醇溶蛋白制成的膜。将玉米醇溶蛋白、甘油、柠檬酸溶解于 95% 的乙醇中，用于转色期番茄的涂膜保鲜，贮存条件为 21℃、相对湿度 55%～66%。结果表明，涂 5～15μm 膜的番茄后熟延迟 6d，无不良影响；涂 66μm 膜的番茄则发生无氧呼吸。上述实验表明，涂膜厚度也会影响涂膜保鲜效果。涂膜太薄，起不到隔氧、阻湿作用；涂膜太厚，又会阻碍必要的新陈代谢活动，导致异常生理活动发生。

酪蛋白、胶原蛋白、明胶等在食品涂膜保鲜上用得较少。蛋白质类膜具有相当大的透湿性，因而，常与脂类复合使用。

3. 脂质类涂膜及其保鲜效果

脂质类包括蜡类（石蜡、蜂蜡、巴西棕榈蜡、米糠蜡、紫胶等）、乙酰单甘酯、表面活性剂（蔗糖脂

肪酸酯、硬脂酸单甘油酯等）及各种油类等。

蜡膜对水分有较好的阻隔性，其中石蜡最为有效，蜂蜡其次。蜡膜能有效抑制苯甲酸盐阴离子的扩散。已商业化生产的蜡类涂膜剂有中国林业科学研究院林产化学工业研究所的紫胶涂料、中国农科院的京 2B 系列膜剂、北京化工研究所的 CFW 果蜡。其中，CFW 果蜡处理蕉柑后，保鲜效果良好，有些指标已超过进口果蜡。其他脂类很少单独成膜，常与糖类复合使用。

4. 复合膜及其保鲜效果

复合膜是由多糖、蛋白质、脂质类中的两种或两种以上经一定处理而成的涂膜。由于各种成膜材料的性质不同，功能互补，因而复合膜具有更理想的性能。

比如，由 HPMC 与棕榈酸和硬脂酸组成的双层膜，透湿性比 HPMC 膜减少约 90%。复合膜的透湿性与成膜液中脂质的状态有关，成膜液中脂质的真正溶解会产生一种更连续的脂质层而降低透水性。

由多糖与蛋白质组成的复合天然植物保鲜剂膜具有良好的保鲜效果。对金冠苹果、鸭梨和甜椒的保鲜研究表明，苹果、鸭梨涂膜处理后开放放置 1 个月，外观基本不变，而对照组已全部变黄。80d 后，处理果仍呈绿色，对照果则已失去商品价值。甜椒处理后 15d，无皱缩，维生素 C 含量高达 136.4mg/100g；而对照果已干缩，无商品价值。

TALPro-long 是英国研制的一种果实涂膜剂，由蔗糖脂肪酸酯、CMC-Na 和甘油一酯或甘油二酯组成，可改变果实内部 O_2、CO_2 和 C_2H_4 的浓度，保持果肉硬度，减少失重，减轻生理病害。Superfresh 是它的改进型，含 60% 的蔗糖酯、26% 的 CMC-Na、14% 的双乙酰脂肪酸单酯，可用于多种果蔬，已获得广泛应用。

OED 是日本用于蔬菜保鲜的涂膜剂，配方为：10 份蜂蜡、2 份朊酪、1 份蔗糖酯。充分混合使成乳状液，涂在番茄或茄子果柄部，可延缓成熟，减少失重。

需要指出的是，尽管有些膜已成功地用于果蔬保鲜，但有时不适当的涂膜反而会使果蔬品质下降，腐烂增加。比如，涂 0.26mm 厚的玉米醇溶蛋白膜会使马铃薯内部产生酒味和腐败味，原因是马铃薯内部氧含量太低而导致无氧呼吸。另外，涂有蔗糖酯的苹果增加了果核发红现象。

涂膜保鲜是否有效关键在于膜的选择，欲达到好的涂膜保鲜效果，必须注意以下几点：①根据不同品种食品的需求选择或开发不同特性的膜；②准确测量膜的气体渗透特性；③准确测量目标果蔬的果皮、果肉的气体、水分扩散特性；④分析待贮果蔬内部气体组分；⑤根据果蔬的品质变化，对涂膜的性质进行适当调整，以达到最佳保鲜效果。

 概念检查 9.1

○ 食品中哪些物质具有良好的成膜性？

参考文献

[1]　陈超, 庞林江. 壳聚糖-植酸复合涂膜对黄岩蜜橘保鲜效果的影响[J]. 包装工程, 2020, 9:36-43.

[2]　陈楚英, 陈玉环, 彭旋, 等. 凤仙透骨草提取液对新余蜜橘采后生理相关酶活性的影响[J]. 中国食品学报, 2017, 6: 138-144.

[3]　陈镠, 余婷, 王允祥, 等.壳聚糖-纳米氧化锌复合涂膜对甜樱桃采后生理和贮藏品质的影响[J]. 核农学报,2017, 31(9): 1767-1774.

[4]　高燕利, 徐丹, 任丹, 等. 纳米氧化锌复合涂膜中锌的迁移及其对采后红橘的影响[J]. 食品与发酵工业, 2020, 15: 154-161.

[5]　刘小霞, 安学明, 李彦虎, 等. 蜂胶、蜂蜡复合涂膜剂对圣女果的保鲜研究[J].食品与发酵科技, 2019, 1: 38-43.

[6]　刘忠明, 董峰, 王小林, 等. 纳米纤维素/壳聚糖复合膜的制备和性能[J]. 包装工程, 2016, 17:75-79.

[7]　秦海容, 徐丹, 刘琴. 壳聚糖复合涂膜的微观形貌变化及其对红橘的保鲜效果[J]. 食品与发酵工业, 2018, 2:233-239.

[8]　孙海涛, 邵信儒, 姜瑞平, 等. 超声波-微波协同作用对玉米磷酸酯淀粉/秸秆纤维素可食膜机械性能的影响[J].食品科学, 2016, 22: 34-40.

[9]　王鑫. 纳米银-氧化淀粉涂膜对无籽露葡萄和南丰蜜橘的保鲜性及安全性探究[D]. 北京: 北京林业大学, 2020.

[10]　杨华, 江雨若, 邢亚阁, 等. 壳聚糖/纳米TiO₂复合涂膜对芒果保鲜效果的影响[J]. 食品工业科技, 2019, 11: 297-301.

[11]　杨旋, 唐丽荣, 林凤采, 等. 纳米纤维素/壳聚糖/明胶复合膜的制备及其性能研究[J]. 生物质化学工程, 2018,1: 17-22.

[12]　余易琳. 纳米纤维素/壳聚糖复合涂膜对柑橘的保鲜效果及涂膜制备与表征[D]. 重庆: 西南大学, 2020.

[13]　张方艳, 朱桂兰, 郭娜, 等. 二氧化氯和羧甲基纤维素联合处理对中华猕猴桃保鲜效果的影响[J]. 食品与发酵工业, 2019, 15:196-201.

[14]　Cui K B, Shu C, Zhao H D, et al. Preharvest chitosan oligochitosan and salicylic acid treatments enhance phenol metabolism and maintain the postharvest quality of apricots(*Prunus armeniaca* L.)[J]. Scientia Horticulturae, 2020, 267:1-8.

[15]　Fu M Q, An K J, Xu Y J, et al. Effects of different temperature and humidity on bioactive flavonoids and antioxidant activity in pericarpium citri reticulata (*Citrus reticulata* Chachi)[J]. LWT-Food Science and Technology, 2018, 93:167-173.

[16]　Haider S A, Ahmad S, Kha A S, et al. Effects of salicylic acid on postharvest fruit quality of "Kinnow" mandarin under cold storage[J]. Scientia Horticulturae, 2020, 259:1-11.

[17]　Hashemi S M B, Jafarpour D. Bioactive edible film based on konjac glucomannan and probiotic *Lactobacillus plantarum* strains: physicochemical properties and shelf life of fresh‐cut kiwis[J]. Journal of Food Science, 2021, 2:1-10.

[18]　Kang S F, Xiao Y Q, Guo X Y, et al. Development of gum arabic-based nanocomposite films reinforced with cellulose nanocrystals for strawberry preservation[J]. Food Chemistry, 2021, 350:1-10.

[19]　Li Q Y, Xu J X, Wang J, et al. Composite coatings based on konjac glucomannan and sodium alginate modified with allicin and in situ SiOx for ginger rhizomes preservation[J]. Journal of Food Safety, 2020, 1:1-8.

[20]　Marín-silva D A, Rivero S, Pinotti A. Chitosan-based nanocomposite matrices：development and characterization[J]. International Journal of Biological Macromolecules, 2019,123:189-200.

[21]　Meindrawan B, Suyatma N E, Wardanaa A, et al. Nanocomposite coating based on carrageenan and ZnO nanoparticles to maintain the storage quality of mango[J].Food Packaging and Shelf Life, 2018, 18:140-146.

[22]　Nair M S, Tomar M, Punia S, et al. Enhancing the functionality of chitosan- and alginate-based active edible coatings/films for the preservation of fruits and vegetables: A review[J]. International Journal of Biological Macromolecules, 2020,164: 304-320.

[23]　Panahirad S, Dadpour M, Peighambardoust S H, et al. Applications of carboxymethyl cellulose- and pectin-based active edible coatings in preservation of fruits and vegetables: A review[J]. Trends in Food Science & Technology, 2021, 110: 663-673.

[24]　Qi W H, Wu J J, Shu Y G, et al. Microstructure and physiochemical properties of meat sausages based on nanocellulose-stabilized emulsions[J]. International Journal of Biological Macromolecules, 2020, 152: 565-567.

[25]　Quintana S E, Llalla O, Luis A G, et al. Preparation and characterization of licorice-chitosan coatings for postharvest treatment of fresh strawberries[J].Applied Sciences, 2020, 23:1-23.

[26]　Saidi L, Assaf D D, Galsarker O, et al. Elicitation of fruit defense response by active edible coatings embedded with phenylalanine to improve quality and storability of avocado fruit[J]. Postharvest Biology and Technology, 2021, 174:1-10.

[27]　Sousa F, Jose S P, Oliverira K T E F, et al. Conservation of 'palmer' mango with an edible coating of hydroxypropyl methylcellulose and beeswax[J]. Food Chemistry, 2020, 346:1-10.

第
九
章

[28] Wu D, Zhang M, Xu B G, et al. Fresh-cut orange preservation based on nano-zinc oxide combined with pressurized argon treatment[J]. LWT-Food Science and Technology, 2021,135:1-11.

[29] Xing Y G, Yang H, Guo X L, et al. Effect of chitosan/Nano-TiO₂ composite coatings on the postharvest quality and physicochemical characteristics of mango fruits[J]. Scientia Horticulturae, 2020, 263:1-7.

[30] Zhang W L, Li X X, Jiang W B. Development of antioxidant chitosan film with banana peels extract and its application as coating in maintaining the storage quality of apple[J]. International Journal of Biological Macromolecules, 2020,154:1205-1214.

 总结

○ 食品涂膜的作用
- 食品涂膜是将具有抑菌或成膜特性等大分子物质作为成膜物质制成适当浓度的水溶液或乳液，采用浸渍、涂抹、喷涂等方法涂布于食品表面形成的一层光亮的半透性薄膜。
- 食品涂膜可以封闭果蔬表面气孔，附着在果蔬表面阻碍果蔬的蒸腾作用，形成具有严密渗透性的密闭环境，有效减少水分散失及果蔬质量损失，避免贮藏过程中因水分丧失导致的果蔬品质下降。

○ 食品涂膜的分类
- 食品涂膜依据其采用的主要原料特点，分为多糖类涂膜、蛋白质类涂膜、脂质类涂膜和复合膜等。
- 多糖类涂膜常用材料有淀粉、纤维素、壳聚糖、普鲁兰多糖、褐藻酸钠、魔芋葡甘聚糖及其衍生物等；蛋白质类涂膜常用材料有小麦面筋蛋白、大豆分离蛋白、玉米醇溶蛋白、酪蛋白、胶原蛋白、明胶、乳清蛋白等；脂质类涂膜常用材料包括蜡类（石蜡、蜂蜡、巴西棕榈蜡、米糠蜡、紫胶等）、乙酰单甘酯、表面活性剂（蔗糖脂肪酸酯、硬脂酸单甘油酯等）及各种油类等。
- 复合膜是以不同配比的多糖、蛋白质、脂肪酸结合在一起制成的涂膜。通常以脂质作为阻水组分，蛋白质或多糖在发挥自身阻隔性能的同时，作为脂质的支持介质，保持膜的良好完整性。

○ 涂膜保鲜的机理
- 涂膜保鲜技术是将具有抑菌或成膜特性的大分子物质作为成膜物质，制成适当浓度的水溶液或乳液，采用浸渍、涂抹、喷涂等方法涂布于食品表面，在表面固化并形成一层光亮的半透性薄膜。这层膜可以封闭果蔬表面气孔，阻碍果蔬的蒸腾作用，形成具有严密渗透性的密闭环境，能够有效减少水分散失及果蔬质量损失，避免贮藏过程中因水分丧失导致的果蔬品质下降。
- 果蔬采后正常生理条件下，其维生素C、总糖和可滴定酸随贮藏时间延长逐渐呈下降趋势，而可溶性固形物则由于部分淀粉转化成糖，其含量会不断增加，从而导致果蔬在采后阶段，随着贮藏时间的推移，品质下降，营养流失。
- 贮存过程中，涂膜有效阻隔了食品与环境氧的接触，可以降低果实的呼吸强度，从而延缓其因呼吸作用引起的内部温度过高和腐烂现象，达到减缓营养物质消耗的目的。此外，果蔬表面的涂膜还可以有效防止微生物的入侵，从而避免因微生物生长繁殖造成的果蔬营养损失、质地软化甚至腐烂变质，实现延长果蔬贮藏货架期的作用。

○ 提升食品涂膜保鲜效果的方法
- 根据不同品种食品的需求选择或开发不同特性的膜；准确测量膜的气体渗透特性；准确测量目标果蔬的果皮、果肉的气体、水分扩散特性；分析待贮果蔬内部气体组分；根据果蔬的品质变化，对涂膜的性质进行适当调整，以达到最佳保鲜效果。

○ 食品涂膜保鲜技术的优点
- 能够保证果蔬新鲜度；涂膜材料来源广，可在常温下进行；设备需求简单，工艺便捷；成本低，安全性好，适用广泛；涂膜处理后，果蔬表面的色泽鲜艳，有利于果蔬的销售。
- 果蔬涂膜材料向低毒甚至无毒可食和天然生物材料的方向发展。

课后练习

一、判断正误题
1. 涂膜具有隔气性，保鲜果蔬时，膜内的 O_2、CO_2 含量均降低。（　　）
2. 多糖类涂膜透湿性强，常与脂类物质复合使用。（　　）
3. 金属离子对涂膜的形成无影响。（　　）
4. 果蔬保鲜方法中物理方法的效果优于化学保鲜的效果。（　　）

二、选择题
1. 食品涂膜保鲜的方法有（　　）。
　A. 浸涂法　　　　B. 刷涂法　　　　C. 喷涂法　　　　D. 辐照法
2. 涂膜保鲜方法中膜的原料包括（　　）。
　A. 酸　　　　B. 明胶　　　　C. 蜡　　　　D. 脂类
3. 目前常用的效果比较好的保鲜技术包括（　　）。
　A. 窖藏　　　　B. 堆藏　　　　C. 机械贮藏　　　　D. 气调贮藏

三、问答题
1. 常见的食品涂膜有哪些类别？
2. 涂膜保藏食品的机理是什么？

能力拓展

○ 进行研究性学习，培养问题分析能力

- 针对1类涂膜，综述涂膜保藏技术的最新研究进展，撰写综述论文。运用涂膜保藏技术的相关原理，识别、判断和归纳食品涂膜过程中的关键问题和关键环节。
- 运用文献研究，分析涂膜保藏技术的发展趋势与存在的主要问题并获得有效结论。

○ 制作感兴趣的涂膜材料，应用生产实践中
- 针对不同分类的涂膜，选择自己感兴趣的方向进行涂膜的制作，运用提升涂膜保鲜效果的原理加以修正和完善。
- 将制作好的涂膜应用于生产实践中，用于日常水果以及蔬菜的保鲜，看是否延长了食品的货架期。
- 进行小组讨论，阐述涂膜保藏的机理，以及涂膜保藏对社会发展的意义。

第九章

第十章　食品生物保藏技术

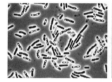
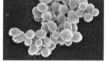

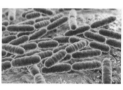

| 枯草芽孢杆菌 | 毕赤酵母 | 片球菌 | 哈茨木霉菌 | 乳酸菌 |

食品生物保藏上应用的生防菌

为什么泡菜可以存放较长时间？

因为其中的有益菌生长抑制了其他有害菌的生长。

自二十世纪初从链霉菌属中分离出首批抗生素以来，人们就已经意识到某些细菌具有杀死或抑制其他细菌生长的能力，这就是细菌的拮抗作用。从生态系统的角度来看，细菌间的拮抗机制是多种多样的，如竞争空间、竞争营养资源、主动适应环境或分泌毒素杀死其他细菌等。食品生物保藏即是利用了有益菌的拮抗作用，从而达到抑制腐败菌和延长食品保质期的目的。

思维导图

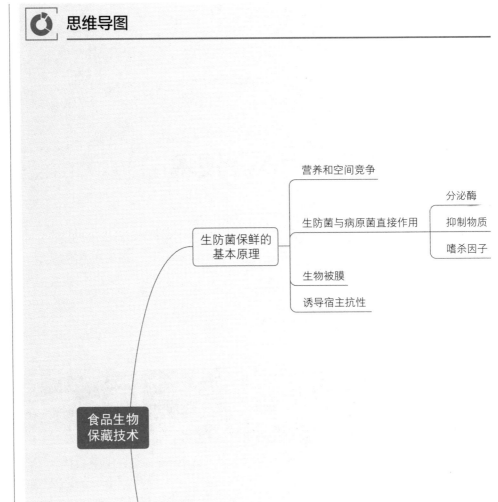

为什么要学习"食品生物保藏技术"?

　　食品生物保藏技术是通过酵母菌、乳酸菌、芽孢杆菌等生防拮抗菌,进行营养和空间的竞争、产生抗菌物质、诱导抗性等作用,抑制食品中的微生物生长繁殖和减缓食品腐败的技术。生物保藏技术具有安全环保、经济性高的特点,可以促进农业和食品流通的可持续性发展,达到食品绿色保藏的目的。生防菌的作用机制究竟是什么? 生防菌自身的安全性如何? 如何看待利用基因编辑技术改造生防菌提升其生防能力? 学习食品生物保藏技术,有利于理解食品安全、食品营养、环境保护与食品生物保藏之间的关系,有利于保障食品安全,指导消费者正确评估食品的安全性、营养性和可食性,从而促进食品生物保藏技术的可持续性发展。

学习目标

○ 能阐明食品生物保藏的主要机制;
○ 能分析归纳提升生防拮抗菌生防能力的可能途径;
○ 能分析归纳食品生物保藏技术的优势及局限性;
○ 举 3 例阐述生防拮抗菌在食品保藏上的应用效果;
○ 针对 1 类生防菌,综述食品生物保藏技术的最新研究进展,运用文献研究,分析生物保藏技术的发展趋势与存在的主要问题并获得有效结论;
○ 就生物保藏技术存在的主要问题组织开展小组讨论,运用批判性思维,评价各种观点,锻炼与多学科团队成员间有效沟通、合作共事的能力。

第一节　概述

　　随着生活水平的提高,生活模式与消费观念的转变,消费者更加关注食品的营养、安全与环保。这三大问题都与食品保藏关系密切。特别是新鲜果蔬因采后腐烂而造成的严重损失一直是全球性问题。最常用的控制果蔬采后腐烂的方法是化学杀菌剂,但长期使用会引起病原菌的耐药性,影响果蔬食用的安全,且造成环境污染。近年来,安全、无毒的生物防治已逐渐成为一种可替代化学杀菌剂的生物保藏方法。

　　生物防治(biological control)是指利用微生物之间的拮抗作用,选用对寄主无害而对病原微生物有明显抑制作用的拮抗微生物或微生物代谢产物来抑制病原微生物的生长、发育和繁殖,从而达到防止病害发生和食品保藏的目的。

　　生物技术的兴起使生物防治成为当前生物保藏技术最重要的技术之一,利用生防菌(拮抗剂)可减少果蔬采后病害。拮抗微生物是一种安全有效的生物防治剂,拮抗作用是微生物界的普遍现象,是指一类微生物具有抑制或杀死其他有害微生物的作用,极大地降低了病原菌产生抗性的风险。在生产实践中,

微生物防治是通过生长竞争抑制或者代谢产物抑制来实现对有害菌的防治，是低毒、残留小、保障食品安全的有效措施。

1953 年 Gutter 最早用枯草芽孢杆菌（*Bacillus* sp.）防治柑橘采后病害，开启了拮抗菌的研究和应用历程，之后生防菌在食品保鲜尤其是果实采后病害防治上的机制研究和应用发展很快。目前在食品生物保藏上应用的生防菌主要包括有拮抗作用的细菌（芽孢杆菌、乳酸菌、假单胞杆菌等）、酵母菌（毕赤酵母、假丝酵母、隐球酵母、丝孢酵母等）、小丝状真菌（木霉）等。

第二节　生防菌保鲜的基本原理

生物防治拮抗作用具有复杂性，涉及拮抗菌、病原菌、宿主和宿主附生微生物区系之间的相互作用。目前生防菌保鲜机理主要集中在下面几方面：①营养和空间竞争；②生防菌与病原菌直接作用（分泌酶和其他代谢物质）；③生物被膜；④诱导宿主抗性以及其他因素的影响等。

一、营养和空间竞争

营养与空间竞争是拮抗菌生物防治的主要作用方式。在群落生态学中，生态位和养分竞争是物种多样性的决定因素。生防菌消耗必要的营养物质，使得它们的定殖和生长速度比病原菌快，抑制病原菌孢子萌发、减少其生长和感染水平，从而减少感染和病害的发展。特别是果实有伤口时，在果皮表面的生防菌和病原菌孢子同时开始抢占伤口处的丰富营养，拮抗菌能够在短时间内利用伤口营养物质大量繁殖，快速消耗伤口营养和占领全部空间，使得病原菌得不到合适的营养与空间而不能繁殖。

此外，酵母菌可通过吸收营养物质增加抑菌性化合物的合成，进一步提高其生物防治能力。营养物质主要是碳源、氮源、铁离子等。碳源包括葡萄糖、麦芽糖、果糖、黑曲霉糖以及乳糖等。拮抗菌比病原菌消耗更多的糖类物质。有机氮是通过促进拮抗菌生长而提高拮抗效果的。在水果中作为氮源的氨基酸等相对较少，因而更会成为营养竞争的焦点。比如采用 L- 天冬氨酸和 L- 脯氨酸处理苹果果实伤口可以使生防菌拮抗效果显著增强。同时，为了抑制病原菌的侵染，拮抗菌必须在病原菌到达以前或到达以后很短的时间内占据侵染部位。罗伦隐球酵母、假丝酵母等都能够在果蔬伤口部位快速繁殖，繁殖速度明显快于病原菌。枯草芽孢杆菌 151B1 和 YBC 是防治百香果病的潜在药剂，其作用机制是其产生的物质触发细胞凋亡，降低线粒体膜电位，干扰病原体的能量代谢。确定每种拮抗菌的营养需求和对宿主的适应能力对于它们作为生防菌的能力非常重要。

二、生防菌与病原菌直接作用

1. 分泌酶

分泌降解细胞成分的酶是各种宿主 - 病原体相互作用的共同特征，酵母菌和芽孢杆菌对植物病原菌的拮抗机制之一是产生分泌胞外水解酶，如 β-1，3- 葡聚糖酶、几丁质酶和蛋白酶，它们作用于不同真菌细胞壁的部位，从而分解病原菌的细胞壁或菌丝体导致细胞溶解和死亡。β- 葡聚糖酶是水解 β- 葡聚糖的 β- 糖苷键的酶。几丁质酶主要酶水解几丁质 N- 乙酰 -β-D- 葡糖酰胺（真菌细胞壁的主要成分之一）的 β-1,4 键，将其分解为 N- 乙酰 -β-D- 葡糖酰胺的低聚物和单体，导致细胞死亡。几丁质芽孢杆菌产生的几丁质酶可以降解真菌细胞壁，并参与多种植物病原体的防御反应。某些酵母菌还可以附着在病原菌上，形成对病原菌的直接寄生作用。酵母细胞分泌的 β-1,3- 葡聚糖酶的能力取决于这些酵母细胞与病原菌菌丝体的紧密结合，紧密结合有助于酶的产生和分泌。

美极梅奇酵母对 β-1,3- 葡聚糖酶和几丁质酶活性的增强是抑制芒果炭疽病的重要原因之一。许多芽孢杆菌可以合成大量胞外酶，包括淀粉酶、蛋白酶、过氧化氢酶、纤维素酶、果胶酶和几丁质酶等。另外木霉也能分泌胞外水解酶。

2. 抑菌物质

（1）抗生素　拮抗菌在代谢活动中通过分泌抗生素直接抑制病原菌是许多采后拮抗细菌的主要作用方式，在采后果蔬病害的防治中显示出巨大潜力。如枯草芽孢杆菌可产生伊枯草菌素，假单胞菌可分泌氨基苯甲醛苯踪吡咯，木霉能分泌吡喃酮，抑制果蔬腐烂。

（2）细菌素　大多数研究者认为乳酸菌产生细菌素、有机酸和过氧化氢的能力是抑菌活性的主要原因，同时这种抑菌现象通常是由几个因素共同造成的。

乳酸菌产生的细菌素是重要的抑菌物质。细菌素是某些细菌在核糖体合成过程中产生的具有抗菌活性的多肽或前体多肽。细菌素对革兰氏阳性菌的抑制效果好。

（3）有机酸　产酸被认为是乳酸菌抑制病原体的最重要机制。乳酸菌发酵过程中产生大量乳酸，随着 pH 值降低，病原菌逐渐失活。弱酸理论也很重要。弱酸不解离时具有亲脂性，可以通过质膜进入细菌细胞，在高 pH 环境中分解成离子，导致细胞质酸化。酸化可通过破坏酶、抑制蛋白质合成、破坏遗传物质、中断营养吸收、破坏细胞壁和细胞膜的结构和功能来改变细胞代谢，发挥抑菌作用。有机酸具有多种抑菌活性，包括能量竞争、细胞内负离子积累（增加细胞内渗透压）、膜效应、抑制生物大分子合成、诱导宿主细胞产生抗菌肽以及细胞内 pH 效应。

（4）其他代谢物　芽孢杆菌抗菌代谢产物的生物合成途径包括核糖体途径、非核糖体途径和聚酮肽途径。枯草芽孢杆菌 FZB42 有 8% 的基因组涉及次生代谢产物的合成，包括细菌素、抗菌肽、脂肽、多酮等。芽孢杆菌释放的其他代谢物如氨、铁载体、氰化物、水杨酸等，也起到抑制真菌病原菌生长的作用。拮抗细菌产生的铁载体对铁有更高的亲和力，能够清除大部分可利用的铁，防止真菌病原体的增殖。柠檬形克勒克酵母 34-9 能分泌抑制 *P. digitatum* 和 *P. italicum* 生长的苯乙醇，并能直接寄生吸附在病原菌表面，因而对柑橘采后青霉病和绿霉病都有较好的生防效果。

3. 嗜杀因子

嗜杀因子是许多酵母菌产生的具有抗微生物活力的外毒素。它们通常是蛋白质或糖蛋白，能够杀死

同种或亲缘关系比较近的酵母菌、丝状真菌或细菌。能够产生嗜杀因子的酵母菌称为嗜杀酵母（killer yeasts），它们自身对所产的毒素具有免疫性（表10-1）。

表10-1 通过产生毒素抑制水果采后病害的酵母（Hernandez-Montie et al.，2021）

酵母	植物病原体	水果	控制率/%
汉斯德巴氏酵母	甘蓝链格孢菌 柑橘链格孢菌 黑曲霉 匍枝根霉	苹果 番茄 柠檬	80～100
海洋嗜杀酵母	胶孢炭疽菌	木瓜	100
汉斯德巴氏酵母	褐腐病菌 美澳型核果褐腐病菌	桃 李子	33～86
汉斯德巴氏酵母	黑曲霉	—	80
乳源酵母	柑橘绿霉菌 意大利青霉	柠檬	40
威客汉姆酵母 季也蒙毕赤酵母	胶孢炭疽菌	木瓜	20～24
酿酒酵母 海洋嗜杀酵母	柑橘绿霉菌	橙子	87

三、生物被膜

拮抗酵母的另一个重要生防机制是对宿主组织和病原真菌的附着作用，这与酵母菌生物被膜的形成关系密切。生物被膜中的微生物群落具有密集的空间结构，该群落产生的胞外聚合物（extracellular polymeric substances，EPS）使其具有强黏附能力。EPS主要由水和胞外生物聚合物（多糖、蛋白质、DNA和脂质）组成。拮抗菌在宿主组织表面形成的生物被膜使病原真菌的生长空间减少，同时干扰病原真菌获取宿主组织中的营养物质，还能阻碍孢子萌发信号的传递，极大地提高了拮抗酵母菌对果实采后病害的生防效力。研究者发现，拮抗酵母新菌株桔梅奇酵母的关键生防机制就是对病原菌菌丝的附着并形成生物被膜，以及通过栗色色素的形成消耗病原菌生长所需铁离子，对柑橘青霉病、绿霉病有很好的生防作用。

此外，普鲁兰假单胞菌、细尖假单胞菌、酿酒酵母、库德里亚夫茨毕赤酵母、不规则丝酵母菌的保护和生物防治活性都与生物被膜的形成有关。

四、诱导宿主抗性

酵母菌和芽孢杆菌可以通过诱导抗性或启动增强抗性的模式，不与病原体直接作用，作为一种间接机制来防止病原菌引起的感染。在真菌病原菌侵入组织的最初阶段，果实细胞产生超敏反应（hypersensitivity reaction，HR），使病原菌侵入的组织坏死，隔离侵染，防止或减缓其向正常细胞方向的进展。HR 可被许多诱导剂因子激活。

诱导反应中，拮抗菌诱导宿主产生病程相关蛋白（PR）及大量抗病相关的异黄酮类和萜类等次生代谢产物；诱导宿主的组织结构发生变化，对病原真菌产生物理上的屏障；诱导宿主的几丁质酶、葡聚糖酶等防御酶的产生以及活性的升高，降解病原真菌的细胞壁，有效抑制病原真菌的生长；通过诱导果实体内活性氧代谢相关酶苯丙氨酸解氨酶（PAL）、超氧化物歧化酶（SOD）和过氧化物酶（POD）活性，从而调节宿主的活性氧代谢，调节果实的抗病反应。如海洋酵母红冬孢能诱导柑橘果实 β-1,3- 葡聚糖酶、POD、多酚氧化酶（PPO）和 PAL 活性增强，并能激活苯丙氨酸代谢通路，有效降低柑橘采后真菌病害发生率。

概念检查 10.1

○　生防菌与病原菌的作用途径与作用方式有哪些？

第三节　生防菌在食品保鲜中的应用

目前常用生防菌主要包括酵母菌、芽孢杆菌、乳酸菌和霉菌等，其中酵母菌的拮抗能力较为突出。生防菌在水果蔬菜、肉制品、奶制品、花生等食品保鲜上均有广泛应用，特别是在果实采后病害控制上发挥着重要作用。

一、酵母菌在食品保鲜中的应用

利用酵母控制采前和采后真菌病害具有明显优势，它们普遍存在于植物群落中，具有高度的生物多样性，遗传稳定性好，有天然和特定的拮抗作用，是环境友好微生物，被认为对人类和动物是安全的（GRA）。

常用拮抗酵母菌有毕赤酵母（*Pichia pastoris*）、季也蒙假丝酵母（*Candida guilliermondii*）、嗜油假丝酵母（*Candida oleophila*）、果糖假丝酵母、普鲁兰类酵母（*Aureobasidium pullulans*）、海洋嗜杀酵母、寒冷木拉克酵母（*Mrakia frigida*）、罗伦隐球酵母（*Cryptococcus laurentii*）、白色隐球酵母（*Cryptococcus albidus*）、酿酒酵母、美极梅奇酵母（*Metschnikowia pulcherrima*）、核果梅奇酵母（*Metschnikowia fructicola*）、仙人掌有孢汉逊酵母（*Hanseniaspora opuntiae*）、白冬孢酵母属的 *Leucosporidium scottii* At17 等。

一些拮抗酵母菌已实现商业化应用，包括 Aspire™（*Candida oleophila*）、Yieldplus™（*Cryptococcus*

albidus）、Boni Protect™（*Aureobasidium pullulans*）、Candifruit™（*Candida sake*）和 Shemer™（*Metschnikowia fructicola*）。嗜油假丝酵母菌是第一个发展成为商业植物保护剂的酵母。

1. 毕赤酵母在柑橘类水果保鲜上的应用

研究者从柑橘园分离到 15 株具有控制柑橘采后绿霉病潜力的酵母菌，其中盔状毕赤酵母（BAF03）拮抗活性最好（图 10-1）。其作用机制主要是对空间和养分的竞争以及挥发性有机化合物的产生。在 4℃条件下，盔状毕赤酵母（BAF03）显著抑制 *P.digitatum* 引起的柑橘绿霉病。酵母处理 29d 后的发病率为 28.3%，显著低于对照组（85%）。

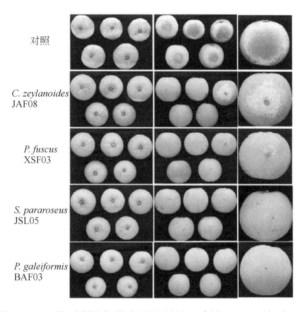

图 10-1　酵母菌 BAF03 等对柑橘指状青霉抑制效果（处理 6d 后）（Chen 等，2020）

2. 假丝酵母在水果保鲜上的应用

普鲁兰假丝酵母可以用于草莓、李子和酸樱桃的贮藏和腐烂防治。果糖假丝酵母应用于水果会诱导植物组织中的氧化暴发，最终导致植物防御反应的激活，用于预防采后病害，尤其是甘薯、胡萝卜和葡萄柚等的病害。

白化假丝酵母菌、劳伦斯假丝酵母菌和黄假丝酵母菌能够保护桃子、樱桃、草莓、番茄、柑橘和柚子果实免受采后腐烂的影响。酿酒酵母菌株（如 DISAABA1182 等）可显著抑制植物病原菌的生长，如炭疽杆菌、赭曲霉、寄生曲霉或禾谷镰刀菌，特别是可以抑制病原菌产生真菌毒素（如黄曲霉毒素、赭曲霉毒素 A、玉米赤霉烯酮、脱氧雪腐镰刀菌烯醇）。

3. 美极梅奇酵母在芒果保鲜上的应用

研究表明，经美极梅奇酵母处理的芒果可溶性固形物（TSS）、维生素 C 的峰值分别比未处理的果实高 0.31% 和 1.01mg/100g FW。贮藏 5d 和 25d 后，拮抗酵母处理的果实可滴定酸（TA）含量分别提高了 0.15% 和 0.22%，有效控制了其采后病害发生。

4. 影响因素与应用方式

影响拮抗酵母菌生长和应用的因素主要包括温度、pH、营养素、糖类等。

酵母在酸性条件下生长和发酵效果最好。酵母的最佳 pH 值范围为 4.00 至 6.00，个别酵母菌有较宽的 pH 值范围。大多数酵母在 20～30℃时生长最好，有些菌种可以在 47℃下生长。氮、氨基酸、维生素（生物素、硫胺）、矿物质等营养素对酵母快速生长和良好发酵非常重要。酵母菌消耗的糖类主要为己糖和去乙酰化物。

拮抗酵母应用的主要方式是酵母菌悬液喷洒或浸泡果品，但在液体中活酵母的有效寿命比较短，作为商品化的拮抗酵母，干粉制剂是最好的形式，可以延长产品保存期。在使用时，将酵母干粉放到无菌水中，溶解、活化、再稀释，制作成酵母菌悬液，用于处理果实。研究者制备了添加拮抗酵母的可食膜（含有土星拟威尔酵母的乳清蛋白薄膜），有助于抑制食品上的霉菌生长。

二、芽孢杆菌在食品保鲜中的应用

芽孢杆菌是一类产芽孢的革兰氏阳性菌，具有抗逆性强、抗菌谱广及生长代谢速度快等优点。芽孢杆菌可以产生多种抑菌物质，与传统抗生素不同，主要通过与细胞膜发生作用，导致病原菌细胞膜内物质泄漏，使细胞溶解直接导致细胞死亡。

目前被开发利用的细菌菌株主要包括芽孢杆菌属（*Bacillus* sp.）、假单胞菌属（*Pseudomonas* sp.）和土壤杆菌属（*Agrobacterium* sp.）等，其中芽孢杆菌占较大比例，比如枯草芽孢杆菌（*B. subtilis*）GBO3、短小芽孢杆菌（*B. pumilus*）GB34、地衣芽孢杆菌（*B. licheniformis*）SB3086、枯草解淀粉芽孢杆菌（*B. subtilis* var. *amyloliquefaciens*）FZB24、高地芽孢杆菌（*B. altitudinis*）、内生贝莱斯芽孢杆菌（*B. velezensis*）、多黏类芽孢杆菌（*Paenibacillus polymyxa*）、苏云金芽孢杆菌（*B. thuringiensis*）。一些芽孢杆菌属菌株成为桃、柑橘、苹果、梨、草莓等真菌病原体的生防剂。苏云金芽孢杆菌是一种革兰氏阳性杆状细菌，具有形成抗性孢子的能力，属于蜡样芽孢杆菌。其功能包括促进植物生长、对不同重金属和其他污染物的生物修复、金属纳米颗粒的生物合成、多羟基烷酸生物聚合物的产生以及抗癌活性等。

1. 枯草芽孢杆菌在果蔬采后病害防治上的应用

枯草芽孢杆菌大约有 4%～5% 的基因组用于合成次级代谢产物，能够产生 20 多种结构多样的抗菌化合物。枯草芽孢杆菌不仅能防治采后病害，而且对保持果实品质和延缓果实衰老有一定作用。枯草芽孢杆菌 BS-1 菌液处理可显著延缓猕猴桃果实软化，提高果实脆性和紧实度，降低果实失重率和拟茎点霉菌引起的腐烂，从而提高贮藏性能。

在豆腐乳中提取的枯草芽孢杆菌 CF-3 能有效抑制桃果念珠菌、头孢菌、丝核菌和链孢菌的菌丝生长。CF-3 的抑菌特性可能具有作为桃果实采后保鲜杀菌剂的开发潜力。采前和采后施用枯草芽孢杆菌 QST 713 与冷藏相结合可以有效控制番茄的贮藏腐烂。

2. 地衣芽孢杆菌在谷物和果实贮藏上的应用

地衣芽孢杆菌 BL350-2 适合在谷物贮藏期间作为生防剂。BL350-2 释放的挥发物可以显著抑制谷物中 7 种真菌的生长和产孢能力，也可抑制真菌毒素的合成。地衣芽孢杆菌 W10 作为防治褐腐病的生物防治菌株。W10 处理后油桃果实抗氧化和防御相关酶活性显著升高，相关基因表达量显著增加，提高了油桃果实的贮藏稳定性。

3. 解淀粉芽孢杆菌在水果保鲜上的应用

解淀粉芽孢杆菌 BUZ-14 对柑橘、苹果、葡萄和核果等水果的主要采后病害如灰霉、果疱霉、膨化芽孢菌和斜纹芽孢菌等具有生物防治潜力。研究者发现，解淀粉芽孢杆菌 BUZ-14 菌株在低温贮藏条件下对桃褐腐病有较好的防治效果；BUZ-14 内生孢子对褐腐病的防治比营养细胞更稳定，可以维持更长时间的活力。解淀粉芽孢杆菌 CPA-8 基于其强大的生产抗真菌代谢物的能力，可作为一种对褐腐病的有效拮抗剂。该菌株释放的挥发性有机化合物可在控制采后水果病原体中发挥重要作用。

研究者发现，副玫瑰孢杆菌 Y16 酵母联合 Baobab 提取物显著延长了苹果果实的货架期，并显著降低了青霉菌引起的果实腐烂率和病变直径。

4. 影响因素与应用方式

影响芽孢杆菌抑菌效果的主要因素是浓度、载体材料等。在生物防治中，由于微生物相互作用的复杂性以及植物和微生物之间错综复杂的网络，更高的抗菌活性并不等于更好的生物防治效果。最佳的生防效果可能与浓度、协同防治和促生作用等因素有关。

三、乳酸菌在食品保鲜中的应用

乳酸菌可以通过抑制生长和产生抑菌代谢产物方式来阻遏腐败菌的生长。这类代谢产物包括有机酸、细菌素等。通过与腐败菌竞争生长环境和营养物质、改变微生物作用的环境、代谢抑菌素等方式，乳酸菌对许多病原微生物有抑制作用，包括食品中常见的腐败菌如李斯特氏菌、梭状菌、葡萄球菌等。常用乳酸菌有植物乳杆菌、肠膜明串珠菌、乳酸片球菌和短乳杆菌等。

1. 在软奶酪保鲜中的应用

软奶酪生产存在单核增生李斯特氏菌的广泛产生、在低温下的生长能力和耐盐性等问题。研究者发现，来自草药、水果和蔬菜的乳酸杆菌菌株作为生物防腐剂对上述问题是有效的。

2.乳酸菌在奶酪保鲜中的应用

霉菌是奶酪中最常见的腐败微生物，由于霉菌毒素的产生，不仅会导致经济损失，还会引起食品安全和公众健康问题。研究者从不同植物、水果和蔬菜中分离筛选得到12株抗菌性强的乳酸菌，发现所有菌株对8种常见奶酪腐败霉菌中的离生青霉（*Penicillium solitum*）、杂色曲霉（*Aspergillus versicolor*）和多主枝孢霉（*Cladosporium herbarum*）有抑制作用，但对娄地青霉（*Penicillium roqueforti*）、光孢青霉（*Penicillium glabrum*）、卷枝毛霉（*Mucor circinelloides*）等没有抑制作用。说明这些乳酸菌具有作为奶酪生物防腐剂的潜力。

3.乳酸菌在鲜切水果保鲜中的应用

近年来，鲜切水果的消费量有所增加。然而，它们可能是传播食源性病原体的适当载体，存在潜在的食品安全风险。研究者在模拟商业应用的条件下，评估了鼠李糖乳杆菌GG对鲜切梨上5种血清型沙门氏菌和5种血清型李斯特氏菌的拮抗能力。当与鼠李糖乳杆菌GG共接种时，单核细胞增生李斯特氏菌的数量减少了约1.8个对数单位，对水果品质没有影响。表明该益生菌能够控制鲜切梨上单核细胞增生李斯特氏菌的数量，可以应用于鲜切梨等水果的保鲜。

4.乳酸菌在肉制品保鲜中的应用

研究表明，从西班牙香肠中分离出来的乳酸菌表现出生物防腐特性，如病原体抑制能力和对不同pH、NaCl、硝酸盐和亚硝酸盐浓度以及温度的抗性。乳酸菌菌株的抑菌活性主要是由于有机酸的存在。

5.乳酸菌在花生保鲜中的应用

乳酸菌在防治真菌病害方面安全有效。研究发现，从人体肠道分离的新型植物乳杆菌AL1、发酵乳杆菌AL2和孔氏魏氏菌AL3对产毒素真菌黄曲霉MTCC 2798具有广泛的抗真菌效果，可以产生乳酸、过氧化氢和双乙酰等抗菌化合物，以及两种抗真菌生物活性化合物环（亮丙酰）和1,2-苯二甲酸。该菌株具备对黄曲霉的抗真菌活性和延长花生货架期的能力，可以作为花生等食品的天然防腐剂。

6.乳酸菌在柑橘保鲜中的应用

从咸菜和咸肉中分离到224株乳酸菌，在体外实验中，有13株菌株能有效抑制柑橘绿霉菌的生长，2株菌株在体内表现出生防活性。说明乳酸菌作为生物防治剂可应用于柑橘果实绿霉病的防治。

四、其他生防菌在食品保鲜中的应用

其他生防菌也有防腐保鲜作用，包括噬菌蛭弧菌（*Bdellovibrio bacteriovorus*）、荧光假单胞菌（*Pseudomonas fluorescens*）、绿针假单胞菌（*Pseudomonas chlororaphis*）、哈茨木霉（*Trichoderma harzianum*）、解单端孢菌素微杆菌（*Microbacterium trichothecenolyticum*）等。研究报道，无柄葡萄孢霉（*P. anomala*）可诱导产生抗病酶，控制由扩展葡萄孢霉引起的葡萄青霉病。

尽管生防菌在防治水果采后病害和食品保鲜上展示了良好的应用前景，但拮抗菌是一种活菌，受到许多因素的影响，单独使用拮抗菌的保鲜效果不如化学防腐剂明显，同时在商业上的应用也要克服许多环境因素、贮藏条件等的影响。因此，一方面要开发抑菌效果更强的生防菌，比如利用生物工程技术对生防菌进行分子生物学改造，使得酵母菌能够生成抗菌活力更强的抑菌肽。另一方面通过多种途径提高拮抗菌的生防效力，比如与低浓度化学药剂配合，与水杨酸、壳聚糖及其衍生物配合使用，不同拮抗菌混合使用。同时，在微生物群落方面的研究也很有意义，通过研究生物膜调节水果微生物群落机制，利用适当组成和浓度的生物膜平衡微生物群中的相互作用，限制水果病原菌感染。通过研究果实代谢组与附生果实微生物组分和功能之间的关系，确定附生果实微生物组与宿主渗出物之间的相关性，探索特定病原体与核心枢纽微生物关键成员之间资源竞争的模式，为生物保藏开辟新领域。

参考文献

[1] 刘奎, 赵焕兰, 宗宁, 等. 枯草芽孢杆菌BS-1菌株对猕猴桃采后软腐病的抑制和保鲜效果评价[J].保鲜与加工, 2021, 21（10）: 40-49.

[2] 路来风. 海洋拮抗酵母 *Rhodosporidium paludigenum* 对柑橘果实抗性的增强效应及其生物学机理研究[D].杭州: 浙江大学, 2015.

[3] 罗丽. 柠檬形克勒克酵母（34-9）对柑橘意大利青霉抑菌机理的研究[D].武汉: 华中农业大学, 2010.

[4] 田世平, 罗云波, 王贵禧. 园艺产品采后生物学基础[M]. 北京: 科学出版社, 2011.

[5] Calvo H, Marco P, Blanco D, et al. Potential of a New Strain of *Bacillus amyloliquefaciens* BUZ-14 as a Biocontrol Agent of Postharvest Fruit Diseases[J]. Food Microbiology, 2017, 63: 101-110.

[6] Chen O, Hong Y, Ma J, et al. Screening Lactic Acid Bacteria from Pickle and Cured Meat as Biocontrol Agents of *Penicillium digitatum* on Citrus Fruit[J]. Biological Control, 2021, 158（1-2）: 104606.

[7] Chen O, Yi L, Deng L, et al. Screening Antagonistic Yeasts Against Citrus Green Mold and the Possible Biocontrol Mechanisms of *Pichia galeiform* （BAF03）[J]. Journal of the Science of Food and Agriculture, 2020, 100（10）: 3812-3821.

[8] Chen Y H, Lee P C, Huang T P. Biological Control of Collar Rot on Passion Fruits Via Induction of Apoptosis in the Collar Rot Pathogen by *Bacillus subtilis* [J]. Phytopathology, 2021, 111（4）: 627-638.

[9] Cheong E, Sandhu A, Jayabalan J, et al. Isolation of Lactic Acid Bacteria with Antifungal Activity Against the Common Cheese Spoilage Mould *Penicillium commune* and Their Potential as Biopreservatives in Cheese [J]. Food Control, 2014, 46: 91-97.

[10] Fira D, Dimkic I, Beric T, et al. Biological Control of Plant Pathogens by *Bacillus* species [J].

Journal of Biotechnology, 2018, 285: 44-55.

[11] Gao H, Xu X, Dai Y, et al. Isolation, Identification and Characterization of *Bacillus subtilis* CF-3, a Bacterium from Fermented Bean Curd for Controlling Postharvest Diseases of Peach Fruit[J]. Food Science and Technology Research, 2016, 22（3）: 377-385.

[12] Gao Z H, Daliri E, Wang J, et al. Inhibitory Effect of Lactic Acid Bacteria on Foodborne Pathogens: A Review[J]. Journal of Food Protection, 2019, 82（3）: 441-453.

[13] Godana E A, Yang Q, Wang K, et al. Bio-control Activity of *Pichia anomala* Supplemented with Chitosan Against *Penicillium expansum* in Postharvest Grapes and its Possible Inhibition Mechanism[J]. LWT-Food Science and Technology, 2020, 124: 109188.

[14] Gotor-Vila A, Teixidó N, Casals C, et al. Biological Control of Brown Rot in Stone Fruit Using *Bacillus amyloliquefaciens* CPA-8 Under Field Conditions[J]. Crop Protection, 2017, 102: 72-80.

[15] Hernandez-Montiel L G, Droby S, Preciado-Rangel P, et al. A Sustainable Alternative for Postharvest Disease Management and Phytopathogens Biocontrol in Fruit: Antagonistic Yeasts [J]. Plants, 2021, 10: 2641.

[16] Ho V, Lo R, Bansal N, et al. Characterisation of *Lactococcus lactis* Isolates from Herbs, Fruits and Vegetables for Use as Biopreservatives Against *Listeria monocytogenes* in Cheese[J]. Food Control, 2018, 85: 472-483.

[17] Iglesias M B, Echeverría G, Vi As I, et al. Biopreservation of Fresh-cut Pear using *Lactobacillus rhamnosus* GG and Effect on Quality and Volatile Compounds[J]. LWT-Food Science and Technology, 2018, 87: 581-588.

[18] Ji Z L, Peng S, Zhu W, et al. Induced Resistance in Nectarine Fruit by *Bacillus licheniformis* W10 for the Control of Brown Rot Caused by Monilinia Fructicola [J]. Food Microbiology, 2020, 92: 103558.

[19] Kumar M, Brar A, Yadav M, et al. Chitinases-potential Candidates for Enhanced Plant Resistance Towards Fungal Pathogens[J]. Agriculture, 2018, 8（7）: 88.

[20] Le B, Yang S H. Microbial chitinases: Properties, Current State and Biotechnological Applications [J]. World Journal of Microbiology and Biotechnology, 2019, 35（9）.

[21] Liu Y, Yao S X, Deng L L, et al. Different Mechanisms of Action of Isolated Epiphytic Yeasts Against *Penicillium digitatum* and *Penicillium italicum* on Citrus Fruit [J]. Postharvest Biology and Technology, 2019, 152: 100-110.

[22] Mandour H A, Tahir H E, Zhang Q, et al. Effects of the Combination of Baobab（*Adansonia digitata* L.）and *Sporidiobolus pararoseu*s Y16 on Blue Mold of Apples Caused by *Penicillium expansum* [J]. Biological Control, 2019, 134: 87-94.

[23] Pandin C, Le Coq D, Canette A, et al. Should the Biofilm Mode of Life be Taken into Consideration for Microbial Biocontrol Agents？[J]. Microbial Biotechnology, 2017, 10（4）: 719-734.

[24] Parappilly S J, Idicula D V, Chandran A, et al. Antifungal Activity of Human Gut Lactic Acid Bacteria Against *Aflatoxigenic aspergillus* Flavus MTCC 2798 and Their Potential Application as Food Biopreservative [J]. Journal of Food Safety, 2021, 41（6）: e12942.

[25] Swiontek Brzezinska M, Kalwasinska A, Swiatczak J, et al. Exploring the Properties of *Chitinolytic bacillus* Isolates for the Pathogens Biological Control[J]. Microbial Pathogenesis, 2020, 148: 104462.

[26] Tian Y, Li W, Jiang Z, et al. The Preservation Effect of *Metschnikowia pulcherrima* Yeast on Anthracnose of Postharvest Mango Fruits and the Possible Mechanism [J]. Food Science and Biotechnology, 2018, 27（1）: 95-105.

[27] Ul Hassan Z, Al Thani R, Alnaimi H, et al. Investigation and Application of *Bacillus licheniformis* Volatile Compounds for the Biological Control of Toxigenic Aspergillus and *Penicillium* spp. [J]. ACS Omega, 2019, 4（17）: 17186-17193.

[28] Ye W Q, Sun Y F, Tang Y J, et al. Biocontrol Potential of a Broad-Spectrum Antifungal Strain *Bacillus amyloliquefaciens* B4 for Postharvest Loquat Fruit Storage [J]. Postharvest Biology and Technology, 2021, 174: 111439.

 总结

○ 常见的生防拮抗菌
  ● 在食品生物保藏上应用的生防拮抗菌主要包括细菌（芽孢杆菌、乳酸菌、假单胞杆菌等）、酵母菌（毕赤酵母、假丝酵母、隐球酵母、丝孢酵母等）和小丝状真菌（木霉）等。

○ 生防拮抗菌的作用机制
  ● 生防菌作用机制主要包括营养与空间竞争、与病原菌的直接寄生作用、诱导宿主产生抗病性等。

○ 影响生防拮抗菌作用效果的因素
  ● 温度、pH、营养素、拮抗菌浓度、载体材料等均可影响生防拮抗菌的作用效果。

○ 生防拮抗菌的应用
  ● 目前生防拮抗菌在果蔬采后病害防治、谷物保藏、奶酪保藏、肉制品保鲜、果蔬保鲜、鲜切果蔬保鲜等方面得到了广泛应用。

 课后练习

一、选择题

1. 生防菌分泌的细胞壁降解酶主要包括（　　　）。

A. 果胶酶　　　B. 半纤维素酶　　　C. 超氧化物歧化酶　　　D. 角质酶

2. 乳酸菌生物防治的主要因子是（　　　）。

A. 有机酸　　　B. 细菌素　　　C. 过氧化氢　　　D. 蛋白酶

二、问答题

1. 什么是生物防治？

2. 生防菌保鲜的机理是什么？

能力拓展

○ 进行小组协作学习，培养团队协作与沟通交流能力
  ● 针对1类生防菌，综述食品生物保藏技术的最新研究进展，撰写综述论文，运用文献研究，分析归纳食品生物保藏技术存在的主要问题。

- 就生物保藏技术存在的主要问题组织开展小组讨论，运用批判性思维评价同伴观点、给出自己的观点，提升与多学科团队成员间有效沟通、合作共事的能力。
- 就生物保藏技术存在的主要问题与业界同行、社会公众进行有效沟通，搜集记录交流内容和信息，评价问题解决方案的局限性，并通过交流讨论，培养公德意识、责任意识与安全意识，提升自身职业素养。

第十一章 食品保藏新技术

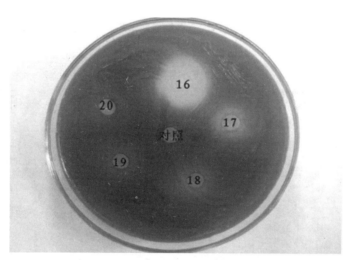

裙带菜提取物抑制紫色杆菌群体感应系统，其色素产生功能受影响
（16～20 依次为裙带菜、掌状红皮藻、海茸、羊栖菜和枝管藻的提取物）

保藏技术发展到今天，方法很多，新技术更是层出不穷，超高压、脉冲电场、脉冲磁场、高密度二氧化碳、微生物群体感应抑制等都可用于食品保藏。微生物群体感应是微生物之间的"信息交流"现象，当食品中的微生物种群密度达到一定阈值时，就会启动自身群体感应系统，调控微生物群体的生理特征，如生物发光、抗生素合成、生物膜形成等。微生物利用群体感应机制进行"细胞对细胞的交流"，从而保证在复杂的环境中协调一致，通过"团队作战"使整个种群更好地存活下来。

思维导图

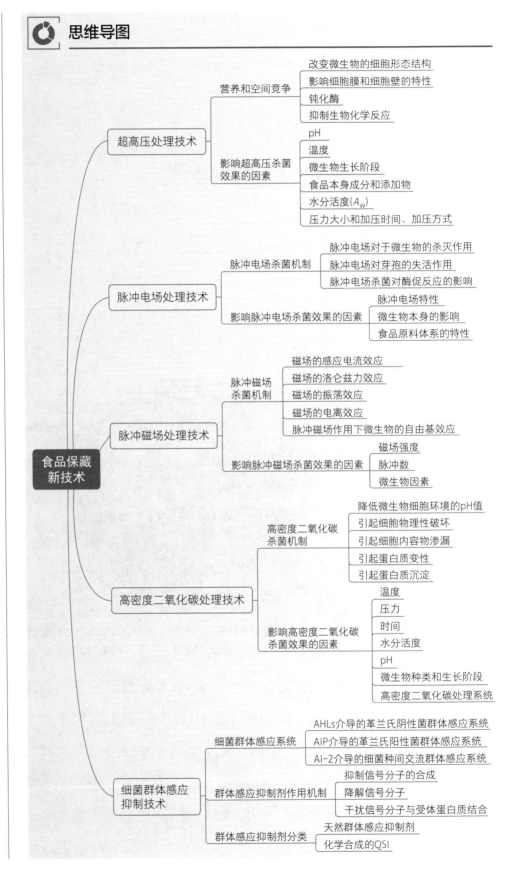

❀ 为什么要学习"食品保藏新技术"？

　　随着国内外研究者在食品科学、物理学、化学、微生物学、材料学、机械工程学等诸多领域的不断突破，食品超高压、脉冲、磁场、高密度二氧化碳、细菌群体感应抑制等保藏新技术不断涌现。相对于传统保藏技术，新技术处理时间短，保鲜时间长，更加注重环境友好与绿色安全，关注食品营养结构与自然风味保持等，是今后食品保藏技术的发展趋势。食品保藏新技术需要哪些设备装置？如何控制食品超高压、脉冲、磁场、高密度二氧化碳杀菌的基本条件？"压力"是如何影响微生物生长的？食品冷杀菌过程中如何减少对热敏性成分和易被氧化物质的破坏？如何阻断细菌之间的"信息交流"？如何控制细菌的致腐作用？学习食品保藏新技术有助于增强对上述问题的理解，有助于保藏新技术在食品保鲜生产中应用，从而为人们提供更加安全新鲜、品质更加优良的食品。

👁 学习目标

○ 分析归纳超高压、脉冲与高密度二氧化碳处理技术对食品变质因子的作用效果；
○ 熟悉超高压、脉冲与高密度二氧化碳处理装置及其作用；
○ 分析归纳影响超高压、脉冲与高密度二氧化碳杀菌效果的主要因素；
○ 阐明细菌群体感应与食品保藏之间的关系；
○ 列举 3 种阻断微生物群体感应发生的途径；
○ 列举 3 个保藏新技术在食品保鲜中的应用实例并分析其基本过程；
○ 结合传统保藏技术特点，辩证地分析食品保藏新技术的优势与局限性；
○ 针对肉制品的变质腐败问题，设计 1 种包含食品保藏新技术的栅栏技术方案，设计中体现绿色设计理念，并考虑社会、健康、安全、法律、文化以及环境等多种因素的影响；能逐步获得自主和终身学习的意识和适应能力；
○ 培养创新意识，对学习中遇到的问题，尝试用不同的方法解决，打破原有的固定思维模式和处理方式，用新的方法提高学习效率。

第一节　超高压处理技术与食品保藏

　　自从 1895 年 Royer 首次报道超高压可以杀死细菌以及 Hite 和 Coworkers 报道了超高压可以保藏牛奶以来，超高压杀菌技术成为备受重视和广泛研究的一项食品高新技术。食品超高压杀菌技术简称为高压技术（high pressure processing，HPP）或高静水压（high hydrostatic pressure，HHP）技术。超高压杀菌的基本原理就是当压力超过一定阈值后对微生物具有致死作用。高压导致微生物的形态、生物化学反应以及细胞膜、细胞壁等发生多方面变化，从而影响微生物原有的生理功能，甚至使原有功能破坏或发生不可逆变化，导致微生物失活。因此，将食品物料以某种方式包装后，在高压（100～1000MPa）下加压处理，杀灭或抑制食品中的微生物和酶的活性，从而延长食品保藏期。

一、超高压杀菌的基本原理

一般微生物具有一定的耐压特性。大多数细菌均能够在 20 ~ 30MPa 下生长，在高于 40 ~ 50MPa 压力下能够生长的微生物称为耐压微生物，在 1 ~ 50MPa 下能够生长的微生物称为宽压微生物。然而，当压力达到 50 ~ 200MPa 时，大多数的耐压微生物仅能够存活但不能生长。

1. 改变微生物的细胞形态结构

高压影响细胞形态，包括细胞体积减小、外形变长，细胞壁脱离细胞质膜，无膜结构细胞壁变厚等。海红沙雷氏菌在 60MPa 下形成 200μm 长的纤丝，而它的长度在常压下只有 0.6 ~ 1.5μm。扣囊复膜孢酵母菌在 250MPa 下保持 15min（以 30MPa/min 的速度升压，以 90MPa/min 速度卸压），在升压过程中其细胞体积随压力升高而减小，最后达到初始体积的 85% ~ 90%；在 15min 的压力保持过程中，细胞体积减小至 75%；卸压后其细胞体积能够部分恢复，可恢复至其初始的 90%。这种不可恢复的体积减小导致细胞内大量的聚合蛋白质分离。另外，弧菌和荧光假单胞菌在 10MPa 下具有鞭毛，而在 40MPa 下则会失去鞭毛。

2. 影响细胞膜和细胞壁的特性

在压力作用下，细胞膜的磷脂分子的横切面减小，其双层结构的体积随之减小，膜磷脂发生凝胶化，膜内蛋白质也发生转移甚至相变。高压增加了细胞膜的通透性，使细胞成分流出，破坏了细胞的功能。如果压力较低，细胞可以恢复到原来的状态，反之就会导致细胞破坏。例如，在 300 ~ 400MPa 下，啤酒酵母的核膜和线粒体外膜受到破坏，加压的细胞膜常常表现出通透性的变化，压力引起的细胞膜功能劣化将导致氨基酸摄取受抑制。另外，细胞壁赋予微生物细胞的刚性和形状。20 ~ 40MPa 的压力能使较大的细胞因受力作用，细胞壁发生机械性断裂而变得松弛，在 200MPa 压力下，细胞壁将遭到破坏，导致微生物细胞死亡。真核微生物一般比原核微生物对压力较为敏感。总之，超高压造成细胞膜的物理特性损坏，进而抑制了营养物质的摄取，增加细胞内容物的流失，因此，通透性变大是微生物失活或受到抑制的主要原因之一。

3. 钝化酶

高压能导致食品中的酶或微生物中的酶失活。一般 100 ~ 300MPa 压力引起的蛋白质变性是可逆的，超过 300MPa 引起的变性则是不可逆的。但是，导致酶完全失活往往需要较高压力和较长时间，因此，仅通过高压处理达到完全灭酶是相当困难的。高压主要是通过改变酶与底物的构象和性质来影响酶活性的。这些高压效应受 pH、底物浓度、酶亚单元结构以及温度的影响。例如，大肠杆菌的天冬氨酸酶活性由于加压而提高，直至压力达到 68MPa 时为止；

而在 100MPa 下，其活性将消失。大肠杆菌的甲酸脱氢酶、琥珀酸脱氢酶、苹果酸脱氢酶的活性变化在相同压力下并不一致。在 120MPa 和 60MPa 时，甲酸脱氢酶和苹果酸脱氢酶的活性相差不明显，而琥珀酸脱氢酶的活性在常压至 20MPa 压力之间呈线性下降；在 100MPa 时，这三种酶基本上都失去活力。高压处理是通过影响酶蛋白的三级结构来影响其催化活性的。在较低压力下，酶活性上升则被认为是压力产生的凝聚作用，完整组织中的酶和基质隔离状况被破坏，使酶与基质紧密接触，加速了酶促反应。

4. 抑制生物化学反应

由于许多生物化学反应都会发生体积上的改变，所以加压将对生化反应过程产生影响。氢键的形成伴随着容积减小，所以加压有利于氢键形成。此外，压力还会影响疏水交互反应，压力低于 100MPa 时，疏水交互反应导致容积增大，以致反应中断；但是，压力超过 100MPa 后，疏水相互反应将伴随容积减小，而且压力将使反应稳定。此外，高压还能使蛋白质变性。因此，高压将直接影响微生物及其酶系的活力。

高压能够抑制食品发酵程度。牛奶在 70MPa 下放至 12d，不会变酸。对酸乳在 10℃、200～300MPa 处理 10min，可以使乳酸菌保持在发酵终止时的菌数，避免贮藏中发酵而引起酸度上升。

二、超高压杀菌设备

在食品加工中采用高压处理技术，关键是要有安全、卫生、操作方便的高压处理设备。超高压设备的主要部分是超高压容器和加减压装置，其次是一些辅助设施，包括密封装置、加热或冷却系统、控制系统等。

按加压方式分，高压处理设备有直接加压式和间接加压式两类。图 11-1 为两种加压方式的装置构成示意图。在直接加压方式中，高压容器与加压气缸呈上下配置，在加压气缸向下的冲程运动中，活塞将容器内的压力介质压缩产生高压，使物料受到高压处理。在间接加压方式中，高压容器与加压装置分离，用增压机产生高压水，然后通过高压配管将高压水送至高压容器，使物料受到高压处理。目前，工业化设备多采用间接加压方式。

食品工业要求高压处理设备能够耐受 400MPa 以上的高压，并能可靠地应用 10 万次 / 年。工业化推广的超高压灭菌设备压力为 100～600MPa，超高压容器介质为水；部分实验型的可达到 1000MPa 或更高，高压腔的工作介质是油。目前，国内市场上已有相对成熟的高压设备用于食品的冷杀菌、贝类开壳等。

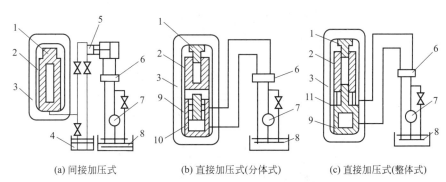

(a) 间接加压式　　　　(b) 直接加压式(分体式)　　　　(c) 直接加压式(整体式)

图 11-1 间接加压式和直接（内部）加压式示意图（徐怀德，2005）

1—顶盖；2—高压容器；3—承压框架；4—压媒槽；5—增压泵；6—换向阀；
7—油压泵；8—油槽；9—高压缸；10—低压活塞；11—高压活塞

三、影响超高压杀菌效果的主要因素

食品成分及组织状态十分复杂，其所含有的各种微生物所处环境不同，因而其耐压程度也不同。在高压杀菌过程中，对不同食品对象应采用不同的处理条件。一般影响高压杀菌的主要因素有以下几个。

1. pH

在压力作用下，介质的 pH 会影响微生物的生长。高压不仅能改变介质的 pH，而且能够逐渐缩小微生物生长的 pH 范围。在食品允许范围内，改变介质 pH，使微生物生长环境劣化，会加速微生物的死亡，使高压杀菌时间缩短或降低所需压力。例如，在 680MPa 下，中性磷酸盐缓冲液的平衡将降低 0.4 个单位。在常压下，大肠杆菌的生长在 pH4.9 和 pH10.0 时受到抑制；压力为 27MPa 时，在 pH5.8 和 pH9.0 受到抑制；压力为 34MPa 时，在 pH6.0 和 pH8.7 受到抑制，这可能是因为压力影响了细胞膜 ATPase 活性而导致的。

2. 温度

低温或高温会影响微生物细胞内生物大分子间的疏水作用、范德华力和氢键等作用，微生物细胞内正常代谢活动被破坏。环境温度是微生物生长代谢的重要外部条件之一，温度条件的设置显著影响超高压杀菌的效果。

室温（15～30℃）条件下，微生物对压力具有最大抗性，对食物进行高压处理并结合温度控制（高于或低于室温），能够提高其表面或内部微生物的高压敏感性，从而可以在较低压力下迅速完成杀菌过程。低温对高压杀菌有促进作用，这主要是由于在低温下微生物的耐压程度降低，使得低温下细胞内因冰晶析出而破裂的程度加剧。而在同样压力下，杀死同等数量的细菌，温度高则所需杀菌时间短。这是因为在一定温度下，微生物中的蛋白质、酶等均会发生一定程度的变性，因此，适当提高温度对高压杀菌也有促进作用。然而，在一定的温度区间，提高压力能够延缓微生物的失活，比如在 46.9℃时，大肠杆菌细胞在 40MPa 下失活速率低于常压。

压力和温度结合杀灭芽孢的作用不是简单的加和作用，温度在高压杀灭芽孢中扮演至关重要的角色。在对嗜热芽孢杆菌芽孢的杀菌研究中发现，200MPa、90℃、30min 和 200MPa、80℃、30min 均可以使初始菌数为 10^6 的芽孢减少 2 个数量级；而当温度降至 70℃时，即使压力增加到 400MPa，时间延长到 45min 也只能观察到很少的芽孢失活。51℃、10min 的热处理对于酿酒酵母在后续高压处理中具有保护作用。酵母细胞经 150MPa 高压处理也会增加其耐热性。

3. 微生物生长阶段

不同生长期微生物对高压的耐受能力不同。一般处于指数生长期的微生物比处于延迟生长期的微生物对压力反应更敏感。革兰氏阳性菌比革兰氏阴性菌更抗压，这主要是由于革兰氏阴性菌的细胞膜结构更复杂，更易受压力等环境条件的影响而发生结构变化。孢子对压力的抵抗力比营养细胞更强；与非芽孢类的细菌相比，芽孢类细菌的耐压性更强，当静压超过 100MPa 时，许多非芽孢类的细菌都失去活性，但芽孢类细菌则可在高达 1200MPa 的压力下存活；革兰氏阳性菌中的芽孢杆菌属和梭状芽孢杆菌属的芽孢最为耐压，其芽孢壳的结构极其致密，使得芽孢类细菌具备了抵抗高压的能力，因此，杀灭芽孢需更高的压力并结合其他处理方式。

例如，对大肠杆菌在 100MPa 下杀菌，40℃时需要 12h，而 30℃需要 124h 才能杀灭，这是因为大肠杆菌的最适生长温度在 37～42℃，在生长期进行高压杀菌所需时间短、杀菌效率高。梭状芽孢杆菌（*Bacllus* spp.）芽孢在 100～300MPa 下的致死率高于 1180MPa 下的致死率，因为在 100～300MPa 下诱发芽孢生长，而芽孢生长时对环境条件更为敏感。因此，在微生物最适生长范围内进行高压杀菌可获得较好的杀菌效果。

4. 食品本身成分和添加物

食品的成分十分复杂，且组织状态各异，因而对超高压杀菌效果的影响也非常复杂。一般当食品中富含营养成分或高盐、高糖成分时，其杀菌速率均有减慢趋势，这可能与微生物的耐高压性有关。一般糖浓度越高，微生物致死率越低；盐浓度越高，微生物致死率越低。富含蛋白质、油脂的食品一般高压杀菌较困难，但添加适量的脂肪酸酯、糖脂及乙醇后，会增强高压杀菌的效果。

5. 水分活度（A_w）

水分活度低于 0.94 时，深红酵母超高压杀菌效果减弱；水分活度高于 0.96 时，杀菌效果可以达到 7 个数量级的减少；而水分活度为 0.91 时，则没有杀菌效果。较高的固形物含量也会妨碍酿酒酵母、黑曲霉、毕赤酵母和毛霉的高压杀菌效果。

6. 压力大小和加压时间、加压方式

高压能够降低微生物生长和繁殖速率，甚至导致微生物死亡。延缓微生物繁殖或致死的压力阈值因微生物种类和种属而异。在一定范围内，压力越高，杀菌效果越好。在相同压力下，杀菌时间延长，杀菌效果也有一定程度的提高。300MPa 以上的压力可使细菌、霉菌、酵母菌死亡。病毒则在较低压力下失去活力。对于非芽孢类微生物，施压范围为 300～600MPa 时有可能全部致死。对于芽孢类微生物，有的能够在 1000MPa 的压力下生存，因此对于这类微生物的施压范围在 300MPa 以下时，反而会促进其芽孢发芽。表 11-1 列出了部分微生物超高压杀菌的条件和结果。

表 11-1 部分微生物超高压杀菌的条件和结果（曾名湧，2014）

微生物	压力 /MPa	温度 /℃	时间 /min	变化
牛乳中细菌	200	35	1800	减少 1 个数量级
	500	35	1800	减少 4 个数量级
	1000	35	1800	几乎没有细胞存活
枯草杆菌	578～680	—	5	杀灭营养细胞
枯草杆菌芽孢	600	93.6	>240	灭菌
热稳定性枯草杆菌 α- 淀粉酶	100	—	1008	90% 灭活
大肠杆菌	290	25～30	10	杀灭大多数细胞

续表

微生物	压力 /MPa	温度 /℃	时间 /min	变化
李斯特氏菌	238 ~ 340	—	20	≤ 10^6 个细胞 /mL
荧光假单胞菌	204 ~ 306	20 ~ 25	60	杀灭细胞
沙门氏菌	408 ~ 544	—	5	杀灭细胞
金黄色葡萄球菌	290	25 ~ 30	10	杀灭大多数细胞
酿酒酵母	574	—	5	杀灭细胞
乳酸链球菌	340 ~ 408	20 ~ 25	5	杀灭细胞
弧形杆菌	193.5	—	720	杀灭细胞

　　高压杀菌方式有连续式、半连续式、间歇式。一般阶段性（或间歇性）压力、重复性压力灭菌的效果要好于持续静压灭菌的效果。例如，与持续静压处理相比，阶段性压力变化处理可使菠萝汁中的酵母菌减少幅度更大。

四、超高压对食品组分的影响

1. 高压对水分的影响

　　水是大多数食品的主要成分，高压下水的特性直接影响食品高压处理的效果。

　　（1）高压对水体积的影响。22℃时，在 100MPa、400MPa、600MPa 压力的作用下，水的体积分别被压缩 4%、12% 和 15%。绝热压缩能导致水（或水溶液）的温度上升，上升幅度为 2 ~ 3℃ /100MPa。同样，压力释放也会导致温度以同样幅度下降，这种温度变化可通过水与食品和压力容器之间的热交换减少到最低程度。水在高压下的这种特性表明低温高压不会对所加工的食品产生任何热损伤，且低温高压的杀菌效率比常温下更高。

　　（2）高压对水相变的影响。水的相变（尤其融化与结晶之间）也受压力的影响。在 210MPa 压力下，−22℃时水仍然为液态，这是由于压力能抑制冰晶（Ⅰ型）形成时体积的增加。高压冻结和高压解冻正是基于压力所导致的食品中水分的固液相变，导致水分冻结或冰解冻。水在高压下的这种特性可以在低温（−20 ~ 0℃）下解冻生物样品，且解冻过程迅速均一；不冻冷藏，即在一定的压力下，低温（−20 ~ 0℃）贮存生物样品而不会形成冰晶；速冻，先将生物样品置于 200MPa 压力下，然后将温度降至 −20℃，再突然释放压力，这样形成的冰晶细腻均匀，不会对样品的组织结构造成大的损害。

　　高压能避免冻品不可逆变性和破坏，提高冷藏质量。日本曾经生产了一种在 −15℃、185MPa 高压下处理的鱼类产品，因为存在亚稳定态的液态水区域，所以产品没有冰晶形成，蛋白质基本不变性，其持水性显著提高。与常压解冻法相比，高压解冻法具有解冻速度快、汁液流失少的优点。此外，与常压流动水解冻相比，高压解冻更节约水。

2. 高压对蛋白质的影响

　　高压使蛋白质高级结构伸展，体积发生改变而变性，即所谓的压力凝固。

压力凝固的蛋白质消化性与热力凝固的相同。如鸡蛋蛋白在超过 300MPa 的压力下会发生不可逆变性，而且压力越高，作用时间越长，变性程度越大。使蛋白质发生变性的压力大小随物料或微生物特性而异，通常在 100～600MPa 范围内。

一般来说，高压对蛋白质一级结构没有影响。在高于 700MPa 的压力下，二级结构将发生变化，从而导致变性。蛋白质二级结构的改变不仅取决于压力大小，还取决于加压时间，如长时间加压对其二级结构影响更大。在 200MPa 以上的压力下，可以观察到三级结构的显著变化。然而，小分子蛋白质如核酸酶 A 在更高的压力（400～800MPa）下会发生可逆的伸展，表明在这种情况下，蛋白质变性过程中体积和可压缩性的变化不是完全由疏水作用决定的。

高压所导致的蛋白质变性是由于其破坏了稳定其高级结构的分子间非共价键的作用，从而使这些结构遭到破坏或发生改变。蛋白质经高压处理后，其疏水结合及离子结合会因体积缩小而被切断，使立体结构崩溃而导致蛋白质变性。压力的高低和作用时间的长短是影响蛋白质能否产生不可逆变性的主要因素，由于不同蛋白质的大小和结构不同，所以对高压的耐压性也不相同。以 β-乳球蛋白和 α-乳白蛋白为例，前者对压力敏感，超过 100MPa 的压力即发生变性，而后者则在小于 400MPa 压力下处理 60min 仍很稳定。高压下蛋白质结构的变化同样也受环境条件的影响，pH、离子强度、糖分等条件不同，蛋白质所表现的耐压性也不同。高压对蛋白质有关特性的影响可以反映在蛋白质功能特性的变化上，如蛋白质溶液的外观状态、稳定性、溶解性、乳化性等的变化以及蛋白质溶胶形成凝胶的能力、凝胶的持水性和硬度等方面。另外，在高温时，压力能够稳定蛋白质，使其热变性温度提高；而在室温时，温度能稳定蛋白质，使蛋白质变性压力提高。

利用高压对蛋白质的作用，可以获得主要包括以下几个方面的应用：

（1）通过解链和聚合（低温凝胶化、肌肉蛋白质在低盐或无盐时形成凝胶、乳化食品中流变性变化）对质地和结构进行重组。

（2）通过解链、离解或蛋白质水解提高肉的嫩度。另外，高压处理可以提高肉中蛋白酶水解活性，在 20℃、100～500MPa 处理 5min，提高了肌肉中细胞自溶酶 B、D、L 和酸性磷酸酶的活性，因此，细胞自溶酶活性的增加与肉在高压下的嫩化也有一定的关系。

（3）通过解链钝化酶。

（4）通过解链增加蛋白质食品对蛋白酶的敏感度，提高可消化性和降低过敏性。

3. 高压对淀粉及糖类的影响

高压可使淀粉改性。常温下加压到 400～600MPa，可使淀粉糊化成不透明的黏稠糊状，且吸水量也发生改变，原因是压力使淀粉分子的长链断裂，分子结构发生改变。不同的淀粉对高压的敏感性（耐压性）差别较大，如小麦和玉米淀粉对高压较敏感，而马铃薯淀粉的耐压性较强，又如马铃薯淀粉的晶体结构在高压处理后会消失。多数淀粉经高压处理后糊化温度有所升高，对淀粉酶的敏感性也增加，从而使淀粉的消化率提高。另外，高压还可作为破坏细胞壁的手段，促进淀粉粒的膨化、糊化，改良陈米的品质，使米饭的黏性、香气和光泽度升高，而且还可以缩短煮饭时间。对卡拉胶、琼脂、黄原胶等分子量大，在溶液中呈折叠卷曲状的多糖胶体进行研究，发现高压处理造成多糖分子一定程度的伸展，极性基团外露，电荷量增加，溶剂化作用加强，溶液黏度增加。而果胶、海藻酸钠等分子量小，呈简单线形的多糖胶体，处理后溶液的黏度基本无变化。高压处理后多糖分子结构的伸展还会导致多糖溶液的弹性相对降低。经高压处理后，卡拉胶溶液所形成的凝胶持水性增大，但琼脂凝胶的持水性降低；卡拉胶凝胶分子间氢键加强、结晶度增大、熔点提高、强度有所提高，但琼脂凝胶的强度下降。

4. 高压对油脂的影响

油脂类耐压程度低，常温下加压到 100～200MPa，基本上变成固体，但解除压力后仍能恢复到原有性状。另外，高压处理对油脂的氧化有一定影响。

压力下脂肪（甘油三酯）的熔化温度会发生可逆上升，其幅度为每增加 100MPa 压力，温度上升 10℃，因此，室温下为液态的脂肪在高压下会发生结晶。压力能促进高密度和更稳定晶体（低能量水平和高熔化温度）结构的形成。高压有利于最稳定状态晶体的形成。利用拉曼光谱和红外线光谱研究多种脂类状态的变化，发现在压力每升高 100MPa 时临界温度升高 20℃，且两者呈线性关系。下面是一些油脂熔点（℃）和压力（MPa）之间关系的两个经验公式：

$$T=0.1418p+26.6（椰子油）\tag{11-1}$$

$$T=0.1233p-10.9（大豆油）\tag{11-2}$$

式中　T——油脂熔点，℃；

　　　p——压力，MPa。

当水分活度 A_w 在 0.40～0.55 范围内时，高压处理使油脂的氧化速度加快，但水分活度 A_w 不在此范围时则相反，温度对这一结果有影响。Cheah 等研究发现，猪肉脂肪在水分活度为 0.44，19℃、800MPa 高压处理 20min，通过测定过氧化值、硫代巴比妥酸值和紫外吸收，表明高压处理的样品比对照样品氧化速度更快（诱发期很短）。

5. 高压对食品中其他成分的影响

高压对食品中的风味物质、维生素、色素及各种小分子物质的天然结构几乎没有影响。例如，在生产草莓果酱等产品时，超高压处理可保持其特有风味、色泽。在柑橘类果汁生产中，加压处理不仅不会影响其感官质量和营养价值，而且可以避免加热异味的产生，同时还可抑制榨汁后果汁中苦味物质的生成。

五、超高压杀菌技术在食品保藏中的应用

超高压杀菌技术因其冷杀菌作业效果突出，简单而易行的操作，引起了研究者和生产者的普遍关注。HPP 技术已经在全球范围内广泛应用于食品工业加工技术领域，且欧美地区已出台明确的相关技术标准及法律规范，越来越多的机械制造商从事 HPP 设备的研究、开发和制造，使设备制造技术更加完善，生产性能不断提高。近年来，我国在超高压设备的开发及其技术研究和应用方面开展了很多工作，展示了非常广阔的应用前景。

1. 超高压杀菌技术的特点

高压杀菌技术与传统的加热处理比较，具有如下优点：

（1）高压处理不会使食品色、香、味等物理特性发生较大变化，且仍较好地保持原有的生鲜风味和营养成分。例如经过高压处理的草莓酱在口感和风味上明显超过加热处理的果酱。

（2）高压处理后，蛋白质变性及淀粉的糊化状态与加热处理有所不同，从而获得具有新特性的食品。

（3）高压处理是液体介质短时间内的压缩过程，从而使食品杀菌达到均匀、瞬时、高效，且耗能比加热法低。

（4）超高压处理能够增加蛋白质食品对蛋白酶的敏感度，提高可消化性。

高压杀菌技术也存在一些缺点：

（1）UHP 技术杀灭芽孢的效果似乎不太理想，在绿茶茶汤中接种耐热细菌芽孢后，采用室温和 400MPa 静水高压处理，不能杀灭这些芽孢。

（2）由于糖和盐对微生物的保护作用，在黏度非常大的高浓度糖溶液中，超高压灭菌效果并不明显。

（3）过高的压力使得能耗增加，对设备要求高。而且，超高压装置初期投入成本比较高，不利于工业化推广。

（4）超高压灭菌一般采用水作为压力介质，但当压力超过 600MPa 时，水会出现临界现象，因而只能使用油等其他物质作为压力介质。

2. 超高压杀菌在肉制品中的应用

采用 200～600MPa 压力对冷藏肉类产品处理具有很好的杀菌效果，但对芽孢杆菌杀灭效果不理想，因此需要使用天然抗生素或气调包装等方法与其协同作用，来达到最佳的杀菌效果。与常规保藏方法相比，经高压处理后的肉制品在嫩度、风味、色泽等方面均得到改善，同时也增加了保藏性。牛肉宰后需要在低温下进行 10d 以上的成熟，采用高压技术处理牛肉，只需在 300MPa 下处理 10min；10min 处理鸡肉和鱼肉，可以得到类似于轻微烹饪的组织状态。原料肉在常温下经 150～300MPa 的高压处理后制成的法兰克福香肠，其蒸煮损失明显下降，多汁性得到提高，而对色泽和风味没有不良影响。

3. 超高压杀菌在果汁和果酱中的应用

果蔬混合果汁经高压处理后，可以维持果汁色泽稳定和良好的外观品质。橙汁、柠檬汁、柑橘汁在常温下经 10min 的高压处理，果汁中的酵母、霉菌数目大大减少，当压力达到 300MPa 时已检不出这类菌。使用高压技术制造的葡萄柚汁没有热加工产品的苦味。桃汁和梨汁在 410MPa 下处理 30min 可以保持 5 年商业无菌。高压处理的未经巴氏杀菌的橘汁保持了原有风味和维生素 C，货架期达 17 个月。与加热杀菌处理相比，高压处理较好地保持了刺梨汁中的维生素 C、总酚含量及超氧化物歧化酶（SOD）活性。Juarez-Enriquez 等发现，430MPa 下处理 7min 后，金冠苹果澄清汁即可达到商业无菌，并且在 4℃，35d 的保质期期间没有观察到微生物生长。

在果酱生产中，高压杀菌不仅能杀灭水果中的微生物，还可简化生产工艺，提高产品品质。日本明治屋采用高压杀菌技术生产草莓酱，在室温下以 400～600MPa 的压力对软包装密封的果酱处理 10～30min，所得产品保持了新鲜水果的颜色和风味。高压处理增加了水果中苯甲醛的含量，有利于改善风味。然而，有些水果和蔬菜如梨、苹果、马铃薯和甘薯由于多酚氧化酶的作用，高压处理后迅速褐变。在 20℃、400MPa 的压力下，0.5% 柠檬酸溶液中处理 15min 可以使多酚氧化酶完全失活。

4. 超高压杀菌在水产品中的应用

水产品的加工较为特殊，产品要求具有原有的生鲜风味、色泽、良好的口感与质地。高压处理可保

持水产品原有的新鲜风味。在 600MPa 下处理 10min，可使对虾等甲壳类水产品外观呈红色，内部为白色，完全呈变性状态，但仍保持原有生鲜味；同时超高压处理可显著抑制虾贮藏过程中的细菌总数，降低产品挥发性盐基氮含量，使冷藏条件下虾的保质期显著延长。

在 4℃和 −20℃下采用 200 ～ 600MPa 处理牡蛎，可使细菌总数降低 2 ～ 3个对数单位。日本采用 400MPa 高压处理鳕鱼、鲭鱼、沙丁鱼，制造凝胶的鱼糜制品，其感官质量好于热加工产品。采用 400MPa 压力对鳙鱼鱼糜凝胶化，再热处理的样品比采用典型热处理的样品表现出更好的质构特性，凝胶强度提高了 36.1%，硬度提高 13.7%，压出水分含量减少 6.0%。而且，400MPa 压力凝胶化时间仅为典型热力凝胶化的 1/5。所以，400MPa 压力凝胶化再热处理可以替代传统热处理方法。

5. 其他

对低盐、无防腐剂的脆菜制品，高压杀菌更显示出其优越性。高压（300 ～ 400MPa）处理时，可使酵母或霉菌致死，既提高了腌菜的保存期又保持了原有的生鲜特色。

高压技术还可用于延长鲜鱼、干酪制品、牛奶、预制菜产品等冷藏食品的货架期。随着科学技术的发展，消费者对食品品质的要求不断提高，超高压杀菌技术的应用也将愈来愈广泛。

 概念检查 11.1

○ 影响超高压杀菌的主要因素有哪些？

第二节　脉冲处理技术与食品保藏

一、脉冲电场杀菌技术

脉冲电场杀菌是一种新型的非热处理杀菌方法，它利用高强度脉冲电场瞬时杀灭食品中的微生物，具有杀菌时间短、效率高、能耗少等特点，具有广泛的应用前景。目前，世界各国在脉冲电场杀菌技术的机理、对微生物形态的影响、影响微生物高压脉冲电场敏感性因素的分析、脉冲电场杀菌对食品质量的影响以及高压脉冲发生器的研制等方面取得了很多进展。

（一）脉冲电场杀菌的基本原理

脉冲电场杀菌利用 LC 振荡电路原理，采用高压电源对电容器放电，从而将微生物杀灭，使食品得以长期保藏。脉冲电场杀菌的电场强度一般为 15 ～ 100kV/cm，脉冲频率为 1 ～ 100Hz。脉冲电场杀菌的基本原理是电场对微生物产生致死作用，脉冲电场导致微生物的形态结构、生物化学反应以及细胞膜和细胞壁发生多方面的变化，影响了微生物的生理活动机能，使其受到破坏或发生不可逆变化。

脉冲电场的杀菌机制目前还不完全清楚，普遍认为是细胞膜的电穿孔理论，在外加电场的作用下细胞膜上的膜电位差 V 就会随电压增大而增大，导致细胞膜厚度减少。当 V 达到临界崩解电位差时，在细胞膜上形成孔隙，在膜上产生瞬间放电，使膜分解，从而破坏或致死微生物。脉冲电场处理延缓食品腐败变质与其对微生物、酶等变质因子的抑制密不可分。

1. 脉冲电场对于微生物的杀灭作用

脉冲电场对不同的微生物杀灭效果不同，酵母菌比细菌容易被杀死，革兰氏阴性菌比革兰氏阳性菌更容易被杀死。酿酒酵母对脉冲电场最为敏感，而溶壁微球菌的抵抗力最强。脉冲电场只能使正在发芽的孢子失活。与传统的蒸汽杀菌相比，脉冲电场处理的杀菌效率高，处理时间短，可将液体食品中营养成分的热变性降到最低程度。

例如，使用脉冲电场对置于 pH9 的缓冲溶液中的大肠杆菌进行处理时，增加电场处理时间，大肠杆菌的致死数量增加。增加脉冲数目，大肠杆菌的致死速率增加。对短乳杆菌而言，当试验菌培养液的温度从 24℃上升到 60℃，短乳杆菌的致死速率增加，处理时间缩短。在 60℃下使用强度为 25kV/cm 电场处理短乳杆菌 10ms，致死率达到 95%。

脉冲之间较长的间隔有利于避免系统温度升高。虽然在脉冲电场处理时出现介质电解，但是电解的产物不能杀灭微生物。

葡萄酒中的酵母经 27kV/cm、47℃、10 个脉冲处理，可以减少 1.70 ～ 2.44 个数量级。在同样的脉冲电场处理条件下，乳酸菌可减少 1.01 ～ 2.24 个数量级，醋酸菌可减少 0.64 ～ 2.00 个数量级。酿酒酵母初始菌数低，可以获得更大的杀菌效果；而大肠杆菌的杀菌不受初始菌数的影响。

脉冲电场处理后微生物的结构会发生改变。在扫描电子显微镜下观察酵母菌细胞为平滑的椭圆形，而经过脉冲电场处理的酵母菌细胞明显降解，具有不均匀的断裂粗糙表面。脉冲电场处理改变了细胞膜的完整性，从而导致细胞紊乱、细胞膜不可逆电穿孔和细胞碎片泄漏。微生物细胞膜在细胞生存和生长过程中发挥重要作用，任何对细胞膜的损害都会影响它的功能，进而抑制细胞增殖。

在扫描电子显微镜下观察脉冲电场处理的酿酒酵母和对照组的图像，可以看到未经脉冲电场处理的对照组酿酒酵母细胞饱满，表面光滑无缺陷。经脉冲电场处理的酿酒酵母细胞表现出形态变化，细胞表面粗糙，出现褶皱、凹痕甚至孔洞，并有发展为芽疤痕的趋势，出现"膜穿孔"现象。脉冲电场破坏细胞膜的原因包括：双电性破裂；临界跨膜电位变化和细胞膜的压缩；细胞膜黏弹性变化；细胞膜蛋白质和类脂的流体镶嵌排列破坏；膜的结构欠缺；胶体的渗透膨胀等。

2. 脉冲电场对芽孢的失活作用

芽孢对于脉冲电场有较强的耐受力，枯草杆菌的芽孢在 30kV/cm 的电场中仍能存活。芽孢在发芽后对脉冲电场比较敏感，但是，脉冲电场不能刺激发芽，因而不能杀灭芽孢。可以使用其他方法刺激芽孢发芽，然后应用脉冲电场杀灭所形成的营养细胞。将脉冲电场与热处理结合，降低灭活孢子所需能量，可降低枯草芽孢杆菌孢子 3 个对数。因此，脉冲电场技术与其他方法结合使用，可以杀灭微生物的芽孢。

3. 脉冲电场杀菌对酶促反应的影响

在高脉冲电场强度（电场强度 >10kV/cm，处理时间 >250μs，温度 >40℃）下，许多食品酶经历构象变化并最终被大量钝化。在 25 ～ 30kV/cm 的脉冲电场处理条件下，牛奶的蛋白酶被钝化。脉冲电场诱导的蛋白质聚集体中形成的共价键主要是二硫键。因此，脉冲电场可能通过疏水和硫醇 / 二硫化物反应促进蛋白质聚集，可能导致蛋白质的热稳定性和酶消化率的变化。

2.5 ～ 12.5kV/cm 的脉冲电场可通过破坏 α- 淀粉酶的活性部位构象，使其活性降低 70%。脉冲电场处理所失活的大肠杆菌失去合成 β- 半乳糖苷酶的能力，但是，大肠杆菌的 β- 半乳糖苷酶的活性未受脉冲电场处理的影响。在脉冲电场处理后，NADH 脱氢酶、琥珀酸脱氢酶和己糖激酶的活性没有明显减少。

脉冲电场处理可以钝化果蔬中的抗坏血酸氧化酶和过氧化物酶。在 0.8kV/cm 的电场强度下，增强能量输入比提高频率可能具有更好的酶钝化效果。在相同电场强度水平（0.8kV/cm）下，将脉冲频率提高至 80Hz，与能量输入进一步增加至 166kJ/kg 相比，不会导致抗坏血酸氧化酶和过氧化物酶的残余酶活性进一步降低。

（二）影响脉冲电场杀菌效果的因素

食品的成分及组织状态十分复杂，食品中的各种微生物所处的环境不同，因而对电场作用的抵抗力也就不同。一般影响脉冲电场杀菌效果的因素主要有三个：脉冲电场特性、微生物本身的影响和食品原料体系特性。

1. 脉冲电场特性

（1）电场强度和作用时间　电场强度是脉冲电场杀菌效果的决定因素。大量研究表明，脉冲电场杀菌存在着一个电场强度阈值，只有达到阈值以上，微生物才会死亡。而且电场强度越大，杀菌效果越好。例如，采用脉冲电场处理粪肠球菌和大肠杆菌，两者的活菌数均随脉冲电场强度和处理时间的增加而降低。

随着作用时间延长，细菌存活率先迅速下降，后逐渐平缓，继续延长杀菌时间，杀菌效果增加不明显。微生物的存活率和电场强度的关系可用下式表示：

$$s = (t / t_c)^{-(E-E_c)/k} \tag{11-3}$$

式中　s——存活率；

$\qquad$ t_c——临界电场强度下的处理时间；

$\qquad$ t——处理时间；

$\qquad$ E——电场强度；

$\qquad$ E_c——临界电场强度；

$\qquad$ k——回归系数。

（2）脉冲的波形与极性　脉冲的形状包括指数脉冲波形、方波脉冲波形、振荡波形和双极性波形等。脉冲有单极性和双极性两种。其中振荡波形杀灭微生物的效率最低，方波脉冲波形的效率比指数脉冲波形的效率高，对微生物的致死率也高。双极性脉冲的致死作用大于单极性脉冲。

2. 微生物本身的影响

（1）微生物的生长期　微生物生长的介质温度与生长期均对脉冲电场的杀菌效果具有重要影响。相对于静止期的细胞，对数期的细胞对脉冲电场更敏感。例如，金黄色葡萄球菌在42℃下培养比在30℃下培养对脉冲电场更敏感。

（2）微生物种类和菌落数量　芽孢对于脉冲电场有很大的耐受力，脉冲电场不能杀灭芽孢。无芽孢菌比芽孢菌更易于被脉冲电场杀灭，革兰氏阴性菌较革兰氏阳性菌更易于被脉冲电场杀灭。在其他条件相同的情况下，用脉冲电场灭菌时不同菌种存活率由高到低为：霉菌、乳酸菌、大肠杆菌、酵母菌。同样的电场强度和同样时间的脉冲，初始菌数高的样品菌数下降的对数值比菌数低的样品要多得多。

3. 食品原料体系特性

（1）温度　脉冲电场的杀菌作用随介质温度上升而增加。当脉冲电场强度为20kV/cm时，在20℃下，巴拿马链球菌几乎不失活；当温度升高到36℃时，巴拿马链球菌即失活。脉冲电场对酿酒酵母在36℃下的灭活作用强于在20℃下的灭活作用。

（2）食品的电特性　食品介质的电导率是传导电流的能力，在脉冲电场杀菌过程中是一个很重要的参数。电导率大的食品会在处理室中产生很小的峰值电场，因此，不适合采用脉冲电场进行处理。电导的增大将会导致液体离子浓度增加，食物离子浓度增加则会降低杀菌率。

（3）其他影响因素　以大肠杆菌为例，脉冲电场的杀菌作用随介质离子强度下降而增加，随pH的下降稍有增加，介质中氧的存在与否对杀菌作用没有影响。介质中 Na^+ 和 K^+ 不影响杀菌效果，而二价离子 Mg^{2+} 和 Ca^{2+} 对脉冲电场杀菌具有一定的保护作用。

（三）脉冲电场杀菌处理设备

高压脉冲电场杀菌装置主要由脉冲发生器和处理室组成。目前适用于小试的脉冲设备已经问世。

1. 脉冲处理系统

脉冲处理装置主要有脉冲电源、能量储存电容器、通过脉冲形成网络提供指定脉冲参数的脉冲发生器、用于设定和监控的控制系统、高压放电开关和连接有电极的物料处理室。电源用于电容器的充电，开关用于向放置在处理室的食品放电，闸流管、电磁或机械开关均可用作开关，电容器通过高压电源储能完成后，需要闭合开关将能量释放至处理室中的待处理物料从而完成杀菌。处理室内有脉冲容器、加压装置及其辅助装置。

2. 间歇式处理室

Dunn 和 Pearlman 间歇式处理室高2cm，内径10cm，电极面积为78cm²，包括两个不锈钢电极和一个圆柱形的定位器。液体食品从一个电极上的小孔引入，这个小孔还用于脉冲处理时测定食品温度。脉

冲发生器由高压电源、2个400kΩ的电阻、电容器组和火花间隙开关、继电器、电流表和电压表组成。其示意图见图11-2。

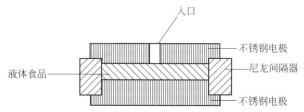

图11-2　Dunn和Pearlman间歇式处理室示意图（周家春，2003）

（四）脉冲电场杀菌技术在食品保藏中的应用

在食品模型体系的研究中，脉冲电场处理已显示出了良好的应用前景。在实际加工中，美国、日本、中国等国家的研究者们就果蔬汁、鸡蛋、牛乳等的脉冲电场杀菌技术进行了大量试验，证明此技术具有较好的杀菌效果。同时，脉冲电场处理对食品的感官和营养品质影响较小。

1. 在果蔬与果汁中的应用

脉冲电场处理果实可改善果实贮藏品质，延长保藏期。采用32kV/m的脉冲电场强度处理香蕉果实能有效抑制香蕉褐变，维持较高的类胡萝卜素和抗坏血酸水平，并有效改善果实失重、增强果实硬度。此外，采用脉冲电场处理还可显著减轻香蕉贮藏过程的冷害，保持香蕉良好的外观品质（图11-3）。

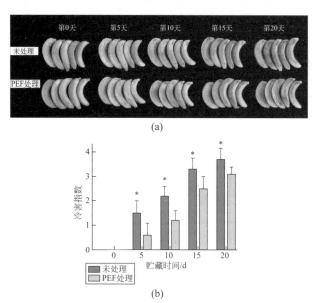

图11-3　脉冲电场处理对香蕉冷害的影响（Chen et al., 2022）

采用脉冲电场处理能够显著提高果汁的货架期。用脉冲电场强度为50kV/cm、脉冲次数为10次、脉宽为27μs的脉冲，在45℃下处理鲜榨苹果汁，产品货架期为 28d，而没有经过处理的鲜榨苹果汁货架期只有 7d。使用脉冲电场对苹果汁进行处理，随着脉冲电场强度和脉冲时间增加，多酚氧化酶（PPO）和过氧化物酶（POD）的剩余活性（RA）降低，在 35kV/cm、2μs 的处理条件下，两种酶几乎完全失活。在脉冲电场处理过程中，苹果汁中的维生素 C 含量显著降低，在 30kV/cm、2μs 处理条件下损失最大。使用 20kV/cm 的脉冲电场处理，柑橘汁的贮藏期从 6d 延长至 21d。在 29kV/cm、172μs 的脉冲电场强度下，苹果汁中的大肠杆菌下降 5 个对数。在 22kV/cm 的脉冲电场强度下处理 59μs，橙汁中的大肠杆菌、鼠伤寒沙门氏菌失活。采用脉冲电场对葡萄柚汁进行处理，随着脉冲电场强度增加，pH 值、可滴定酸度、糖含量、总花青素含量和颜色都没有显著变化，黏度显著降低，而浊度、总酚类和总类胡萝卜素增加，同时微生物活性降低。

2. 在牛乳中的应用

脉冲电场对培养液和牛奶中的酵母、革兰氏阴性菌、革兰氏阳性菌、细菌孢子都有很好的灭菌效果。在 63℃下对全脂牛乳进行 22s 脉冲电场处理，其杀菌效果与 72℃、15s 的巴氏杀菌效果类似，两种处理得到的牛乳具有相同货架期。

脉冲电场处理可以减少牛乳中的微生物 3 ～ 6 个对数，并钝化其中与品质劣变相关的酶。脉冲电场处理不会影响牛乳中的维生素，也不会改变牛乳的理化性质。感官评价表明，脉冲电场处理的产品与热巴氏杀菌的产品之间不存在显著性差异。

3. 在鸡蛋中的应用

目前，脉冲电场非热杀菌技术已用于蛋液的工业化生产中。使用 25kV/cm、105μs 的脉冲电场对鸡蛋进行处理，可将沙门氏菌数量减少 3 个对数。使用 45kV/cm、30μs 的脉冲电场进行处理，可将鼠伤寒沙门氏菌和金黄色葡萄球菌的数量分别减少 4 个对数和 3 个对数。无菌包装的经脉冲电场处理的蛋液在 4℃下保藏，货架期可达 4 周。脉冲电场对蛋液的化学成分没有影响，不足之处是使蛋液黏度下降，颜色变暗。

4. 在肉制品中的应用

使用 10kV/cm、20μs 的脉冲电场处理牛肉，牛肉的剪切力下降，对牛肉发热、导电性和膜特性产生影响。采用脉冲电场处理鸡肉组织，可改善鸡肉组织的水提取工艺，使其释放更多的活性物质，增加活性物质的提取率等。

5. 其他

韩国研究者采用 12.5 ～ 25kV/cm 指数脉冲处理米酒，脉冲数低，米酒中微生物的对数存活率呈线性降低；而脉冲数高，则呈曲线降低。此外，采用脉冲处理可促进乳液的均一性分布，改变乳液颗粒的外部形态结构，还可促进蛋白质折叠、钝化酶的活性等。

二、脉冲磁场杀菌技术

磁场杀菌，又称磁力杀菌，是将食品置于高强度脉冲磁场中处理，达到杀菌的目的。磁场杀菌的处

理条件为常温常压，脉冲磁场快速传播的特性可对其进行瞬时杀菌。美国、日本、中国等国家均进行了脉冲磁场杀菌的研究，证实脉冲磁场杀菌在食品行业有着重要的应用价值，是一项有前途的非热杀菌技术。

磁场分高频磁场和低频磁场。脉冲磁场强度在2T（特斯拉）范围以内的磁场为低频磁场，低频磁场能有效地控制微生物的生长、繁殖，使细胞钝化，降低分裂速度甚至使微生物失活。磁场强度大于2T的磁场为振荡磁场或高频磁场，具有强杀菌作用。高频磁场杀菌是将食品放置于磁通密度大于2T的振荡磁场中，微生物在磁场作用下失活。

脉冲磁场杀菌时利用高强度脉冲磁场发生器向螺旋线圈发出强脉冲磁场，待杀菌食品放置于螺旋线圈内部的磁场中，微生物受到强脉冲磁场的作用后导致死亡。脉冲电场杀菌易产生电弧放电，一方面食品会被电解，产生气泡，影响杀菌效果和食品品质；另一方面会腐蚀电极，影响设备的使用寿命。电弧放电的问题给杀菌系统的设计和放大带来了很大的难度，而脉冲磁场杀菌不存在电弧放电的缺陷。

脉冲磁场杀菌作为一种物理冷杀菌技术，还具有以下优点：

① 杀菌物料温升一般不超过5℃，对物料的组织结构、营养成分、颜色和风味影响较小。

② 安全性高。高磁场强度只存在于线圈内部和其附近区域。磁场强度在离线圈稍远的地方明显下降。线圈内部以及距离线圈2m区域内的磁通密度是7T；超出2m，磁通密度下降，与地磁磁通密度大体相当。因此，只要操作者处于适宜位置，就没有危险。

③ 与连续波和恒定磁场比较，脉冲磁场杀菌设备功率消耗低、杀菌时间短、对微生物杀灭力强、效率高。

④ 便于控制。磁场可以迅速产生和中止。

⑤ 由于脉冲磁场对食品具有较强的穿透能力，能深入食品的内部，所以杀菌彻底。脉冲磁场杀菌过程中使用塑料袋对食品进行包装，可避免加工后的污染。

（一）脉冲磁场杀菌装置

磁体在一个区域内磁化周围粒子，该区域称为磁场。磁场强度使用磁通密度表示，其国际制单位为特斯拉（T）。磁场分为静止磁场和振荡磁场。静止磁场强度不随时间发生变化，磁场各方向的强度相同。振荡磁场以脉冲的形式作用，每个脉冲均改变方向，磁场强度随时间衰减到初始的10%。

杀灭微生物的磁通密度为5～50T。超导线圈、产生直流电的线圈、由电容器充电的线圈均可产生该磁通量的振荡磁场。气芯螺线管消耗大量的电流并产热，可产生高强度磁场。应用超导磁体可以产生高强度磁场且不产生热，但是超导磁体的最佳磁通密度仅为20T。外部安装超导磁体，内部安装水冷线圈的混合磁体可以产生30T以上的磁通密度。

脉冲磁场发生仪电路主要由线性低频转换电路即触发信号发生器、开关管、大功率电源、自感应线圈、采样保持电路、数码显示及 ±15V 电源、5V 电源等部分组成。脉冲磁场由磁感应线圈通电产生，磁场强度大小由通电电流大小调节，磁场脉冲频率由电路的通断控制。其原理如图 11-4 所示。

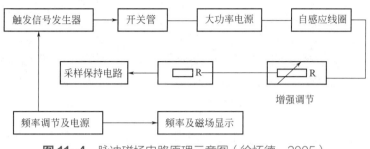

图 11-4　脉冲磁场电路原理示意图（徐怀德，2005）

（二）脉冲磁场杀菌原理

关于脉冲磁场对微生物的作用机理有多种理论。外磁场作用于生物体所产生的生物效应可归纳为以下几个方面：

1. 磁场的感应电流效应

生物体对于磁场是可透过性的，瞬态磁场在生物体内可产生感应电流及高频热效应。在脉冲磁场的作用下，由于脉冲时间短，磁场变化率大，细胞内的感应电流可被激发。

细胞在磁场下运动时，当细胞切割磁力线运动，会导致其中磁通密度变化并激发起感应电流，电流的大小、方向和形式是对细胞产生生物效应的主要原因。生物效应随感应电流增大而变得更加明显。

就磁场对细胞产生的感应电流效应而言，恒强磁场＜旋转磁场＜脉冲磁场，这就是为何脉冲磁场只要很短的时间和较小的场强，就会产生显著杀菌效果。

2. 磁场的洛仑兹力效应

在磁场下，细胞中的带电粒子尤其是质量小的电子和离子，由于受到洛仑兹力的影响，其运动轨迹常被束缚在某一半径之内，磁场越大半径越小。根据磁场强度大小的不同，带电粒子的运动轨迹将会出现 3 种情况：①磁场强度较小时，拉默半径大于细胞的大小，微生物细胞内的带电粒子运动自如，外加磁场可能使其更加定向、同步地向反应中心聚集，促进细胞的生长和分裂；②磁场强度中等时，拉默半径与细胞的大小相当，磁场的影响不明显；③磁场强度较大时，洛仑兹力加大，拉默半径小于细胞的大小，导致细胞内的电子和离子不能正常传递，影响细胞正常的生理功能。细胞内的大分子如酶等因在磁场下所携带的不同电荷的运动方向不同而导致大分子构象扭曲或变形，改变了酶的活性，因而影响细胞正常的生理活性。

3. 磁场的振荡效应

分子生物学研究表明，生物体内的大多数分子和原子具有极性和磁性，外加磁场必然会对生物产生影响。不同强度分布的外加磁场对不同生物的影响程度不同。由于脉冲磁场是变化的，在极短的时间内，磁场频率和强度都会发生极大变化，在细胞膜上产生振荡效应。激烈的振荡效应能使细胞膜破裂，导致

细胞结构紊乱，从而通过杀死细胞达到杀菌的目的。

4. 磁场的电离效应

变化磁场的介电阻断性对食品中的微生物具有抑制作用。在外加磁场的作用下，食品空间中的带电粒子将产生高速运动，撞击食品分子，使食品分子分解，产生阴、阳离子，这些阴、阳离子在强磁场作用下极为活跃，可以穿过细胞膜，与微生物体内的生命物质如蛋白质、RNA 作用，阻断细胞内正常生化反应和新陈代谢的进行，导致细胞死亡，进而杀死细菌。

5. 脉冲磁场作用下微生物的自由基效应

自由基带有未抵消的电荷和未配对的自旋电子，即具有未抵消的磁矩。运动的电荷和磁矩都会受到磁场的影响，从而影响自由基的状态。

（三）影响脉冲磁场杀菌效果的因素

脉冲磁场杀菌效果受到多种因素的影响，主要有磁场强度、脉冲数、微生物种类和生长期、介质温度及 pH 值等。

1. 磁场强度

磁场强度大小和方向不断变化，造成细胞内磁通密度的变化，导致感应电流大小和方向的变化。细胞内磁通密度变化的实现方式有两种：一种是通过细胞的运动来切割磁力线，引起细胞内磁通密度的变化加大，产生较大的感应电流，例如在医学上使用的旋转磁场；另一种是脉冲磁场造成磁场的瞬间出现和消失，在细胞内也可以产生一瞬间变化的磁通密度，瞬变磁通密度必然会激发一个很大的感应电流，此感应电流与磁场共同作用，可以破坏细胞正常的生理功能，最终导致微生物细胞死亡。

使用脉冲磁场对单增李斯特氏菌进行处理，在磁场强度为 8T 的条件下，单增李斯特氏菌的残留量比磁场强度为 2T 的条件下低约 38.43% ~ 86.79%。使用磁场处理格氏李斯特氏菌，随着脉冲磁场强度增加，格氏李斯特氏菌的残留率产生波动。波动现象符合电磁波生物窗效应，即生物体只有受特定频率参数与特定强度参数恰当组合的电磁波作用时才能产生最佳作用效果的一种生物学现象。脉冲磁场产生杀菌效应时需要在对应的杀菌窗口中进行。

马海乐等研究了磁激发脉冲磁场对生啤酒的杀菌效果，发现随着电压（磁场强度）的增加，杀菌效果明显增强，最后有一个稳定的拐点。脉冲数为 5、10、20 时，拐点电压为 1200V（2.53T），当磁场强度大于拐点值之后，脉冲数为 5、10、20 对应的菌落总数分别稳定在 100 个 /mL、50 个 /mL、30 个 /mL 以下；脉冲数增至 30 时，拐点电压减小为 1000V，磁场强度大于 2.11T 后，生啤酒中细菌总数稳定在 20 个 /mL 以下。

2. 脉冲数

杀菌刚开始时，随着脉冲数增加，杀菌效果增加，但在 20 个脉冲的时候达到一个极值。随后，杀菌效果不再随脉冲数的增加而增加，有时候反而出现相反的变化趋势。

使用磁场处理单增李斯特氏菌，其残留率曲线呈现一定的波动性，而非随脉冲数量和磁场强度的增加不断下降。"生物窗效应"可能是造成残留率波动的原因。生物窗效应是极低频电磁波对细胞的一个典型效应，细胞的部分效应只能由在特定频带中分离的并且在非常窄的频率范围内的电磁波作用产生。

使用脉冲磁场处理格氏李斯特氏菌，在 10 和 20 个脉冲处出现峰值，15 和 25 个脉冲数时出现谷值。10 或 20 个脉冲磁场处理时，微生物的生长被促进。15 和 25 个脉冲可能是脉冲电场产生杀菌效应的时间窗口。在脉冲磁场的周期性冲击作用下，菌体细胞膜受到破坏，各种离子更容易进入细胞，造成细胞器膨胀和破裂，因此灭活微生物。

3. 微生物因素

对处于不同生长期的格氏李斯特氏菌进行磁场处理，处于对数生长阶段中期时，格氏李斯特氏菌的残留数量最低。处于不同对数生长阶段的格氏李斯特氏菌对磁场的敏感度存在差异，在对数生长中期，格氏李斯特氏菌的繁殖分裂速度最快，处于人工感受态的建立阶段，对外界环境变化最为敏感。

4. 其他因素

在脉冲磁场的处理环境中，温度可以影响微生物的残留量。在 5～30℃范围内，格氏李斯特氏菌的残留率随温度升高而降低。在 30～35℃范围内，由于对其不利的环境温度条件使得该菌发生抗逆性作用，导致其对脉冲磁场有一定的抵触作用，残留量有所增加。格氏李斯特氏菌在碱性条件下更容易受到脉冲磁场影响而失活。

总之，影响脉冲磁场对微生物细胞效应的因素是多方面的：一方面受磁场的物理学因素的影响，例如磁场强度、脉冲数、脉冲电流的频率等；另一方面受微生物细胞所处介质性质的影响，例如 pH 值、温度、主要化学成分等。另外，细胞不同生长期对脉冲磁场影响的敏感程度也不同。磁场对微生物细胞产生生物学效应的过程，不是对某个或某些组分的一种或几种作用的结果，而是对这个细胞中的各个组分多方面作用的综合反映。某一作用因素的变化，就有可能出现不同结果。

（四）脉冲磁场杀菌技术在食品保藏中的应用

21 世纪初期，关于脉冲磁场杀菌在食品行业中的研究和应用较多的是日本和美国。近年来，我国在该领域也展开研究，并取得了一定成果，但是，在这方面的产业化应用仍有待于进一步开展。

脉冲磁场处理对果蔬汁中的大肠杆菌起到了良好的灭活效果。在黄瓜汁中，与空白组相比，使用 8T、60 个脉冲的磁场处理一次、两次、三次后，实验组的大肠杆菌数量在第 1 天后分别减少 1.36 个对数、1.45 个对数和 2.09 个对数。经过脉冲磁场杀菌处理的黄瓜汁在 4℃下贮藏到第 3 天和第 4 天时，达到最佳杀菌效果，处理 1 次或 2 次的大肠杆菌数量分别减少 1.65 个对数和 2.16 个对数。在经过 3 次脉冲磁场处理的实验组中，未检测到大肠杆菌存在。在其他三种蔬菜汁中也观察到类似的趋势。脉冲磁场杀菌可被视为控制食源性病原体的有效方法。

脉冲磁场杀菌技术还可以很好地解决西瓜汁因热杀菌不当而引起的营养损失、熟味等质量问题。脉冲磁场处理西瓜汁对还原维生素 C 和色素的破坏率较低，固溶体含量和 pH 值基本不变，保持了西瓜汁的

天然色泽。

脉冲磁场对于水具有明显的杀菌作用。使用低频方波脉冲磁场对工业循环冷却水中异养菌进行杀菌，可在不污染环境的前提下获得更好的冷却水杀菌效果。当脉冲磁场方向与水流方向不平行时，抑菌效率比二者方向平行时高7.22%～20.35%。由于细菌细胞膜含有抗磁物质，当细菌细胞与磁场平行运动时，其在磁场中的速度会比反平行运动慢，停留时间也会更长，因此可对细菌起到抑制作用。

脉冲磁场杀菌技术仍然存在诸多待解决的问题。例如，目前仍然不清楚磁场抑制或刺激微生物生长的机理和必要条件，尽管提出了不少解释磁场杀菌作用的机理，但是，对于刺激作用几乎未作解释。脉冲磁场杀菌仅可以降低微生物2个数量级，如果要使脉冲磁场杀菌技术商业化，还需要大幅度地提高杀菌的有效性和均匀性。

第三节 高密度二氧化碳处理技术与食品保藏

在食品加工过程中，杀菌是一个不可缺少的环节，是保证食品安全的前提。传统热杀菌在杀菌的同时，不可避免地会对食品产生一些不良的热效应，对热敏性产品的色、香、味、功能性及营养成分等的破坏比较严重。近年来兴起的非热杀菌技术，因其具有在杀菌过程中能最小限度地影响食品品质的特点，正取代部分热杀菌技术，成为国内外食品杀菌技术研究的焦点和热点。高密度二氧化碳（dense phase carbon dioxide，DPCD）技术是一种新兴的食品非热杀菌技术，具有杀菌温度低，杀菌条件温和，能较好地保持食品固有的营养成分、色泽和新鲜度的特点。

一、高密度二氧化碳杀菌的基本原理

二氧化碳是一种无毒、廉价、天然的抗微生物剂，单独作用能抑制好氧微生物生长，但不能杀死微生物，而与压力结合则能达到有效的杀菌效果。

高密度二氧化碳杀菌技术是在温度低于 60 ℃、压力 5～50MPa 条件下处理物料，利用压力和 CO_2 的分子效应形成高压和酸性环境，达到灭菌、钝酶和使蛋白质变性等效果，使食品得以直接食用或长期保存，并最大限度地保持食品营养和风味的一种非热杀菌技术。DPCD 主要指超临界状态的 CO_2，但有时也包括亚临界气态或液态 CO_2。DPCD 技术与超临界 CO_2 萃取技术是不完全相同的。在超临界 CO_2 萃取过程中，CO_2 作为溶剂萃取物料中有效成分；而在DPCD 处理过程中，CO_2 先作为溶质溶于水再作用于食品。

自 1987 年首次研究 DPCD 对大肠杆菌的致死效果以来，DPCD 技术因其能够很好地保持食品固有品质与营养成分，而成为一种新兴的食品非热杀菌技术，受到日益广泛的关注。特别是近 30 多年来，有关 DPCD 技术对食品工业中致病菌、腐败菌、营养细胞、孢子、酵母、霉菌、酶活性等多方面影响的研究越来越多，有些研究者把该技术的杀菌机制概括为以下 7 个步骤：CO_2 增溶效应、调节微生物细胞膜、降低微生物胞内 pH、钝化微生物代谢关键酶、直接抑制效应、扰乱微生物胞内的电解液平衡和转移微生物胞内 / 细胞膜的生命物质。研究者们对该技术的杀菌机制仍在不断探索中。

目前，有关 DPCD 杀菌机制的研究尚处于假说阶段，未能得到有效论证。综合各国科研人员对 DPCD 杀菌机制的研究和推测，主要有以下几种观点：

（一）降低微生物细胞环境的 pH 值

CO_2 的溶解性和渗透性能使溶液和细胞质液 pH 降低，导致细菌死亡。在 DPCD 处理过程中 CO_2 溶解并渗透进入食品的含水部分形成碳酸，碳酸进一步分解成 HCO_3^-、CO_3^{2-}、H^+，从而降低了细胞外部的 pH 值，这在一定程度上抑制了微生物的生长。同时，微生物为维持自身 pH 值的内稳态，需增加能量及物质消耗，导致微生物自身的抵抗能力减弱而发生钝化效应。当环境中有足量 CO_2 时，CO_2 就会通过细胞膜渗透入细胞并超过细胞的缓冲能力而降低细胞内部的 pH 值。细胞内部 pH 值的降低比细胞外部 pH 值降低更能导致微生物的死亡，这可能是由于细胞内部 pH 值降低能钝化细胞内部一些与新陈代谢相关的关键酶，这些酶可能与糖酵解、氨基酸和小分子肽的运输、离子交换以及蛋白质转换等有关。研究发现在 pH 值等于 3 左右时，与新陈代谢有关的一些关键性酶会发生不可逆失活。此外，细胞内部 pH 值的降低促使关键酶失活，同时使细胞内氢离子堆积，打破细胞内外 pH 值与电位的动态平衡，引起细胞死亡。

（二）引起细胞物理性破坏

Fraser 于 1951 年首次提出高密度二氧化碳对微生物的钝化作用是由于细胞的物理性破坏造成的。该过程包括细胞壁或者细胞膜的破坏，有可能是细胞完全被破坏，或者细胞表面产生皱纹或破洞。后来的研究认为微生物被钝化或死亡是由于升压或处理过程中 CO_2 分子通过细胞膜渗透进入细胞，而在降压过程中细胞内外的压力差导致细胞爆炸，从而达到杀菌目的。也有人认为当用高密度二氧化碳处理微生物时，细胞对 CO_2 的吸收有可能会使微生物细胞膨胀，从而导致机械性破坏。通过扫描电子显微镜观察发现，高密度二氧化碳处理后的酵母、细菌等微生物细胞表面有不同程度的"孔洞"和"皱褶"。

（三）引起细胞内容物渗漏

CO_2 是非极性溶剂，当 CO_2 与微生物细胞接触时，分子态 CO_2 可能渗入细胞膜，集聚在亲脂性（磷脂）内层上，溶解细胞内物质如磷脂等，打乱磷脂链的规则性，称为"麻醉效应"，从而提高膜的渗透性，在降压过程中将这些物质从细胞中提取出来。CO_2 形成碳酸后解离生成的 CO_3^{2-} 与细胞膜上的 Ca^{2+}、Mg^{2+} 结合生成沉淀，导致细胞膜被破坏，细胞及细胞膜中的脂肪及其他物质的渗漏导致微生物死亡。植物乳杆菌（Lactobacillus plantarum）经过高密度二氧化碳处理会造成一些不可逆的破坏，包括耐盐性丧失、紫外吸收物质泄漏、离子释放以及质子渗透性削弱。通过用荧光桃红（Phloxine B）对植物乳杆菌细胞染色，发现经过高密度二氧化碳处理后，细胞变得不完整。超（亚）临界状态 CO_2 的亲水性以及对非极性成分的溶解性造成细胞膜功能变化和胞内物质流失，是微生物细胞在 DPCD 处理下死亡的原因之一。

（四）引起蛋白质变性

目前已有研究证明，DPCD 处理与传统的加热处理和超高压处理相似，也会改变蛋白质的结构，导致

其变性。DPCD 处理能够诱导腐败菌中的可溶性蛋白质变性，降低其溶解度，其主要原因是 CO_2 与蛋白质链中的一些氨基酸残基的酰胺基团反应生成氨基键，从而使蛋白质二级结构发生改变，其中 α- 螺旋、β- 折叠、β- 转角和无规则卷曲含量的变化与 DPCD 的作用直接相关。

DPCD 对蛋白质的结构和构象具有明显的修饰作用，经 DPCD 处理后蛋白质中 α- 螺旋含量减少，β- 折叠含量增多，β- 转角和无规则卷曲含量没有明显的变化规律，因此，DPCD 引起蛋白质结构的改变主要是 α- 螺旋和 β- 折叠的含量发生变化导致的。与 α- 螺旋结构相比，蛋白质中 β- 折叠结构内氢键较少，更容易与 CO_2 相互作用。蛋白质结构中 α- 螺旋向 β- 折叠的转化进一步增强了 CO_2 分子效应，增大了 DPCD 对蛋白质功能性质的影响。目前关于 DPCD 改变蛋白质三、四级结构的研究相对较少，DPCD 对蛋白质三、四级结构的影响还需要后续研究进一步证明。

（五）引起蛋白质沉淀

CO_2 分子渗入细胞，与水结合形成碳酸或分解生成 HCO_3^- 和 CO_3^{2-} 离子，并与细胞内和细胞膜上的无机离子（如 Ca^{2+}、Mg^{2+} 等）结合生成沉淀，扰乱了微生物细胞内的电解液平衡状态，使细胞内对这些无机离子（如 Ca^{2+}、Mg^{2+} 等）敏感的蛋白质形成沉淀，导致微生物的钝化。

二、影响高密度二氧化碳杀灭微生物的因素

影响高密度二氧化碳技术杀菌效果的因素很多，如处理时间、压力、温度、初始细胞数量、初始介质 pH 值、水分活度、细胞生长阶段、微生物种类、处理系统的类型等均会影响高密度二氧化碳的杀菌效果。

1. 温度

提高温度可以提高 CO_2 的扩散率以及微生物细胞膜的流动性，而膜流动性增加有利于 CO_2 渗透入细胞；另外，温度升高可以使 CO_2 从亚临界状态变成超临界状态（$T_c=31.1℃$），在超临界状态下 CO_2 的渗透力更高，在靠近临界范围内随着温度的变化 CO_2 的溶解性和密度有极大的改变。

2. 压力

一般压力越高杀菌效果越好。因为较高的压力能提高 CO_2 的渗透性；另一方面压力越高对细胞的物理性伤害也越大。但有研究者发现，在用高密度二氧化碳处理巨大芽孢杆菌孢子时发现在亚临界范围内有一个最优化的杀菌压力。这个压力非常接近 CO_2 的临界压力，使得杀菌效果与压力的关系图呈一个 V 字状，他们认为有可能是由于在加压过程中使得孢子产生了相应的聚集而造成的。另外，在没有使微生物完全致死前，提高高密度二氧化碳处理的升压、卸

压速率能提高对微生物的钝化效果。

3. 时间

一般处理时间越长杀菌效果越好。但是 Metrik 等发现在较低的压力条件下延长处理时间并未明显提高杀菌效果。这说明相对于压力来说，处理时间是比较次要的。

4. 水分活度

提高水分活度或水分含量可以提高杀菌效果。极少量的水可以极大地提高高密度二氧化碳处理的效果，这是因为含水的处理媒介物以及湿细胞可以提高 CO_2 的溶解性，从而提高杀菌效果。

5. pH

低 pH 有利于碳酸通过细胞膜渗透到细胞内部，并因此而提高杀菌效果。

6. 微生物种类和生长阶段

研究认为植物乳杆菌比大肠杆菌、酿酒酵母、肠膜明串珠菌对 DPCD 具有更好的耐受性。用高密度二氧化碳处理金黄色葡萄球菌、蜡样芽孢杆菌、无毒李斯特氏菌等 G^+ 细菌和沙门氏菌、普通变形杆菌、铜绿假单胞菌、大肠杆菌等 G^- 细菌，通过 SEM 检测发现蜡样芽孢杆菌比大肠杆菌、普通变形杆菌更能耐受高密度二氧化碳处理。这可能是细菌细胞壁的自然属性对其敏感性有重要影响，G^- 细菌细胞壁较薄，故更为敏感，比 G^+ 细菌更容易被破坏。

生长初期的细胞比成熟期细胞更为敏感。也有研究认为对数生长后期的细胞比稳定期的细胞对高密度二氧化碳处理更为敏感，这可能是由于进入稳定期的细胞有能力合成蛋白质来抵制细胞所处的不利环境。

7. 高密度二氧化碳处理系统

凡是能够使 CO_2 与食品更充分接触的系统具有更好的钝化效果，因为它能使 CO_2 在细胞溶液中更快地达到饱和，并提高其溶解性。通常，连续式系统比间歇式系统的杀菌效果更好，但增加搅拌能使间歇式系统的钝化率提高。

三、高密度二氧化碳杀菌设备

高密度二氧化碳杀菌设备如图 11-5 所示，主要由以下几种设备构成：
（1）二氧化碳贮罐（或二氧化碳气瓶）：储存和释放气态二氧化碳。
（2）低温冷却槽：通过过滤器与二氧化碳贮罐连接，将过滤后的从二氧化碳贮罐释放的二氧化碳气体冷却、液化。
（3）增压泵（或高压二氧化碳调频泵）：与低温冷却槽连接，将液化的二氧化碳压缩成高密度二氧化碳。
（4）反应釜：高密度二氧化碳处理食品的容器。
（5）热电偶温度计：检测反应釜内部的温度。

（6）真空泵：与反应釜相连，用来排出反应釜内的空气和制造真空环境。

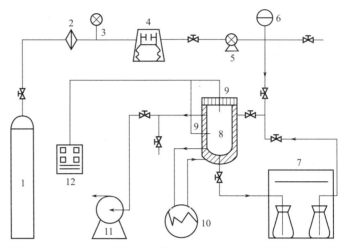

图11-5　高密度二氧化碳杀菌设备流程图（廖红梅等，2009）

1—CO_2气瓶；2—CO_2过滤器；3—压力表；4—低温冷却槽；5—高压CO_2调频泵；6—压力传感器；
7—物料收集超净台；8—反应釜；9—热电偶温度计；10—恒温水浴；11—真空泵；12—控制面板

不锈钢压力容器可耐受50MPa的压力，用带有两个热电偶的温度控制器监控温度。一个热电偶装在上部的容器盖上，监控容器上半部分的温度；另一个热电偶装在容器中部，监控容器内容物即样品的温度。容器盖子上装有压力传感器来监控容器的压力。所有压力和温度数据都显示在显示器上。处在高压下的所有装置均由不锈钢制成。气体进出和液体样品进出在整个系统中都处于密闭状态。容器盖在高密度二氧化碳加压期间用螺杆密封。容器与真空泵相连可排出容器内的空气和制造真空环境，液体样品通过容器中的负压力进入容器。99.5%或99.9%纯度的商业用二氧化碳通过活性炭过滤后进入容器。

（一）间歇式高密度二氧化碳杀菌设备

间歇式DPCD设备的工作原理如图11-6。在处理过程中，CO_2和样品固定在容器中。首先打开并调节恒温水浴和冷却器至设定温度，再开启水浴循环使反应釜达到工作所需温度；放入被杀菌物料并且抽真空后，打开CO_2增压泵将CO_2压入釜内，在恒定温度和压力下保持一段时间。

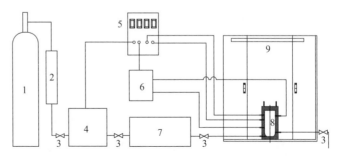

图11-6　间歇式DPCD设备工作原理图（周学府，2020）

1—CO_2瓶；2—CO_2过滤器；3—控制阀；4—冷却器；5—数控系统；
6—恒温水浴装置；7—CO_2增压泵；8—反应釜；9—无菌操作台

（二）连续式高密度二氧化碳杀菌设备

连续式高密度二氧化碳杀菌设备的工作原理如图 11-7 所示。该设备最大的特点是允许 CO_2 和样品混合并同时流进设备。该系统使用隔膜泵（A）将进样罐（B）中的汁液通过管道（C）进料，与加压的 CO_2 静态混合，调节 CO_2 和样品的流速，用空气泵（F）将与 CO_2 混合的样品泵入处理管内，在预设条件下循环处理后，在温控泄压区（G）泄压和释放 CO_2。

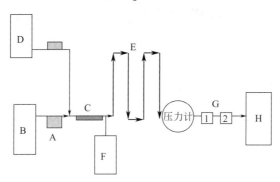

图 11-7　连续型 DPCD 设备工作原理图（周学府，2020）

A—隔膜泵；B—进样罐；C—静态混合管道；D—CO_2 罐；E—温控高压回路；
F—空气泵；G（1、2）—温控泄压区；H—处理样品出口

四、高密度二氧化碳杀菌技术在食品保藏中的应用

高密度二氧化碳杀菌技术作为一种新型非热杀菌技术，在达到有效杀菌效果的同时，可保持原料良好的感官特性及营养价值，可最大限度地保持食品营养、风味和新鲜度等品质，且不会影响食品安全性。高密度二氧化碳杀菌技术与传统热加工相比，其处理过程中无氧、温度低，能更好地保留食品的热敏性成分和易被氧化的物质如维生素、生物活性成分等；与超高压（100 ～ 1000MPa）相比，DPCD 处理具有压强低、能耗低、成本低、容易操作与控制等优点。高密度二氧化碳杀菌技术是一种绿色洁净技术，在液态和固态食品中均可使用。

（一）在果蔬汁（浆）中的应用

果蔬汁中通常含有多种营养物质，然而一些植物源的功能因子在传统热杀菌过程中损失较大，并且会引起颜色和理化性质的劣变。高密度二氧化碳杀菌技术可在较大限度地保持果蔬汁（浆）原有风味及营养的基础上达到杀菌目的，避免热杀菌带来的负面影响。

研究者采用高密度 CO_2 杀菌技术处理鲜榨橙汁，并与未经处理和热杀菌处理的鲜榨橙汁进行比较，发现经高密度 CO_2 处理 10min 和 20min 后的橙汁比热杀菌处理后的橙汁在其挥发性成分上更接近鲜榨橙汁。采用高密度二氧化碳（20MPa，60℃，30min）处理芒果浆，其中初始浓度 >8lg(CFU/mL) 的具有代表性的革兰氏阳性金黄色葡萄球菌和革兰氏阴性大肠杆菌被完全灭活。与传统的巴氏热杀菌处理相比，高密度二氧化碳处理对样品 pH 值和颜色的影响较小，维生素 C 和总酚含量较高。Giovanna Ferrentino 等采用高密度二氧化碳（10MPa，55℃，15min）处理苹果浆，导致微生物（常温微生物群、总大肠杆菌、酵母菌和霉菌）和多酚氧化酶失活。货架期研究显示，经 DPCD 处理的食品，微生物、酶活性和品

质（pH、色泽、抗坏血酸含量和总酸度）稳定。苹果浆经过高密度二氧化碳处理，随着处理压力增大，pH 降低，杀菌效果增强，在 20MPa 时，杀菌率达到 88.3%；当压力继续升高到 25MPa 时，杀菌率为 89.1%。同时，当压力在 5～20MPa 时，苹果浆中总酚、维生素 C、可溶性固形物无明显变化，但对酶活性有较好的钝化作用。

（二）在液蛋中的应用

液蛋即液体鲜蛋，有效解决了鲜蛋易碎、运输难和贮藏难的问题。但液蛋在生产过程中容易受到微生物的污染，因此，为了保证产品品质，保障消费者健康，液蛋在生产过程对杀菌工艺有较高的要求。目前液蛋常用的杀菌方式为巴氏杀菌。工业上液蛋巴氏杀菌条件为水浴 55～66℃，杀菌时间 2.5～3.5min。巴氏杀菌法效率高、杀菌效果好，能够延长液蛋产品货架期。但是，这种加热杀菌方式在一定程度上破坏了蛋液中营养成分和功能特性。因此，非热杀菌技术已成为液蛋杀菌的研究焦点。高密度二氧化碳技术具有处理压力低、成本低、节约能源和安全无毒等特点。同时，食品物料在低温和二氧化碳下进行处理，食品中的营养成分与风味物质不易被氧化破坏，能够保留食品原有的品质。

高密度二氧化碳杀菌可有效钝化沙门氏菌、假单胞菌、大肠杆菌等多种微生物的生长。相比于传统的巴氏杀菌技术，高密度二氧化碳杀菌（15MPa，35℃，15min）效果优于巴氏杀菌（3min，64℃）。在 4℃ 的贮藏条件下，高密度二氧化碳杀菌的全蛋液中微生物生长要慢于巴氏杀菌。当处理时间（15min）和压力（15MPa）不变时，15～45℃范围内，温度越高杀菌效果越好，当温度达到 35～45℃时杀菌效果趋于平缓。高密度二氧化碳（10MPa）处理蛋清液，在 1 周储藏期间羟自由基清除率和还原力显著高于对照处理组，但 DPCD 处理并没破坏蛋清液中的重要过敏原——卵白蛋白。

（三）在乳制品中的应用

牛初乳中蛋白质、脂肪、无机盐及维生素等含量丰富，均显著高于常乳，但由于含丰富的乳白蛋白和乳球蛋白，耐热性能差，加热至 60℃ 以上即开始形成凝块，所以加热杀菌不适合牛初乳，而且会产生热臭等不良反应。研究者以牛初乳为对象，研究 DPCD 技术的杀菌效果及对产品理化性质的影响，结果显示，在 20MPa、37℃ 的条件下，处理 30min 以上能较好地杀灭牛初乳中的细菌，而经处理后的牛初乳未发生褐变和蛋白质变性等现象，能够较好地保持产品品质的同时达到食品安全标准。

随压力和处理时间增加，DPCD 对牛奶中菌落总数杀灭效果显著增强。处理温度对杀菌效果有协同效应，随温度增加，牛奶中菌落总数数量级显著降低。DPCD 处理条件为 50℃、30MPa 和 70min 时，牛奶中菌落总数的残存率最大降低了 5.082 个数量级。

（四）在鲜切果蔬中的应用

鲜切果蔬因含切口及受伤组织，呼吸作用、酶促和非酶促褐变及其他生理代谢加速进行，微生物活动也十分活跃，"高菌数"是鲜切果蔬常面临的问题。鲜切果蔬不同于其他食品，经杀菌后仍为鲜活产品，因此，鲜切果蔬杀菌必须要在低温或常温下进行。目前，鲜切果蔬的保鲜方法主要是化学试剂复合保鲜法，虽然化学试剂处理在一定程度上能够抑制鲜切果蔬褐变并钝化酶，但化学试剂处理所带来的安全问题引起人们的关注。而一些冷杀菌技术如高密度二氧化碳杀菌、超声波杀菌、紫外线杀菌、电子束杀菌、超高压杀菌等冷杀菌技术适合用于鲜切果蔬的杀菌，其中高密度二氧化碳杀菌技术能在较低温度下有效杀菌、钝酶，保持食品中的热敏性营养成分，安全洁净。

随着高密度二氧化碳处理压力提高，鲜切苦瓜中菌落总数显著降低，高密度二氧化碳（6MPa）处理后，其菌落总数降低 5.8lg（CFU/g），杀菌效果显著高于次氯酸钠处理；同时，高密度二氧化碳（6MPa）处理对鲜切苦瓜的细胞结构影响最小，并能降低其苦味。研究者探究了高密度二氧化碳技术对鲜切莲藕贮藏期间品质变化的影响，试验结果表明，DPCD 处理鲜切莲藕冷藏 28d 后，微生物降低到 10^4CFU/g 以下，色泽良好，维生素 C、总酚含量为新鲜莲藕的 78% 以上，PPO、POD 的残存酶活均降至 20% 以下。而未处理和热处理的鲜切莲藕在 14d 后微生物增加至 10^6CFU/g 以上，维生素 C、总酚营养成分含量损失 45% 以上，同时鲜切莲藕开始腐败变质，褐变严重。试验表明 DPCD 技术处理鲜切莲藕，能很好地杀灭微生物，钝化 PPO、POD 活性，保持鲜切莲藕的品质。

（五）在冷却肉中的应用

冷却肉柔软多汁、色泽鲜红、味道鲜美。冷却肉一直处于低温控制下（0～4℃），但肉在生产过程中不可避免地会污染一些细菌，如单核细胞增生李斯特氏菌（*Listeria monocytogenes*）和假单胞菌属（*Pseudomonas*）等，这些嗜冷菌在冷藏条件下仍然会大量生长和繁殖，最终导致冷却肉发生腐败变质。传统的热力杀菌技术会造成冷却肉中蛋白质变性、色泽劣变、保水性下降等，从而失去冷却肉应有的商品价值。采用非热杀菌技术对肉类杀菌成为一种发展趋势。采用高密度二氧化碳杀菌技术对冷却肉进行杀菌能避免传统热杀菌带来的不良反应。

研究者采用高密度二氧化碳（15MPa、25℃、15min）处理冷却排酸肉，发现高密度二氧化碳处理能很好地杀灭冷却肉中的假单胞杆菌、大肠杆菌，降低细菌总数，同时对冷却肉的色泽、pH 值、肌红蛋白含量等指标没有不良影响。为了探讨高密度二氧化碳（DPCD）非热杀菌技术对冷却猪肉品质及理化性质的影响，研究者将冷却猪肉置于 50℃，压力分别为 7MPa、14MPa、21MPa 的高压二氧化碳中处理 30min 后，置于 0～4℃贮藏，测定 pH 值、色泽、保水性等指标的变化。结果表明，DPCD 处理对冷却猪肉在贮藏过程中的 pH 值、a^* 值和 TVB-N 值有显著影响，但对 L^* 值、保水性、MFI 值、TBA 值、羰基值没有显著影响；DPCD 处理压力越高，对冷却猪肉理化性质的影响越有利，但对颜色和保水性的影响越不利，其中，冷却猪肉经 21MPa、50℃的 DPCD 处理 30min 后，a 值显著降低（$P<0.01$），肉变成灰白色。

第四节　微生物群体感应抑制技术与食品保藏

近年来，随着科学技术的不断发展，食品保藏方法和设备也在不断发展。传统的食品保藏技术如低温保藏、热处理、脱水加工、化学保藏和新型保藏技术如辐射保藏、超高压杀菌技术等都是以减少微生

物的数量为目标，导致微生物的抗性不断提高。微生物以二分裂的方式进行繁殖形成群体，但群体中各个个体并不是独立存在的，而是利用某种"语言"相互交流。随着食品微生物研究的深入和发展，调控细菌的"语言"已成为食品加工与保藏的新靶点。

一、微生物群体感应的定义与分类

（一）微生物群体感应理论

自列文虎克发明显微镜以来，微生物学已有 300 多年的研究历史，但是微生物个体间通过"语言"相互交流的现象却是近些年才发现的。1970 年，Nealson 等人首次发现一种与鱿鱼共生的海洋细菌费氏弧菌的发光与细菌密度有关，当细菌处于低密度时，费氏弧菌不发光，当细菌密度达到高浓度（$10^9 \sim 10^{10}$ 个 /mL）时才会发光，细菌密度再次降低后，发光终止。1994 年，Fuqua 等人将这种密度依赖的机制定义为群体感应（quorum sensing, QS），它被誉为二十世纪末最伟大的发现之一。群体感应是微生物在生长繁殖过程中通过产生、释放、感应一些自诱导物来监测自身密度的变化，从而调控菌群行为性状的过程。目前研究发现微生物的很多行为活动受群体感应调控，如食源性致病菌金黄色葡萄球菌毒力基因的表达、食品腐败菌荧光假单胞菌胞外蛋白酶的产生、生物被膜的形成等。群体感应会增强食品微生物对环境的适应性和对防腐剂的抗性，从而影响食品腐败变质的速度。因此，掌握微生物间交流的"语言"，可以为食品的加工与保藏提供有效的理论支撑。

微生物群体感应现象主要包括三个部分：①微生物本身能够产生信号分子，信号分子通过自由扩散或者主动运输的方式释放到周围环境，或者环境中存在外源的信号分子；②微生物细胞内有识别信号分子的受体蛋白；③微生物细胞间利用受体蛋白相互感知环境中信号分子的浓度，根据信号分子的浓度调控细菌的密度以及周围环境的变化。随着微生物数量不断增加，信号分子浓度也不断增加，当环境中信号分子浓度达到一定阈值后，便会启动相关基因的表达，改变和协调微生物群体之间的行为，使群体共同展示出某些生理特性，从而能够有效抵抗外界不良环境，使微生物群体更好地适应环境并生存下去。

（二）微生物群体感应分类

群体感应最先发现于费氏弧菌，因此，细菌的群体感应系统研究得较深入，而真菌的群体感应研究尚处于初始阶段，目前公认的群体感应分类方法的主要依据是自诱导物的类型。

1. 细菌的群体感应

细菌交流的"语言"往往由多种不同类型的自诱导物介导，根据食品腐败菌产生的自诱导物类型，可以将群体感应分为以下几种：

（1）革兰氏阴性菌的群体感应系统　　引起食品品质劣变的革兰氏阴性菌主要有假单胞菌属、变形杆菌属、希瓦氏菌属和弧菌属等。革兰氏阴性菌中 N- 酰基高丝氨酸内酯（N-acyl homoserine lactone，AHLs）介导的 LuxI/LuxR 群体感应系统是目前研究得最系统最深入的，细菌通过 LuxI 蛋白编码的 AHLs 酶产生 AHLs 自诱导物，AHLs 由高丝氨酸内酯环和酰基侧链结构组成，根据酰基侧链 R1 位取代基（—H、—OH、＝O 等）、碳链长度和不饱和度的差异而不同，现阶段已知的 AHLs 有 50 多种。当 AHLs 达到一定浓度后，通过自由扩散或主动运输的方式进入细菌细胞内，受体蛋白 LuxR 识别 AHLs 后会启动相关基因的表达。AHLs 在食品中的浓度一般在纳摩尔～微摩尔级别，而关于 AHLs 尚无明确的毒理学评价。AHLs 在酸性环境下稳定，碱性条件下易分解，食品（包括动物性和植物性）的 pH 值大部分在 pH7 以下，碱性食品较少，因此，AHLs 一旦产生，在大部分食品体系中可以稳定存在。

大多数细菌中 LuxI/LuxR 通常成对出现，如在大黄鱼腐败菌杀鲑气单胞菌中，与 LuxI 同源的 AsaI 负责产生自诱导物丁酰基高丝氨酸内酯（C4-HSL）和己酰基高丝氨酸内酯（C6-HSL），C4-HSL 和 C6-HSL 被 AsaR 识别后，调控与三甲胺和生物胺产生相关基因的表达，影响大黄鱼的腐败速度。有些细菌中还含有多对 LuxI/LuxR 同源蛋白，如铜绿假单胞菌中包含 RhlI/RhlR 和 LasI/LasR，分别合成 C4-HSL 和 3-oxo-C12-HSL。但在某些革兰氏阴性菌中也发现了未配对的 LuxR 单独蛋白质，如大肠杆菌和沙门氏菌中不具有 AHLs 合成酶，但存在识别 AHLs 的蛋白质，LuxR 单独蛋白质可以识别其他细菌分泌的信号分子，在细菌种间交流中发挥重要作用。

（2）革兰氏阳性菌的群体感应系统　　影响食品腐败变质的革兰氏阳性菌主要有乳酸菌、芽孢杆菌等，食源性致病菌中革兰氏阳性菌常见的有金黄色葡萄球菌、单核细胞增生李斯特氏菌等。革兰氏阳性菌的群体感应信号分子主要为自诱导肽，一般由 5 ～ 17 个氨基酸组成，不能自由进出细胞膜，必须借助 ATP 结合盒转运蛋白或其他膜通道蛋白实现细胞内外的跨越，细胞膜上的双组分组氨酸激酶为感应和传导系统。自诱导肽具有稳定性高、保守性高的特点。目前对自诱导肽型群体感应研究得最充分的是金黄色葡萄球菌、单核细胞增生李斯特氏菌等。乳酸菌是食品工业中常见的革兰氏阳性菌，存在于发酵食品、真空包装食品中。目前对乳酸菌群体感应系统的研究也越来越多，研究者发现，乳酸菌产生的用于种内交流的自诱导肽可以调控细菌素的产生和释放。

（3）细菌种间交流群体感应系统　　信号分子不仅可以在细菌种内进行交流，也可以作为细菌种间传递信息的"语言"。目前典型的用于细菌种间交流的信号分子为 Autoinducer-2（AI-2）（图 11-8），它是一种呋喃硼酸二酯结构。AI-2 由 S- 腺苷甲硫氨酸（SAM）经过三个酶促反应步骤产生：首先，甲基转移酶作用于 SAM 并将甲基转移到各种底物上，同时产生中间体 S- 腺苷同型半胱氨酸（SAH）；然后，核苷酶 Pfs 将 SAH 中的腺嘌呤水解形成 S- 核糖同型半胱氨酸（SRH）；最后，LuxS 通过作用于 SRH 产生 4，5-二羟基 -2,3- 戊二酮（DPD）和高半胱氨酸，DPD 环化形成 AI-2 前体物质，进一步添加硼元素形成 AI-2。在革兰氏阴性菌如弧菌属、希瓦氏菌属、大肠杆菌和革兰氏阳性菌如乳酸菌、金黄色葡萄球菌中都检测到了 AI-2 化合物。LuxS 蛋白是甲基循环中的一个关键代谢酶，基因组序列比对显示 luxS 在细菌中具有较高的保守性。研究发现，AI-2 参与调控多种细菌的行为性状和毒力因子表达，如哈维氏弧菌的发光、嗜水气单胞菌和金黄色葡萄球菌生物膜形成等。AI-2 化合物在环境中较为敏感，易受温度、pH 及细胞代谢产物的影响，因此在食品加工环节易被破坏。

（4）细菌其他类型群体感应系统　　随着群体感应研究的深入开展，陆续发现了其他的化合物也可以作为信号分子用于微生物间的交流。由两个氨基酸的肽键环化形成的环二肽类化合物，就是一种常见的信号分子，如海水鱼腐败菌希瓦氏菌产生的环二肽［主要为环 -（L- 脯氨酸 -L- 苯丙氨酸）］参与调节了细菌三甲胺和生物被膜的形成。肠道细菌产生的 AI-3 及肾上腺素 / 去甲肾上腺素类信号分子可以调控其环境适应性和宿主识别，但目前关于 AI-3 型信号分子的研究相对较少。

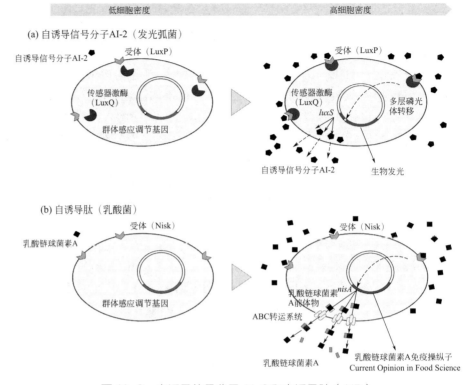

图 11-8　自诱导信号分子 AI-2 和自诱导肽（AIP）

群体感应示意图（Johansen et al, 2017）

（a）哈维氏弧菌中依赖自诱导因子 -2（AI-2）的群体感应系统，在高细胞密度下，AI-2 与受体蛋白（LuxP）及传感器激酶（LuxQ）相互作用。该复合物启动磷酸化级联反应，诱导转录生物发光基因和 *luxS*（参与 AI-2 的合成）。（b）乳球菌中乳酸链球菌素 A 的自诱导肽（AIP）的群体感应系统，在高细胞密度下，乳酸链球菌素 A 与传感器激酶蛋白（NisK）结合，后者与反应蛋白相互作用，从而诱导群体感应（QS）的转录调节靶基因。*nisA* 编码通过 ATP 结合盒（ABC）转运体分泌的前体肽。在细胞外前导序列被移除，从而生成具有抗菌活性的成熟乳酸链球菌素 A

2. 真菌的群体感应

近些年发现，在真菌中也有类似于细菌的群体感应现象，但这方面研究还较少，且群体感应系统尚不明确。目前只有白色念珠菌中的群体感应系统研究较为深入，白色念珠菌利用法尼醇和酪醇作为信号分子，调控细胞形态向菌丝态转变。在酿酒酵母菌中，苯基乙醇和色胺醇作为信号分子调控其菌相的转换；曲霉属真菌的群体感应信号分子主要是脂氧合物，可以调节其从菌核到分生孢子的转换。目前对于真菌的群体感应还在研究过程中。

二、食品腐败菌的群体感应特性

自然界中微生物分布非常广泛。食品在加工、运输、贮藏和销售环节，极易遭受环境中微生物的污染。食品污染微生物后，随着贮藏时间延长，微生物种类和数量会发生变化，有些微生物因不适应环境而死亡，另外一些微生物存活下来并不断繁殖，逐渐在数量上占据优势地位，它们在食品的腐败变质过程中发挥着关键作用，这类微生物称为该食品的优势腐败菌。而食品腐败变质过程主要与食品自身性质、微生物种类和数量以及食品所处环境密切相关。微生物主要通过自身的酶系分解食品中的营养物质，从而造成食品质量下降，结构变软，失去原有的营养价值、组织形状和色香味。如假单胞菌属和变形杆菌属分泌胞外蛋白酶的能力较强，常常是高蛋白质类食品的优势腐败菌；芽孢杆菌属具有较强的分泌脂肪酶能力，常在脂肪含量高的食品中出现。

近些年，研究者发现，食品腐败变质与腐败菌的群体感应机制密切相关，腐败菌可以利用自身或其他细菌产生的群体感应信号分子调节胞外酶分泌、生物膜形成、嗜铁素产生等性状，从而影响食品腐败变质速度。不同类型食品中腐败菌的群体感应总结如下。

（一）肉及肉制品中腐败微生物的群体感应

肉及肉制品营养丰富，富含蛋白质、氨基酸和维生素等多种营养物质，满足大部分微生物生存的条件，因此，在储藏时易受微生物的污染而腐败变质。肉及肉制品中常见的微生物有细菌、霉菌和酵母菌，它们分解蛋白质的能力较强。肉在有氧储藏过程中，肉表面产生的高氧化还原电势适合嗜冷微生物的生长，导致非发酵型革兰氏阴性菌的繁殖并逐渐占据优势地位，其中最主要的种属是假单胞菌、变形杆菌和肠杆菌科微生物。

假单胞菌是大部分有氧包装冷鲜肉的优势腐败菌，冷鲜肉贮藏期间群体感应信号分子的产生主要与假单胞菌和肠杆菌科细菌相关。牛肉中假单胞菌和肠杆菌科细菌数达到 $10^8 \sim 10^9 CFU/g$ 和 $10^3 \sim 10^4 CFU/g$ 时，可检出多种类型 AHLs 信号分子（如 C4-HSL、C6-HSL、3-oxo-C6-HSL、C8-HSL 和 C12-HSL）。AHLs 通过调节腐败菌胞外蛋白酶和脂肪酶的分泌，加快肉中蛋白质和脂肪分解，产生腐胺、尸胺和酯类等腐败代谢产物，出现肉表面变黏、变色和产生腐臭味等腐败特征。腐败的肉糜汁液中检出的 AHLs 和 AI-2 信号分子也主要与假单胞菌和肠杆菌有关。从肉汁中提取的 AHLs 添加到假单胞菌和沙雷氏菌中，会影响两种细菌代谢产物的分泌，也证明 AHLs 参与了两种腐败菌的代谢调节。

无氧包装肉中的腐败微生物主要有梭状芽孢杆菌、乳酸菌和肠杆菌等。Agr 群体感应系统调控梭状芽孢杆菌 β- 毒素的分泌。哈夫尼菌和沙雷氏菌是真空包装肉制品中常见的肠杆菌科腐败菌，它们具有嗜冷、兼性厌氧、喜好潮湿环境的特点，能在 4 ～ 36℃温度范围内生长，常在低温贮藏、真空包装的食品中被检出。当细菌数量在 $10^6 \sim 10^8 CFU/g$ 时，牛排、牛肉饼、鸡胸肉和火鸡饼中可检测到 AI-2 信号分子。在 5 ～ 20℃的气调包装猪肉糜中检测到的 AHLs 也主要与假单胞菌和黏质沙雷氏菌有关。

肉类加工制品中腐败微生物的行为表型也受群体感应调节，如金华火腿的优势腐败菌葡萄球菌通过 AI-2/LuxS 调控其氨基酸代谢、脂肪代谢和醛类合成通路中的关键基因，影响着火腿风味物质的产生。经过加热的熟肉制品一般不含微生物，若加热不彻底残留的芽孢菌是熟肉制品的安全隐患，芽孢杆菌具有类似 Agr 的群体感应系统。腌制肉中出现的酵母菌，一般包括假丝酵母、德巴利酵母和球拟酵母等，关于其群体感应现象的研究还相对较少。

（二）水产品中腐败微生物的群体感应

水产品具有与肉制品相似的营养特征，含有丰富的蛋白质、氨基酸、维生素等，是适合微生物生存的良好培养基，因此，水产品在加工、销售、储藏过程中极易因微生物繁殖而腐败变质。

海水鱼虾在低温保藏过程中的腐败菌主要为希瓦氏菌属，尤其是波罗的海希瓦氏菌和腐败希瓦氏菌在变质的水产品中出现得最多，它们在大黄鱼、大菱鲆和对虾中都起着重要的致腐作用。希瓦氏菌能生

成冷激蛋白，可以调节细胞膜的结构和流动性使其适应低温环境，可以利用海水鱼中的氧化三甲胺作为电子受体，将氧化三甲胺分解为三甲胺、二甲胺和甲醛，产生腥臭味。此外，希瓦氏菌还具有产 H_2S 的能力，加速食品腐败变质。目前研究者在希瓦氏菌中检出过 AHLs、AI-2 和环肽类群体感应信号分子，三类信号分子的浓度均随着细菌密度的增加而升高。水产品源希瓦氏菌的 AHLs 分泌能力具有一定的个体差异性，从对虾中分离的波罗的海希瓦氏菌和腐败希瓦氏菌，利用报告菌株无法检测到 AHLs；大黄鱼中分离的波罗的海希瓦氏菌，利用液相色谱 - 质谱联用技术检测到了 9 种 AHLs。因为 AHLs 在食品体系的浓度一般较低，难以达到仪器设备的检测限，因此，对于 AHLs 的检测方法也还需进一步改进。

　　希瓦氏菌基因组中往往具有多个 LuxR 同源的群体感应受体蛋白，从冷藏对虾中分离的希瓦氏菌不能产生 AHLs，却能利用 LuxR 感受其他腐败菌产生的 AHLs，调控着自身的生长代谢和胞外酶产生。希瓦氏菌还分泌多种环二肽作为信号分子，主要包括环 -（L- 亮氨酸 -L- 亮氨酸）、环 -（L- 脯氨酸 -L- 苯丙氨酸）和环 -（L- 脯氨酸 -L- 亮氨酸）等，LuxR 可作为环二肽的受体蛋白，调控希瓦氏菌生物膜形成、三甲胺产生等。外源添加环二肽可以促进冷藏对虾和大黄鱼腐败代谢产物的增加。虽然大部分水产品源希瓦氏菌都具有 AI-2/LuxS 群体感应系统，但研究者发现其在希瓦氏菌生理调节中发挥的作用不大，外源添加 AI-2 对希瓦氏菌腐胺和挥发性盐基氮产生、生物膜形成等致腐表型均没有显著影响。因此，AI-2 类群体感应系统在希瓦氏菌的致腐能力上发挥的作用有待进一步研究。

　　弧菌具有一定嗜盐性和耐冷性，是海水鱼贝类冷藏过程中常见的腐败菌。弧菌属的群体感应研究较早，目前费氏弧菌、哈维氏弧菌、霍乱弧菌和副溶血弧菌的群体感应系统已较为清楚，弧菌中往往包含多个群体感应系统。如经常污染海产品的副溶血弧菌中包含 AHLs 型、AI-2 型以及弧菌属间特有的 CAI-1 群体感应信号分子等，调控着副溶血弧菌的毒力基因、溶血素等致病因子表达。

　　淡水鱼的腐败微生物主要有假单胞菌、气单胞菌和短杆菌属等。荧光假单胞菌是淡水鱼中常见的腐败菌，能分泌胞外蛋白酶、脂肪酶和卵磷脂酶等，具有较强的分解蛋白质能力。荧光假单胞菌主要有 AHLs 型群体感应系统，主要分泌 C4-HSL、C10-HSL 和 C14-HSL，其中 C4-HSL 发挥作用更大，C4-HSL 能够促进荧光假单胞菌生物膜形成、胞外多糖和腐败代谢产物产生。有研究者从大黄鱼中分离的荧光假单胞菌培养液中检测到环 -（L- 脯氨酸 -L- 亮氨酸）和环 -（L- 脯氨酸 -L- 苯丙氨酸）等环肽类信号分子，但其产生途径尚不清楚。水产品中分离的荧光假单胞菌中尚没有 LuxS/AI-2 群体感应系统的报道。淡水鱼中分离的其他种类的假单胞菌也有群体感应现象，如嗜冷假单胞菌产生的 C4-HSL 调控细菌蛋白酶、脂肪酶分泌和生物膜形成。假单胞菌属的群体感应系统存在较大的菌种差异性，莓实假单胞菌具有较强的蛋白酶分泌活性，并且在低温环境生长迅速，但是，莓实假单胞菌中没有检测到 AHLs。

　　气单胞菌属也是水产品中常见的腐败菌，从 4℃冷藏的腐败草鱼中分离的气单胞菌，大多数能检测到 AHLs 类信号分子；从发酵鱼糜中分离的维氏气单胞菌可以产生四种 AHLs，其中 C8-HSL 活性最高，且具有调控维氏气单胞菌产腐胺和挥发性盐基氮的能力以及生物膜形成等腐败表型特征。气单胞菌属分泌的 AHLs 活性较为稳定，对虾和鱼肉培养基质对气单胞菌 AHLs 的产生一般没有影响。从地表水中分离的嗜水气单胞菌除了具有 AHLs 活性，还检测到 AI-2 信号分子，但目前水产品源气单胞菌属的群体感应研究多集中在 AHLs 系统，关于 AI-2 的报道较少。

海产品中分离的蜂房哈夫尼菌也有 AHLs 群体感应活性，真空包装鱼酱中分离的蜂房哈夫尼菌能产生 3-oxo-C6-HSL 和 3-oxo-C8-HSL 类信号分子，即食海参中分离的蜂房哈夫尼菌也有 C4-HSL、C6-HSL 和 3-oxo-C8-HSL 活性，高盐度可促进 AHLs 的分泌，果糖作为碳源、硫酸铵作为氮源可增加 AHLs 的产生，C4-HSL 调控着蜂房哈夫尼菌的群集运动和生物膜形成。食品源含硫化合物（如二烯丙基二硫醚）可以抑制蜂房哈夫尼菌的群体感应系统，从而降低蜂房哈夫尼菌的生物膜形成和群集运动。大菱鲆和海鲈鱼中分离的蜂房哈夫尼菌均具有 AHLs 活性。水产品源蜂房哈夫尼菌产生的 AHLs 种类虽然存在细菌个体间的差异，但 AHLs 均参与了蜂房哈夫尼菌致腐表型特征的调控。

乳酸菌主要分泌用于种间交流的 AI-2 型和用于种内交流的自诱导肽类群体感应信号分子。乳酸菌对人体的多种益生功能早已被证实，目前利用乳酸菌对水产品进行保藏的研究日渐增多。乳酸菌可以利用群体感应系统提高有益物质的产生，从而抑制水产品中的腐败菌，起到延长保质期的作用。如植物乳杆菌和乳酸乳球菌的群体感应调控其细菌素的合成（图 11-9），乳酸菌群体感应还能调节其在肠道中的定殖能力和在食品中的存活能力等。

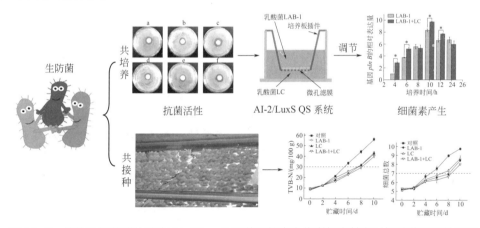

图 11-9　植物乳杆菌群体感应 AI-2/LuxS 系统调控自身代谢与南美白对虾贮藏品质效果图

（三）果蔬类中腐败微生物的群体感应

水果和蔬菜中含有大量的水分、糖类、纤维素及少量的蛋白质。大多数水果的 pH 值在 4.5 以下，而蔬菜的 pH 一般为 5.0 ～ 7.0。果蔬表面因直接与外界环境接触，污染了大量微生物，当果蔬表皮和表皮外的蜡质层受到机械损伤后，微生物便会通过伤口处入侵内部，微生物通过分泌胞外酶（纤维素酶、果胶酶等）分解果蔬中的营养物质满足自身生长繁殖，也造成了果蔬的腐烂变质。引起果蔬腐败的微生物主要有霉菌、酵母菌和少数细菌。霉菌进入果蔬组织中后，首先破坏果蔬细胞壁的纤维素，进而分解细胞的果胶质、蛋白质、糖类等产生简单的物质，然后酵母菌和细菌开始大量繁殖，进一步分解果蔬内的营养物质，从而造成果蔬表面出现深色斑点、组织变软、凹陷，产生不同的酸味和酒味等。

蔬菜的 pH 较高，更易受细菌侵染，造成蔬菜腐败变质的细菌主要是欧文氏菌属和假单胞菌属。欧文

氏菌属产生的果胶酶、纤维素酶和蛋白酶渗入到蔬菜组织后，有助于细菌定殖到蔬菜内部进一步生长繁殖；假单胞菌主要分泌果胶酶、蛋白酶和脂肪酶。这些胞外酶的分泌均受到群体感应的调节，如欧文氏菌分泌的 3-oxo-C6-HSL 调节其纤维素酶活性。造成黄瓜腐败的沙雷氏菌通过产生 C4-HSL 调控其胞外脂肪酶和 PartA 金属蛋白酶的分泌。对果蔬威胁最大的真菌是灰霉，研究者发现，3-oxo-C14-HSL 处理会使番茄产生大量活性氧，保持较高的过氧化物酶和超氧化物歧化酶活性，诱导番茄对灰霉的抗性。

与环境相关的蔬菜上一些嗜冷菌如肠炎耶尔森氏菌、嗜水气单胞菌，如在蔬菜的生长、加工、贮运过程中不注意也会导致蔬菜致病。这些食源性致病菌的致病因子也与群体感应密切相关。

（四）乳及乳制品中腐败微生物的群体感应

乳中含有非常丰富的营养物质，而且营养成分比例适当，主要由水、脂肪、蛋白质和乳糖组成，适合大多数微生物生长繁殖，因此乳及其制品极易腐败。牛奶中的微生物一般来源于乳牛的乳房内部、乳头外侧和牛奶处理设备。鲜乳中本身含有 $10^2 \sim 10^3$CFU/mL 的细菌数，包含细菌、酵母和少数霉菌，鲜乳中含有的溶菌酶、乳酸链球菌素等抑菌物质，可以使鲜乳在室温下放置约 12h 不变质。随着抑菌物质的减少，微生物开始分解乳中的蛋白质和乳糖，使得乳出现变味变酸等特征。

牛奶在挤出后一般立即低温储存，用冷藏车运输，整个过程温度一般低于 7℃，因此，只有嗜冷微生物可以繁殖。原料乳中常见的嗜冷微生物主要有假单胞菌、不动杆菌属、黄杆菌、产碱菌属等。在原料乳和巴氏杀菌乳中的假单胞菌主要为荧光假单胞菌和莓实假单胞菌，它们较强的胞外蛋白酶和脂肪酶分泌能力给乳制品产业造成很大威胁，胞外酶的产生受到 AHLs 群体感应影响。经高温处理后，牛奶中基本不含微生物；较温和的巴氏杀菌处理后，虽然革兰氏阳性菌不能存活，而某些革兰氏阴性菌如假单胞菌、不动杆菌和嗜冷杆菌仍会残留，因此，巴氏消毒牛奶冷藏保质期只有 7 ~ 10d。不动杆菌广泛分布在潮湿环境如水体和土壤中，不动杆菌可以利用 AHLs 群体感应系统调节其生物膜的形成，增加了细菌的清除难度。

（五）其他食品中腐败微生物的群体感应

谷物在收获、贮藏过程中涉及的微生物主要是霉菌，当谷物中水分活度较低时，大部分霉菌可被抑制。粮食感染霉菌后不仅降低了营养价值，有些霉菌还能产生具有毒性作用的真菌毒素。其中黄曲霉是粮食类食品中最常见的真菌，可以利用氧脂素作为信号分子调节其菌核、孢子及黄曲霉毒素的产生，当细胞密度升高时，菌核减少，分生孢子增加。

（六）食品加工设备中细菌的群体感应

微生物在生长过程中，会利用分泌的多糖、脂蛋白等胞外物质将自身包裹，聚集在一起形成一种特殊的细菌群落，称为生物膜。生物膜与浮游微生物是两种截然不同的生理状态，生物膜增强了细菌抵抗外界环境的能力，有利于自身生长。自然界中，大约 90% 的微生物都以生物膜的状态存在。研究发现，细菌生物膜的形成与群体感应有密切关系，生物膜状态中的细菌之间也是通过群体感应信号分子进行交流。

食品工业化生产中，常用加工设备一般由不锈钢、橡胶、塑料、聚四氟乙烯和尼龙等材质制成，食品中常见的腐败菌和食源性致病菌大多可以在这些设备表面或内壁形成生物膜。生物膜一旦形成，会使细菌对化学杀菌剂的抵抗力增加，传统的消毒剂、紫外线等方法常常难以将其清除。如乳制品加工过程中，生产设备中腐败菌和致病菌形成的生物膜会造成乳制品的腐败、食源性致病菌的传播以及对加工设备的损耗等，给乳制品行业带来巨大安全隐患。

群体感应在细菌生物膜的形成过程中发挥着重要作用，如气单胞菌利用 C4-HSL 调节胞外多糖和聚集力相关基因，促进了生物膜的形成；C4-HSL 合成基因敲除后，生物膜的形成能力大大减弱。目前发现假单胞菌、不动杆菌均能利用 AHLs 群体感应系统调控生物膜的形成；食品源致病菌金黄色葡萄球菌、单核增生李斯特氏菌中的 Agr 系统和 AI-2/LuxS 系统与生物膜形成也存在密切联系。环肽等信号分子也可以参与调控假单胞菌和希瓦氏菌这两种主要食品腐败菌的生物膜形成。因此，以群体感应为靶点，可为细菌生物膜的清除提供新思路。

 概念检查 11.2

○ 细菌的群体感应分为哪几类？

三、细菌群体感应抑制技术

（一）群体感应抑制剂概述

群体感应抑制剂（quorum sensing inhibitors，QSI），又称为群体感应淬灭剂，最早发现于海洋红藻中。QSI 是一类能够阻断微生物群体感应系统，干扰微生物代谢的小分子物质。QSI 与传统的杀菌剂不同，它并不会杀死微生物，而是通过调节其代谢特征来干扰微生物的致腐致病因子的表达、生物被膜形成、抗生素合成和生物发光等，以减缓特定食品的腐败速度，延长其货架期。QSI 既可以降低微生物的致病致腐特性，又可以避免微生物产生抗性，因此，阻断微生物群体感应系统是一种新型的食品保鲜方法。QSI 为控制食品品质、延长食品货架期提供了新思路，是一种具有广泛应用前景食品防腐剂和保鲜剂。

（二）群体感应抑制剂的作用机理

当信号分子浓度达到一定阈值时，信号分子被受体蛋白结合，群体感应便会发生，从而调控微生物的多种行为特征。因此，根据 QSI 的作用靶点，QSI 的作用机理主要有以下三种：

1. 抑制信号分子的合成

一类 QSI 通过抑制微生物群体感应系统中相关酶的活性、消除底物、抑制信号分子前体合成或添加

前体物质类似物等方法干预信号分子合成过程，从而降低环境中信号分子的浓度，阻断群体感应的发生。如白藜芦醇可以抑制环二肽类信号分子的合成，S-腺苷甲硫氨酸及其类似物可以阻断 AHLs 的合成，肉桂醛及其衍生物通过抑制 S-腺苷同型半胱氨酸核苷酶的活性阻碍 AI-2 的生成，这些 QSI 均是通过抑制信号分子的合成而抑制菌体感应的发生。抑制信号分子合成是 QSI 发挥作用的重要机制，也是开发 QSI 的重要理论依据。

2. 降解信号分子

一些有信号分子降解活性的化学物质、降解菌和淬灭酶能够将环境中已经合成的信号分子降解或失活，从而降低环境中信号分子的浓度，干扰群体感应的发生发展。如碱性化学物质能够使 AHLs 类信号分子的内酯环打开，使其失去活性；微生物分泌的内酯酶和 AHLs 脱酰基酶能直接降解 AHLs，对氧磷酶和氧化还原酶将信号分子中的羰基还原使其失活，芽孢杆菌属和假单胞菌属都能作为降解菌降解环境中的 AHLs 信号分子。

3. 干扰信号分子与受体蛋白结合

信号分子与受体蛋白结合后激活下游基因的表达，是群体感应调控微生物代谢的关键一步。因此，降低受体蛋白活性或添加信号分子类似物，通过竞争信号分子结合位点干扰群体感应的发展进程。卤代呋喃酮类 QSI 通过干扰 AHLs 类信号分子与受体蛋白 LuxR 的结合，从而影响革兰氏阴性菌的群体感应系统；丙基 -DPD 和丁基 -DPD 通过竞争结合位点抑制沙门氏菌的 AI-2 群体感应系统；肉桂醛和短链脂肪、L/D-S-腺苷高半胱氨酸和丁酰 -S-腺苷蛋氨酸等都是通过竞争结合位点的方式发挥 QSI 的作用。

（三）群体感应抑制剂的分类

群体感应抑制剂一般也具有一定的抑菌或杀菌效果，但因为 QSI 发挥作用的本质是通过阻断群体感应的传播途径，从而利用微生物本身的交流机制调控相应的生理活动，因此，群体感应抑制剂发挥作用的浓度一般低于最小抑菌浓度，是在不抑制微生物生长繁殖的剂量下发挥作用。

QSI 的分类方法主要有两种：一是根据其化学性质分类，可分为肽类 QSI（主要为降解酶或抑菌肽）和非肽类 QSI；二是根据其来源分类，可分为化学合成的 QSI 和从天然产物中提取的 QSI，其中从天然产物中提取是 QSI 的主要来源。

1. 天然产物中的群体感应抑制剂

植物源群体感应抑制剂：植物提取物具有安全、绿色、来源广等优点，为其在食品中的应用提供了有利条件。目前在柚子皮（图 11-10）、花椒、大豆、大蒜、睡莲、番茄、豆苗、豆芽、甘菊、香草、海藻、冠花、芒果叶和中药材等天然植物中已提取出 QSI，而且大多数天然提取物均具有一定的抑菌活性。

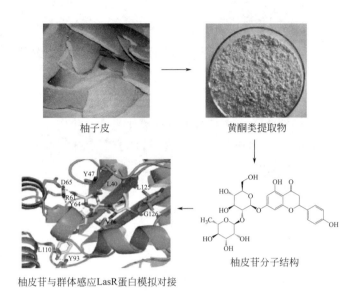

柚子皮

黄酮类提取物

柚皮苷与群体感应LasR蛋白模拟对接

柚皮苷分子结构

图 11-10　柚子皮中的柚皮苷与群体感应蛋白受体蛋白的分子对接示意图

天然植物提取 QSI 的有效成分一般为多酚、类黄酮、肉桂醛、香芹酚、大蒜素、皂苷、白藜芦醇、醛类等已知活性物质或降解酶。天然提取的 QSI 通过抑制腐败菌生物被膜的形成、胞外蛋白酶的分泌、群集运动、黏附性等代谢特征，干扰腐败菌的生长繁殖，抑制其致腐能力。

微生物也是天然提取 QSI 的重要来源之一。一些细菌和真菌体内含有能够降解信号分子的酶，如在枯草芽孢杆菌中含有能够淬灭 AHLs 类信号分子的 *aiiA* 基因；荧光假单胞菌含有 *hacA* 和 *hacB* 两段信号分子淬灭基因；另外，不动杆菌、变形杆菌和节杆菌也能够淬灭 AHLs 类信号分子。放线菌的提取物也有抑制 AHLs 介导群体感应的效果。

动物源 QSI 研究得较少，但是动物及其产品中确实存在 QSI。动物产品蜂蜜提取物能够降解 AHLs 类信号分子和抑制生物被膜的形成，牛肉的提取物能够抑制 AI-2 介导的群体感应。

常见天然 QSI 的来源及其抑菌作用见表 11-2。

表 11-2　常见天然 QSI 及其抑菌作用

QSI	抑制腐败菌	抑制效果	QSI 来源
多酚 类黄酮	希瓦氏菌 嗜水气单胞菌	抑制蛋白酶分泌 抑制生物膜形成 抑制群集运动 抑制三甲胺的形成	海洋藻类 芒果叶 八角 绿茶
肉桂醛	希瓦氏菌 荧光假单胞菌	抑制蛋白酶分泌 抑制生物膜形成	肉桂
香芹酚 水杨酸	荧光假单胞菌 胡萝卜软腐欧文氏菌	抑制蛋白酶活性 抑制生物膜形成	百里香 牛至
白藜芦醇	希瓦氏菌	抑制 DKPs 的分泌	
玫瑰、薄荷精油	荧光假单胞菌 嗜水气单胞菌	抑制生物膜形成 抑制群集运动	玫瑰 薄荷
水或醇提物	嗜水气单胞菌 胡萝卜软腐欧文氏菌	抑制生物膜 抑制蛋白酶分泌 降解 AHLs	花椒
蜂蜜提取物	嗜水气单胞菌	降解 AHLs 抑制生物膜形成	蜂蜜
放线菌提取物	腐败希瓦氏菌 蜡样芽孢杆菌	抑制生物膜形成	放线菌

QSI 在实际应用时，一般是几种 QSI 复合使用，几种作用机理相互协同，共同发挥作用，以发挥最佳的抑制效果，延长食品货架期。

2. 化学合成的 QSI

化学合成 QSI 具有可以规模化生产、化学结构可以改造等优点。化学合成 QSI 的主要方法是以现有的信号分子或 QSI 的分子结构为模板，用化学方法进行结构改造，使其成为信号分子类似物或提高抑制活性。由于群体感应系统的不同，信号分子之间可以互为类似物，例如羟基高丝氨酸内酯可能是同侧链长度的酰基高丝氨酸内酯的类似物，前者是某些细菌的信号分子，对其他细菌则可能是抑制剂。

四、群体感应抑制剂在食品保藏中的应用

QSI 能够有效抑制微生物致病致腐基因的表达，最早在海洋红藻中发现的卤代呋喃酮类小分子物质是已知具有较高活性的 QSI。溴化呋喃酮能够有效地抑制细菌 AHLs 和 AI-2 活性，降低弧菌毒力的表达和对幼虾、虹鳟鱼的致病能力，降低假单胞菌胞外蛋白酶活性和生物膜的黏附性。溴化呋喃酮及其类似物的作用靶点为 LuxR、LasI、RhlI 等受体蛋白，主要通过阻碍受体蛋白与启动子的结合而干涉 QS 系统，进而调控毒力因子的表达。但是，溴化呋喃酮的不稳定性和不安全性限制了它在食品加工中的应用。

肉桂醛及其衍生物在亚抑菌浓度时对弧菌 AI-2 有较高的抑制活性，其抑制机理和溴化呋喃酮类似，以受体蛋白配体的形式干扰 LuxR 的结合活性，但对假单胞菌 LasR 受体蛋白表达的影响较小。肉桂醛处理的南美白对虾，其品质得到良好维持，保质期延长。肉桂醛是一种常见的保鲜剂和食品添加剂，食用安全性高，可以在食品工业中推广应用。

白藜芦醇广泛存在于果蔬中，其抑制群体感应的机理之一是抑制二酮哌嗪类信号分子的分泌。白藜芦醇在亚抑菌浓度时能够抑制波罗的海希瓦氏菌的生物膜形成、胞外蛋白酶分泌和群集运动能力。浓度为 100μg/mL 的白藜芦醇能够显著抑制波罗的海希瓦氏菌在灭菌鱼汁中的致腐能力。作为 QSI，白藜芦醇还能够抑制蜂房哈夫尼菌的游动能力和生物膜形成，可以显著延长冷藏鱿鱼和果蔬的货架期。

目前，天然植物的水或醇粗提物（有效成分一般为多酚、醛类、类黄酮）等是在保鲜领域应用最广的 QSI。载有 PLA- 没食子酸丙酯和 PCL- 表儿茶素等 QSI 的纺丝纤维，在没有抑制细菌生长的前提下对冷藏三文鱼片的品质有显著保护作用。香兰素能延长冷藏大菱鲆鱼片的货架期 2 ~ 3d。粗提物易制备、成本低廉，为其在食品中的应用提供了有利条件。但存在成分复杂、作用机理不清楚等缺点。

QSI 在食品中的应用还处在摸索阶段，主要在实验室开展应用研究。研究人员正在尝试将 QSI 应用于食品保鲜，但存在成分复杂、效果不稳定、成本较高等问题。

参考文献

[1]　戴妍, 范蓓, 卢嘉, 等.高密度CO₂杀菌蛋清液贮藏期间抗氧化物活性以及过敏源特性变化分析[J].食品工业科技, 2016, 12: 113-121.

[2]　董汝月, 常晶, 史国萃, 等. 生物膜降解酶对304不锈钢上副溶血弧菌生物膜形成的抑制作用研究[J]. 现代食品科技, 2020, 4: 150-156.

[3]　顾丰颖, 卢嘉, 王晓拓, 等. 高密度二氧化碳技术的杀菌机制及其在食品工业中的应用[J]. 中国农业科技导报, 2013, 6: 162-166.

[4]　郭明慧. 高密度CO₂诱导凡纳滨对虾肌球蛋白高级结构的变化及其与凝胶强度的相关性[D]. 湛江: 广东海洋大学, 2016.

[5]　郝磊勇, 李汴生, 阮征, 等. 高压与热结合处理对鱼糜凝胶质构特性的影响[J]. 食品与发酵工业, 2005, 31 (7): 35-38.

[6]　吉艳艳. 群体感应信号降解酶产生菌的筛选、相关基因的克隆及其对细菌性软腐病防治研究[D]. 扬州: 扬州大学, 2016.

[7]　贾洪锋.食品微生物[M]. 重庆: 重庆大学出版社, 2015.

[8]　李渐鹏. 乳酸菌AI-2/LuxS群体感应系统对冷藏凡纳滨对虾腐败的调控机制[D]. 青岛: 中国海洋大学, 2019.

[9]　李靖, 王嘉祥, 陈欢, 等.超高压与热杀菌对刺梨汁贮藏期品质的影响[J].食品科学, 2021.

[10]　李立, 孙智慧, 苗卿华, 等.超高压加工技术在食品工业中应用的研究进展[J].食品工业科技, 2021, 42(6): 337-342.

[11]　李平兰. 食品微生物学教程[M]. 北京: 中国林业出版社, 2019.

[12]　廖红梅, 周林燕, 廖小军, 等.高密度二氧化碳对牛初乳的杀菌效果及对理化性质影响[J]. 农业工程学报, 2009, 4: 260-264.

[13]　刘芳坊, 苗敬, 刘毅, 等. 高密度CO₂处理对冷却肉的杀菌效果及理化指标的影响[J].农产品加工(学刊), 2011, 7: 15-22.

[14]　刘宇. 己醛联合香叶醇协同抑制荧光假单胞菌群体感应的研究[D]. 无锡: 江南大学, 2021.

[15]　马海乐, 吴琼英, 高梦祥, 等. 微生物不同生长期及介质参数对脉冲磁场杀菌效果的影响[J]. 农业工程学报, 2004, 5: 215-217.

[16]　南霞, 张超, 马越, 等. 高密度二氧化碳技术生产苹果浆工艺的优化[J].食品工业科技, 2016, 22: 259-263.

[17]　邱伟芬, 江汉湖. 食品超高压杀菌技术及其研究进展[J].食品科学, 2001, 22(5): 81-85.

[18]　任国艳, 宋娅, 康怀彬, 等.高密度CO₂处理提取鲵皮胶原蛋白的工艺优化[J]. 食品科学, 2017, 16: 198-204.

[19]　石慧, 陈启和. 食品分子微生物学[M]. 北京: 中国农业大学出版社 , 2019.

[20]　孙新, 赵晓燕, 马越, 等. 高密度二氧化碳处理对鲜切苦瓜品质的影响[J].食品工业科技, 2016, 19: 320-323, 329.

[21]　王岁楼, 吴晓宗, 郝莉花, 等. (超)高压对微生物的影响及其诱变效应探讨[J]. 微生物学报, 2005, 45(6): 970-973.

[22]　王永涛. 超高压对紫甘薯汁杀菌、安全性及品质影响研究[D]. 北京: 中国农业大学, 2013: 36-57.

[23]　吴平, 曾义, 王薇薇, 等.格氏李斯特菌脉冲磁场杀菌效果研究[J].食品工业科技, 2015, 7: 127-131.

[24]　吴文礼. 简明食品微生物学[M]. 北京: 中国农业科学技术出版社 , 2020.

[25]　徐怀德, 王云阳. 食品杀菌新技术[M]. 北京: 科学技术文献出版社, 2005.

[26]　闫文杰, 崔建云, 戴瑞彤, 等.高密度二氧化碳处理对冷却猪肉品质及理化性质的影响[J].农业工程学报, 2010, 7: 346-350.

[27]　袁磊. 原料奶中嗜冷菌的潜在危害研究——基于腐败特性及其生物被膜形成的角度[D]. 杭州: 浙江大学, 2019.

[28]　曾名湧.食品保藏原理与技术[M]. 2版. 北京: 化学工业出版社, 2014.

[29]　曾庆孝.食品加工与保藏原理[M]. 3版. 北京: 化学工业出版社, 2015.

[30]　张彩丽. 真空包装冷藏大菱鲆的菌相演变及其特定腐败菌群体感应的研究[D]. 青岛: 中国海洋大学, 2017.

[31]　张凡, 王永涛, 廖小军. 超高压升/卸压过程对杀菌效果的影响研究进展[J]. 中国食品学报, 2020, 20(5): 293-302.

[32]　张根生, 孙维宝, 岳晓霞, 刘欣慈, 徐 帆.超高压在冷藏肉类产品贮藏保鲜中的应用研究进展[J].肉类研究, 2020, 11: 84-88.

[33]　张华, 董月强, 袁博, 等. 高密度二氧化碳技术对鲜切莲藕贮藏品质的影响[J].食品工业, 2014, 3: 76-79.

[34]　张咪. 脉冲磁场致单核细胞增生李斯特菌失活的作用机制研究[D]. 镇江: 江苏大学, 2019.

[35]　张雪, 陈复生. 高压对食品基本成分影响的研究进展[J].食品工业科技, 2006, 1: 210-213.

[36] 张颖. 己醛对蔬菜腐败菌群体感应抑制作用研究[D]. 无锡: 江南大学, 2019.

[37] 赵宏强, 蓝蔚青, 刘书成, 孙晓红, 谢晶. 超高压处理对冷藏鲈鱼片细菌群落结构的影响.中国食品学报, 2020, 2: 255-262.

[38] 赵晋府. 食品技术原理[M]. 北京: 中国轻工业出版社, 2002.

[39] 钟秀霞, 李汴生, 李琳, 等. 压致升温及其对超高压下微生物失活的影响[J]. 食品工业科技, 2006, 27(6): 179-182.

[40] 周家春.食品工艺学[M]. 北京: 化学工业出版社, 2003.

[41] 周学府, 郑远荣, 刘振民, 等. 高密度二氧化碳对食品中蛋白质结构及其加工特性影响研究进展[J]. 乳品科学与技术, 2020, 1: 39-44.

[42] 朱素芹. 冷藏凡纳滨对虾特定腐败菌群体感应现象与致腐能力的研究[D]. 青岛: 中国海洋大学, 2015.

[43] Aadil R M, Zeng X A, Ali A, et al. Influence of different pulsed electric field strengths on the quality of the grapefruit juice[J]. International Journal of Food Science & Technology, 2015, 10: 2290-2296.

[44] Agregán R, Munekata P E S, Zhang W, et al. High-pressure processing in inactivation of *Salmonella* spp. in food products[J]. Trends in Food Science & Technology, 2021, 107: 31-37.

[45] Alirezalu K, Munekata P E S, Parniakov O, et al. Pulsed electric field and mild heating for milk processing: A review on recent advances[J]. Journal of the Science of Food and Agriculture, 2020, 1: 16-24.

[46] Bansal V, Sharma A, Ghanshyam C, et al. Influence of pulsed electric field and heat treatment on *Emblica officinalis* juice inoculated with *Zygosaccharomyces bailii*[J]. Food and Bioproducts Processing, 2015, 95: 146-154.

[47] Bhat Z F, Morton J D, Mason S L, et al. Current and future prospects for the use of pulsed electric field in the meat industry[J]. Critical Reviews in Food Science and Nutrition, 2019, 10: 1660-1674.

[48] Bi X, Liu F, Rao L, et al. Effects of electric field strength and pulse rise time on physicochemical and sensory properties of apple juice by pulsed electric field[J]. Innovative Food Science & Emerging Technologies, 2013, 17: 85-92.

[49] Buckow R, Ng S, Toepfl S. Pulsed electric field processing of orange juice: a review on microbial, enzymatic, nutritional, and sensory quality and stability[J]. Comprehensive Reviews in Food Science and Food Safety, 2013, 5: 455-467.

[50] Cebrián G, Condón S, Mañas P. Influence of growth and treatment temperature on *Staphylococcus aureus* resistance to pulsed electric fields: relationship with membrane fluidity[J]. Innovative Food Science & Emerging Technologies, 2016, 37: 161-169.

[51] Chen B K, Chang C K, Cheng K C, et al. Using the response surface methodology to establish the optimal conditions for preserving bananas (*Musa acuminata*) in a pulsed electric field and to decrease browning induced by storage at a low temperature[J]. Food Packaging and Shelf Life, 2022.

[52] Crehan C M, Troy D J, Buckley D J. Effects of salt level and high hydrostatic pressure processing on frankfurters formulated with 1.5 and 2.5% salt[J]. Meat Science, 2000, 55: 123-130.

[53] Daniel F F. A short history of research and development efforts leading to the commercialization of high-pressure processing of food[J].Food Engineering Series, 2016: 19-36.

[54] Ferrentino G, Spilimbergo S. Non-thermal pasteurization of apples in syrup with dense phase carbon dioxide[J]. Food Engineering, 2017, 8: 18-23.

[55] Fuqua W C, Winans S C, Greenberg E P. Quorum Sensing in Bacteria: The LuxR-LuxI family of cell density-responsive transcriptional regulators[J]. Journal of Bacteriology, 1994, 2: 269-275.

[56] Garcia-gonzalez L, Geeraerd A H, Spilimbergo S, et al. High pressure carbon dioxide inactivation of microorganisms in foods: the past, the present and the future[J]. International Journal of Food Microbiology, 2007, 1: 1-28.

[57] Goettel M, Eing C, Gusbeth C, et al. Pulsed electric field assisted extraction of intracellular valuables from microalgae[J]. Algal Research, 2013, 4: 401-408.

[58] González-Arenzana L, Portu J, López R, et al. Inactivation of wine-associated microbiota by continuous pulsed electric field treatments[J]. Innovative Food Science & Emerging Technologies, 2015, 29: 187-192.

[59] Guionet A, Fujiwara T, Sato H, et al. Pulsed electric fields act on tryptophan to inactivate α-amylase[J]. Journal of Electrostatics, 2021.

[60] Guo L, Azam S M R, Guo Y, et al. Germicidal efficacy of the pulsed magnetic field against pathogens and spoilage microorganisms in food processing: An overview[J]. Food Control, 2021.

[61] Guo M, Liu S, Ismail M, et al. Changes in the myosin secondary structure and shrimp surimi gel strength induced by dense phase carbon dioxide[J]. Food Chemistry, 2017, 227: 219-226.

[62] Huang H W, Wu S J, Lu J K, et al. Current status and future trends of high-pressure processing in food industry[J]. Food Control, 2017, 72: 1-8.

[63] Johansen P, Jespersen L. Impact of quorum sensing on the quality of fermented foods[J]. Current Opinion in Food Science, 2017, 13: 16-25.

[64] Juarez-Enriquez E, Salmeron-Ochoa I, Gutierrez-Mendez N, et al. Shelf life studies on apple juice pasteurised by ultrahigh hydrostatic pressure[J]. LWT-Food Science and Technology, 2015, 1: 915-919.

[65] Kannan S, Balakrishnan J, Govindasamy A. Listeria monocytogens-amended understanding of its pathogenesis with a complete picture of its membrane vesicles, quorum sensing, biofilm and invasion[J]. Microbial Pathogenesis, 2020.

[66] Kareb O, Ader M. Quorum Sensing Circuits in the Communicating Mechanisms of Bacteria and Its Implication in the Biosynthesis of Bacteriocins by Lactic Acid Bacteria: a Review[J]. Probiotics and Antimicrobial Proteins, 2019, 12(1): 5-17.

[67] Kou X H, Liu X P, Li J K, et al. Effects of ripening, 1-methylcyclopropene and ultra-high-pressure pasteurisation on the change of volatiles in Chinese pear cultivars[J]. Journal of the Science of Food and Agriculture, 2012, 92: 177-183.

[68] Kung H F, Lin C S, Liu S S, et al. High pressure processing extend the shelf life of milkfish flesh during refrigerated storage[J]. Food Control, 2022.

[69] Lal A M N, Prince M V, Kothakota A, et al. Pulsed electric field combined with microwave-assisted extraction of pectin polysaccharide from jackfruit waste[J]. Innovative Food Science and Emerging Technologies, 2021.

[70] Li J, Yang X, Shi G, et al. Cooperation of lactic acid bacteria regulated by the AI-2/LuxS system involved in the biopreservation of refrigerated shrimp[J]. Food Research International, 2019, 120: 679-687.

[71] Li M, Liu Q, Zhang W, et al. Evaluation of quality changes of differently formulated cloudy mixed juices during refrigerated storage after high pressure processing[J]. Current Research in Food Science, 2021, 4: 627-635.

[72] Li T, Wang D, Liu N, et al. Inhibition of quorum sensing-controlled virulence factors and biofilm formation in *Pseudomonas fluorescens* by cinnamaldehyde[J]. International Journal of Food Microbiology, 2018, 269: 98-106.

[73] Lin L, Wang X, He R, et al. Action mechanism of pulsed magnetic field against E. coli O157: H7 and its application in vegetable juice[J]. Food control, 2019, 95: 150-156.

[74] Liu C, Gu Z, Lin X, et al. Effects of high hydrostatic pressure (HHP) and storage temperature on bacterial counts, color change, fatty acids and non-volatile taste active compounds of oysters (*Crassostrea ariakensis*) [J]. Food Chemistry, 2022.

[75] Liu M, Chen A J, Wang Y, et al. Research on the pulsed magnetic field device for sterilization of fruit and vegetable equipment[J]. Telkomnika Indonesian Journal of Electrical Engineering, 2013, 4: 2084-2087.

[76] Liu X, Lendormi T, Le Fellic M, et al. Hygienization of mixed animal by-product using Pulsed Electric Field: Inactivation

kinetics modeling and recovery of indicator bacteria[J]. Chemical Engineering Journal, 2019, 368: 1-9.

[77] Liu Z, Pan Y, Li X, et al. Chemical composition, antimicrobial and anti-quorum sensing activities of pummelo peel flavonoid extract[J]. Industrial Crops and Products, 2017, 109: 862-868.

[78] Lu L, Li M, Yi G, et al. Screening strategies for quorum sensing inhibitors in combating bacterial infections[J]. Journal of Pharmaceutical Analysis, 2022.

[79] Marie J, Corne P, Gervais P, et al. A new design intended to relate high pressure treatment to yeast cell mass transfer[J]. Journal of Biotechnology, 1995, 41: 95-98.

[80] McAuley C M, Singh T K, Haro-Maza J F, et al. Microbiological and physicochemical stability of raw, pasteurised or pulsed electric field-treated milk[J]. Innovative Food Science & Emerging Technologies, 2016, 38: 365-373.

[81] Milani E A, Alkhafaji S, Silva F V M. Pulsed electric field continuous pasteurization of different types of beers[J]. Food Control, 2015, 50: 223-229.

[82] Mulya E, Waturangi D E. Screening and quantification of anti-quorum sensing and antibiofilm activity of *Actinomycetes* isolates against food spoilage biofilm-forming bacteria[J]. BMC Microbiology, 2021.

[83] Nealson K H, Platt T, Hastings J W. Cellular Control of the Synthesis and Activity of the Bacterial Luminescent System[J]. Journal of Bacteriology, 1970, 1: 313-322.

[84] Niu L J, Li D J, Liu C Q, et al. Quality changes of orange juice DPCD treatment[J]. Journal of Food Quality, 2019.

[85] Postma P R, Pataro G, Capitoli M, et al. Selective extraction of intracellular components from the microalga Chlorella vulgaris by combined pulsed electric field–temperature treatment[J]. Bioresource Technology, 2016, 203: 80-88.

[86] Rao W, Li X, Wang Z, et al. Dense phase carbon dioxide combined with mild heating induced myosin denaturation, texture improvement and gel properties of sausage[J]. Journal of Food Process Engineering, 2017.

[87] Robin A, Ghosh S, Gabay B, et al. Identifying critical parameters for extraction of carnosine and anserine from chicken meat with high voltage pulsed electric fields and water[J]. Innovative Food Science and Emerging Technologies, 2022.

[88] Shafat Khan, Keshavalu, Soumen Ghosh. Dense phase carbon dioxide: An emerging non thermal technology in food processing[J]. Physical Science International Journal, 2017.

[89] Shiferaw T N, Buckow R, Versteeg C. Quality-related enzymes in plant-based products: effects of novel food-processing technologies part 3: ultrasonic processing[J]. Critical Reviews in Food Science and Nutrition, 2015, 2: 147-158.

[90] Smelt J P. Recent advances in the microbiology of high pressure processing[J]. Trend in Food Science & Technology, 1998, 9: 152-158.

[91] Tang Y, Jiang Y, Jing P, et al. Dense phase carbon dioxide treatment of mango in syrup: Microbial and enzyme inactivation, and associated quality change[J]. Innovative Food Science & Emerging Technologies, 2021.

[92] Tao X, Chen J, Li L, et al. Influence of pulsed electric field on Escherichia coli and *Saccharomyces cerevisiae*[J]. International Journal of Food Properties, 2015, 7: 1416-1427.

[93] Wang L H, Wang M S, Zeng X A, et al. Membrane destruction and DNA binding of *Staphylococcus aureus* cells induced by carvacrol and its combined effect with a pulsed electric field[J]. Journal of Agricultural and Food Chemistry, 2016, 32: 6355-6363.

[94] Wen H H, Ping H C, Yi W C. Healthy expectations of high hydrostatic pressure treatment in food processing industry[J]. Journal of Food and Analysis, 2020, 1: 1-13.

[95] Yan L G, He L, Xi J. High intensity pulsed electric field as an innovative technique for extraction of bioactive compounds—A review[J]. Critical Reviews in Food Science and Nutrition, 2017, 13: 2877-2888.

[96] Yan W, Xie Y, Wang X, et al. The effect of dense phase carbon dioxide on the conformation of hemoglobin[J]. Food Research International, 2018, 106: 885-891.

[97] Yan W, Xu B, Jia F, et al. The effect of high-pressure carbon dioxide on the skeletal muscle myoglobin[J]. Food and Bioprocess Technology, 2016, 10: 1716-1723.

[98] Ye M, Lingham T, Huang Y, et al. Effects of high-hydrostatic pressure on inactivation of human norovirus and physical and sensory characteristics of oysters[J]. Journal of Food Science, 2015, 80(6), M1330-1335.

[99] Yogesh K. Pulsed electric field processing of egg products: a review[J]. Journal of Food Science and Technology, 2016, 2: 934-945.

[100] Zhang Y, Kong J, Huang F, et al. Hexanal as a QS inhibitor of extracellular enzyme activity of *Erwinia carotovora* and *Pseudomonas fluorescens* and its application in vegetables[J]. Food Chemistry, 2018, 255: 1-7.

[101] Zhang Y, Kong J, Xie Y, et al. Essential oil components inhibit biofilm formation in *Erwinia carotovora* and *Pseudomonas fluorescens* via anti-quorum sensing activity[J]. LWT-Food Science and Technology, 2018, 92: 133-139.

[102] Zhu J, Zhang Y, Deng J, et al. Diketopiperazines synthesis gene in *Shewanella baltica* and roles of diketopiperazines and resveratrol in quorum sensing[J]. Journal of Agricultural and Food Chemistry, 2019, 43: 12013-12025.

[103] Zhu S, Wu H, Zeng M, et al. The involvement of bacterial quorum sensing in the spoilage of refrigerated *Litopenaeus vannamei*[J]. International Journal of Food Microbiology, 2015, 192: 26-33.

[104] Zhuang S, Hong H, Zhang L, et al. Spoilage‐related microbiota in fish and crustaceans during storage: Research progress and future trends[J]. Comprehensive Reviews in Food Science and Food Safety, 2021, 1: 252-288.

 总结

○ 超高压处理技术对食品中的微生物及品质的影响

- 超高压处理影响食品的变质因子及其作用。超高压处理改变微生物的细胞形态结构，导致细胞体积减小，外形变长，细胞壁脱离细胞质膜，并影响细胞膜的通透性，增加细胞内容物的流失，造成细胞膜的物理特性损坏；高压处理可对微生物酶起到钝化作用，并抑制食品中的生物化学反应等。

- 超高压处理影响食品品质。超高压处理对蛋白质、淀粉和脂类的影响较大，可破坏大分子物质的高级结构，促进蛋白质变性凝固、淀粉糊化和脂肪固化，但对食品中的风味物质、维生素、色素及各种小分子物质的天然结构几乎没有影响，可最大限度保持食品的生鲜风味。

○ 影响超高压杀菌效果的主要因素

- 影响超高压杀菌的因素较多，温度、pH、水分活度、微生物生长阶段、食品本身成分组成和添加物、加压方式、压力大小和加压时间等均影响其杀菌效果。

- 提高或降低超高压杀菌的温度和 pH，在微生物对数生长期处理，增加水分活度，提高杀菌压力和延长杀菌时间可提升超高压杀菌效果。

○ 脉冲电场对微生物的作用及其影响因素

- 脉冲电场可直接杀灭微生物，也可使微生物芽孢失活，从而控制微生物对食品的致腐作用。

- 脉冲电场对微生物作用的影响因素有电场强度和作用时间、脉冲波形与极性、微生物的生长期、微生物种类和菌落数量以及食品原料的温度和电特性等。

○ 高密度二氧化碳杀菌的主要原理

- 高密度二氧化碳杀菌技术是在温度低于 60 ℃、压力 5 ~ 50 MPa 条件下处理物料，利用压力和

CO_2 的分子效应形成高压和酸性环境杀灭微生物的方法。

- 高密度二氧化碳杀菌的可能机制包括降低溶液和细胞质液的 pH 值、对细胞造成物理破坏、导致细胞内容物渗漏、导致蛋白质变性和沉淀等的一种或几种。

○ 细菌群体感应分类

- 细菌群体感应系统主要包括革兰氏阴性菌中 *N-* 酰基高丝氨酸内酯介导的 LuxI/LuxR 系统、革兰氏阳性菌中寡肽介导的双组分系统以及革兰氏阴性菌和革兰氏阳性菌中都存在的 AI-2/LuxS 系统等。

○ 细菌群体感应抑制剂与作用途径

- 群体感应抑制剂是一类通过阻断微生物群体感应系统来干扰微生物代谢的小分子物质。群体感应抑制剂与传统的杀菌剂不同，它并不会杀死微生物，而是通过调节其代谢特征来干扰微生物的致腐致病因子表达、生物被膜形成等行为，抑制和减缓微生物的作用效果。
- 群体感应抑制剂的作用途径主要包括抑制信号分子的合成、干扰信号分子与受体蛋白结合等。

课后练习

一、判断正误题

1. 高压杀菌时，压力越大，杀菌时间越短。（　　　）

2. 超高压处理容器通过空气的压缩而产生压力。（　　　）

3. 超高压处理对食品成分没有显著影响。（　　　）

二、选择题

1. 高密度二氧化碳处理，可导致（　　　）。
    A. 溶液和细胞质液的 pH 值降低　　　　B. 细胞被物理性破坏
    C. 细胞内容物渗漏　　　　　　　　　　D. 蛋白质变性或沉淀

2. 高密度二氧化碳杀菌技术属于（　　　）。
    A. 物理杀菌　　　B. 化学杀菌　　　C. 生物杀菌　　　D. 巴氏杀菌

3. 连续式高密度二氧化碳杀菌设备最大的特点是（　　　）。
    A. CO_2 先流进设备　　　　　　　　B. 样品先流进设备
    C. 无所谓 CO_2 和样品哪一个先流进设备
    D. CO_2 和样品混合并同时流进设备

三、问答题

1. 高压脉冲电场杀菌的原理是什么？

2. 高压脉冲磁场杀菌的原理是什么？

能力拓展

○ **进行研究性学习，培养设计开发 / 解决方案能力**

- 通过研究性学习，应用所学的数学、自然科学和工程科学的基本原理与专业知识分析描述肉制品变质腐败的全过程，能针对肉制品变质腐败的问题，设计 1 种包含食品保藏新技术在内的栅栏技术方案来维持肉制品的良好品质。

- 设计方案中要体现绿色设计理念，设计者要考虑社会、健康、安全、法律、文化以及环境等多种因素的影响，要评价设计方案的优势与局限性并获得有效结论。

○ **进行小组协作学习，培养环境保护意识与终身学习能力**

- 随着科学技术的飞速发展，二氧化碳在食品领域得到了广泛应用，如碳酸饮料、二氧化碳制冷剂、二氧化碳杀菌剂等，但同时二氧化碳又引起"温室效应"，给环境造成不利影响。如何以辩证的思维，全方位、多角度、分层次看待二氧化碳的危害与用途，做到趋利避害、物尽其用是非常必要的。可以"如何发展低碳食品"为主题开展小组协作学习与讨论，提升信息搜集、信息应用技能，养成环境保护意识，培养自主学习、终身学习和适应未来发展的能力。

第十一章

第十二章　食品低温流通与安全控制技术

食品溯源

　　由于食品容易腐败变质，因此流通过程中如何更好地控制食品的质量是非常重要的。挂有"冷链物流"标识的汽车穿梭在大街小巷，源源不断地把优质食品从生产者手里运送到超市或其他卖场，这就是食品低温流通体系的一个缩影。随着科技的进步和冷链物流的发展，时间和地域限制被打破，"妃子笑荔枝"可以在第一时间快递到寻常百姓家。

思维导图

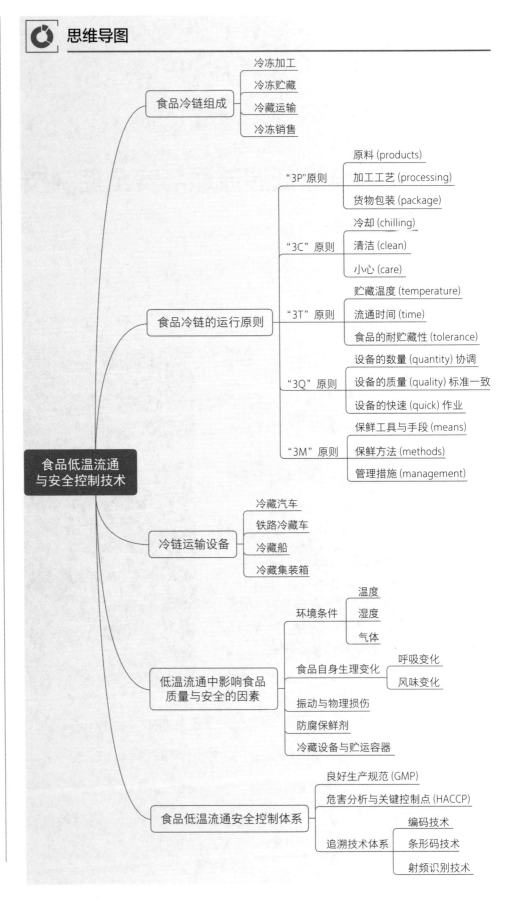

🌸 为什么要学习"食品低温流通与安全控制技术"？

食品低温流通是以保证易腐食品品质为目的，以保持低温环境为核心要求的供应链系统。我国易腐食品的产销量一直位于世界前列，由于其水分活度较高，品质受温度影响较大，因此，低温流通成为易腐食品最主要的流通方式。食品低温流通包含哪些基本环节？食品低温运输设备有哪些？固定冷藏设备和冷藏运输设备各有什么特点？食品低温流通过程的"3C""3P""3T""3Q"和"3M"原则的内涵是什么？如何保证低温流通过程中易腐食品的质量安全？通过哪些质量控制体系来实施？学习食品低温流通与安全控制技术，有助于正确理解食品低温供应链的全过程，有助于建立基于大数据、人工智能和区块链的冷链物联网系统，从而推动食品低温流通技术向安全、智能和环境友好的方向快速发展。

👁 学习目标

○ 分析归纳食品低温流通的基本环节及其作用；
○ 阐明固定冷藏设备和冷藏运输设备的主要异同；
○ 分析归纳常见低温运输设备的种类及特点；
○ 阐明食品低温流通中"3P""3C""3T""3Q"和"3M"原则的内涵；
○ 分析归纳低温流通中影响食品质量与安全的主要因素；
○ 对比分析食品低温流通的 GMP 和 HACCP 控制体系的优势与局限性；
○ 列举 3 种食品低温流通中使用的追溯技术；
○ 针对某一种类易腐食品的特点，从工程化出发设计 1 套该类易腐食品的低温流通技术方案，形成一个完整的食品低温物流案例，能够评估该方案对社会和环境可持续发展的影响，能够了解食品物流相关领域的技术标准体系、知识产权、产业政策、法律法规等，理解不同社会文化与习俗对食品冷链工程的影响。

第一节　食品低温流通概述

一、冷链概述

冷链是最常见的低温流通技术。食品冷链（cold chain）是指易腐食品在生产、贮藏、运输、销售直至消费前的各个环节中始终处于规定的低温环境，以保证食品质量，减少食品损耗的一项系统工程。许多易腐食品从生产到消费的过程中要保持高品质，就必须采用冷链。

冷链的起源可以追溯至 19 世纪上半叶冷冻机的发明。随着冰箱的出现，各种保鲜和冷冻农产品开始进入市场和消费者家庭。20 世纪 30 年代，欧洲和美国初步建立食品冷链体系。目前，欧美发达国家已形成了完整的食品冷链体系。关于冷链的定义，各个国家有所不同。欧盟对冷链的定义为：从原料供应、生产、加工或屠宰，直至最终消费为止的一系列有温度控制的过程，是用来描述冷藏和冷冻食品的生产、配送、存储和零售等一系列相互关联的操作的术语。日本明镜国语辞典对冷链的定义为：通过采用冷冻、

冷藏、低温贮藏等方法，使鲜活食品、原料保持新鲜状态，由生产者流通至消费者的系统。美国食品及药品管理局对冷链的定义为：贯穿从农田到餐桌的连续过程中维持正确的温度，以阻止细菌的生长。

随着制冷技术的发展和人们对食品安全要求的提高，冷链在发达国家得到了广泛应用，表现在：①重视冷链物流法律法规、行业标准体系的建设，加快建立冷链物流标准化，为冷链物流提供了良好的发展环境。②注重冷链信息系统的建设，现代化程度较高，广泛应用仓库管理系统（WMS）、运输管理系统（TMS）、电子数据交换（EDI）、自动识别、全球定位（GPS）、无线射频标签（RFID）、全程温度监控和质量安全可追溯系统等技术，建立健全的冷链物流信息系统，在整条供应链中能提供准确的市场信息，实现信息的可追溯性。冷链物流全过程实施温度控制，对冷藏运输车辆实时监控，通过供应链上游和下游企业信息的实时共享，最大限度地降低物流损耗，保证食品安全。③食品冷链行业的集中度不断提高。根据国际冷藏库协会公布的数据，2018年全球冷藏库总容量达到 $6.16 \times 10^8 m^3$，其中美国、中国和印度冷库容量之和占到世界冷库总量的 50% 以上。

我国的冷链产生于 20 世纪 50 年代的肉食品外贸出口。1982 年，我国颁布《中华人民共和国食品卫生法》，进一步推动了食品冷链的发展。随着我国食品冷链不断发展，一些食品加工行业的龙头企业已经不同程度地建立了以自身产品为核心的食品冷链体系，包括速冻食品企业、肉食品加工企业、冰激凌和奶制品企业、大型快餐连锁企业，以及部分食品类外贸出口企业。

国家技术监督局发布的《物流术语》（GB/T 18354—2021）指出，我国的冷链是根据物品特性，从生产到消费的过程中使物品始终处于保持其品质所需温度环境的物流技术与组织系统。由此可见，我国冷链泛指冷藏冷冻类产品在生产、储存、运输、销售到消费前的各个环节中始终处于规定的低温环境下，以保证产品质量、减少产品损坏的一项系统工程，是随着制冷技术的进步、物流的发展而兴起的，是以冷冻工程为基础、以制冷技术为手段的低温物流过程。我国冷链基础设施容量如图 12-1 所示。

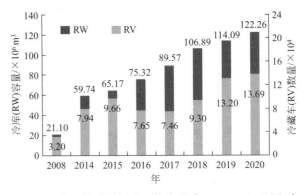

图 12-1　中国的冷链基础设施容量（Han et al，2021）

我国冷链现状：①冷链运作高消耗低效能，冷链物流企业盈利艰难。因缺乏完善的工作标准和方法，无法有效监督和控制食品运输过程，导致出现断链问题。物流企业配送量不断增大，大量招聘配送员，但工作质量和效率没有显著提升。这些问题加大了各项资源的消耗率，出现高经营成本、低管理效能的现象。②管理模式滞后于行业发展。食品冷链物流的发展缺乏规范化的行业指导，大部分小型物流企业仍沿袭传统的管理模式，无法满足食品冷链物流领域的创新发展要求。部分第三方冷链企业是从原来的仓储企业或运输企业转型过来的，设施设备陈旧且规模小、网络覆盖有限，自动化、信息化程度低，满足不了电商、生产加工企业的需求。③进出口冷链食品追溯体系不够完善。我国冷链食品的追溯体系不完善，特别是后续的流通环节难以实现追溯。出现突发性事件时，难以第一时间进行冷链食品的追踪及召回。④缺乏技术支撑。食品的易腐性决定了食品冷链物流发展模式。相关人员必须利用技术手段、管理手段等，尽最大可能地缩短食品运输和配送的周期。因缺乏技术支撑，我国食品冷链物流发展体系不能从根本上进行创新和优化，主要依靠既定模式和程序落实各项工作任务。⑤市场潜力巨大，我国是世界上最大的水果、蔬菜生产国和需求国。预计到2023年，我国仅水果需求量就达11090万吨，人均需求量78.1kg。但我国综合冷链流通率仅为19%，远低于欧美发达国家冷链流通率的85%，其中果蔬、肉类、水产品的冷链流通率分别为5%、15%、23%。产品的损腐率较高，其中果蔬的损腐率就达25%～30%。随着国家经济的发展，居民生活水平的提高，我国冷链产业的发展空间十分广阔。

二、冷链的特点

冷链的核心是为保证产品的品质，将温度控制贯穿于整个链条的始终。在此过程中，要做到真正意义上的全程冷链，需要在生产环节、流通环节和销售环节实现统一、连续的温度控制，需要各个环节配合。冷链是一个庞大的系统工程，不仅关系到食品、药品等的品质保证和流通效率，还直接关系到消费者的生命安全和健康。其主要特点有：①高作业性。对食品类产品的产地进行严格管理、追踪，对于特定商品需要追溯原产地。冷库对温度控制严格，常使用带温度传感器的RFID（射频识别）进行全程温度控制，出入库作业要求高。另外，由于鲜活农产品和生鲜食品即使在低温环境下保质期也较短，在物流和销售过程中，温度变化容易引起腐烂和变质，需在规定时间内进行贮藏和送达销售场所，销售环节的货架期也需要严格控制，因此，要求冷链必须具有一定的时效性。②高技术性。在整个冷链物流过程中，冷链所包含的制冷技术、保温技术、产品质量变化机理、温度控制及检测等技术是支撑冷链的技术基础。不同的冷藏物品都有其相对应的温度控制和贮藏温度。在流通过程中，冷藏物品的质量随着温度和时间的变化而变化，不同产品都必须要有对应的温度控制和贮藏时间，这就大大提高了冷链物流的复杂性。因此，冷链是一个庞大的系统工程。冷链管理必须从产品的生产、储存、运输和销售等诸多环节进行控制。③高政策性。最新的《食品安全法》就食品运输做了特别要求：在食品贮藏和配送过程中，监控食品在整个供应流程中的安全，要求冷链不能断裂，应始终处于受控的低温状态。为了保证冷链中的食品安全，对物流商的资质、硬件、软件及工厂信息化提出了更高要求。④高资金性。冷链物流需要投资冷库、冷藏车等基础设施，投资比较大，是一般库房和普通车辆的3～5倍。冷链的运输成本高，电费、油费、人工费等都是维持冷链的必要投入。当然，冷链物流作为物流业务中基础设施和技术含量都很高的高端物流，其利润也是非常可观的。⑤高协调性。冷链物流需要各环节之间无缝衔接，以保证冷链商品在适宜的温度、湿度和卫生的环境中畅通流通。冷链物流的特殊性要求其过程具有较高的协调性，需要完善冷链信息系统功能，充分发挥有效的信息导向作用，保证冷链食品流向的顺畅。因此，必须增强冷链上下游各环节的协调性，才能保证整个链条的稳定运作。

第二节　食品冷链流通与设备

一、食品冷链的组成

食品冷链主要包括生产、加工、贮藏、运输、配送和销售等环节，按食品从加工到消费所经历的时间顺序，冷链系统可分为冷冻加工、冷冻贮藏、冷藏运输和冷冻销售等子系统，图12-2显示了水产品从捕捞到销售、消费的各个冷链环节。

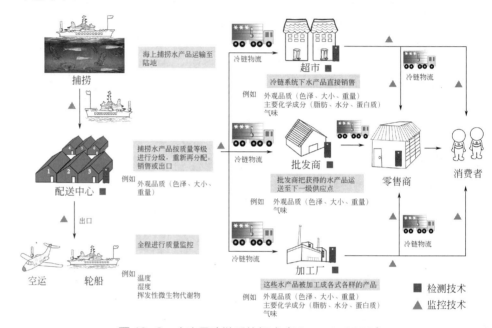

图12-2 水产品冷链系统组成（Ye et al., 2022）

1. 冷冻加工

冷冻加工包括温控生产环节和温控加工环节，通常由生产厂商完成。温控生产环节主要是指由温控食品生产企业生产产品。温控加工环节包括各种原料的预冷却，肉类、鱼类的冷却与冻结，水产品和蛋类的冷却与冻结，果蔬的预冷与速冻，各种冷冻食品的加工，各种奶制品的低温加工等，主要涉及冷链装备有冷却、冻结装置和速冻装置。

2. 冷冻贮藏

冷冻贮藏即温控贮藏，包括食品的冷藏和冻藏，也包括果蔬的气调贮藏，涉及各类冷藏库、冷藏柜、冻结柜及家用冰箱等。该环节应保证食品在储存和加工过程中处于稳定的低温环境。

3. 冷藏运输

冷藏运输包括温控运输环节和温控配送环节。

温控运输环节主要是指食品低温状态下的中、长途运输及短途配送等物流环节，主要涉及铁路冷藏车、冷藏汽车、冷藏船、冷藏集装箱等低温运输工具。在流通领域，食品冷冻运输必不可少。冷藏车和冷藏船可以看作可移动的小型冷藏库，是固定冷藏库的延伸。在冷藏运输过程中，温度波动是引起食品质量下降的主要原因之一，因此，运输工具必须具有良好的隔热保温性能，在保持规定低温的同时，更要保持温度稳定，长距离运输尤其如此。

温控配送环节，是指控制温度稳定的低温运输。温度由温控器来控制，长距离运输一般会安装 GPS 温度监控系统。冷链配送温度主要从硬件和软件两个方面来控制。硬件控制指所使用的设备是否符合要求，如记录仪的校验精度是否达标，操作前有没有验证。软件控制指人员是否培训到位，配送前是否有配送方案，以及各类突发情况是否有预案等。

4. 冷冻销售

冷冻销售包括冷冻食品的批发及零售等，由生产厂家、批发商和零售商共同完成。早期的冷冻食品销售主要由零售商的零售车及零售商店承担。近年来，城市中超级市场的大量涌现，已使其成为冷冻食品的主要销售渠道。超市中的冷藏陈列柜兼有冷藏和销售的功能，是食品冷藏链的主要组成部分之一。

二、食品冷链的运行原则

虽然不间断的低温是冷链的基础和基本特征，也是保证易腐食品质量的重要条件，但并不是唯一条件。影响易腐食品贮藏和运输质量的因素很多，必须综合考虑，才能形成真正有效的冷链。与常规的物流系统相比，冷链物流有其自身的特点，在运行过程中需要遵从以下原则：

1. "3P" 原则

"3P" 原则是指易腐食品的原料（products）、加工工艺（processing）、货物包装（package）。"3P" 原则要求被加工原料一定要保证品质新鲜、不受污染；采用合理的加工工艺；成品必须具有既符合健康卫生规范又不污染环境的包装。这是食品进入冷链时的"早期质量"要求。

2. "3C" 原则

"3C" 原则是指冷却（chilling）、清洁（clean）、小心（care）。也就是说，要使产品尽快冷却下来或快速冻结，要使产品尽快地进入所要求的低温状态；要保证产品本身及所处环境的清洁，不受污染；操作全过程要小心谨慎，避免产品受任何伤害。这是保证易腐食品"流通质量"的基本要求。

3. "3T" 原则

"3T" 原则，即物流的最终质量取决于冷链的贮藏温度（temperature）、流通时间（time）和产品本身的耐贮藏性（tolerance）。冷藏物品的质量在流通过程中随温度和时间的变化而变化，不同的产品都必须要有对应的温度控制和贮藏时间。3T 原则包含以下基本内容：

（1）对每一种冻结食品来说，在冷藏温度下，食品所发生的质量下降与所需的时间存在着一种确定的关系；

（2）在整个贮运阶段中，由冷藏和运输过程（在不同的温度条件下）所引起的质量下降是积累性的，并且是不可逆的；

（3）冻结食品的冷藏温度越低，则其贮藏期限越长。

4. "3Q" 原则

"3Q" 原则，即冷链中设备的数量（quantity）协调、设备的质量（quality）标准一致、快速（quick）的作业组织。冷链设备数量和质量标准的协调能够保证货物总是处在适宜的环境中，并能提高各项设备的利用率。因此，产销部门的预冷站、各种冷库，铁路的冷藏车和制冰加冰设备、冷藏车辆，以及公路的冷藏汽车和水路的冷藏船，都应按照易腐货物、货源、货流的客观需要，互相协调发展。设备的质量标准一致是指各环节的标准应当统一，包括温度条件、湿度条件、卫生条件及包装材料。快速的作业组织是指加工部门的生产过程管理，经营者的货源组织，运输部门的车辆准备与途中服务、换装作业的衔接等。"3Q" 条件十分重要，具有很强的实际指导意义。

5. "3M" 原则

"3M" 原则，即保鲜工具与手段（means）、保鲜方法（methods）和管理措施（management）。冷链中所用的储运工具及保鲜方法要适合食品的特性，既经济又能取得最佳的保鲜效果。

冷链物流系统提供了一种全新的冷冻货物流通支持，可实现从生产、加工、运输到销售过程中多个不同环节之间的高效无缝对接。这种全新的货物流通系统已越来越受到重视，并不断完善。随着人民生活水平的提高，对食品的卫生、营养、新鲜和方便性等方面的要求也日益提高，冷链的发展前景十分广阔。

三、固定冷藏设备

冷冻贮藏是速冻食品冷链的一个重要环节，主要涉及各类冷藏库、冷藏陈列柜、家用冰箱等。

1. 冷藏库

简称冷库，是用于贮藏冷却或冷冻食品的建筑物。食品冷藏库是冷链的一个重要环节，冷藏库在食品的加工和贮藏、调节市场供应、改善人民生活水平等方面发挥着重要的作用。

冷库与一般建筑物不同，除要求方便实用的平面设计外，还要有良好的库体围护结构。冷库的墙壁、地板及平顶都要有一定厚度的隔热材料，以减少外界传入的热量。水分凝结易引起建筑结构特别是隔热结构受潮冻结损坏，所以要设置防潮隔热层，使冷库建筑具有良好的密封性和防潮隔热性能。冷库地基易受地温影响，因此，低温冷库的地面除要有效的隔热层外，隔热层下还必须进行特殊处理，以防止土壤冻结。

冷藏库按冷藏设计温度可分为：①高温冷藏库，库温在 −2℃ 以上；②低温冷藏库，库温在 −15℃ 以下。

按冷库容量规模可分为四类：①大型冷藏库，容量在 10000t 以上；②大中型冷藏库，容量在 5000 ~ 10000t；③中小型冷藏库，容量在 1000 ~ 5000t；④小型冷藏库，容量在 1000t 以下。

按实用性质可分为：①生产性冷藏库，主要建在食品产地附近、货源较集中地区的原料基地，这类冷藏库配有相应的加工处理设备，有较大的冷却、冻结能力和冷藏容量，食品在此进行冷却加工后经过短期贮藏即运往销售地区，故要求建在交通方便的地方；②分配性冷库，主要建在大中城市、人口较多的工矿区及水陆交通枢纽，专门贮存经冷加工的食品，用以调节淡旺季、保证市场供应、完成出口任务和用作长期贮备，其特点是贮藏容量大、贮存品种多、吞吐迅速；③中转性冷库，这类冷库是指建在渔业基地的水产冷库，能进行大批量的冷加工，并可在冷藏车船的配合下，起中间转运作用，向外地调拨或提供出口；④零售性冷库，建在工矿企业或城市的大型副食品店、菜场内，供临时贮存零售食品之用，其特点是库容量小、贮存期短，小型活动冷库亦属此类。

冷藏库由主体建筑、制冷系统和其他附属设施组成。其中制冷系统是冷藏库最重要的组成部分，是冷源。制冷系统是一个封闭的循环系统，用于冷库降温的部件包括蒸发器、压缩机、冷凝器和必要的调节阀门、风扇、导管和仪表等（图 12-3）。制冷时，启动压缩机，使制冷系统内接近蒸发器的一端形成低压部分，吸入贮液罐的液体制冷剂，通过调节阀门进入蒸发器，蒸发器安装在冷藏库内，制冷剂在蒸发器中吸收库内热量而汽化，转变为带热气体，经压缩机压缩后进入冷凝器，用冷水从冷凝器的管道外喷淋，排除制冷剂从冷库中带来的热量，在高压下重新转变为液态制冷剂，暂时贮存在贮液罐中。当启动压缩机再循环时，液态制冷剂重新通过调节阀进入蒸发器汽化吸热，如此反复工作。

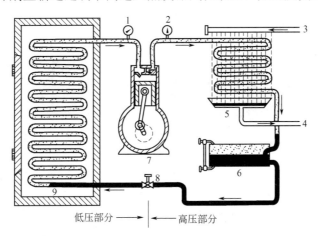

图 12-3　制冷系统示意图（曾名湧，2014）

1, 2—压力表；3—冷凝水入口；4—冷凝水出口；5—冷凝器；6—制冷剂；7—压缩机；8—调节阀；9—蒸发器

蒸发器是制冷系统的主要部件之一，它向冷藏库内提供冷量，并将库内的热量传至库外。蒸发器有直接冷却和间接冷却两种方式。直接冷却方式是将蒸发器安装在冷藏库内，利用鼓风机将冷却的空气吹向库内各部位，吸收产品热量后的热空气流向蒸发器进行冷却。间接冷却方式是将蒸发器安装在冷藏库外的盐水槽中，先将盐水冷却，再将低温盐水经管道导入安装在冷藏库的盘管中，低温盐水吸收库内热量，回到盐水槽中再被冷却，继续导回至盘管循环流动，不断吸热降温。

压缩机是制冷机的"心脏"，推动制冷剂在系统中循环。压缩机有多种形式，如往复式、活塞式、离心式、旋转式和螺杆式等，其中活塞式和螺杆式应用较广泛。压缩机的制冷负荷常用 kJ/h 表示，一般中型冷藏库压缩机制冷量在 $(2.09 \sim 12.56) \times 10^5$ kJ/h 范围内，设计人员可根据地域、气候、冷藏库容量和产品数量等具体条件进行选择。

冷凝器的作用是将压缩后的气态制冷剂中的热量排除，同时凝结为液态制冷剂。冷凝器有空气冷却、水冷却和空气与水结合的冷却方式。空气冷却只限于小型冷藏库设备中应用，水冷却的冷凝器则可用于所有形式的制冷系统。为了节省用水量，各地冷藏库都配有水冷却塔和水循环设备，反复使用冷却水。降温后的制冷剂从气态变为液态，在压缩机推动下进入贮液罐中贮存，当制冷系统中需要供液时，启动调节阀门再进入蒸发器制冷。

库内空气与食品接触，不断吸收它们释放出来的热量和水蒸气，逐渐达到饱和。该饱和湿空气与蒸发器外壁接触即冷凝成霜，而霜层不利于热的传导而影响降温效果。因此，在冷藏管理工作中，必须及时除去蒸发器表层的冰霜，即所谓"冲霜"。冲霜可用冷水喷淋蒸发器，也可利用吸热后的制冷剂引入蒸发器外盘管中循环流动，使冰霜融化。

2. 冷藏陈列柜

冷藏陈列柜是超级市场、零售商店等销售环节的冷冻设备，也是冷冻食品被消费者选择消费的主要场所，目前已成为食品冷链中的重要环节。根据冷藏陈列柜的结构，可分为卧式与立式多层两种；根据冷藏陈列柜封闭与否，又可分为敞开型和封闭型两种。

（1）卧式敞开型冷藏陈列柜。卧式敞开型冷藏陈列柜如图 12-4 所示。这种陈列柜上部敞开，开口处有循环冷空气形成的空气幕；通过围护结构侵入的热量也被循环的冷风吸收，不影响食品质量，对食品质量影响较大的是由开口部侵入的热空气及辐射热。

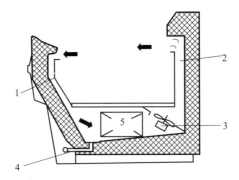

图 12-4　卧式敞开型冷藏陈列柜示意（曾名湧，2014）
1—吸入风道；2—吹出风道；3—风机；4—排水口；5—蒸发器

当外界湿空气侵入陈列柜时，遇到蒸发器就会结霜，随着霜层的增大，冷却能力降低，因此，在 24h 内必须进行一次自动除霜。外界空气的侵入量与风速有关，当风速超过 0.3m/s 时，侵入的空气量会明显增加。

（2）立式多层敞开型冷藏陈列柜。与卧式的相比，立式多层陈列柜中商品放置高度与人体高度相近，展示效果好。但这种结构的陈列柜的内部冷空气更易逸出柜外，外界侵入的空气量也多。为了防止冷空气与外界空气的混合，在冷风幕的外侧又设置一层或两层非冷空气构成的空气幕，同时配置较大的冷风量。由于立式陈列柜的风幕是垂直的，外界空气侵入柜内的数量受空气流速的影响更大。图 12-5 为立式多层敞开型冷藏陈列柜的示意图。

（3）卧式封闭型冷藏陈列柜。卧式封闭型冷藏陈列柜的结构与卧式敞开型相似，不同的是在其开口处设有 2～3 层玻璃构成的滑动盖，玻璃夹层中的空气起隔热作用。另外，冷空气风幕也由埋在柜壁上的冷却排管代替，通过外壁面传入的热量被冷却排管吸收。为了提高保冷性能，可在陈列柜后部的上方装置冷却器，让冷空气像水平盖子那样强制循环，其缺点是商品装载量少，销售效率低。

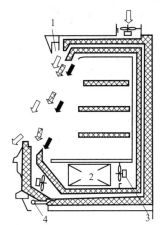

图 12-5 立式多层敞开型冷藏陈列柜示意（曾名湧，2014）
1—荧光灯；2—蒸发器；3—风机；4—排水口

（4）立式多层封闭型冷藏陈列柜。立式多层封闭型冷藏陈列柜的柜体后壁上有冷空气循环通道，冷空气在风机作用下强制地在柜内循环。柜门为二或三层玻璃，玻璃夹层中的空气具有隔热作用，由于玻璃对红外线的透过率低，虽然柜门很大，传入的辐射热并不多。

各种冷藏陈列柜的性能比较见表 12-1。

表 12-1 各种冷藏陈列柜的性能比较

特性	卧式封闭型	立式多层封闭型	卧式敞开型	立式多层敞开型
单位长度的有效内容积	1	2.3	1.1	2.4
单位占地面积的有效内容积	1	2.2	0.85	1.9
单位长度消耗的电力	1	2.0	1.45	3.3
单位有效容积消耗的电力	1	0.9	1.3	1.4

注：表中数据均以卧式封闭型冷藏陈列柜的性能指标为 1 进行比较。

3. 家用冰箱

在冷链中，家用冰箱是最小的冷藏单位，也是冷链的终端。随着经济发展，人民生活水平提高，家用冰箱已经普及，对冷链的建设和完善起了很好的促进作用。家用冰箱通常有两个贮藏室：冷冻室和冷藏室。冷冻室用于食品的冷冻贮藏，贮存时间较长；冷藏室用于冷却食品的贮藏，贮存时间一般较短。现在冰箱的内部设计也越来越合理，冷冻室往往被分割成几个小的冷冻室，不仅有利于贮存不同种类的食品，还可以避免食品之间的串味。而冷藏室也被分割成温度不同的几个分室，以利于存放不同温度要求的食品，从而更好地保持食品的鲜度品质。

四、冷藏运输设备

冷藏运输是食品冷链中的一个重要环节，由冷藏运输设备来完成。冷藏运输设备是指本身能造成并

维持一定的低温环境以运输冷冻食品的设施及装置，包括冷藏汽车、铁路冷藏车、冷藏船和冷藏集装箱等。冷藏运输衔接了食品从原料产地到加工厂、从产品出库到销售点等地点的转移，因此，从某种意义上讲，冷藏运输设备是可以快速移动的小型冷藏库。

1. 冷藏运输及设备的要求

每种食品都有自己适宜的贮藏温度要求，因此，在冷藏运输中必须进行控温运输，车内温度应保持与所运输易腐食品的最佳贮藏温度一致，各处温度分布要均匀，并尽量避免温度波动。如果不可避免出现了温度波动，也应当控制波动幅度和减少波动持续时间。为了维持所运输食品的原有品质，保持车内温度稳定，冷藏运输过程中应从如下几个方面考虑。

① 食品预冷和适宜的贮藏温度。易腐食品在低温运前应将品温预冷到适宜的贮藏温度。如果将生鲜易腐食品在冷藏运输工具上进行预冷，则存在许多缺点，一方面预冷成本成倍上升，另一方面运输工具所提供的制冷能力有限，不能用来降低产品温度，只能有效地消除环境传入的热负荷，维持产品温度不超过所要求保持的最高温度。因而在多数情况下不能保证冷却均匀，且冷却时间长、品质损耗大。因此，易腐食品在运输前应当采用专门的冷却设备和冻结设备，将品温降低到最佳贮藏温度，然后再进行冷藏运输，这样更有利于保持贮运食品的质量。

② 要具备一定制冷能力的冷源。运输工具上应当具有适当的冷源，如干冰、冰盐混合物、碎冰、液氮或机械制冷系统等，能产生并维持一定的低温环境，保持食品品温，利用冷源的冷量来平衡外界传入的热量和货物本身散出的热量。例如果蔬类在运输过程中，为防止车内温度上升，应及时排除呼吸热，而且要有合理的空气循环，使得冷量分布均匀，保证各点温度均匀一致并保持稳定，最大温差不超过 3℃。有些食品怕冻，在寒冷季节运输还需要用加温设备如电热器等，使车内保持高于外界气温的适当温度。在装货前应将车内温度预冷至所需的最佳贮藏温度。

③ 良好的隔热性能。冷藏运输工具的货物间应当具有良好的隔热性能，总的传热系数要求小于 0.4W/（m²·K），甚至小于 0.2W/（m²·K），能够有效地减少外界传入的热量，避免车内温度波动和防止设备过早老化。一般总传热系数值平均每年要递增 5% 左右。车辆或集装箱的隔热板外侧面应采用反射性材料，并应保持其表面清洁，以降低对辐射热的吸收。在车辆或集装箱的整个使用期间应避免箱体结构部分损坏，特别是箱体的边角，以保持隔热层的气密性；定期对冷藏门的密封条、跨式制冷机组的密封、排水洞和其他孔洞等进行检查，以防止因空气渗漏而影响隔热性能。

④ 温度检测和控制设备。运输工具的货物间必须具有温度检测和控制设备。温度检测仪必须能准确连续地记录货物间内的温度，温度控制器的精度要求高，为 ±0.25℃，以满足易腐食品在运输过程中的冷藏工艺要求，防止食品温度过分波动。

⑤ 车厢的卫生和安全。车厢内有可能接触食品的所有内壁必须采用对食品味道和气味无影响的安全材料。厢体内壁包括顶板和地板,必须光滑、防腐蚀、不受清洁剂影响、不渗漏、不腐烂、便于清洁和消毒。除了内部设备需要和固定货物的设施外,厢体内壁不应有凸出部分,厢内设备不应有尖角和褶皱,以免影响货物进出,脏物和水分不易清除。在使用中,车辆和集装箱内碎渣碎屑应及时清扫干净,防止异味污染货物并阻碍空气循环。对冷板所采用的低温共熔液的成分及其在渗漏时的毒性程度应予以足够重视。

此外,运输成本问题也是冷藏运输应该考虑的一个方面。应该综合考虑货物的冷藏工艺条件、交通运输状况及地理位置等因素,采用适宜的冷藏运输工具。

2. 冷藏汽车

作为冷链的一个中间环节,冷藏汽车基本上是作为陆地运输易腐食品用的交通工具。作为短途运输的分配性交通工具,它的任务在于将由铁路或船舶卸下的食品送到集中冷库和分配冷库。汽车冷藏运输能保证将食品由生产性冷库或从周围 200km 内的郊区直接送到消费中心而不需转运。在消费中心,汽车冷藏运输的任务是将食品由分配性冷库送到食品商店和其他消费场所。当没有铁路时,冷藏汽车也被用于长途运输冷冻食品。

冷藏汽车运输量较小,但运输灵活,机动性好,能适应各地复杂地形,对连通食品冷藏网点有十分重要的作用。但冷藏汽车运输成本较高,维修保养投资较大。

根据制冷方式的不同,冷藏汽车可分为机械制冷、液氮或干冰制冷、蓄冷板制冷等多种。

① 机械制冷冷藏汽车。机械制冷冷藏汽车通常用于远距离运输。机械制冷冷藏汽车的蒸发器通常安装在车厢前端。采用强制通风方式。冷风贴着车厢顶部向后流动,从两侧及车厢后部下到车厢底面,沿底面间隙返回车厢前端,如图 12-6 所示。这种通风方式使

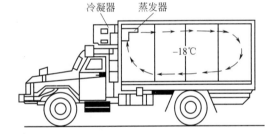

图 12-6　机械制冷冷藏汽车示意图（曾名湧, 2014）

整个食品货堆都被冷空气包围着,外界传入车厢的热流直接被冷风吸收,不会影响食品的温度。

机械制冷冷藏汽车的优点是车内温度比较均匀稳定,温度可调,运输成本较低。其缺点是结构复杂、易出故障、维修费用高;初期投资高;噪声大;需要融霜。

② 液氮制冷冷藏汽车。液氮制冷冷藏汽车的制冷装置主要由液氮贮罐、喷嘴及温度控制器组成,如图 12-7 所示。

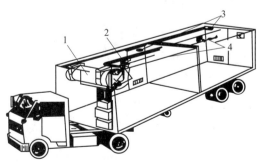

图 12-7　液氮制冷冷藏汽车示意图（曾名湧, 2014）

1—液氮贮罐; 2—喷嘴; 3—门开关; 4—安全开关

冷藏汽车装好货物后,通过控制器设定车厢内要保持的温度,而感温器将所测得的实际温度传到温度控制器。当实际温度高于设定温度时,液氮管道上的电磁阀自动打开,液氮从喷嘴喷出降温;当实际温度降到设定温度后,电磁阀自动关闭。液氮由喷嘴喷出后,立即吸热汽化,体积膨胀高达 600 倍,即使货堆密实,没有通风设施,氮气也能进入货堆内。冷氮气下沉时,在车厢内形成自然对流,使温度更加均匀。为了防止液氮汽化时引起车厢内压力过高,车厢上部

装有安全排气阀，有的还装有安全排气门。

用液氮制冷时，车厢内的空气被氮气所置换。氮气是一种惰性气体，长途运输果蔬类食品时，不但可减缓其呼吸作用，还可防止食品被氧化。

液氮制冷冷藏汽车的优点是装置简单，初期投资少；降温速度很快，可较好地保持食品的质量；无噪声；与机械制冷装置比较，质量大大减小。其缺点是液氮成本较高；运输途中液氮补给困难，长途运输时必须装备大的液氮容器，减少了有效载货量。

③ 干冰制冷冷藏汽车。干冰制冷冷藏汽车工作时是先使空气与干冰换热，然后借助通风机使冷却后的空气在车厢内循环，吸热升华后的二氧化碳由排气管排出车外。有的干冰制冷冷藏汽车在车厢中装置四壁隔热的干冰容器。干冰容器中装有氟里昂盘管，车厢内装备氟里昂换热器，在车厢内吸热汽化的氟里昂蒸气进入干冰容器中的盘管，被盘管外的干冰冷却，重新凝结为氟里昂液体后，再进入车厢内的蒸发器，使车厢内保持规定温度。干冰制冷冷藏汽车具有设备简单、投资费用低、故障率低、维修费用少、无噪声等优点。在运输冻结货物时，由于干冰在 −78℃时就可以升华吸热而使车厢降温，车内温度可降到 −18℃以下，因而在运输冻结货物和特别的冷冻食品时常用此法。而干冰制冷冷藏汽车的缺点是车厢内温度不够均匀；降温速度慢，时间长；干冰成本高。

④ 蓄冷板制冷冷藏汽车。内部装有低温共晶溶液，能产生制冷效果的板块状容器叫蓄冷板。使蓄冷板内的共晶溶液冻结的过程就是蓄冷过程。将蓄冷板安装在车厢内，外界传入车厢的热量被共晶溶液吸收，共晶溶液由固态转变为液态。常用的低温共晶溶液有乙二醇、丙二醇水溶液及氯化钙、氯化钠水溶液。不同的共晶溶液有不同的共晶点，要根据冷藏车的需要，选择合适的共晶溶液。一般共晶点应比车厢规定的温度低 2 ~ 3℃。蓄冷板可装在车厢顶部，也可装在车厢侧壁上，蓄冷板距厢顶或侧壁 4 ~ 5cm，以利于车厢内的空气自然对流。为了使车厢内温度均匀，有的车厢内还安装有风扇。图 12-8 为蓄冷板制冷冷藏汽车示意图。

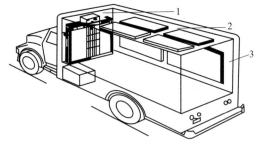

图 12-8　蓄冷板制冷冷藏汽车示意图（曾名湧，2014）
1—前壁；2—厢顶；3—侧壁

蓄冷板制冷冷藏汽车的保冷时间一般为 8 ~ 12h（环境温度为 35℃时，车厢内温度可达 −20℃），特殊的可达 2 ~ 3d。保冷时间除取决于蓄冷板内共晶溶液的量外，还与车厢的隔热性能有关。蓄冷板不仅用于冷藏汽车，还可用于铁路冷藏车、冷藏集装箱、小型冷藏库和食品冷藏柜等。

　　蓄冷板制冷冷藏汽车的优点是设备费用比机械制冷的少；可以利用夜间廉价的电力为蓄冷板蓄冷，降低运输费用；无噪声；故障少。其缺点是蓄冷板的数量不能太多，蓄冷能力有限，不适于超长距离运输冻结食品；蓄冷板减少了汽车的有效容积和载货量；冷却速度较慢。

　　⑤ 组合式冷藏车。为了使冷藏汽车更经济、方便，可采用上述几种制冷方式的组合，通常有液氮-风扇盘管组合制冷、液氮-蓄冷板组合制冷两种。图12-9为液氮-蓄冷板组合制冷冷藏汽车示意图，主要用于分配性冷藏汽车，液氮制冷和蓄冷板制冷各有分工。蓄冷板主要担负下列情况的制冷任务：a. 消除通过车厢壁或缝隙传入的热量；b. 环境温度大于38℃时，消除一部分开门的换热量；c. 环境温度小于16℃时，消除全部的开门换热量。而液氮系统主要承担环境温度大于16℃时的开门换热量，以尽快恢复车厢内规定的温度。

　　这种组合式制冷冷藏汽车具有以下特点：环境温度低时，用蓄冷板制冷较经济；而环境温度高或长时间开门后，用液氮制冷更有效；装置简单，维修费用低；无噪声，故障少。

　　除了上述冷藏汽车外，还有一种保温汽车，它没有任何制冷装置，只在壳体上加设隔热层，这种汽车不能长途运输冷冻食品，只限用于市内由批发商店或食品厂向近距离零售商店快速配送冷冻食品。

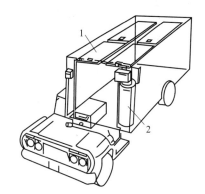

图12-9　液氮-蓄冷板组合制冷冷藏
汽车示意图（曾名湧，2014）
1—蓄冷板；2—液氮罐

3. 铁路冷藏车

　　陆路远距离运输大批量的冷冻食品时，铁路冷藏车是最有效的工具，因为它不仅运量大而且速度快。铁路冷藏车分为冰制冷、液氮或干冰制冷、机械制冷、蓄冷板制冷等几种类型。下面分别介绍各种类型的铁路冷藏车。

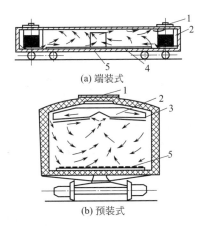

图12-10　用冰制冷的铁路冷藏车的示意图（曾名湧，2014）
1—冰盖；2—冰槽；3—防水板；4—通风槽；5—离水格栅

　　① 用冰制冷的铁路冷藏车。用冰制冷的铁路冷藏车车厢内带有冰槽，冰槽可以设置在车厢顶部，也可以设置在车厢两头。图12-10为用冰制冷的铁路冷藏车示意图。冰槽设置在顶部时，一般预装有6～7只马鞍形贮冰槽，冰槽侧面、底面装有散热片以增强换热。每组冰槽设有两个排水器，分左右布置，以不断清除融化后的水或盐水溶液，并保持冰槽内具有一定高度的盐水水位。顶部布置时由于冷空气和热空气的交叉流动，容易形成自然对流，加之冰槽沿车厢长度均匀布置，不安装通风机也能保证车厢内温度均匀，但结构较复杂，且厢底易积存杂物。冰槽设置在车厢两头时，为使冷空气在车厢内均匀分布，需安装通风机。另外

由于冰槽占地，约使载货面积减少了25%。如果车厢内要维持0℃以下的温度，可向冰中加入某些盐类。

②　用干冰制冷的铁路冷藏车。干冰最大的优点就是从固态直接变为气态。若食品不宜与冰、水直接接触，就可用干冰代替水和冰。将干冰悬挂在车厢内顶部或直接将干冰放在食品上。运输新鲜水果、蔬菜时，为防止果蔬发生冷害，不宜将干冰直接放在果蔬上，二者要保持一定间隙。

用干冰冷藏运输新鲜食品时，空气中的水蒸气会在干冰容器表面上结霜。干冰升华后，容器表面的霜融成水易滴落在食品上。为此，要在食品表面覆盖一层防水材料。

③　机械制冷铁路冷藏车。机械制冷铁路冷藏车有两种结构形式：一种是每一节车厢都备有自己的制冷设备，用自备的柴油发电机组来驱动制冷压缩机，这种铁路冷藏车厢可以单节与一般货物车厢编列运行；另一种铁路冷藏车的车厢中只装有制冷机组，没有柴油发电机，这种铁路冷藏车不能单节与一般货物列车编列运行，只能整列运行，由专用车厢中的柴油发电机统一供电，驱动制冷压缩机。

机械制冷铁路冷藏车的优点是温度低，温度调节范围大；车厢内温度分布均匀；运输速度快；制冷、加热、通风及除霜自动化。其缺点是造价高；维修复杂；使用技术要求高。

④　蓄冷板制冷铁路冷藏车。蓄冷板制冷铁路冷藏车的结构和布置原理与蓄冷板制冷冷藏汽车的大致相同。

蓄冷板制冷铁路冷藏车最大的优点在于设备费用少，并且可以利用夜间廉价的电力为蓄冷板蓄冷，降低运输费用，多适用于短距离运输。

4.冷藏船

利用低温运输易腐货物的船只称为冷藏船。冷藏船主要用于渔业，尤其是远洋渔业。远洋渔业的作业时间很长，有时长达半年以上，必须用冷藏船将捕获物及时冷冻加工和冷藏。此外，由海路运输易腐食品必须用冷藏船。冷藏船运输是所有运输方式中成本最便宜的，但是在过去，由于冷藏船运输的速度最慢，而且受气候影响，运输时间长，装卸很麻烦，因而使用受到限制。随着冷藏船技术性能提高，船速加快，运输批量加大，装卸集装箱化，冷藏船运输量逐年增加，成为国际易腐食品贸易中主要的运输工具之一。

冷藏船分为两种类型：渔业冷藏船和运输冷藏船。

渔业冷藏船服务于渔业生产，用于接收捕获的鱼货，进行冻结和运送到港口冷库。这种船分拖网渔船和渔业运输船两种。其中，拖网渔船适合于捕捞、加工和运输鱼类，配备冷却、冻结装置，船上可进行冷冻前的预处理加工，也可进行鱼类冻结加工及贮藏；而渔业运输船，从捕捞船上收购鱼类进行冻结加工和运输，或者只专门运输冷加工好的水产品和其他易腐食品。

运输冷藏船包括集装箱船，主要用于运输易腐食品和货物。它的隔热保温要求很严格，温度波动不超过±0.5℃。冷藏船按发动机形式可分为内燃机船和蒸汽机船，目前趋向于采用内燃机作为驱动动力，其排水量海船从 2000t 到 20000t，内河船从 400t 到 1000t。

冷藏船上一般都装有制冷装置，船舱隔热保温，多采用氨或氟里昂制冷系统，制冷剂主要是 NH_3、二氟一氯甲烷（R_{22}）和五氟乙烷（R_{125}）。冷却方式主要是冷风冷却，也可以向循环空气系统不断注入少量液氮，还可以用一次注入液体二氧化碳或液氮等方式进行冷却。

随着冷藏集装箱的普及与发展，目前水上运输大部分已采用冷藏集装箱代替运输船冷藏货舱来进行易腐货物的运输。冷藏集装箱运输船成为水上冷冻品运输的主要工具。

5. 冷藏集装箱

近几年来，冷藏集装箱的发展速度很快，超过了其他冷藏运输工具的发展速度，成为易腐食品运输的主要工具。所谓冷藏集装箱，就是具有一定隔热性能，能保持一定低温，适用于各类食品冷藏运输而特殊设计的集装箱。冷藏集装箱具有钢质轻型骨架，内、外贴有钢板或轻金属板，两板之间充填隔热材料。常用隔热材料有玻璃棉、聚苯乙烯、发泡聚氨酯等。根据制冷方式，冷藏集装箱主要包括以下几种类型：保温集装箱、外置式保温集装箱、内藏式冷藏集装箱与液氮或干冰冷藏集装箱。

① 保温集装箱。这种集装箱无任何制冷装置，但箱壁具有良好的隔热性能。

② 外置式保温集装箱。这种集装箱无任何制冷装置，但隔热性能很强。箱的一端有软管连接器，可与船上或陆上供冷站的制冷装置连接，使冷气在集装箱内循环，一般能保持 −25℃ 的冷藏温度。这种集装箱采用集中供冷方式，箱容利用率高，自重轻，使用时机械故障少。但是，它必须由设有专门制冷装置的船舶装运，使用时箱内的温度不能单独调节。

③ 内藏式冷藏集装箱。这种集装箱内带有制冷装置，可自己供冷。制冷机组安装在箱体的一端，冷风由风机从一端送入箱内，如图 12-11 所示。如果箱体过长，则采用两端同时送风，以保证箱内温度均匀。为了加强换热，可采用下送上回的冷风循环方式。

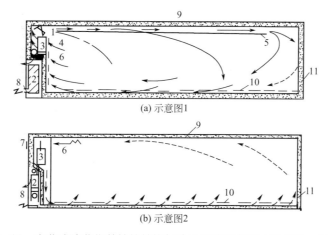

图 12-11　内藏式冷藏集装箱的结构与冷风循环示意图（曾名湧，2014）

1—风机；2—制冷机组；3—蒸发器；4—端部送风口；5—软风管；6—回风口；7—新风入口；8—外电源引入；
9—箱体；10—离水格栅；11—箱门

④ 液氮或干冰冷藏集装箱。这种集装箱利用液氮或干冰制冷，以维持箱体内的低温。

按照运输方式，冷藏集装箱又可分为海运和陆运两种。海运冷藏集装箱的制冷机组用电由船上统一供给，不需要自备发电机组，因此，机组构造比较简单，体积较小，造价也较低；而陆运冷藏集装箱必须自备柴油或汽油发电机组。

冷藏集装箱可广泛应用于铁路、公路、水路和空中运输，是一种经济合理的运输方式。使用冷藏集装箱运输的优点如下。

① 装卸效率高，人工费用低。采用冷藏集装箱，简化了装卸作业，缩短了装卸时间，提高了装卸负荷，因而人工费用减少了，降低了运输成本。

② 调度灵便，周转速度快，运输能力大，对小批量冷货也适合。

③ 大大减少甚至避免了运输货损和货差。冷藏集装箱运输在更换运输工具时，不需要重新装卸食品，简化了理货手续，为消灭货损、货差创造了十分有利的条件。

④ 提高货物质量。箱体内温度可以在一定范围内调节，箱体上还设有换气孔。因此，能适应各种易腐食品的冷藏运输要求，保证易腐食品的冷链不中断，而且温差可控制在 ±1℃之内，避免了温度波动对食品质量的影响，实现从"门"到"门"的特殊运输方式。

此外，陆运冷藏集装箱还有其独特优点：首先，与铁路冷藏车相比，产品数量、品种和温度的灵活性大大增加，铁路冷藏车，大列挂 20 节冷藏车厢，小列挂 10 节冷藏车厢，不管货物多少，只能有两种选择，而集装箱的数量可随意增减；铁路冷藏车的温度调节范围小，而其中用冰制冷的铁路冷藏车的车厢内温度就更难稳定地控制在一个小范围内。其次，由于柴油电机的开停也受箱内温度的控制，避免了柴油机空转耗油，使集装箱可以连续运行，中途不用加油。再次，陆运冷藏集装箱的箱体结构轻巧、造价低，又能最大限度地保持食品质量，减少运输途中的损失。如运输新鲜蔬菜时，损耗率可从敞篷车的 30% ~ 40% 降低到 1% 左右。

6. 使用冷藏运输设备的注意事项

① 运输冻结食品时，为减少外界侵入热量的影响，要尽量密集码放。装载食品越多，食品热容量就越大，食品温度就越不容易变化。运输新鲜水果、蔬菜时，果蔬有呼吸热放出。为了及时移走呼吸热，货垛内部应留有间隙，以利于冷空气在垛内部循环流通。无论是否新鲜食品，整个货垛与车厢或集装箱的维护结构之间都要留有间隙，供冷空气循环。

② 加强卫生管理，避免食品受到异味、异臭及微生物的污染。运输冷冻食品的冷藏车，尽量不运其他货物。

③ 冷冻运输设备的制冷能力只用来排除外界侵入的热量，不足以用来冻结或冷却食品。因此，冷冻运输设备只能用来运输已经冷冻加工的食品。切忌用冷冻运输设备运输未经冷冻加工的食品。

 概念检查 12.1

○ 食品冷链的基本环节是什么？

第三节　食品低温流通过程中的质量安全

一、食品低温流通中的质量安全概述

食品低温流通过程涉及生产、贮藏、运输、销售直至消费前的各个环节中，每个环节都可能对食品品质与质量安全产生影响。我国易腐食品的产销量一直位于全球第一，因此，如何保证低温流通过程中易腐食品的质量安全是值得重点关注的问题。

二、低温流通中影响食品质量与安全的主要因素

1. 环境条件

（1）温度　　低温流通是控制微生物生长、保证食品安全的良好解决方案。众所周知，食品腐烂主要是由有害微生物过度生长所致。微生物的繁殖力很强，而温度与微生物的生长有着密切的关系。当温度升高时，食品中腐败菌和病原菌的数量增多，对食品的安全性带来威胁。研究发现，当温度在 -26 ～ $-10℃$ 区间，微生物几乎不生长，这也是很多速冻食品在此温度范围内能长期保存的原因；在 -10 ～ $-3℃$ 区间，微生物的生长十分缓慢，主要是食品腐败菌的生长，以肉品为例，如大肠菌群、乳酸菌、假单胞菌等；当温度达到 $3℃$ 以上时，除腐败菌外，一部分病原菌开始大量生长，如肉毒杆菌、沙门氏菌、李斯特氏菌、金黄色葡萄球菌等。

在实际运输过程中，食品很难保持一定的固定温度。由于外界环境的不断变化，经常会出现短期的低温中断或温度变化。每个环节的持续时间与保存时允许的温度变化范围有关。运输时间越长，允许的温度变化范围越小。

食品低温储藏对温度的要求更高，冷藏分为冷鲜储藏和冷冻储藏。低温储存的食物应遵循"冷藏链"条件（"TTT"理论），即存在一定的温度、时间、耐受性的平衡状态。例如，冷冻牛肉在 $-15℃$ 下储存 120d 的质量损失几乎是在 $-20℃$ 下储存 150d 的两倍。温度越低，能耗越高，成本越高。因此，在选择冷藏温度时，应首先确定贮藏期限和质量要求，合理选择温度。

（2）湿度　　易腐烂食物的水分含量是其新鲜度的重要指标。当大多数水果和蔬菜的失重率在 3% ～ 5% 时，各种酶的代谢就会紊乱，对其生化代谢和硬度都会产生非常显著的影响。湿度也会影响低温流通食品的质量，如果湿度过高，食物表面的冷凝水会导致微生物滋生；如果湿度过低，会增加食物的干耗，甚至导致食物变质等现象。

（3）气体　　在食品的低温流通过程中，也会受到气体的影响，例如，利用气调保鲜延长鸡蛋、肉类、鱼产品等储存期限，通过控制环境气体的组成，如增加环境气体中 CO_2 比例，降低 O_2 比例，可达到延长食品保鲜或保藏期的目的。

2. 食品自身生理变化

（1）呼吸变化　　呼吸变化主要存在于蔬菜和水果中。一般植物生理组织在受到外界伤害之后，呼吸强度会明显上升。在低温流通过程中，不论是由于振动还是果蔬搬动过程中产生的机械损伤，均可导致呼吸强度上升，加剧果蔬内容物的消耗，从而导致口味和品质下降。

（2）风味变化　易腐食品在低温流通过程中受到机械伤害后，呼吸强度明显上升，会导致糖、酸等有机物质被消耗，同时产生不饱和醛、酮等物质，使新鲜果蔬产生异味，失去原有风味。

3. 振动与物理损伤

易腐食品在低温流通过程中处于振动的环境中，极易造成物理损伤，产生特殊生理反应。由于各种新鲜果蔬对各种物理冲击的抵抗力不同，因此，易腐食品耐贮运性也不同。

4. 防腐保鲜剂

在食品的低温流通过程中，可能会使用到一些防虫药物或者食品防腐保鲜剂延长储运时间（例如食品仓库的熏蒸消毒用二氧化氯、杀菌剂等）和保持食品鲜度或品质（生物保鲜剂等），这些防腐保鲜剂要严格按照国家标准和说明书使用。

5. 冷藏设备与贮运容器

冷藏设备的使用能够更大限度保证食品的安全。

《中华人民共和国食品安全法》规定，"贮存、运输和装卸食品的容器、工具和设备应当安全、无害，保持清洁，防止食品污染，并符合保证食品安全所需的温度等特殊要求，不得将食品与有毒、有害物品一同运输。"

 概念检查 12.2

○ 低温流通过程中食品质量与安全的影响因素有哪些？

第四节　食品低温流通的安全控制体系

一、良好生产规范概述

良好生产规范（good manufacture practices，GMP），又称良好操作规范、食品生产卫生规范，是为保证食品安全、食品质量而制定的包括食品生产、加工、包装、储存、运输和销售等全过程的一系列方法、监控措施和技术的规范性要求。主要内容包括要求生产企业具备合理的生产过程、良好的生产设备、正确的生产知识与严格的操作规范、完善的质量控制与管理体系，要求从原料接收到成品出厂的整个过程中，进行完善的质量控制管理。食品企业实施良好操作规范有利于食品质量控制，有利于企业的长远发展。

食品低温流通的 GMP 要求食品在低温流通过程，主要是贮藏、运输过程的设备、设施、建筑以及有关人员等的设置均能符合良好生产规范，防止食品在不卫生条件或可能引起污染及品质变坏的环境下生产，减少生产和质量事故的发生，确保食品安全卫生和品质稳定。

二、食品低温流通过程中的 GMP

1. 食品冷藏过程中的要求

食品冷藏库是低温流通中的一个重要环节。有关冷藏库的具体要求可参见本章第二节食品冷链流通与设备。此外，清洁、卫生、防止鼠虫危害是各类食品贮藏设施的基本要求。

2. 食品冷藏运输过程中的要求

冷藏运输设备是指本身能造成并维持一定的低温环境以运输冷冻食品的设施及装置，包括冷藏汽车、铁路冷藏车、冷藏船和冷藏集装箱等。冷藏运输衔接了食品从原料产地到加工厂、从产品出库到销售点等地点的转移。每种食品都有自己适宜的贮藏温度要求，因此在冷藏运输中必须进行控温运输，车内温度应保持与所运输易腐食品的最佳贮藏温度一致，各处温度分布要均匀，并尽量避免温度波动，如果不可避免出现了温度波动，也应当控制波动幅度和减少波动的持续时间。有关冷藏运输过程中的具体要求可参见本章第二节食品冷链流通与设备。

三、危害分析与关键控制点体系概述

危害分析与关键控制点（hazard analysis and critial control point，HACCP）是目前全球公认的控制食品安全的经济有效的管理体系之一。HACCP 指的是生产（加工）安全食品的一种控制手段，通过对原料、关键生产工序及影响产品安全的人为因素进行分析，确定加工过程中的关键环节，建立、完善监控程序和监控标准，采取规范的纠正措施。

HACCP 是预防性的食品安全控制体系，对所有潜在的危害进行分析。HACCP 的应用强化了食品的安全保障，HACCP 将食品安全管理延伸到食品生产的每一个环节，从原有的产品终端检验变成全程控制，强化了食品生产者在食品安全体系中的作用。HACCP 在食品安全体系中起着核心作用。已出台的 ISO 22000《食品安全管理体系（FSM）要求》详细描述了基于 HACCP 的 7 个原理的食品安全管理体系。

原理 1：进行危害分析（HA）。这是 HACCP 体系的基础和核心。危害分析是通过前期数据分析、现场观察、实验抽样检测等，对食品生产全过程中可能发生的危害及危害的严重程度进行科学、客观、综合的分析评估，确定危害的性质、程度和对人体健康的潜在影响，从而确定哪些危害是对食品安全的重大危害，应纳入 HACCP 计划，并制定相应的预防和控制措施。

原理 2：确定关键控制点（CCP）。控制点（CP）是指食品生产加工过程中可以通过生物、化学和物理因素控制的任意点、步骤或过程。关键控制点（CCP）是指通过采取有效措施能够预防、消除食品安全危害或将食品安全危害降低到可接受水平的一个点、步骤或程序。CPP 包含在 CP 中。在食品加工过程中，CCP 主要是指那些能够控制重大危害的点、步骤或过程。确定关键控制点也是 HACCP 体系的核心之一，其目的是防止、消除潜在的食品危害或将其降低到可接受的水平。

原理 3：建立关键限值（CL）。关键限值（CL）是指为确保各 CCP 处于控制之下以防止显著危害发

生的可接受水平的判断指标、安全性措施，是必须达到的、能将可接受水平与不可接受水平或极限区分开的界限值，是确保食品安全的界限。值得注意的是，CL 是一个数值，不是数值范围；每个 CCP 必须有一个或多个 CL，并且 CL 应该是合理的、合适的、可操作的、符合实际和实用性的。

原理 4：建立 CCP 的监控体系（M）。监控是指对已确定的 CCP 进行一系列有计划、有顺序的观察、检查或测试，准确及时地记录所有观察或测试结果，并将结果与已确定的 CL 进行比较，以确保 CCP 处于控制之下或 CL 完全符合规定要求。建立 CCP 监控体系是 CCP 控制成败与否的关键。

原理 5：建立纠偏行动或措施（CA）。纠偏行动或措施是指当监测结果显示 CCP 失控即 CL 发生偏离或不符合规定时，所应采取的行动或措施。在食品生产过程中，任何 CCP 的 CL 即使在建立完善的 CPP 监控程序后，也几乎不可能不发生偏离。因此，为了使监控到的失控 CCP 或发生偏离的 CL 得以恢复正常并处于控制之下，必须建立相应的纠偏行动或措施，以确保 CCP 再次处于控制之下。

原理 6：建立验证程序（V）。验证是指核定 HACCP 体系是否按 HACCP 计划进行的所有有关方法、程序和测试，包括应用监控以外的审核、确认、监视、测量、检验和其他评价手段，通过提供客观证据，对 HACCP 体系运行的符合性和有效性进行的认定。

原理 7：建立文件和记录保持程序（R）。HACCP 体系建立实施过程中有大量的技术文件和各种日常工作监测记录，需完整准确地记录和妥善保存。在建立实施体系过程中，所有记录必须文件化，所有文件和记录必须妥善保存且保存应符合操作特性和规范。

这 7 个原理中，原理 1～5 是环环相扣的步骤，显示了 HACCP 体系极强的科学性、逻辑性，而原理 6 和 7 的顺序可以转换，显示了 HACCP 体系的灵活性。这 7 个原理中，危害分析是基础，CCP 及其 CL 的确定是根本，监控程序、纠偏行动、验证程序以及科学完整的记录及其保持程序是关键。

四、食品低温流通过程中的 HACCP

从 HACCP 实施原则和低温流通流程入手，对各环节进行危害分析，确定关键控制点（CCP）及关键限值（CL），再制定监控与纠偏措施，完成 HACCP 的记录与验证，可以有效降低易腐食品储运风险。

1. 危害分析与关键控制点确定

储藏过程中的危害可以从原料收获开始分析，分为原料收获、预冷、清洗分级、加工包装、冷冻冷藏等过程，每个过程可以从物理（金属、沙、物理损伤等）、生物（微生物、病菌等）、化学（农残等）方面对各环节的潜在危害进行分析说明；运输环节中的危害可包括运输、装卸搬运、配送等过程，每个过程可以从物理（金属、沙、物理损伤等）、生物（微生物、病菌等）、化学

（农药、兽药、肥料残留等）三方面对各环节的潜在危害进行分析说明（表12-2）。借助 HACCP 树，经过分析确立了易腐食品的原料验收、预冷、加工包装、冷冻冷藏、运输、装卸搬运环节为关键控制点。

表 12-2　易腐食品低温流通过程中 HACCP 危害分析（苏来金，2020）

工序	潜在危害	潜在危害是否显著	防止显著危害的措施	是否关键控制点
原料验收	1. 原料不完整或混有沙、石 2. 收获过程中有损伤 3. 腐败的食品原料	是	逐一检查或者使用设备分拣	是
预冷	1. 温度不适宜 2. 受冷不均匀、不完整 3. 预冷时间过短或长	是	调整预冷时间与温度	是
清洗分级	1. 农残超标 2. 不合格产品混入	否	用饮用水清洗、用流动水漂洗	否
加工包装	1. 操作人员和工具的消毒情况 2. 加工包装车间的温度不符合标准 3. 包装材料不合格	是	操作人员和加工工具应严格消毒，不使用不合格的包装	是
冷冻冷藏	1. 产品使用同一冷藏空间 2. 不注意冷藏过程中的温度调节 3. 出现复冻现象	是	分类储藏，监控冷冻室的温度并进行适时调节	是
运输	1. 温度过高或频繁波动导致微生物超标 2. 车辆行驶速度过快引起的振动胁迫影响货物的物理状态	是	持续监控运输车厢内温度、湿度，并适时进行调节	是
装卸搬运	1. 作业环境温度过高、作业时间过长、运输车辆未预冷或预冷未达标 2. 温度过高或二次解冻导致微生物超标 3. 作业操作不合理造成货物遗失、破损	是	控制搬运、装卸环境的温度，工作人员按照规定的操作规程进行操作	是
配送	1. 配送车辆不具有保温、低温要求 2. 作业时间长不能及时配送造成食品变质	是	在配送过程中，保持产品在低温状态；规范配送作业流程	否

2. 编制 HACCP 计划表

　　根据所确定的关键控制点，确定各环节的关键限值，从各个关键控制点的显著危害、监控、纠偏措施等方面编制计划表（表 12-3）。

表 12-3　HACCP 计划表（苏来金，2020）

CCP	显著危害	监控				纠偏措施	纪录保持	验证措施
		对象	方法	频率	设备			
原料验收	腐烂的原料，收获时的损伤	原料	仔细检查	每个初级产品	工作人员或者设备	对于有损伤和腐烂的进行剔除	记录检查结果	每天检查记录
预冷	温度不适宜，过短或过长	原料	随机抽样检查	每一批产品	温度传感器	及时调整温度，并及时调整时间	随机抽查，做好记录	每天检查记录
加工包装	致病菌，加工人员的消毒情况	操作人员、工具、原料	按照GMP进行操作	每一批次	现场作业主管	工作人员严格消毒，拒绝使用不合格包装袋	随机抽查，做好记录	每天检查记录，每天对微生物进行抽样检测
冷冻冷藏	环境参数（以温度为主）	原料	定时检测	每小时1次	温度监控系统	及时调整温度	记录监测结果	每天审核记录的温度；每天对微生物进行抽检
运输	温度不适宜，出现复冻	车辆环境参数（以温度为主）	测定温度及观察产品状况	每10min一次	温度监控系统	及时调整温度，及时去除腐烂产品	记录监测与观察结果	每天审核记录的温度；每天对微生物进行抽样检测
装卸搬运	温度不适宜，操作不当，产品污染损坏	工作环境参数（以温度为主）	按照GMP进行管理	每2h一次	现场作业主管	及时调整温度，及时纠正不当操作	记录温度，卫生标准操作情况等	每天审核记录的温度；每天对微生物进行抽检；每天审核记录货物在预冷区域停留时间

五、食品低温流通追溯技术概述

2009 年 6 月 1 日起，《中华人民共和国食品安全法》正式实施，提出了食品企业应建立有效的追溯体系。目前，无论是 HACCP 还是 GMP，主要是对加工环节进行控制，缺少对整个供应链进行全过程控制的手段。由于食品链由众多独立运营的组织构成，任何环节均可能引入食品安全危害。因此，最好的办法就是将整个过程中与质量安全有关的信息记录下来，从而使食品的整个生产经营活动始终处于有效监控之中。

食品低温流通追溯技术是指在食品产供销低温流通各个环节中，食品质量安全及其相关信息能够被顺向追踪或逆向回溯，从而使食品整个生产经营活动始终处于有效监控之中。

食品质量安全及其相关的基本信息包括原材料的基本信息、生产加工过程信息、贮藏过程信息、运输过程信息等。例如，生产加工过程信息，必须有生产者、原材料来源、辅助材料来源、食品添加剂、生产等信息。运输过程信息要有运输者、班次等信息。该体系能够理清职责，明晰管理主体和被管理主体各自的责任，并能有效处置不符合安全标准的食品，从而保证食品质量安全。

六、食品低温流通追溯技术应用

1. 编码技术

编码技术是溯源技术体系的基础，用于唯一标识农产品和食品流通节点、经营者、主体、商品、批次，并按一定规则生成。编码可以快速定位提取相关质量信息，直接反映产品生产、流通、销售全过程，实现产品溯源。

追溯编码中比较有代表性的是由国际物品编码协会（EAN International）和美国统一代码委员会（Uniform Code Council，UCC）共同开发的 EAN·UCC 系统（即 GSI），系统是基于信用的编码方式，可为全球范围内识别商品、服务、资产和位置提供准确的代码。代码可以用条码符号表示，以方便业务流程所需的电子阅读，提高了贸易效率。

全球贸易项目编号（GTIN）是 EAN 和 UCC 规定的用于识别商品的一组编号，通过对不同包装形式的产品进行唯一编码，可以保证识别码在相关应用领域全球唯一。例如冷冻鱼排以主要原材料的进货批次确定批次，如 07010900ZJ，其可追溯代码由"GTIN＋批次"组成，其中（01）06901234500015 表示包装箱内的产品为白鱼排，（10）07010900ZJ 表示包装箱内白鱼排的批号（图 12-12）。

（01）06901234500015　（10）07010900ZJ

图 12-12　GTIN+ 批次可追溯代码

2. 条形码技术

条形码在国际标准化组织和国际电子技术委员会（ISO/IEC 19762-2）中的定义为：信息技术、自动识别和数据获取技术的统一。条形码技术是食品安全追溯体系建设中最常用到的自动数据采集技术。条形码是将多个不同宽度的黑条和空白按照一定的编码规则排列，表达一组信息的图形标识。条形码作为一种图形识别技术，具有应用简单、信息采集速度快、采集信息量大、可靠性高、灵活实用、成本低等特点。

条形码分为一维条形码和二维条形码。一维条形码就是我们所说的传统条形码，代表的是水平方向的一维信息（图 12-13），常用的条形码符号有 UPC 码、EAN 码、128 码等。由于一维条形码只能表达一个方向的信息，所以通常代表物品的识别信息。在应用过程中，商品的相关属性信息一般都存储在相应的数据库中。二维条形码代表水平和垂直维度的信息（图 12-14）。由于它在二维上识别信息，所以它的信息密度比较大，可以在有限的几何空间中表达更多信息。常用二维条形码有 PDF417、QR CodeCode、

Code 49、Code 16K、Code One、汉信码等。

图 12-13　EAN-13 商品一维条形码　　　　　**图 12-14**　矩阵式二维条形码

　　利用条形码技术建立的低温流通食品追溯管理系统，通过在每件低温流通食品上粘贴一个条形码标签，并建立数据库，可以在食品低温流通各个环节加贴条形码标签，实现"从农田到餐桌"全过程的跟踪和追溯，以提高食品供应链的信息透明度。

　　此外，条形码技术在各个行业都得到广泛应用，尤其是条形码在服务零售行业的使用十分广泛，从商品流通、供应商选择到客户和员工的管理，条形码都得到了充分利用。

3. 射频识别技术

　　射频识别（RFID）是 20 世纪 90 年代开始出现的一种非接触式自动识别技术，是一种利用射频信号通过空间耦合实现非接触式信息传输，并通过传输的信息实现身份识别的技术。RFID 技术可同时识别多个标签，操作快捷方便。

　　RFID 系统包括射频标签和阅读器两部分。射频标签贴在食品上或安装在食品上，标签中存储的信息由射频阅读器读取。由于其良好的可读性，RFID 允许传感器和其他现场设备嵌入或黏附在食品上，并可单独读取或处理，减少了操作人员的工作量。由于实现了自动监督和干预，不仅提高了工作效率，还减少了对环境的影响。

　　RFID 技术取得了快速发展，目前，已有 40 多个国家和地区采用射频技术对食品生产过程进行跟踪追溯。RFID 在技术上具有优势，同时具有非接触式数据读取的便利性，是未来识别技术发展的方向，但是，它的应用成本相对于条形码来说比较高，所以目前更多地用于物流过程中大批量货运单元的识别和追溯。

　　生鲜食品低温流通过程中 RFID 技术应用：在生鲜食品仓储过程中，使用 RFID 技术可以提高产品出入库信息管理工作效率，从而提高冷链物流管理工作的整体效率。比如肉类产品可以进行冷冻，但是部分水产品由于依旧存活，不可以进行冷冻，这种情况下生鲜食品的仓储管理环节对于 RFID 技术的要求相对较高，在产品入库过程中，需要借助入口处的阅读器，对生鲜产品的各类信息进行准确获取，并在分拣后存放到最为适合的产品区内。在生鲜食品运输过程中，借助 RFID 标签和生鲜食品配送车辆内部的读写器，可以针对配送车辆的温度变化实时跟踪进行监测，并对车辆的实际运输路线和时间进行跟踪收集，及时对生鲜食品运输配送过程中的温度改变做出相应的预警及记录，帮助有关人员有效地辨认因为温度变化引发的生鲜产品质量变化和问题发生的具体时间，有助于保证生鲜产品的质量。食品识别技术在水产品保鲜上的应用如图 12-15、图 12-16 所示。

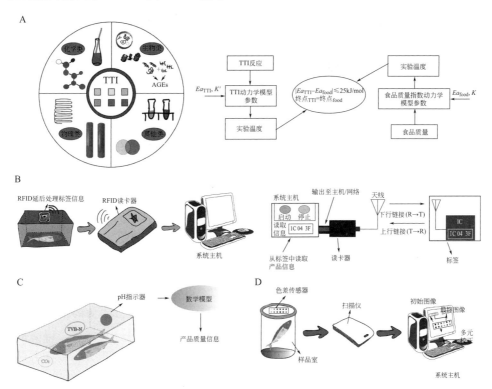

图 12-15　冷链物流期间评估水产品质量和安全的监控技术示意图（Ye et al，2022）

A—时间-温度指示示意图；B—射频识别（RFID）示意图；C—pH 指示示意图；D—色差传感器示意图

TTI—时间-温度指示卡

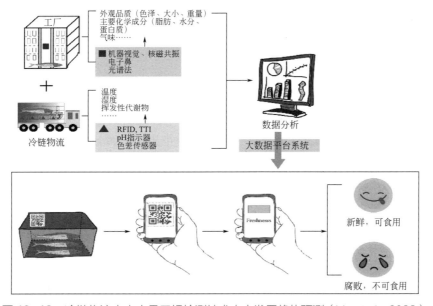

图 12-16　冷链物流中水产品无损检测技术未来发展趋势预测（Ye et al，2022）

在低温流通食品质量安全控制方面，必须加强追溯性关键技术的应用，以确保食品流通过程的安全与质量。利用可追溯性关键技术，及时准确识别食品质量安全问题，进而规避食品质量安全风险，确保食品质量安全，促进食品行业的稳定发展。

七、食品低温流通发展趋势

1.国外食品低温流通发展趋势

（1）冷链运输需求强劲。从全球看，北美洲和欧洲是保鲜食品的最大市场，而南美洲各国、南非和澳大利亚等国家是北美洲和欧洲保鲜食品的最大供应地。为此，冷藏船和冷藏车等冷藏供应链的队伍将不断发展壮大。

（2）信息化趋势。随着科学技术迅速发展，冷链信息化的发展必然是未来世界冷链发展的趋势。目前，很多食品冷链普及的国家已经广泛采用基于互联网通信方面的技术，对仓库及运输设备进行监控和管理。

（3）冷链物流向系统化发展。为提高冷链效率和满足不同用户的需求，冷链物流企业已经由单环节的物流企业向跨地域的一体化系统化物流企业转变。

（4）冷链物流服务向第三方物流形式转变。未来冷链物流将由单独的冷链物流中心逐步转变为第三方冷链物流中心的独立投资者，以降低物流费用，提高物流效率。第三方冷链物流是指由供方（或发货人）与需方（或收货人）以外的物流企业提供冷链物流服务的业务模式。第三方物流公司具有整合资源、合理有效控制物流技术、减少食品周转时间等优势。

2.我国食品低温流通发展趋势

（1）加快发展冷链物流，加大软硬件设施投入。冷链物流相关的软硬件基础设施建设是提高和加快冷链物流发展的最有效方法。硬件设备上全面引进先进的冷藏冷冻专业设备；冷链储存上建设产地冷库，并依据实际情况建设以加工、分装为主的配送冷库；冷链运输上全面实行冷藏车和冷藏设备监控，加大对公路冷链、铁路冷链等运输设备的投入，技术上确保冷链食品的品质及安全性。考虑到冷藏车和冷库通常是高耗能高耗电的专业设备，设备运行和维护成本高，因此，开发引进新设备时推出节能减排的制冷技术也是一大发展趋势。软件方面，不断创新和推广使用现代化信息化技术，全面建设冷链信息管理系统，对食品的新鲜度、库存、保质期等进行实时传输和信息共享，使物流管理和仓储管理更加准确便捷。

（2）大力发展专业冷链物流，促进行业的良性发展和提高企业的竞争力。冷链食品企业结合自身情况及发展定位，找到适合企业当前和长久发展的专业冷链物流战略，灵活选择自营冷链物流或第三方冷链物流的运营模式。借助第三方平台提升行业水平，使整个行业资源配置更趋合理化和专业化。第三方企业与物流需求方能够资源共享，利用专业管理经验和技术工具相结合的优势，实时追踪冷链物流的各个环节，全程监控，高效管理。在此基础上，第三方冷链物流企业将冷链食品的生产商、加工商、经销商、零售商和消费者紧密衔接，根据需求企业的薄弱环节拓展增值服务项目，提供专业化服务和定制化服务，增加同行业的竞争力。

（3）依靠互联网力量推进冷链数字化和智能化转型。充分利用 5G、人工智能以及大数据技术，为冷链食品相关企业的数字化和智能化转型提供支撑，冷链食品加贴追溯码，对消费者实行实名制购买，积极推进倡导企业进行自动化与无人化生产改造。

（4）培养冷链物流专业人才队伍，包括技术人才、经营管理人才、信息管理人员等，加强一线员工的技能培训。开展理论与实践相结合的冷链物流专业方向，实习培训，强化实际操作；通过技能培训和招聘专业人才扩充物流团队专业力量，提高物流行业的服务质量，促进整个物流行业的发展。

（5）冷链物流领域实行严格认证制度和标准化体系。

① 完善国家、行业标准　对于物流行业来说，标准化体系是国家、行业及企业组织为促进冷链产业健康发展，借助于标准化手段规范冷链产业运作的政策性文件，分为强制性标准和推荐性标准。完善我国冷链物流各环节与国际标准接轨的系列标准，整合冷链物流资源，提高运作效率，降低物流成本，才能实现物畅其流、快捷准时、经济合理和用户满意。

② 规范管理　由于冷链物流是特殊的物流行业，冷链物流质量不仅关乎食品安全，而且能大幅减少农产品、食品的腐损，促进我国农业发展，有助于解决我国的"三农"问题。因此，国家主管部门必须依照冷链物流的强制性标准对冷链物流活动及相关企业进行有效监管，推行建立以 HACCP、SSOP、GMP 为基础的全程质量控制体系，推行质量安全认证和市场准入制度，为行业向规模化、集约化发展营造良好的经营环境。

参考文献

[1]　鲍琳, 周丹. 食品冷藏与冷链技术[M]. 北京: 机械工业出版社, 2019.

[2]　董佳佳. 我国食品冷链物流发展现状及对策研究[J]. 食品安全导刊, 2021, (24): 164-165.

[3]　冯志哲. 食品冷藏学[M]. 北京: 中国轻工业出版社, 2001.

[4]　顾金兰. 食品营养与安全[M]. 北京: 中国轻工业出版社, 2018.

[5]　金昕祥, 朱鸿梅, 李改莲. 真空冷却技术的研究进展[J]. 食品科学, 2005, 26: 276-280.

[6]　克拉克[美], 周水洪, 欧阳军. 易腐食品冷链百科全书[M]. 上海: 东华大学出版社, 2009.

[7]　刘北林. 食品保鲜与冷藏链[M]. 北京: 化学工业出版社, 2004.

[8]　刘建学. 食品保藏学[M]. 北京: 中国轻工业出版社, 2006.

[9]　刘金福, 陈宗道, 陈绍军. 食品质量与安全管理[M]. 4版. 北京: 中国农业大学出版社, 2021.

[10]　刘兴华, 曾名湧, 蒋予箭. 食品安全保藏学[M]. 北京: 中国轻工业出版社, 2005.

[11]　罗云波, 蔡同一. 园艺产品贮藏加工学[M]. 北京: 中国农业大学出版社, 2001.

[12]　马长伟, 曾名湧. 食品工艺学导论[M]. 北京: 中国农业大学出版社, 2002.

[13]　全国人民代表大会常务委员会. 中华人民共和国食品安全法[M]. 北京: 中国法制出版社, 2019.

[14]　苏来金, 任国平. 食品安全与质量控制实训教程[M]. 北京: 北京师范大学出版社, 2017.

[15]　苏来金. 食品质量与安全控制[M]. 北京: 中国轻工业出版社, 2020.

[16]　隋继学. 制冷与食品保藏技术[M]. 北京: 中国农业大学出版社, 2005.

[17]　王静. 我国食品冷链物流研究[D]. 北京: 对外经济贸易大学, 2017.

[18]　谢晶. 食品冷藏链技术与装置[M]. 北京: 机械工业出版社, 2010.

[19]　旭日干, 庞国芳. 中国食品安全现状、问题及对策战略研究[M]. 北京: 科学出版社有限责任公司, 2019.

[20]　杨国伟, 夏红. 食品质量管理[M]. 2版. 北京: 化学工业出版社, 2019.

[21]　杨瑞. 食品保藏原理[M]. 北京: 化学工业出版社, 2006.

[22]　尤玉如. 食品安全与质量控制[M]. 北京: 中国轻工业出版社, 2019.

[23]　苑函. 食品质量管理[M]. 北京: 中国轻工业出版社, 2011.

[24]　展跃平, 张伟. 食品质量安全管理[M]. 北京: 中国轻工业出版社, 2019.

[25]　张文叶. 冷冻方便食品加工技术及检验[M]. 北京: 化学工业出版社, 2005.

[26]　中华人民共和国农业农村部. 关于加快农产品仓储保鲜冷链设施建设的实施意见 [Z/ OL]. http://www.moa.gov.cn/nybgb/2021/202112/202201/t20220104_6386258.htm.

[27]　中华人民共和国中央人民政府. "十四五"冷链物流发展规划 [Z/OL]. http://www.gov. cn/zhengce/content/2021-12/12/content_5660244.htm.

[28]　中华人民共和国中央人民政府. 关于加快农产品仓储保鲜冷链设施建设的实施意见 [Z/ OL]. http://www.gov.cn/zhengce/zhengceku/2020-04/21/content_5504611.htm.

[29]　曾名湧. 食品保藏原理与技术[M]. 2版. 北京: 化学工业出版社, 2014.

[30]　曾庆孝, 芮汉明, 李汴生. 食品加工与保藏原理[M]. 北京: 化学工业出版社, 2002.

[31]　Archer D L. Freezing: An underutilized food safety technology？ [J]. International Journal of Food Microbiology, 2004, 90: 127-138.

[32]　Han J W, Zuo M, Zhu W Y, et al. A comprehensive review of cold chain logistics for fresh agricultural products: Current status, challenges, and future trends[J]. Trends in Food Science & Technology, 2021, 109: 536-551.

[33]　Xiao X, He Q, Fu Z, et al. Applying CS and WSN methods for improving efficiency of frozen and chilled aquatic products monitoring system in cold chain logistics[J]. Food Control, 2016, 60: 656-666.

[34]　Ye B, Chen J, Fu L, Wang Y. Application of nondestructive evaluation (NDE) technologies throughout cold chain logistics of seafood: Classification, innovations and research trends[J]. LWT-Food Science and Technology, 2022.

[35]　Zhou B, Luo Y, Huang L, et al. Determining effects of temperature abuse timing on shelf life of RTE baby spinach through microbial growth models and its association with sensory quality[J]. Food Control, 2022.

 ## 总结

○ **食品冷链及其特点**

- 食品冷链是指易腐食品在生产、贮藏、运输、销售直至消费前的各个环节中始终处于规定的低温环境, 以保证食品质量、减少食品损耗的一项系统工程。

- 食品冷链的特点是高作业性、高技术性、高政策性、高资金性和高协调性。

○ **食品低温流通中的"3P""3C""3T""3Q"和"3M"原则**

- "3P"原则是指易腐食品的原料（products）、加工工艺（processing）、货物包装（package）; "3C"原则是指冷却（chilling）、清洁（clean）、小心（care）; "3T"原则即物流的最终质量取决于冷链的贮藏温度（temperature）、流通时间（time）和产品本身的耐贮藏性（tolerance）；"3Q"原则即冷链中设备的数量（quantity）协调、设备的质量（quality）标准一致、快速（quick）的作业组织；"3M"原则即保鲜工具与手段（means）、保鲜方法（methods）和管理措施（management）。

○ 冷藏运输设备种类及特点
- 冷藏运输设备有冷藏汽车（机械制冷冷藏汽车、液氮制冷冷藏汽车、蓄冷板冷藏汽车、组合式冷藏车）、铁路冷藏车（用冰制冷、用干冰制冷、机械制冷、蓄冷板制冷）、冷藏船（渔业、运输）和冷藏集装箱（保温集装箱、外置式保温集装箱、内藏式冷藏集装箱、液氮或干冰冷藏集装箱）等。
- 冷藏汽车是陆地运输易腐食品的交通工具，运输灵活，机动性好，能适应各地复杂地形，但运输成本较高，维修保养投资较大；铁路冷藏车是陆路远距离运输易腐食品的交通工具，运量大，速度快；冷藏船是水路运输易腐食品的船只，价格便宜，但运输速度慢，受气候影响大，装卸麻烦；冷藏集装箱适用于各类食品的冷藏运输，装卸效率高，人工费用低，调度灵便，周转速度快，运输能力大。

○ 食品低温流通中的 GMP
- 良好生产规范（good manufacture practices，GMP）是为保证食品安全、食品质量而制定的包括食品生产、加工、包装、储存、运输和销售等全过程的一系列方法、监控措施和技术的规范性要求。
- 食品低温流通中的 GMP 对食品冷链全流程都提出了具体要求，尤其是冷藏运输过程要关注食品预冷和适宜的贮藏温度，要具备一定制冷能力的冷源，冷藏运输工具的货物间应当具有良好的隔热性能，能够有效地减少外界传入的热量，避免车内温度波动，运输工具的货物间必须具有温度检测和控制设备，车厢的卫生和安全要符合要求等。

○ 食品低温流通中的 HACCP
- 危害分析与关键控制点（hazard analysis and crital control point，HACCP）是生产安全食品的一种控制手段，对原料、关键生产工序及影响产品安全的人为因素进行分析，确定加工过程中的关键环节，建立、完善监控程序和监控标准，采取规范的纠正措施。
- HACCP 的七大基本原理是进行危害分析（HA）、确定关键控制点（CCP）、建立关键限值（CL）、建立 CCP 的监控体系（M）、建立纠偏行动或措施（CA）、建立验证程序（V）和建立文件和记录保持程序（R）。

○ 食品低温流通中的追溯技术
- 食品低温流通追溯技术主要有编码技术、条形码技术和射频识别技术。
- 编码技术是溯源技术体系的基础，为识别商品、服务、资产和位置提供准确的代码。这些代码可以用条码符号表示。条形码技术是将多个不同宽度的黑条和空白按照一定的编码规则排列，表达一组信息的图形标识技术。射频识别技术是一种非接触式自动识别技术，利用射频信号通过空间耦合（交变磁场或电磁场）实现非接触式信息传输并通过传输的信息实现身份识别的技术。

✏️ **课后练习**

一、选择题

1. 关于食品生产企业厂房和车间的说法，以下表述正确的是（　　）。

　A. 清洁作业区与准清洁作业区共用

B. 产品包装工序与外包装配码应有效隔离

C. 生产车间与洗手间可直接相通

2. 以下计划哪一个不属于 HACCP 计划的前提计划？（　　）

A. 培训与教育计划　　　　B. 员工健康体检计划

C 加工设备维修保养计划　　D. HACCP 体系的验证计划

3. 食品可追溯代码一般可以用（　　）。

A. 销售批号＋工厂代码　　B. 商品条码代替

C. 工厂代码＋生产批次组成　D. GTIN＋生产批次组成

二、问答题

1. 什么是冷链，食品冷链的特点是什么？

2. 什么是 3P、3C、3T、3Q 和 3M 原则？

3. 食品冷链运输设备的基本要求是什么？

能力拓展

○ 进行研究性学习，培养环境与可持续发展意识及工程与社会能力

- 针对某 1 种类易腐食品的特点，从工程化出发设计 1 套该类易腐食品的低温流通技术方案，形成一个完整的食品低温物流案例。
- 评估该方案对社会和环境可持续发展的影响，评价该方案与社会、健康、安全、法律、文化等多元因素的关系，并得出有效结论。
- 了解食品物流相关领域的技术标准体系、知识产权、产业政策、法律法规等，理解不同社会文化与习俗对食品冷链工程的影响。

○ 围绕材料进行小组协作学习，培养团队协作与沟通交流能力

- 某物流公司构建了基于冷链仓储、冷链运输和冷链流通网络"三位一体"的、F2B2C 全流程、全场景的一站式冷链服务平台，实现了商品和消费者的安全交付。该冷链集冷链仓储、冷链车辆、冷链托盘、冷链城市配送、生鲜快递于一体，不仅有效提升了客户体验，增加了现场客户的关注度和互动度，也进一步巩固了产品的竞争力。
- 针对上述案例，组织开展小组讨论，运用批判性思维，在小组讨论中采用专业术语评价同伴观点、给出自己的观点，搜集记录交流内容和信息，培养与多学科团队成员间有效沟通、合作共事的能力。
- 针对上述案例，与业界同行、社会公众进行沟通，搜集记录交流内容和信息，了解与业界同行和社会公众之间沟通的差异，评价问题解决方案的局限性并获得有效结论。